알기쉬운 건축설비

오츠카 마사유키 저
전봉구 박병일 백용규 신인중 편역

Building Service

기문당

머리말

지구온난화를 방지하기 위해서는 건물 내에서의 소비에너지 삭감기술과 절수화기술 개발이 중요하며 이들을 맡은 것이 건축설비기술이다. 이 책은 건축학을 배우는 사람들이 반년 또는 1년 동안 듣는 강의를 통해 건축설비의 개요와 견해를 종합하고 건축설비 분야에서 본 건축계획과 설계방법을 고찰하기 위해 집필한 입문서이다.

건축 마인드를 가진 학생 여러분들과 초보자가 건축설비의 개요를 배워 자신이 상상하는 건물 내에서 조금이라도 건축설비에 대한 이미지를 키우고 이 책을 계기로 건축설비에 대한 흥미도 가지게 되어 고도의 설비 분야에 대한 학습을 발전시켜 나갈 수 있기를 기대하고 있다.

따라서 집필을 함에 있어 다음과 같은 점을 특징으로 했다.

(1) 이 책은 누구나 접근하기 쉽게 만들어 놓은 입문서이기 때문에 건축설비 계산에 쓰이는 학술적인 산정식과 계산식은 최대한 생략하고 실용서 수준의 범위로 내용을 구성했다.

(2) 제1장은 건축계획 · 설계와 건축설비의 관련 내용을 정리하여 설명했다. 또한 대표적인 건물 용도로 사무소빌딩과 주택을 들고 그 건물 내에 급배수위생설비, 공기조화설비, 전기설비를 모아 그림으로 나타내 비주얼하게 각 설비의 구성을 파악할 수 있도록 했다. 유지관리나 에너지절감을 고려한 건축설비계획을 하기 위한 방법도 간단히 설명했다.

(3) 제2장 급배수위생설비는 필자도 강의를 통해 내용을 확인하면서 집필을 해나갔다. 급수, 급탕, 가스, 배수, 배수처리, 위생기구, 소화 같은 기초적인 설비 범위로 내용을 구성했다.

(4) 제3장 공기조화설비는 경원시되기 쉬운 예를 들면 공기선도 부분은 대표적인 예제 수준으로 구성했고 공조부하 계산도 여름철 냉방부하를 중심으로 설명하였으며, 그 외에는 기기의 사례와 시스템을 해설하는 데 주력했다.

(5) 제4장 전기설비는 일반적으로 건축학을 배우는 학생들에게 가장 어려운 분야이기도 하다. 우선 전기설비의 구성과 역할을 이해하는 것이 중요하므로 전기 특유의 배선도와 그 종류에 대해 상세히 해설했다.

(6) 칼럼은 각각 개론 1, 급배수위생설비 8, 공기조화설비 7, 전기설비 2, 반송설비 1로 총 19개의 내용을 수록하여 각 분야에서 화제가 되고 있는 내용을 어휘와 지식 확충을 위해 넣었다. 칼럼을 통해 건축설비 분야에 조금이라도 흥미를 가질 수 있기를 바란다.

(7) 감수자 · 편수자와의 협의 하에 초보자에게는 어려운 개념이나 수식들은 최대한 삭제했다. 그럼에도 다루지 못한 것은 양수펌프 능력계산, 공조부하계산, 공기선도 읽는 법 등의 내용인데 처음에는 잠깐 뒤로 미루어도 괜찮다고 본다.

이 책이 건축 마인드를 가진 건축 · 설비기술자의 교육과 육성에 조금이나마 도움이 될 수 있기를 바라는 바이다.

저 자

역자 머리말

'건축설비' 란 건축에서 기능적인 면에 속하는 건축물의 동맥과 같은 것이다. 건축물의 구조 부분이 hard-ware라면, 설비 부분은 soft-ware로서, 건물이 고급화될수록 그의 비중이 증대되어, 이미 건물의 종류에 따라서는 설비비가 전체 공사비의 50%를 초과하는 건물도 있다.

건축설비는 건축 부문, Interior 분야, Renovation, 안전 분야 에서는 반드시 포함된다.

금번 건축설비의 편역을 하면서 가능한 독자가 쉽게 이해할 수 있도록 노력하였다. 특히 최근 SI단위로 개편되면서 이를 반영하였으며, 우리나라기준과 법규에 적합하도록 노력하였으나 미흡한 부분이 있을 것으로 사료되어 추후에 우리 현실에 맞도록 보완하고자 합니다.

이 책은 급배수 위생설비 · 공기조화설비 · 전기설비를 공부하는 학생이나 초보 실무자에게 흥미를 가지고 공부할 수 있도록 사진이나 도판을 풍부하게 게재함으로써 알기 쉽게 설명되어 있다.

이 책을 발간하기까지 많은 협조를 해주신 오호영 건축사님과 기문당 강해작 사장님께 깊은 감사를 드립니다.

2010년 2월

편 역 자

건축설비의 기초지식

1. 공학단위와 SI단위

양	공학단위		SI단위			비고 · 환산율	본 책에서의 기호
	단위 기호	단위간의 관계	단위 기호	읽기	단위간의 관계		
질량	kg	kgf/9.8	kg	킬로그램		물질에서 고유수치	M
중량	kgf (kg)	독일에서는 Kp로 쓴다.	–		kg×9.8(N)	중량은 mg, 힘의 단위이다. kg과 f를 생략할 수도 있으나 질량과 혼동하는 것은 좋지 않다.	
힘	kgf	$\frac{kgf}{m^3}$ $\frac{m}{s^2}$	N		$N = kg\frac{m}{S^2}$	1kgf=9.8N	f
질량밀도	–		–			동일 물질의 질량밀도 ρ와 비중량 γ는 같은 값이다.	ρ
비중량	–	$\frac{kgf}{m^3}$	–		$\frac{kg}{m^3}$		γ
압력		$\frac{kgf}{m^2}$ 수주(mmH_2O) 기압(atm)	Pa	파스칼	1Pa=1Nm² =100mbar	1kgf/m²=9.8Pa 1kgf/m²=1mmH_2O 1kgf/m²=0.0736mmHg 1atm=760mmHg	P
온도	℃		℃(K)	섭씨(캘빈)		SI 단위에서는 K를 사용하나 보통 ℃를 쓴다.	θ
절대온도	°K	$°K = 273+\theta$	K	캘빈			T
온도차	℃(deg)		K	캘빈		공학단위의 deg는 관용기호, 본 책에서는 ℃를 쓴다.	$\Delta\theta$
열량(일)	kcal	427kg · m (열의 일당량)	J	주울	1J=1W · s	1kcal/h=4.186kJ (1kWh=860kcal)	(Q)
열류(일률)	–	kcal/h	W	와트	1W=1J/s	1kcal/h=1.1628 (1kW=860kcal/h)	$\bar{q}$ (H)
비열	–	kcal/kgf℃	–		kJ/kg · K	1kcal/kgf℃=4.186kJ/kg · K	c
열용량	–	kcal/℃	–		J/K	1kg/℃=4.186kJ/K	C
열전도율		kcal/mh℃			W/m · K	1kcal/mh℃=1.1628W/m · K	λ
열전달률 (열관류율)		kcal/m²h℃			W/m² · K	1kcal/mh℃=1.1628W/m² · K	α (K)
열저항		m²h℃/kcal			m² · K/W	1m²h℃/kcal=0.86m² · K/W	R
길이	m		m	미터			l, δ
면적		m²			m²	표면적 S, 단면적을 A로 한다.	S, A
체적		m³ (l)			m³		V
시간	h	(s) (min)	s	초	(h)		t
점도	p				Pa · s	1Pa · s=10P	
동점도	St				m²/s	1m²/s=10^4St	v

2. SI(The International System of Units, 국제단위계)단위

현재 세계 대부분의 국가에서 채택하여 국제 공동으로 사용하고 있는 단위계로서 '미터계' (또는 '미터법') 라고 부르고 사용되어 오던 단위계가 현대화된 것으로서 우리나라도 2007년 7월 1일부터 법정계량단위 의무화가 시행됨에 따라 공학 분야에서도 SI단위를 사용하여야 한다.

① SI기본단위 : SI의 가장 기본이 되는 7개의 단위로서 독립적인 차원을 갖도록 정의

기 본 량	길이	질량	시간	전류	온도	물질량	광도
이 름	미터	킬로그램	초	암페어	켈빈	몰	칸델라
기 호	m	kg	s	A	K	mol	cd

② SI유도단위 : 물리적 원리에 따라 여러 SI기본단위들을 곱하거나 나누어 유도한 새로운 단위

기 본 량	넓이	부피	속력	가속도	밀도	농도	광휘도
기 호	m^2	m^3	m/s	m/m^2	kg/m^3	mol/m^3	cd/m^2

3. 질량과 중량의 차이

① 질량 : 물체를 이루는 물질의 실질적인 양이기 때문에 장소와는 무관하다.

② 중량(무게) : 물체에 작용하는 중력의 크기로 측정 장소의 중력에 따라 다르다.
달의 중력은 지구의 1/6에 불과하므로 질량 60kg인 사람의 몸무게는 지구에서 60kgf, 달에서 1/6인 10kgf 가 된다.

4. kg과 kgf의 차이

① kg : 질량의 단위

② kgf : 중량(무게, 힘)의 단위, 1kgf는 1kg의 질량이 $9.8m/s^2$의 중력장 안에 있을 때 받는 힘(하중)
몸무게가 60kg이라는 것은 질량이 60kg이고, $9.8m/s^2$의 중력가속도를 받고 있다는 뜻

5. 힘과 압력단위 환산비교표

양	SI단위	비교 단위				비고
힘	N	kgf	dyn			$1N=1kg\times1m/s^2$ $1kgf=kg\times9.8m/s^2$
	1	0.0109716	10^{-5}			
	9.80665	1	9.80665×10^{-5}			
	10^{-5}	1.09716×10^{-5}	1			
압력	Pa	kgf/cm^2	atm	mmaq	mmHg	$1Pa=1N/m^2$ $1MPa=10^6Pa$
	1	1.09716×10^{-5}	9.869233×10^{-5}	0.1019716	7.500617×10^{-3}	
	9.80665×10^{-5}	1	0.9678411	10^{-4}	735.5593	
	1.01325×10^{-5}	1.033227	1	1.033227×10^{-4}	760	
	9.80665	10^{-4}	9.678411×10^{-5}	1	7.355592×10^{-2}	
	133.3224	1.359510×10^{-3}	1/760	13.59510	1	

6. 급수압력

① 압력의 단위 : 압력(Pressure)은 유체에 대한 단위면적당 작용하는 힘을 말하며, 표준기압(1atm)은 해발고도 0m에서 공기의 무게가 수평면 위에 작용하는 힘(압력)을 말한다. 지금까지 설비 분야에서는 압력의 단위로 중력단위(공학단위)계인 kgf/cm^2를 주로 사용하였지만 앞으로는 SI단위인 Pa을 사용하여야 한다.($1MPa=10^6Pa$)

1표준기압 1atm=760mmHg=10.33mAq=1.033kgf/cm^2=0.1013MPa

1공학단위 1at=735.6mmHg=10mAq=1kgf/cm^2=0.098MPa≒0.1MPa

② 수압과 수두 : 액체의 압력은 액체의 임의의 면에 대하여 항상 수직적으로 작용하며, 수압과 수두와의 관계는 다음과 같다.

P(수압) : W · H=1,000kgf/m^3×H(m)=1,000H(kgf/m^2)

그러므로

P=0.1H(kgf/cm^2)=0.01H(MPa)

여기서, W : 물의 단위체적당 중량(kgf/m^3)

H : 수두(Head) 또는 수전고(m)

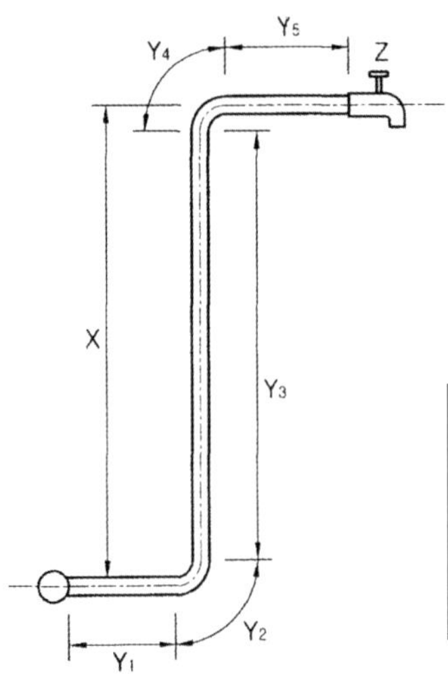

X : 중력에 해당하는 압력
Y : 배관계통 내의 마찰손실 압력
Z : 기구에서 필요한 압력
필요수압 : X+Y+Z

7. 사이펀 작용

대기압을 이용하여 굽은 관으로 높은 곳에 있는 액체를 낮은 곳으로 옮기는 장치를 사이펀(Siphon)이라고 하며, 그 작용을 사이펀작용이라고 한다.

공기나 물체에 닿는 것을 기피하는 약액(藥液) 등을 옮기는데 편리하며, 약액 등의 위에 뜬 맑은 액체만을 구분하여 옮길 수도 있다. 원리는 높은 쪽의 액면(液面)에 작용하는 대기압(大氣壓)으로 인해 액체가 관 안으로 밀어 올려지는 것을 이용한 것이다.

$P_1 = P_0 - \gamma \cdot H_1$

$P_2 = P_0 - \gamma \cdot H_2$

여기서 P_1, P_2 : A점을 경계로 한 점의 압력

P_0 : 대기압

γ : 용기 안의 액체 비중

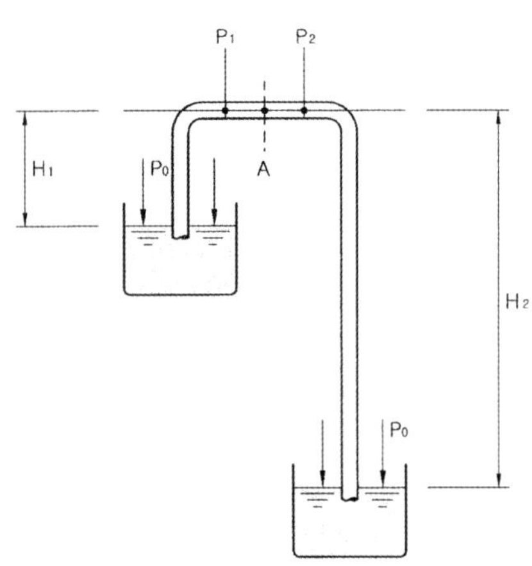

위의 식에서 $H_1 < H_2$이므로 $P_1 >$ 이다. 따라서 압력이 큰 쪽(P_1)에서 압력이 작은 쪽(P_2)으로 물이 흐르게 된다.

또한 토목공학에서는 관로(管路)의 대부분이 물매선 이상의 높이인 경우를 사이펀이라고 한다. 또한, 수증기 증류의 원리를 응용한 유리제의 커피포트(coffee pot)를 사이펀이라고 부르는 경우도 있다.

차 례

제 1 장

건축설비 개론

1.1 건축설비란

1.1.1 건축설비의 역할

훌륭한 건축은 외관이나 실내공간이 디자인적 · 기능적으로 뛰어남과 동시에 그 공간에서 생활을 하고 일을 하는 사람들에게 안전하고 위생적이며 쾌적한 환경을 제공한다. 우리 주변에서도 훌륭한 건축을 볼 수 있다. 그 중 한 예가 그림 1.1에 나타낸 전통민가이다.

그림 1.1 전통민가의 예[1-1)]

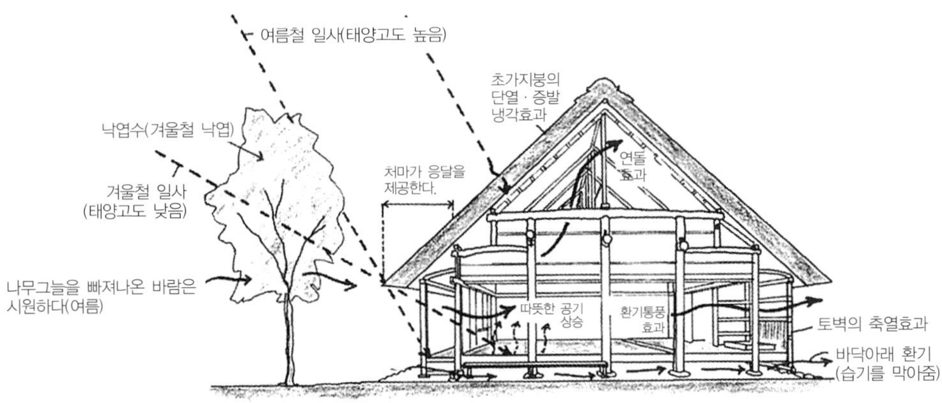

그림 1.2 민가의 환경조절 구조[1-1)]

옛 전통민가는 그림 1.2에서 보면 알 수 있듯이 초가지붕이라는 두꺼운 지붕으로 단열을 하고, 처마로 더위와 햇볕을 막으며, 높은 창을 통해 자연환기와 통풍을 함으로써 무더운 여름 날씨에도 쾌적한 생활을 할 수 있도록 되어 있다. 또한 부지 주위에는 낙엽수를 심어 여름철 햇볕을 차단하고 겨울에는 따뜻함을 느낄 수 있도록 마당이나 주변 환경까지 고려하여 계획되었다.

이와 같이 기후나 풍토처럼 건물을 둘러싼 환경조건을 고려하고 그 조건에 맞는 패시브한 수법[1]을 이용해 쾌적한 공간을 만들어내기 위한 여러 계획들이 이루어져 왔다.

건축을 계획 · 설계할 때 기상조건이나 주변조건의 차이에 의해 변화되는 건물의 열 · 공기 · 소리 · 빛 · 물 등의 환경요소를 민가의 예에서 설명한 것처럼 쾌적한 상태로 유지할 수 있도록 계획하기 위해서는 물리적 이론이나 수치적 근거가 필요하다. 바로 그러한 것들을 다루는 과목이 '건축환경공학' 이다.

그러나 민가와 같은 환경 조절을, 도심의 좁은 땅에 짓는 주택이나 기후풍토가 다른 지역에 짓는 빌딩에도 과연 실현할 수 있을까? 기후나 풍토는 지역마다 제각기 다르고 기상조건도 계절에 따라 변하기 때문에 패시브한 수법만으로는 쾌적한 거주환경을 실현할 수 없다.

따라서 에어컨이나 조명 등의 기계와 전기를 이용한 액티브한 수법[2]에 의해 건축환경공학에서 다루는 쾌적한 실내환경을 만들어야 한다. 이러한 것들을 담당하는 것이 '건축설비공학' 이다.

오늘날 건축설비기술은 많은 발전을 이루어왔지만 건축가가 잊지 말고 기억해야 할 것은 그림 1-3에 나타낸 것처럼 1년이라는 전체 기간을 패시브한 수법으로 쾌적한 환경을 만들도록 연구한 다음 부족한 부분을 건축설비라는 액티브한 수법으로 보완하는 것이 기본자세이다.

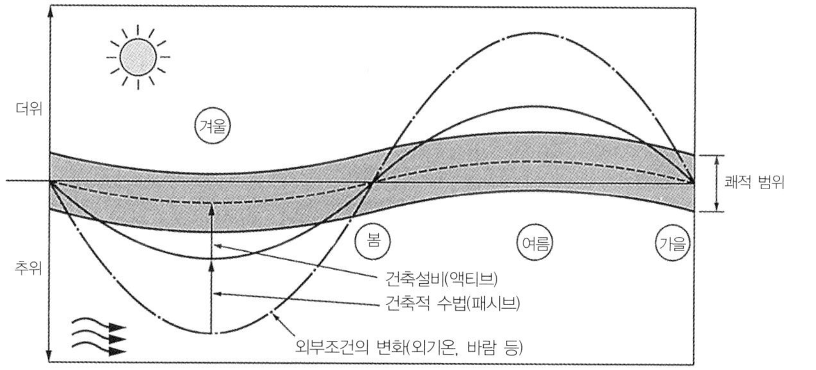

그림 1.3 패시브 수법과 액티브 수법에 의한 환경제어

1.1.2 건축설비의 종류와 구성

건축법에서는 건축설비를 '건축물에 설치하는 전기, 가스, 급수, 배수, 환기, 난방, 냉방, 소화, 배연 혹은 오물처리설비 또는 연돌, 승강기 혹은 피뢰침을 말한다' 고 정의되어 있다. 일반적으로 이러한 설비는 급배수위생설비, 공기조화설비, 전기설비의 세 가지로 분류된다. 이 책에서는 이에 대해 사무소빌딩, 집합주택, 단독주택의 예를 들어 설명하도록 하겠다.

1) 패시브한 수법 : 바람이나 햇볕을 이용하거나 식재 등을 배치하여 기계적 기술에 의존하지 않고 환경조절을 하는 수법
그림 1.1의 제목 옆에 있는 1-1)이라는 번호는 권말의 참고 · 인용문헌 번호를 표시한 것이다.
2) 액티브한 수법 : 기계적 · 전기적 설비기기 시스템 등을 이용하여 일부는 강제적으로 환경조절을 하는 수법

(1) 사무소빌딩의 건축설비

1) 급배수위생설비

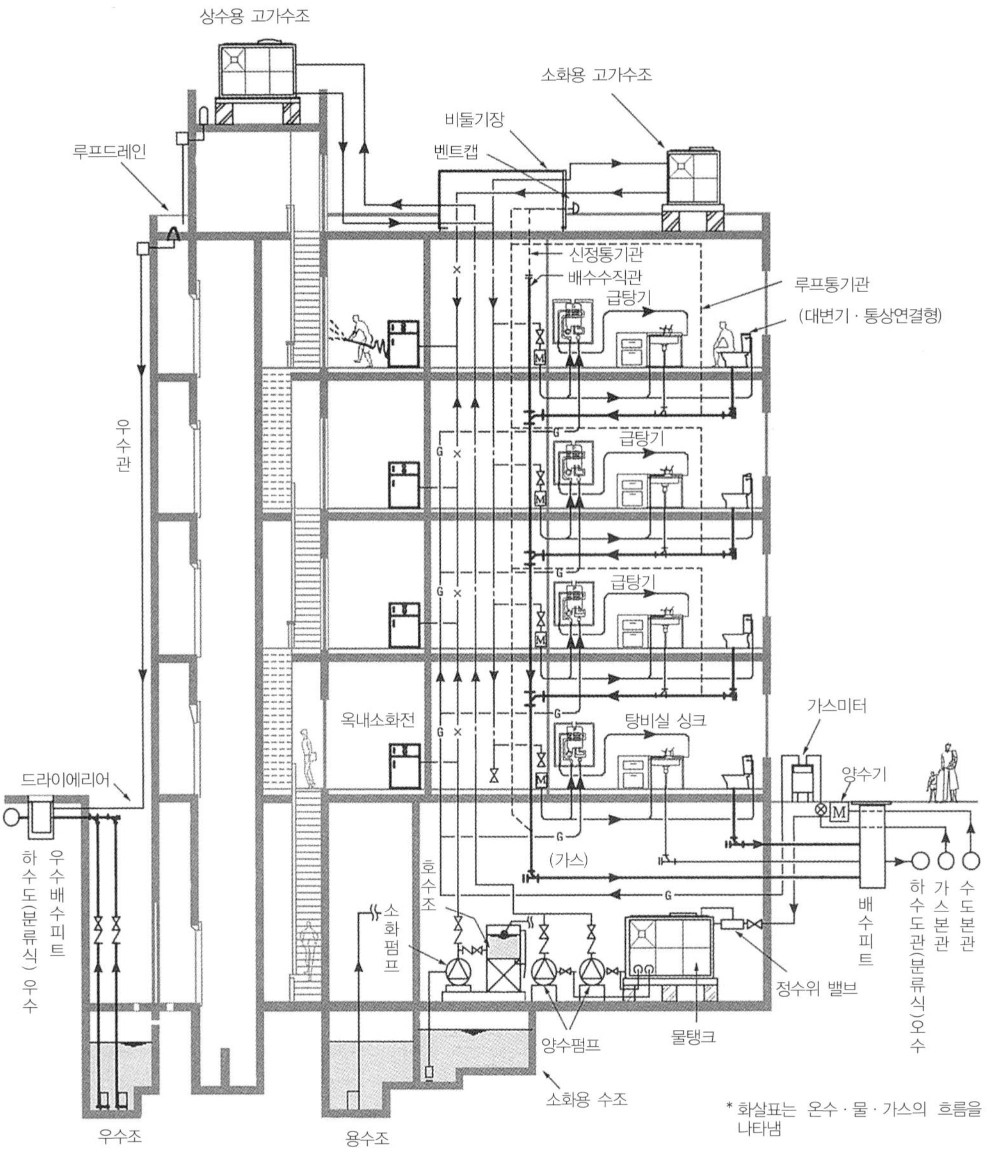

그림 1.4 사무소빌딩 설비의 개요(급배수위생설비)

급배수위생설비의 예를 나타내면 그림 1.4와 같다. 급배수위생설비에서 사용되는 상수[1]는 수도본관에서 끌어와 일단 물탱크에 저장되고 양수펌프에 의해 고가수조에 양수된 후 또는 직접 급수관을 통해 건물 내의 대변기나 세면기 등에 급수된다. 이러한 것을 **급수설비**라고 한다. 급수된 물은 급탕설비(급탕기 등)로 가열되며 음용이나 입욕용으로 쓰이기 위해 주방 싱크대 또는 욕실

1) 음용수(2.2 참조)

의 욕조, 샤워기로 급탕된다. 이때 대변기, 세면기, 욕조 등을 **위생기구설비**라고 한다. 가열의 열원이 되는 가스를 다루는 것은 **가스설비**이다. 최근에는 전기에 의한 가열기도 증가하고 있다.

위생기구에서 사용된 온수나 물은 배수관 같은 **배수설비**를 거쳐 하수도로 배수된다. 또한 부지나 지붕에 내린 빗물도 우수관을 통해 역시 하수도로 배수된다. 하수도가 정비되어 있지 않은 지역에서는 정화조를 설치하여 하천 등에 방류해도 될 정도의 수질로 정화시킨 후 배수된다. 이를 **배수처리설비**라고 한다. 그 외에 화재시 쓰이는 소화용 기기나 장치 등을 **소화설비**라 하며, 급배수위생설비에 포함된다.

건물에서 배출되는 쓰레기 제거 및 처리를 다루는 쓰레기처리설비나 생활배수 또는 빗물을 처리하여 건물 내에 재이용하는 우수 · 배수재이용설비 등도 **특수설비**라 하여 급배수위생설비에 포함된다.

위생적이고 안전한 물을 낭비 없이 공급하며 일단 사용된 물(쓰레기도 포함)은 원활하게 처리하여 부지 밖으로 제거하는 것이 급배수위생설비의 기본원칙이다.

2) 공기조화설비

공기조화설비의 예를 나타내면 그림 1.5와 같다. 공기조화설비에서 사용되는 공기는 외부로부터 급기되어 냉동기나 보일러 같은 **열원설비**에 의해 만들어진 냉수 또는 증기가 **공기조화기**로 보내져 가열 · 냉각, 가습 · 감습 등으로 조절된다. 또한 송풍기에 의해 덕트나 배관 같은 **열반송설비**를 거쳐 실내로 공급된다. 특히 햇볕이나 외부온도의 영향을 받기 쉬운 건물 바깥의 창 부근에는 팬코일 유닛이라 불리는 **공기조화기기**를 별도로 설치하여 냉수나 증기를 통해 마찬가지로 공기를 처리한다.

공급된 공기의 일부는 덕트를 통해 배기되며 나머지는 환기되어 외부에서 유입된 신선한 공기와 섞여 공급된다. 이러한 과정을 통해 실내 공기의 온도 · 습도 · 청정도, 기류의 상태 등을 쾌적한 상태로 유지하는 것이 공기조화설비의 역할이다.

3) 전기설비

전기설비의 예를 나타내면 그림 1.6과 같다. 전기설비에서 사용되는 전기는 전력회사로부터 공급되어 **수변전설비**로 건물의 용도에 맞게 전압을 변압시키며, 하나는 동력분전반에서 동력간선을 통해 공조용 냉난방기기, 위생기기용 급배수펌프 등의 동력으로 공급된다. 이것이 **동력설비**이다. 다른 하나는 전등간선, 분전반을 거쳐 조명이나 콘센트에 공급된다. 이것이 **조명 · 콘센트설비**이다.

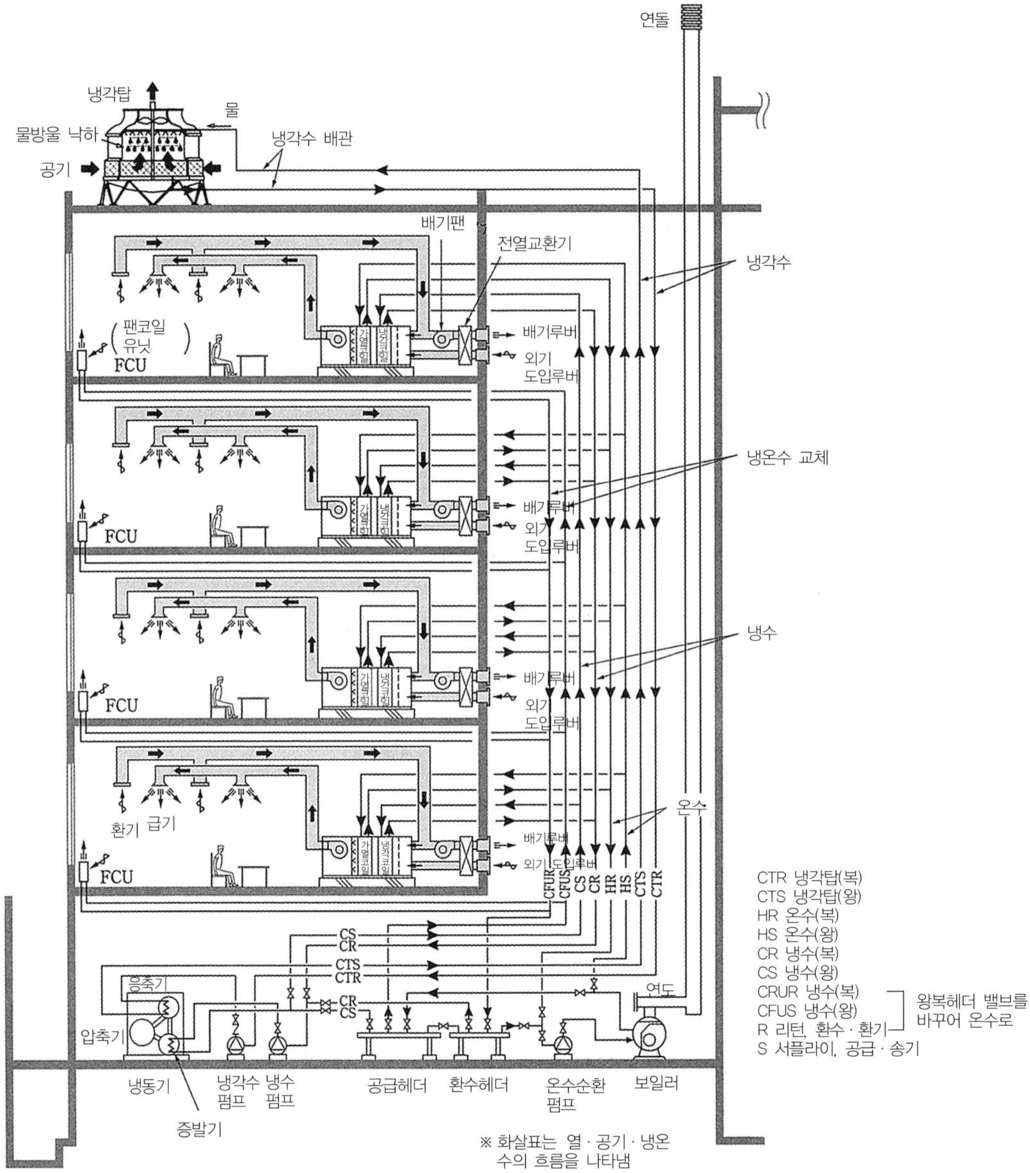

그림 1.5 사무소빌딩 설비의 개요(공기조화설비)

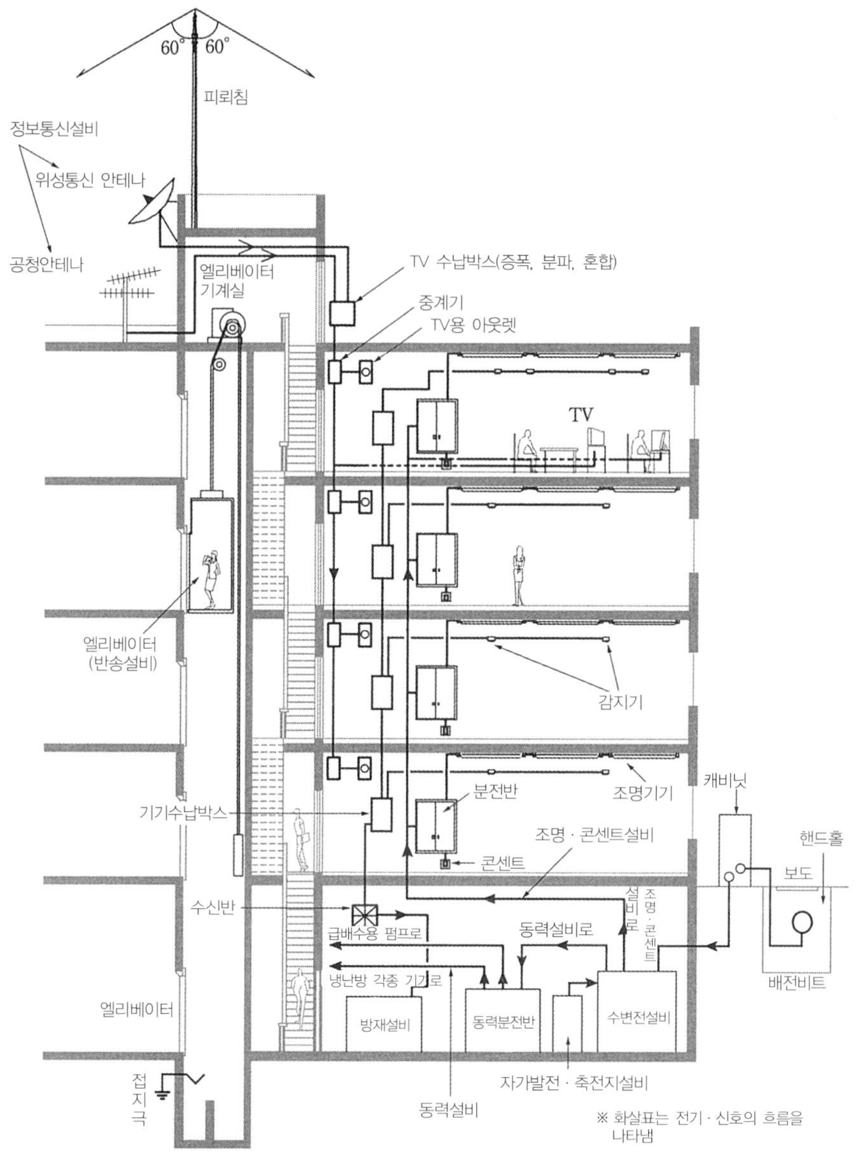

그림 1.6 사무소빌딩 설비의 개요(전기 · 반송설비)

그 밖에 정보를 다루는 **정보 · 통신설비**가 있어 건물 내의 연락, 표시, 통보 등에 쓰인다. 이러한 설비에는 전화설비, 구내방송설비, TV공동수신설비, 전기시계설비, 인터폰장치, 방송설비, LAN설비[1] 등이 있다.

또한 건물의 방재대책으로 **소화설비**, **경보설비**, 피난설비를 작동시키는 **방재설비** 등이 있다.[2] 그 외에 엘리베이터나 에스컬레이터 같은 **반송설비**가 있다.

한편 1)~3)에서 설명한 급배수위생설비, 공기조화설비, 전기설비, 반송설비의 적용범위는 건

1) LAN : Local Area Network의 줄임말

2) 소화설비는 급배수위생설비 2-8에서, 방재설비는 전기설비 4-6에서 설명한다.

물과 부지 내로 제한되지만 도시의 기반이 되는 공공용 설비, 즉 상하수도관, 가스관, 전력·정보간선 등은 **도시기반시설(인프라 스트럭처)**라고 하여 **도시설비**로 다룬다.

(2) 단독주택의 건축설비

그림 1.7에 단독주택의 설비 예를 나타낸다.

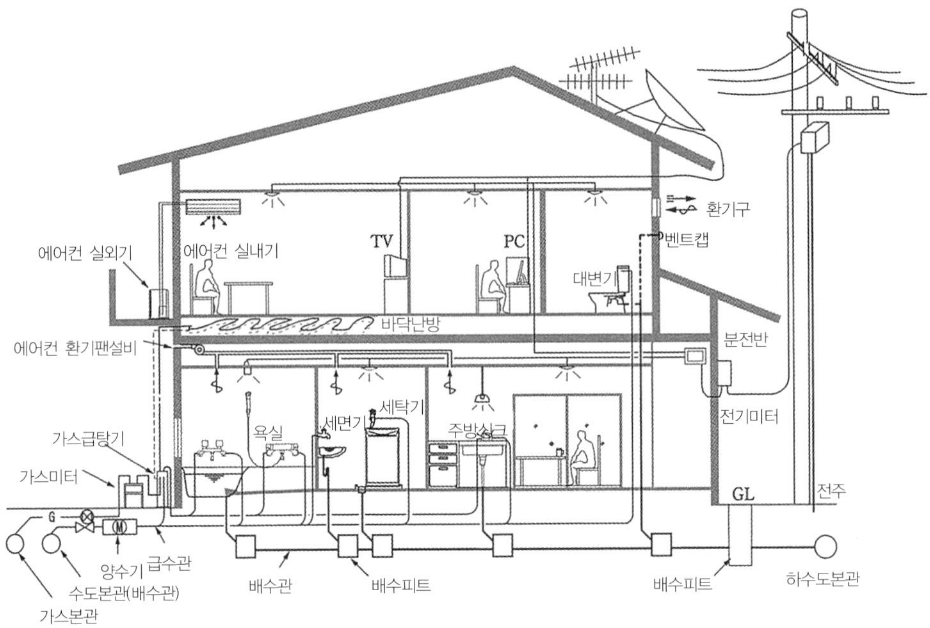

그림 1.7 단독주택의 설비 개요

급배수위생설비의 경우 상수는 일반적으로 수도본관(배수관)에서 끌어와 세대에 연결된 양수기(수도미터)를 거쳐 배수관이 지닌 수압력으로 1~3층 정도의 높이(약 10m 이하)까지 접속된 위생기기로 급수·급탕된다. 사용 후에는 사무소빌딩과 마찬가지로 배수된다. 소화설비로는 소화기를 사용한다.

공기조화설비의 경우 소형 히트펌프식 에어컨(실내기와 실외기가 1 : 1로 대응)을 이용하는 것이 일반적인데, 실외기 하나로 여러 개의 실내기를 처리할 수 있는 멀티방식(이하, 센트럴방식)을 채용하는 경우도 있다. 환기설비는 주방, 화장실, 욕실 등에 환기용 팬을 설치한다. 또한 2003년 7월 1일에 환기와 **새집증후군**[1]에 관련된 법령상의 규제가 마련되면서 새집증후군의 해결법으로 집안을 24시간 연속 환기시켜 실내의 유해물질을 배출해내는 환기설비를 설치하도록 하였다. 난방기기에는 가스나 전기를 열원으로 한 온풍히터와 바닥난방설비 등이 있다.

---

1) "새집증후군(Sick House Syndrome)"은 의학용어로써, 새로 지은 주택이나 리모델링하는 기존의 주택에서 발생되는 포름알데히드나 인체 유해화학물질(VOC) 등으로 인하여 실내의 공기가 오염되어 일시적 또는 만성적인 두통, 눈·코·목 등의 이상, 구토, 어지러움, 가려움증 등 거주자의 건강에 이상을 일으키는 증세를 말합니다.

전기설비의 경우 조명이나 에어컨의 전원에 100V, 식기세척기, 전기온수기, IH 쿠킹히터[1] 등의 용도에는 200V 전원이 필요하다. 최근에는 200V 전원을 요하는 에어컨도 시판되고 있다. 가정용 정보 · 통신설비로는 주택정보반에 전화회선, 인터폰 등을 접속시킨 것도 일반화되고 있다.

(3) 집합주택의 건축설비

그림 1.8에 집합주택의 설비 예를 나타낸다. 단독주택의 설비와 크게 다른 점이라면 다음과 같다.

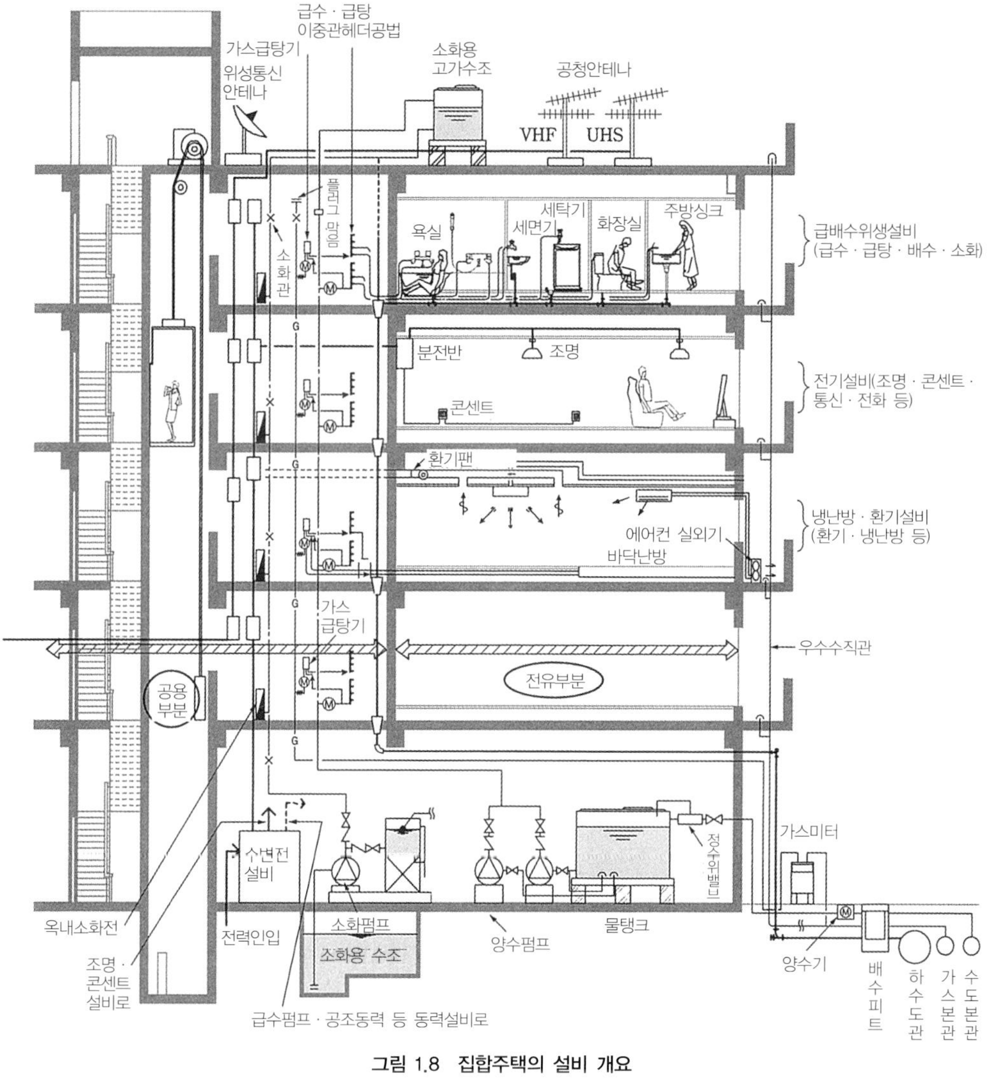

그림 1.8 집합주택의 설비 개요

1) IH : Induction Heating(전자유도가열)의 줄임말로 불을 사용하지 않고 자력선의 작용으로 냄비 같은 조리기구에 열을 발생시키는 가열방법을 가진 히터이다.

1) 설비 전반에 대하여

① 복도나 파이프샤프트 같은 공용부분에 속하는 설비는 공용부 설비라 하고 세대 내는 전유부분이라 하며 이에 속하는 설비를 전용부 설비라 하여 크게 두 가지로 나눌 수 있다. 단독주택의 경우는 주로 전용부 설비를 다룬다.

② 집합주택은 공동생활을 하는 곳이기 때문에 설비의 유지관리에 대해 관리규약 같은 룰이 있다.

③ 집합주택은 상하좌우에 구조체를 매개로 세대가 있기 때문에 설비의 소음 · 진동이 다른 세대로 전달되지 않도록 특히 주의하여 계획 · 설계해야 한다.

2) 급배수위생설비에 대하여

① 단독주택은 수도배수관에서 직접 급수하는 수도직결 급수방식이 주를 이루지만 집합주택은 급수능력이 높은 물탱크 방식[1]이 주로 쓰이고 있다. 최근에는 수도직결 증압방식도 채용되기 시작했다.

② 전용부분의 급수 · 급탕방식은 단독주택의 경우 수도인입관 부분 이후에 분기시키는 배관을 사용하는 경우가 많지만 집합주택은 급탕 · 급수헤더라 불리는 부재를 사용한 급수 · 급탕 이중관헤더공법[2]이 채용되는 경우가 많다.

③ 고층 · 초고층 집합주택은 욕조나 변기 등의 위생기구로부터 나오는 배수가 중복되는 경우가 많기 때문에 큰 배수부하에 대응할 수 있도록 배수수직관이나 배수수평주관의 각 부위에 대해 세심한 배려를 한 특수이음배수시스템[3]을 채용하는 경우가 많다.

3) 공조 · 환기설비에 대하여

① 집합주택은 개구면에 면하여 거실을 배치하기 때문에 비거실공간이 되는 물 사용 공간이 전용부분의 중심부에 배치되는 경우가 많으므로 물 사용 공간의 환기에는 급배기용 팬과 덕트를 사용하는 수법이 주로 쓰이고 있다.

② 단독주택은 외기에 면한 부분이 많지만 집합주택은 일반적으로 주위에 세대가 있는 경우 단열효과가 높으며 냉난방소비에너지를 적게 할 수 있다.

---

1) 2.2.3 (2) 참조
2) 칼럼 3 참조
3) 2.5.6 (4) 참조

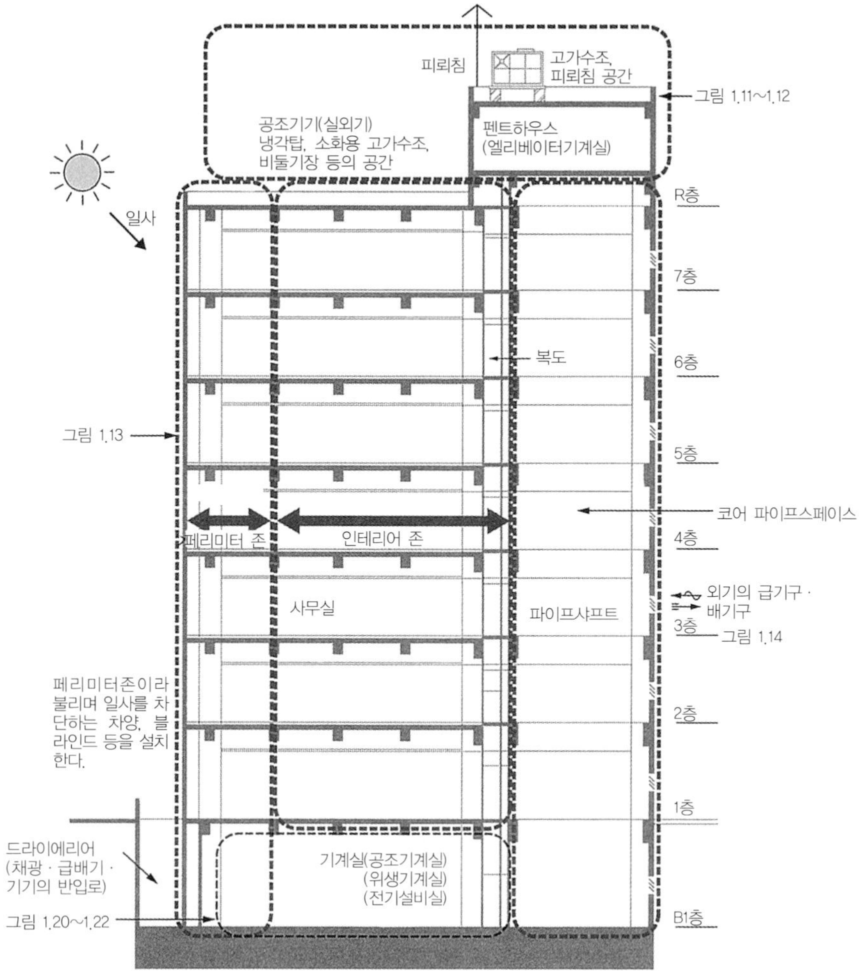

그림 1.9 사무소빌딩의 단면도

1.1.3 건축계획과 설비계획의 관련

건축설비를 건물에 설치하고 이를 기능적으로 운용하며 유지관리를 위해서는 적절한 설비계획을 세워야 할 필요가 있다. 이때 건축계획과 설계의 접점도 많기 때문에 몇 가지 유의해야 할 점을 들어보자.

그림 1.9는 그 대표적인 예로 사무소빌딩의 단면도를 나타냈으며, 그림 1.10은 평면도로 설비계획을 할 때 관련된 건물의 부위를 나타냈다.

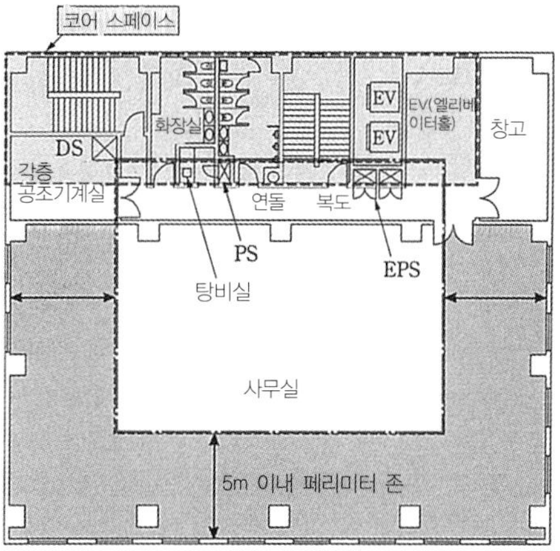

그림 1.10 사무소빌딩의 기준층 평면도

(1) 옥상과 펜트하우스

일반 빌딩의 옥상에는 그림 1.11과 같이 계단실에서 옥상으로 뺀 **펜트하우스**(옥탑)가 계획되는데, 그 윗부분에는 급수용 고가수조가 놓이는 경우가 많다. 이는 건물의 상층 부분에 급수를 할 때 수압이 부족하기 때문에 건축물을 이용해 급수압을 확보하기 위하여 쓰이는 경우이다. 엘리베이터 케이지를 매달기 위한 엘리베이터 기계실도 펜트하우스 내에 계획된다. 또한 펜트하우스 옆에는 보일러 연돌과 피뢰침도 설치된다.

또한 옥상에는 공조설비용 냉각탑, 실외기, 소화용 고가수조 등이 놓이며 각 설비의 배관이나 덕트가 옥상 슬래브를 관통하여 아래층으로 통하기 때문에 방수와 유지관리를 하기 쉽도록 **비둘기장**이라 부르는 작은 콘크리트 박스를 통해 각각의 기기에 연결된다(그림 1.12).

그림 1.11 펜트하우스와 고가수조

그림 1.12 옥상에 놓인 설비기기

(2) 외벽과 드라이에리어

건축물의 외벽은 일사를 받는다. 특히 창문 주위에서 5m 정도까지는 안쪽 실내 공간보다 외기나 일사의 영향을 더 많이 받기 때문에 냉난방을 하는 공기조화설비를 계획할 때 중요한 존(**페리미터 존**[1])이라 함)이다. 건축계획을 할 때 블라인드나 단열유리 등을 이용해 일사를 차단하는 계획이 필요하다.

그림 1.13은 르 코르뷔지에가 설계한 건물로 지중해와 가까운 프랑스 마르세유의

그림 1.13 유니테 다비타시온(Unite d'Habitation)의 외관(마르세유)

1) Perimeter Zone, 1.2.2 (1) 참조

유니테 다비타시옹(Unite d'Habitation)이라는 건물 외관이다. 지중해의 뜨거운 여름 일사를 차단하기 위해 조각을 넣은 파사드와 **브리즈 솔레이유**[1]라고 불리는 차양이 사용되었는데, 이는 페리미터존의 일사를 차단하는 데 참고가 되는 수법이다.

또한 공조용에 신선한 외기를 도입하거나 오염된 공기를 내보내기 위해 그림 1.14와 같이 건물 외벽에 급기구를 설치할 필요가 있으므로 미관을 해치지 않는 디자인상의 배려가 필요하다.

그림 1.14 건물 파사드와 외벽 급기구(루버)

대형 공조기기나 보일러를 설치하는 기계설비실을 지층에 계획하는 경우에는 외기도입용이나 기계의 메인터넌스를 하는 경우의 기기반입로를 겸하여 그림 1.15와 같이 드라이에리어[2]라고 불리는 공굴(空堀)을 계획한다.

그림 1.15 드라이에리어

(3) 코어와 파이프 스페이스

그림 1.10과 같이 건물의 평면에서 수직방향으로 향하는 설비배관과 덕트류, 계단실, 엘리베이터 등을 효율적으로 집약시킨 공간을 **코어**라고 하며, 건축과 설비의 조화에서 가장 중요한 부분이다. 건축계획과 구조계획 모두 깊이 관련된 부분이다.

코어의 분류는 그 배치방식에 따라 예를 들면 그림 1.16과 같이 나눌 수 있다. 특히 그림 1.17에 나타낸 것처럼 세로방향으로 배관이나 덕트가 관통하는 스페이스를 파이프샤프트, 덕트샤프트(줄여서 PS, DS[3]라 함)라고 하며 수직방향으로 지나는 물 · 공기 · 열의 반송 스페이스가 된

---

1) Brise-Soleil, 원래는 차양이라는 의미이지만 일조조정 수단으로 건축화된 차양을 가리킨다. 르 코르뷔지에가 적극적으로 작품에 사용했다.
2) 채광 · 환기 · 방습 등을 위해 지하벽을 따라 만드는 공굴(空堀)이다.
3) PS : Pipe Shaft, DS : Duct Shaft의 줄임말

다. 또한 전기배선이 지나는 공간은 전기간선 샤프트(EPS[1])라고 한다. 일반적으로 각층에 설치되는 화장실이나 탕비실처럼 물을 사용하는 곳은 급수, 급탕, 배수를 하기 쉽도록 파이프샤프트와 가까운 위치에 계획하는 것이 바람직하다.

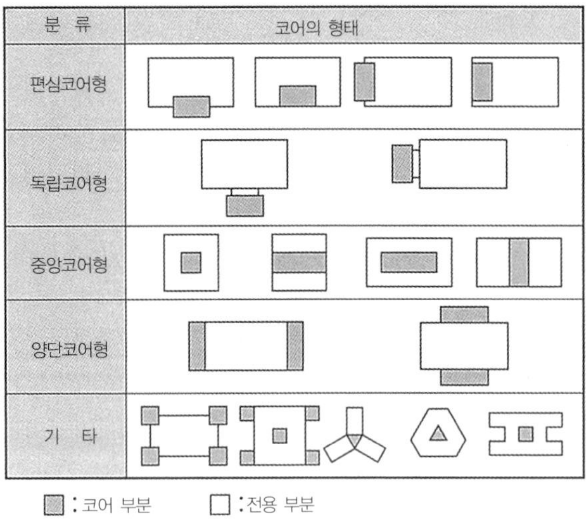

그림 1.16 코어 배치에 따른 분류

그림 1.17 파이프샤프트 내부의 모습

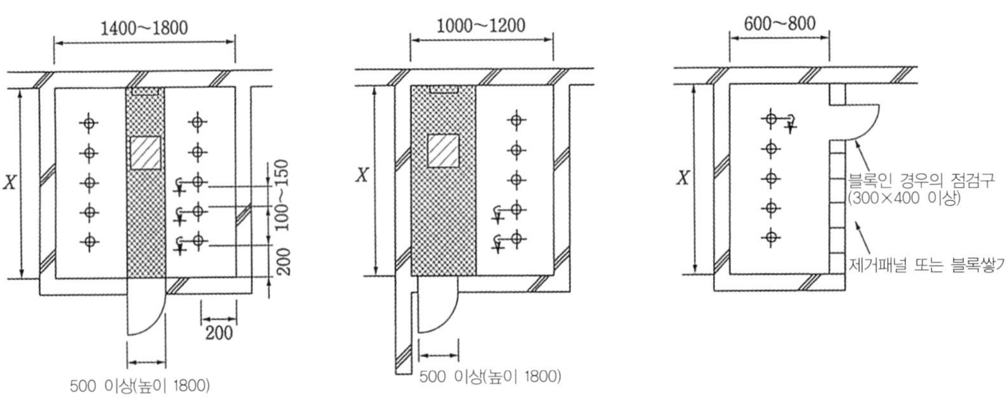

(a) 양쪽에 배관을 세우는 경우 (b) 한쪽에 배관을 세우는 경우 한쪽에 배관을 세우는 경우(B)

(사무소빌딩의 참고치)

항 목		기준층 바닥면적에 대한 비율(%)
공조	덕트 스페이스(배연 포함)	1.6~2.5*1
	공조배관스페이스	0.4~1.0*1
위생배관 스페이스		0.3~0.8*2
전기배관 스페이스 배선 스페이스		0.3~1.0*2
계		2.6~5.3(일반적으로 2.5~3.5가 많음)

주
1) 환기 · 배연설비 덕트, 공조용 배관, 전기배관 등이 들어가는 경우는 그만큼의 공간을 고려한다.
2) 향후 증설배관 또는 배관 교체용 공간으로 긴 쪽 방향으로 600~800mm 예상
3) X는 관의 개수를 고려하여 결정한다.
4) 각 배관, 덕트 스페이스는 왼쪽의 표를 참고로 한다.
5) 집합주택의 경우 위생배관 · 덕트 스페이스는 기준층 바닥면적의 4.0~4.5% 정도로 한다(저자의 조사에 의함)

*1 외기도입 및 배기를 위한 공용 샤프트는 포함하지 않는다.
*2 분전반 스페이스 및 트랜스실을 포함한다.

그림 1.18 파이프샤프트 내의 배관과 덕트의 배치

1) Electrical Piping Shaft의 줄임말

파이프샤프트 안은 그림 1.18과 같이 설비를 정리하여 배치하고 시간의 흐름에 따른 변화에 대응하여 배관을 보수하거나 교체하는 등의 유지관리를 쉽게 할 수 있도록 어느 정도의 작업공간을 확보해두는 것이 바람직하다.

그림 1.19는 프랑스 파리에 있는 퐁피두센터인데 이와 같이 덕트, 급배수계통, 전기계통, 반송 엘리베이터 계통의 배관을 건축구체와 분리하여 옥외로 노출시키고 더욱이 이를 하나의 디자인으로 완성시킨 건물도 있다. 갱신성을 고려하면 설비와 건축구체를 분리시켜 두는 것도 중요하다.

그림 1.19 퐁피두센터 외관(프랑스 파리)

(4) 설비기계실과 소요면적

건물에는 설비기계실을 마련하여 대형 설비기기를 수납한다. 설비기계실에는 일반적으로 위생설비실 · 공조설비실 · 전기설비실이 있다. 그림 1.23 및 그림 1.20~1.22에 그 예가 나타나 있다.

그림 1.20 공조기계실의 예

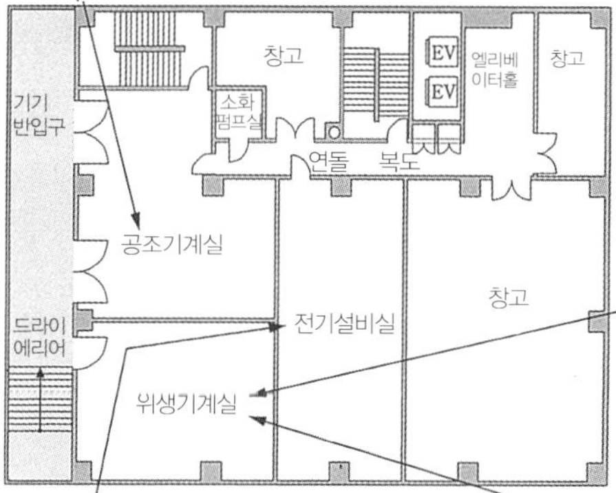

그림 1.23 지하설비기계실의 배치 예

(1) 양수펌프

(2) 물탱크

그림 1.21 위생기계실의 예

그림 1.22 전기설비실의 예

보통 각 기계실의 합계연면적은 건축연면적의 5~10% 정도를 기준으로 하고 있는데, 공조방식이나 열원방식(그림 3.47~3.57), 급수방식(그림 2.4~2.11)의 종류에 따라 그 비율이 다르므로 주의해야 한다. 또한 각 설비기기의 주변에는 유지관리와 메인터넌스를 하기 쉽도록 충분한 공간을 확보해야 한다.

1.2 지구환경과 건축설비

1.2.1 지구환경문제와 건축설비

쾌적하고 편리성 높은 생활환경을 만들기 위해 건물의 냉난방, 조명, 급탕 등으로 소비되는 에너지는 해마다 증가하고 있다. 그리고 그에 사용되는 석유 · 석탄 · 천연가스 등의 화석연료가 연소됨에 의해 발생하는 이산화탄소(CO_2)는 지구온난화에 큰 영향을 미치고 있다. 그 결과 도심은 기온 상승과 이상기상 현상을 초래하며 지구의 평균기온이 상승하는 결과를 낳았다.

이에 1997년 교토에서 열린 기후변동궤조조약의 제3회 체약회의(COP_3)에서는 그 원인이 되는 온실효과가스(이산화탄소(CO_2), 메탄(CH_4), 아산화질소(N_2O), 수소불화탄소(HFCs), 과불화탄소(PFCs), 육불화유황(SF_6))에 대해 교토의정서로 삭감목표를 정했다. 그 중에서 일본은 온실효과가스의 배출량을 2010년을 목표로1990년 수준보다 6% 삭감하기로 약속했다. 이후 참가국간의 대화와 조정이 이루어져 2005년 2월에 목표 달성을 위해 정식으로 교토의정서가 발효되었다.

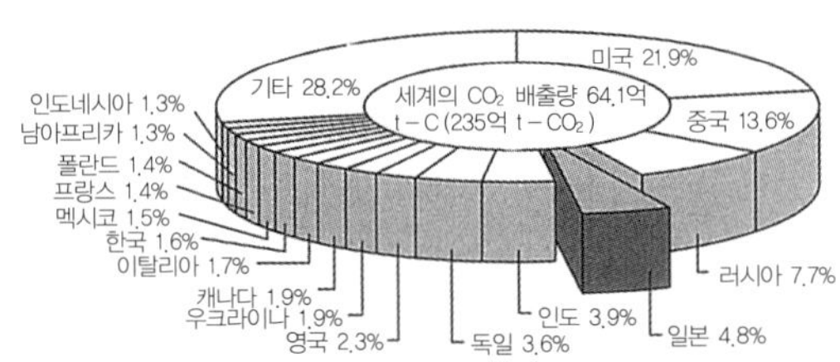

그림 1.24 각국의 이산화탄소 배출비율도(1995년)

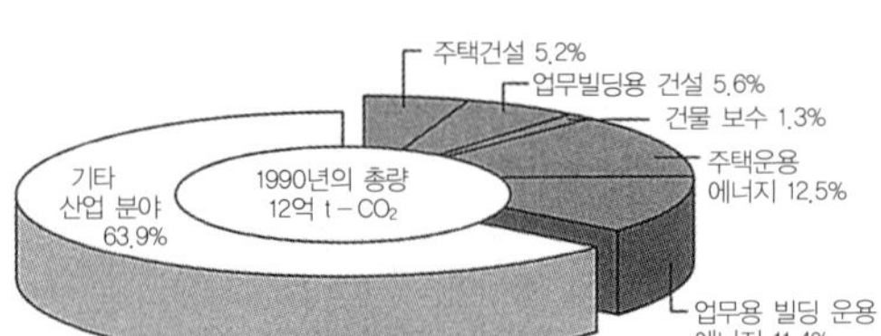

그림 1.25 일본의 부문별 CO_2 배출비율(1990년 산업연관표를 이용하여 추계)

일본의 경우는 그림 1.24에 나타낸 것처럼 미국, 중국, 러시아에 이어 세계에서 네 번째로 많은 이산화탄소 배출국이며 그림 1.25에서와 같이 산업별 배출량 내역을 보면 건설업은 약 35%를 차지하고 있다. 목표를 달성하기 위해서는 건축과 주택에서 소비되는 민생용 에너지의 삭감이 필요불가결하다고 말할 수 있다.

1.2.2 건물과 에너지절감

그림 1.26에 나타낸 것처럼 사무소, 주택에서 소비되는 에너지와 그 내역은 건물의 용도에 따라 다르다. 예를 들면 사무소빌딩에서 소비되는 에너지의 내역은 약 23%가 냉난방용, 약 27%가 공조동력용[1], 약 34%가 조명 · 콘센트용, 그 밖에 급탕에너지 등이 차지한다. 또한 주택에서는 급탕용이 약 33%, 조명 · 가전제품 등이 약 35%, 냉난방용이 약 30%를 이룬다.

건물에서 소비되는 에너지를 합리적으로 하는 것, 즉 에너지소비 효율을 향상시키는 것을 목적으로 '에너지 사용의 합리화에 관한 법률(**에너지절약법**)'이 제정되었다. 에너지절약법은 연면적 2,000㎡ 이상인 건축물(주택 · 비주택)을 신축 · 증개축하는 경우 및 공조설비, 급탕설비, 건축적인 대규모 개수 등을 했을 경우에 소관 행정청에 에너지절감 조치 신고를 하도록 의무화되었다.

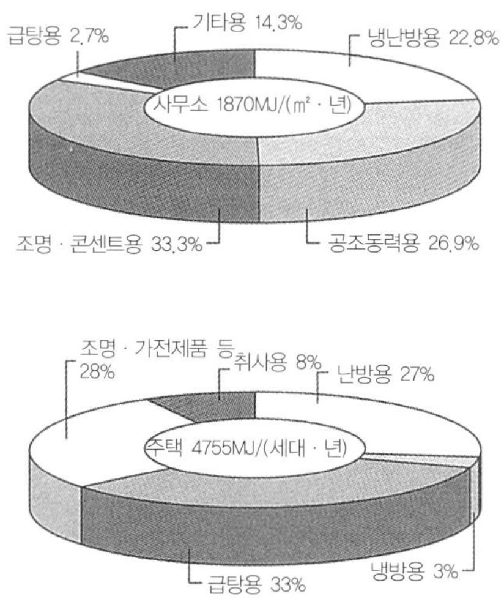

그림 1.26 건물용도별 소비에너지의 내역[1-2]

(1) 비주택의 에너지절감

에너지절감성을 평가하기 위해서는 PAL(Perimeter Annual Load : **연간열부하계수**[MJ/(㎡ · 년)])과 CEC(Co-efficient of Energy Consumption : **에너지소비계수**)라는 두 가지 지표

1) 냉난방용이란 보일러, 냉동기 등의 열원기에서 소비되는 에너지. 공조동력용이란 온수펌프, 급배기 · 환기팬 등을 움직이는 동력에너지. 일반적으로 이 둘을 합쳐 공조설비라 하며, 그 비율은 전체의 약 50%를 차지한다.

가 사용된다. PAL은 건축의 계획 · 설계, CEC는 설비설계에서 각각의 에너지절감성을 평가하는 것이다. PAL은 식 (1.1)과 같이 나타낼 수 있다.

$$PAL = \frac{\text{옥내 주위공간의 연간열부하[MJ/년]}}{\text{옥내 주위공간의 바닥면적[m}^2\text{]}} \quad \cdots\cdots (1.1)$$

옥내 주위공간(페리미터 존)이란 건물의 외부 존을 말하며 최상층 · 하층, 그리고 중간층에 대해서는 앞서 말한 것처럼 건물의 바깥쪽에서 5m 이내를 말한다. 이 존(zone)은 외기온이나 일사의 영향을 많이 받기 때문에 이곳에서의 열 제거를 잘 하면 연간열부하를 적게 할 수 있다. PAL을 작게 하는 것이 에너지절감대책으로 가장 중요하다. 그림 1.27에 이를 위한 수법을 나타낸다.

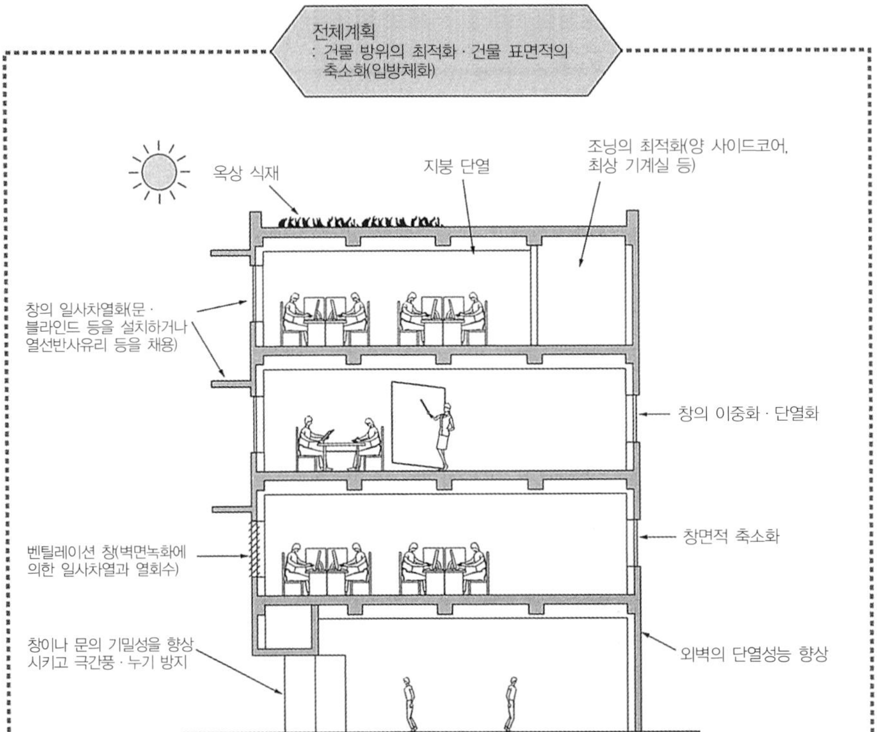

그림 1.27 PAL(연간열부하계수)값을 작게 하기 위한 주요 수법

CEC는 식 (1.2)와 같이 나타낸다.

$$CEC = \frac{\text{어떤 건물에 있는 설비의 연간소비에너지[MJ/년]}}{\text{그 설비의 연간가상소비에너지[MJ/년]}} \quad \cdots\cdots (1.2)$$

CEC에는 각 단어의 첫 글자를 딴 공조설비용 CEC/AC[1], 환기설비용 CEC/V, 조명설비용

1) CEC/AC : Co-efficient of Energy Consumption for Air Conditioning의 줄임말. 또한 V : Ventilation, L : Lighting, HW : Hot Water, EV : Elevator의 줄임말

CEC/L, 급탕설비용 CEC/HW, 엘리베이터설비용 CEC/EV가 있다. 이 값이 작을수록 에너지절감성이 높은 것으로 판단하며, 이를 위한 설비계획수법을 그림으로 나타내면 그림 1.28과 같다.

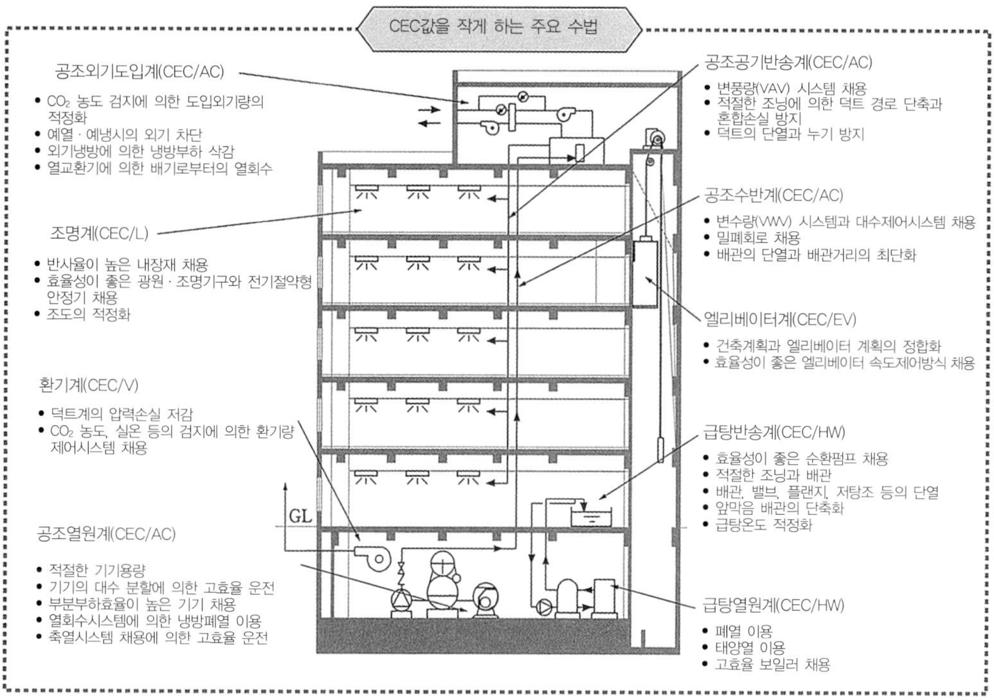

그림 1.28 CEC(에너지소비계수)값을 작게 하기 위한 주요 수법

(2) 주택의 에너지절감

주택의 에너지절감 수법에서 가장 중요한 것은 건물의 외피(skin), 즉 외벽 · 지붕 · 창처럼 외기와 접하는 부분의 단열성능을 높이는 것이다.

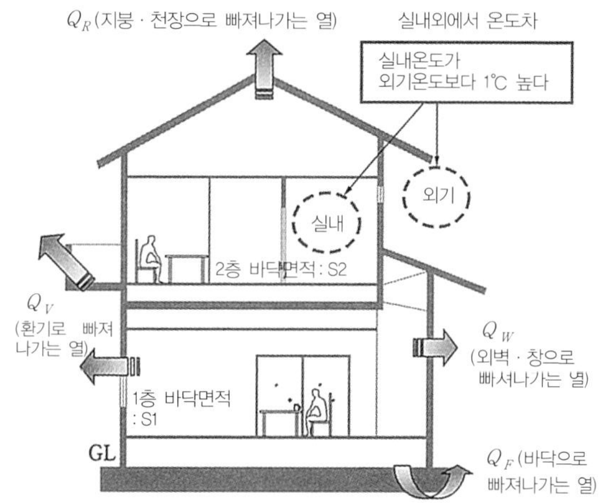

그림 1.29 주택의 단열성능

일본의 에너지절감기준은 그림 1.29와 같이 주택의 모든 방에서 외피를 통해 빠져나가는 열량을 열손실계수 Q [W/(m² · K)]로 산출하며, 그 값은 표 1.1에 나타낸 것처럼 외벽, 최하층, 최상층, 중간바닥으로 구분하여 정한 기준치를 바탕으로 평가하고 있다.

표 1.1 열관류율 계산시 적용되는 실내 및 실외측

열전달저항 / 건물 부위	실내표면열전달저항 Ri [단위 : ㎡·K/W] (괄호 안은 ㎡·H·℃/kcal)	실외표면열전달저항 Ro [단위 : ㎡·K/W] (괄호 안은 ㎡·H·℃/kcal)	
		외기에 간접 면하는 경우	외기에 직접 면하는 경우
거실의 외벽 (측벽 및 창, 문 포함)	0.11(0.13)	0.11(0.13)	0.043(0.050)
최하층에 있는 거실 바닥	0.086(0.10)	0.15(0.17)	0.043(0.050)
최상층에 있는 거실의 반자 또는 지붕	0.086(0.10)	0.086(0.10)	0.043(0.050)
공동주택의 층간 바닥	0.086(0.10)	–	–

열관류율 계산시 적용되는 중공층의 열저항

공기층의 종류	공기층의 두께 da(cm)	공기층의 열저항 Ra [단위 : ㎡·h·℃/kcal]
(1) 공장생산된 기밀제품	2cm 이하	0.086×da(cm) (0.10×da(cm))
	2cm 초과	0.17 (0.20)
(2) 현장시공 등	1cm 이하	0.086×da(cm) (0.10×da(cm))
	1cm 초과	0.086 (0.10)
(3) 중공층 내부에 방사율이 0.5 이하의 반사형 단열재가 설치된 경우	(1) 또는 (2)에서 계산된 열저항의 1.5배	

창 및 문의 단열성능

창 및 문의 종류			창틀 및 문틀의 종류별 연관류율								
			금속재						플라스틱 또는 목재		
			열교차단재[1] 미적용			열교차단재 적용					
유리의 공기층 두께[mm]			6	12	16 이상	6	12	16 이상	6	12	16 이상
문	복층창	일반복층창[2]	4.0	3.7	3.6	3.7	3.4	3.3	3.1	2.8	2.7
		로이유리(하드코팅)	3.6	3.1	2.9	3.3	2.8	2.6	2.7	2.3	2.1
		로이유리(소프트코팅)	3.5	2.9	2.7	3.2	2.6	2.4	2.6	2.1	1.9
		아르곤 주입	3.8	3.6	3.5	3.5	3.3	3.2	2.9	2.7	2.6
		아르곤 주입+ 로이유리(하드코팅)	3.3	2.9	2.8	3.0	2.6	2.5	2.5	2.1	2.0
		아르곤 주입+ 로이유리(소프트코팅)	3.2	2.7	2.6	2.9	2.4	2.3	2.3	1.9	1.8
	삼중창	일반삼중창[2]	3.2	2.9	2.8	2.9	2.6	2.5	2.4.	2.1	2.0
		로이유리(하드코팅)	2.9	2.1	2.3	2.6	2.1	2.0	2.1	1.7	1.6
		로이유리(소프트코팅)	2.8	2.3	2.2	2.5	2.0	1.9	2.0	1.6	1.5
		아르곤 주입	3.1	2.8	2.7	2.8	2.5	2.4	2.2	2.0	1.9
		아르곤 주입+ 로이유리(하드코팅)	2.6	2.3	2.2	2.3	2.0	1.9	1.9	1.6	1.5
		아르곤 주입+ 로이유리(소프트코팅)	2.5	2.2	2.1	2.2	1.9	1.8	1.8	1.5	1.4

	사중창	일반사중창[2)]		2.8	2.5	2.4	2.5	2.2	2.1	2.1	1.8	1.7
		로이유리(하드코팅)		2.5	2.1	2.0	2.2	1.8	1.7	1.8	1.5	1.4
		로이유리(소프트코팅)		2.4	2.0	1.9	2.1	1.7	1.6	1.7	1.4	1.3
		아르곤 주입		2.7	2.5	2.4	2.4	2.2	2.1	1.9	1.7	1.6
		아르콘주입+ 로이유리(하드코팅)		2.3	2.0	1.9	2.0	1.7	1.6	1.6	1.4	1.3
		아르콘 주입+ 로이유리(소프트코팅)		2.2	1.9	1.8	1.9	1.6	1.5	1.5	1.3	1.2
	단창			6.6(5.68)			6.10(5.25)			5.30(4.56)		
창	일반문	단열 두께 20mm 미만		2.70(2.32)			2.60(2.24)			2.40(2.06)		
		단열 두께 20mm 이상		1.80(1.55)			1.70(1.46)			1.60(1.38)		
	유리문	단창문	유리비율[3)] 50% 미만	4.20(3.60)			4.00(3.44)			3.70(3.18)		
			유리비율 50% 이상	5.50(4.73)			5.20(4.47)			4.70(4.04)		
		복층창문	유리비율 50% 미만	3.20 (2.75)	3.10 (2.67)		30.0 (2.58)	2.90 (2.49)		2.70 (2.32)	2.60 (2.24)	
			유리비율 50% 이상	3.80 (3.27)	3.50 (3.01)		3.30 (2.84)	3.10 (2.67)		3.00 (2.58)	2.80 (2.41)	
	방풍구조문			3.80(3.27)								

주 1) 열교차단재 : 열교 차단재라 함은 창호의 금속프레임 외부 및 내부 사이에 설치되는 폴리염화비닐 등 단열성을 가진 재료로서 외부로의 열흐름을 차단할 수 있는 재료를 말한다.
주 2) 복층유리는 이중창(단창+단창)을 포함한다.
주 3) 문의 유리비율은 문 및 문틀을 포함한 면적에 대한 유리면적의 비율을 말한다.

[별표 1] 단열재의 등급 분류

등급 분류	열전도율의 범위 (KS L 9016 또는 KS F 2277에 의한 20±5℃ 시험조건에 의한 열전도율)		KS M 3808, 2809 및 KS L 9012에 의한 해당 단열재 및 기타 단열재
	W/mK	kcal/mh℃	
가	0.034 이하	0.029 이하	-압출법보온판 특호, 1호, 2호, 3호 -비드법보온판 2종 1호, 2호, 3호, 4호 -경질우레탄폼보온판 1종 1호, 2호, 3호 및 2종 1호, 2호, 3호 -기타 단열재로서 열전도율이 0.034W/mK (0.029kcal/mh℃) 이하인 경우
나	0.035~0.040	0.030~0.034	-비드법보온판 1종, 1호, 2호, 3호 -암면보온판 1호, 2호, 3호 -유리면보온판 2호 -기타 단열재로서 열전도율이 0.035~0.040W/mK (0.030~0.034 kcal/mh℃) 이하인 경우
다	0.041~0.046	0.035~0.039	-비드법보온판 1종 4호 -기타 단열재로서 열전도율이 0.041~0.046W/mK (0.035~0.039 kcal/mh℃) 이하인 경우
라	0.047~0.051	0.040~0.044	-기타 단열재로서 열전도율이 0.041~0.051W/mK (0.040~0.044 kcal/mh℃) 이하인 경우

[별표 2] 단열재의 두께

[중부지역] 1

(단위 : mm)

건축물의 부위 \ 단열재의 등급			단열재 등급별 허용 두께			
			가	나	다	라
거실의 외벽	외기에 직접 면하는 경우		65	75	85	100
	외기에 간접 면하는 경우		45	50	55	65
최하층에 있는 거실의 바닥	외기에 직접 면하는 경우	바닥난방인 경우	90	105	120	135
		바닥나방이 아닌 경우	75	90	100	115
	외기에 간접 면하는 경우	바닥난방인 경우	55	65	75	80
		바닥난방이 아닌 경우	50	55	65	70
최상층에 있는 거실의 반자 또는 지붕	외기에 직접 면하는 경우		110	125	145	165
	외기에 간접 면하는 경우		75	85	100	110
공동주택의 측벽			90	105	120	135
공동주택의 층간 바닥	바닥난방인 경우		30	35	45	50
	기타		20	25	25	30

[남부지역] 2

건축물의 부위 \ 단열재의 등급			단열재 등급별 허용 두께			
			가	나	다	라
거실의 외벽	외기에 직접 면하는 경우		50	60	70	75
	외기에 간접 면하는 경우		30	35	40	45
최하층에 있는 거실의 바닥	외기에 직접 면하는 경우	바닥난방인 경우	75	90	100	115
		바닥나방이 아닌 경우	65	75	90	100
	외기에 간접 면하는 경우	바닥난방인 경우	50	55	65	70
		바닥난방이 아닌 경우	45	50	55	65
최상층에 있는 거실의 반자 또는 지붕	외기에 직접 면하는 경우		90	105	120	135
	외기에 간접 면하는 경우		55	65	75	85
공동주택의 측벽			65	75	85	100
공동주택의 층간 바닥	바닥난방인 경우		30	35	45	50
	기타		20	25	25	30

[제주도]

<table>
<tr><td colspan="3" rowspan="2">단열재의 등급
건축물의 부위</td><td colspan="4">단열재 등급별 허용 두께</td></tr>
<tr><td>가</td><td>나</td><td>다</td><td>라</td></tr>
<tr><td rowspan="2">거실의 외벽</td><td colspan="2">외기에 직접 면하는 경우</td><td>35</td><td>45</td><td>50</td><td>55</td></tr>
<tr><td colspan="2">외기에 간접 면하는 경우</td><td>20</td><td>25</td><td>30</td><td>30</td></tr>
<tr><td rowspan="4">최하층에 있는 거실의 바닥</td><td rowspan="2">외기에 직접 면하는 경우</td><td>바닥난방인 경우</td><td>65</td><td>75</td><td>90</td><td>100</td></tr>
<tr><td>바닥나방이 아닌 경우</td><td>60</td><td>70</td><td>75</td><td>85</td></tr>
<tr><td rowspan="2">외기에 간접 면하는 경우</td><td>바닥난방인 경우</td><td>45</td><td>50</td><td>55</td><td>65</td></tr>
<tr><td>바닥난방이 아닌 경우</td><td>35</td><td>40</td><td>45</td><td>50</td></tr>
<tr><td rowspan="2">최상층에 있는 거실의 반자 또는 지붕</td><td colspan="2">외기에 직접 면하는 경우</td><td>75</td><td>90</td><td>100</td><td>115</td></tr>
<tr><td colspan="2">외기에 간접 면하는 경우</td><td>50</td><td>55</td><td>65</td><td>75</td></tr>
<tr><td colspan="3">공동주택의 측벽</td><td>50</td><td>60</td><td>70</td><td>75</td></tr>
<tr><td rowspan="2">공동주택의 층간 바닥</td><td colspan="2">바닥난방인 경우</td><td>30</td><td>35</td><td>45</td><td>50</td></tr>
<tr><td colspan="2">기타</td><td>20</td><td>25</td><td>25</td><td>30</td></tr>
</table>

1) 중부지역: 서울특별시, 인천광역시, 경기도, 강원도(강릉시, 동해시, 속초시, 삼척시, 고성군, 양양군 제외), 충청북도(영동군 제외), 충청남도(천안시), 경상북도(청송군)
2) 남부지역: 부산광역시, 대구광역시, 광주광역시, 대전광역시, 울산광역시, 강원도(강릉시, 동해시, 속초시, 삼척시, 고성군, 양양군), 충청북도(영동군), 충청남도(천안시 제외), 전라북도, 전라남도, 경상북도(청송군 제외), 경상남도

Q의 산정은 식 (1.3)에 의해 정해진다.

$$Q = \frac{Q_R + Q_W + Q_F + Q_V}{\text{바닥연면적}(S_2 + S_1)} \quad \cdots\cdots (1.3)$$

Q의 값은 실내와 실외의 온도차가 1K일 때 1시간동안 바닥면적 1m²당 어느 정도의 열이 집 전체부분에서 빠져나가는지를 나타낸 값이다. 이 값이 작을수록 단열성능이 높은 것으로 평가된다.

또한 그 외에 주택부위별로 단열성 · 일사차폐성 · 기밀성 등에 대한 시공지침이 정해져 있다.

1.2.3 건축설비와 유지관리

건물을 건설하고 설비를 제작 · 제조하여 사용하다가 폐기될 때까지를 수명이라 하고, 수명기간 동안 환경에 미치는 부하영향을 예측하여 영향도를 평가하는 수법을 라이프사이클 어세스먼트 LCA라고 한다.

LCA의 일환으로 이산화탄소 배출량과 에너지로 한정하여 평가하는 방법을 각각 $LCCO_2$(라이프사이클 CO_2), LCE(라이프사이클 에너지)라고 한다. 또한 건물의 계획 · 설계부터 건설 후 부수기까지의 보수 · 관리와 수리를 포함한 생애비용을 LCC(라이프사이클 코스트)라고 한다. 어떤 사무소빌딩의 LCC를 계산해보면 그림 1.30과 같이 기획설계와 건설시 드는 건축공사비, 설비

공사비 등은 전체의 약 15% 정도이며, 총 소비되는 건축설비의 운용비(에너지비 등), 보전비, 수선 · 갱신비 등은 80% 이상을 차지한다.

건물은 다양한 구조재 · 마감재 · 설비부재 등으로 구성되어 있다. 이들 부재는 그림 1.31과 같은 내용년수가 기준이다. 일반적으로 건물의 수명은 철근콘크리트의 경우 60~100년, 목조의 경우 30~40년, 그에 반해 설비는 15~20년인 것으로 알려져 있다. 특히 건축설비는 구조재에 비해 내용년수가 짧기 때문에 갱신, 메인터넌스 점검을 하기 쉽도록 건축계획, 구조계획과의 정합을 꾀하는 것이 갱신공사를 효율적으로 할 수 있는 방법이다.

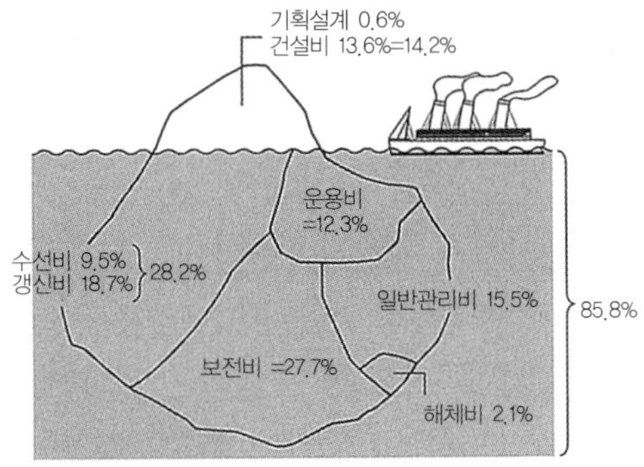

그림 1.30 사무소빌딩의 LCC 내역[1-3]

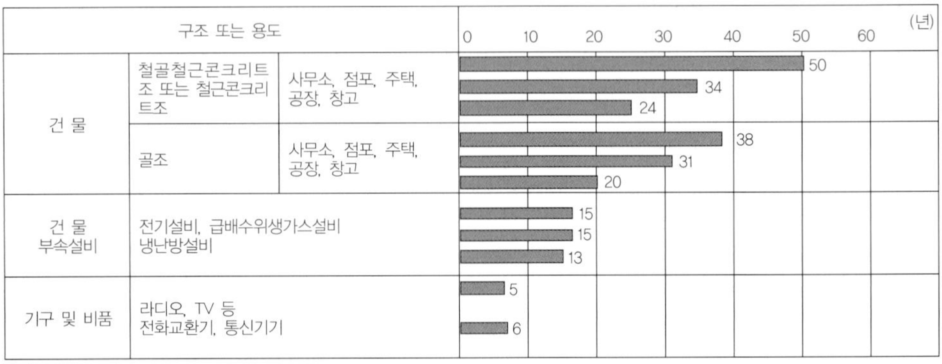

주 : 이 그림은 법정 내용년수이며 실제 수명은 개별 사정에 따라 차이가 있다.

그림 1.31 건물과 설비의 내용년수[1-4]

1.2.4 건물의 장수명화와 건축설비의 갱신성

건축계획을 할 때에도 건설 후의 유지관리 용이성을 고려하여 배관 공간이나 기기 공간을 최대한 넓게 확보하는 것이 바람직하다. 또한 그림 1.32에 나타낸 바와 같이 건물의 용도나 거주자의 라이프스타일 변화가 예상되는 공간(인필 : Infill), 예를 들면 집합주택의 전용부 등은 간살잡기를 용이하게 변경할 수 있는 건축 · 설비 시스템을 계획해야 한다. 또한 장기간 사용하는 공용부 공간(스켈톤 : Skelton)은 전용부와 달리 내구성이 높은 건축 · 설비 시스템을 계획하여 건축설비의 갱신성과 확장성, 유지관리 향상을 고려하여 건축과 설비 모두를 배려한 계획이 필요하다. 이와 같이 건축과 설비의 갱신성을 향상시킨 주택을 그 이니셜을 따서 SI[1] **주택**이라고 한다. 이 같은 방식은 사무소빌딩을 계획할 때에도 응용할 수 있다.

1) SI : Skelton and Infill 또는 Support and Infill의 줄임말

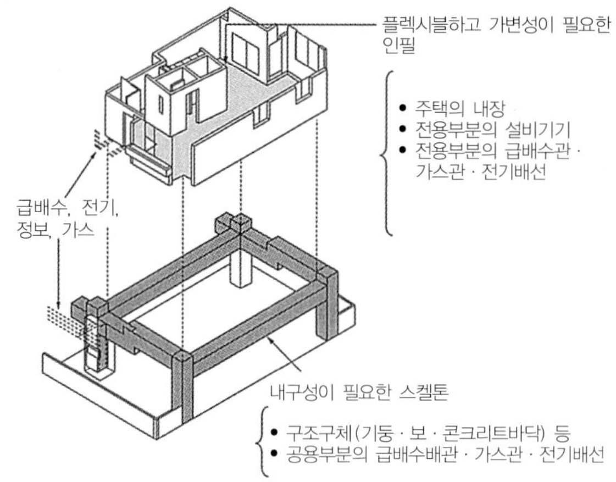

그림 1.32 스켈톤 · 인필(SI) 주택의 구성

[칼럼 1] 서스테이너블 건축과 지구환경 · 건축장해

'서스테이너블한 사회 구축'이란 '지속 가능한 사회를 구축하는 것'이라고 직역할 수 있다. 그 발단은 1992년 6월 브라질의 리우데자네이루(Rio de Janeiro)에서 개최된 환경과 개발에 관한 국제회의(지구 서미트)의 성과로, 21세기에 지속 가능한 개발을 위한 지구 단위의 행동계획 "아젠다 21"을 들 수 있다.

아젠다 21은 이를 달성하기 위한 여러 가지 지침을 제안하였다. 대부분 환경보전을 목적으로 한 내용을 포함하고 있으며, 이를 받아들여 우리 주변에서도 환경문제에 대한 관심을 모아 지속 가능한 사회를 구축하는 데 공헌할 수 있는 건축의 실상을 논의하게 되었다.

접속 가능하며 서스테이너블한 건축에 요구되는 것은 '지역이나 지구 단위로 건물의 라이프사이클 동안 에너지 절감, 자원 절감, 리사이클, 유해물질 배출을 억제하고 지역의 전통 문화와 주변 문화와의 조화를 꾀하며 향후 인간의 삶의 질을 유지 또는 향상시켜 나갈 수 있어야 한다는 것'이고, 앞으로는 그러한 요구를 가능케 하는 건축이 요구되고 있다.

2000년 6월 사단법인 일본건축학회 등 5개의 건축 관련 단체는 오늘날의 지구환경문제와 건축의 관련에 대한 인식을 바탕으로 **'지구환경 · 건축장해'**를 제정하고 지속 가능한 순환형 사회를 실현하기 위해 연계적으로 구성한다는 것을 선언하였다. 그 골자를 보면 다음과 같다.

1) 시대를 초월하여 계속 사용할 수 있는 건축(Longevity : **장수명화**)
2) 자연환경과의 조화와 다양한 생물이 공존하는 건축(Symbiosis : **자연공생**)
3) 자연에너지와 미이용에너지를 활용한 건축(Energy Conservation : **에너지절감**)
4) 환경부하가 적으며 재이용 · 재생자원을 활용한 건축(Resource Conservation and Cyclicity : **자원 · 순환**)
5) 지역의 풍토 · 역사를 계승한 건축(Succession : **계승**)

1)~5)에 나타낸 키워드에서도 알 수 있듯이 서스테이너블한 건축을 창조하기 위해서는 건축환경공학과 건축설비공학이 맡는 역할이 더욱 중요해진다.

그림 1, 2는 '(재) 지구환경전략연구기관'의 건물로 자연풍과 자연채광의 이용, 다양한 에너지절감기술을 도입한 서스테이너블 건축의 한 예이다. 이 건물은 일본건축가협회 환경건축상(2005년) 등 다수의 상을 수상했다.

그림 1 외관 사진(설계 : (주)닛켄설계)

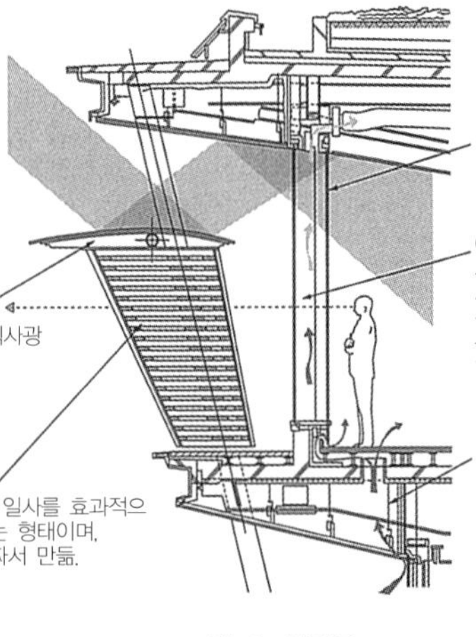

그림 2 단면도

제1장 확인문제

[예제 1] 건축설비계획과 관련된 다음의 용어 조합 중 잘못 짝지어진 것은?

① PAL – 연간열부하계수 ② CEC – 에너지소비계수

③ $LCCO_2$ – 환기횟수 ④ 페리미터존 – 일사차폐

⑤ 열손실계수 – 단열성능

[예제 2] 건축의 에너지절감과 설비계획에 관한 설명 중 잘못된 것은?

① 사무소빌딩의 전체 소비에너지에 대한 조명에 소비되는 에너지의 비율은 작고 조명부하를 삭감함에 따른 에너지절감 효과는 적다.

② 공조방식은 에너지소비계수(CEC)가 최대한 작아지는 시스템을 채용했다.

③ 창면을 일사차폐효과가 높은 구조로 하고, 연간열부하계수(PAL)를 작게 했다.

④ 에너지절감계획의 지표 중 하나로 라이프 사이클 코스트(LCC)가 있다.

⑤ 설비 공간에는 여유를 두어 설비기기의 보수 · 갱신에 대응할 수 있도록 했다.

[예제 3] 주택의 에너지절감과 설비계획에 관한 설명 중 잘못된 것은?

① 열손실계수란 각 부위에서 빠져나가는 열량의 합계를 바닥연면적으로 나눈 값이며, 그 값이 작을수록 단열성이 높다고 할 수 있다.

② 주택의 전체 소비에너지에 대한 급탕소비에너지의 비율은 약 20%이다.

③ 새집증후군에 대한 대책으로 24시간 연속 환기하는 환기설비를 설치해야 한다.

④ 급수설비에서 2층 정도의 단독주택 급수방식은 수도직결직압방식이 쓰인다.

⑤ 전기설비에서 일반가전 · 조명용은 100V, 식기건조기나 전기온수기에는 200V의 전원이 필요하다.

[예제 4] 급배수위생설비 · 전기설비계획에 관한 설명 중 잘못된 것은?

① 집합주택 전용부의 급수 · 급탕에는 급수 · 급탕 이중관헤더공법이 사용되는 경우가 많다.

② PS는 물을 사용하는 공간에서 멀리 계획하는 것이 위생적으로 적합하다.

③ 초고층 집합주택의 배수설비로 특수이음배수시스템을 사용하는 경우가 많다.

④ 도시의 기반이 되는 전력간선, 하수도, 가스관 등을 인프라스트럭처라고 한다.

⑤ 전기설비에서 다루는 동력설비는 급배수위생설비용 펌프의 동력으로 전기를 공급한다.

제 2 장

급배수위생설비

2.1 급배수위생설비란

2.1.1 급배수위생설비의 역할

급배수위생설비의 목적은 사람이 거주하거나 활동하는 장소, 그리고 건물 내외에서 물을 사용하는 공간의 환경을 위생적이고 쾌적하게 만드는 데 있다. 또한 거주자에게는 기능적이고 안전하며 편리성이 좋고 화재나 지진과 같은 비상시의 대비를 갖추어야 하는 점 등이 요구된다.

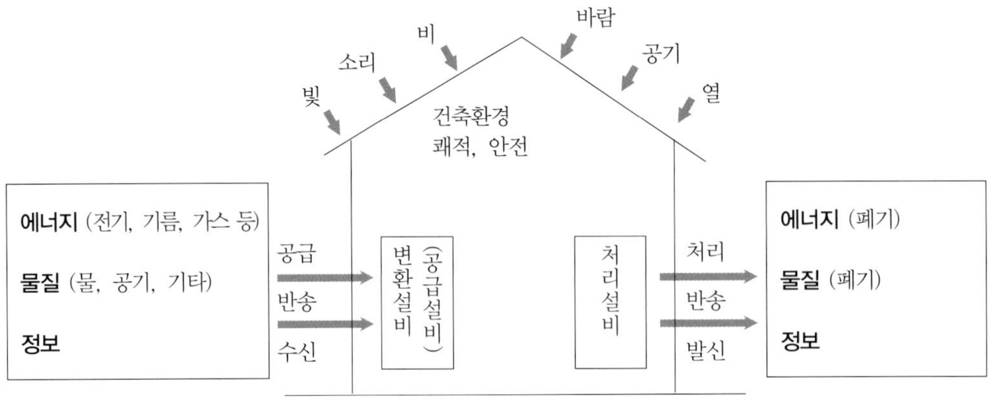

그림 2.1 건축설비 메커니즘

기능에 따라 급배수 위생설비, 공기조화·환기설비, 전기설비의 3종류로 구분된다. 그러나 급배수 위생설비와 공기조화·환기설비를 합쳐서 기계설비라고 하는 경우도 있다. 이 외에 수송설비, 주차장설비도 건축설비에 포함된다. 소방설비와 가스설비는 급배수 위생설비에 포함되나 분리하여 구분하기도 한다.

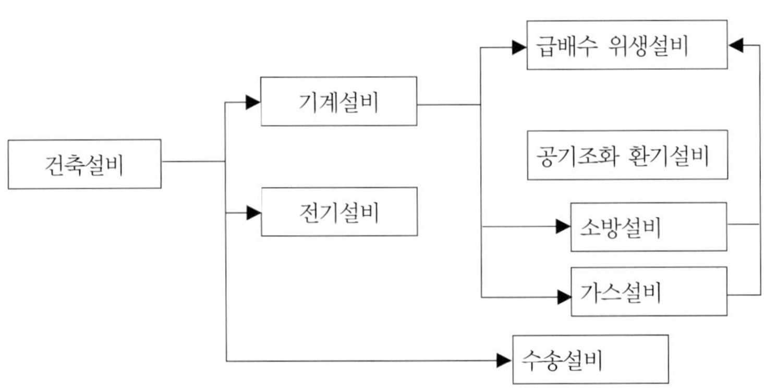

그림 2.2 건축설비의 구분

(1) 급배수위생설비란

급배수위생설비(Plumbing equipment)란 『건물이나 그 부지 내에서 사람이 생활하거나 생산 활동을 하기 위해 필요한 물을 위생적으로 안전하게 공급하고, 사용된 물은 지체 없이 건물 밖으로 배제하기 위한 설비』를 말한다. 즉 사람이 생리작용을 영위하는데 필요한 음료용은 물론, 취사용, 목욕용, 세탁용, 세척용, 청소용, 소화활동 등에 사용하는 물이나 온수를 공급하고, 사용한 물은 생활환경에 영향을 주지 않도록 신속히 건물 밖으로 배출시킴으로써 편리하고 위생적인 환경을 만들어가는 필수적인 설비이다.

(2) 급배수위생설비의 구성

급배수위생설비는 간단히 위생설비라고도 하며, 기능에 따라 아래와 같은 설비로 구성된다.

① 급수설비
② 급탕설비(온수공급설비)
③ 배수 · 통기설비
④ 위생기구설비
⑤ 오수정화시설
⑥ 소화설비
⑦ 가스설비

이러한 기본적인 설비 외에 건물의 용도·규모 등에 따라 아래와 같은 특수설비가 포함되는 경우가 있다.

① 배수 재이용설비 및 빗물이용설비
② 주방설비
③ 세탁설비
④ 의료용 배관설비
⑤ 수영장설비
⑥ 공중목욕탕설비
⑦ 진공청소설비
⑧ 쓰레기처리설비
⑨ 수경 및 살수설비
⑩ 공장 등에서의 특수배관설비

최근에는 지구환경문제에 대한 대응으로 자원절감(절수화 등), 에너지절감에 대한 배려와 고령화사회에 대한 대응, 인간의 생리 · 심리에 대한 영향(쾌적성 요구 등)도 고려한 대응이 요구되고 있다.

이를 위해 건축법, 수도법, 하수도법 등을 비롯한 각종 관련법규로 이러한 요구를 만족시키기 위한 기준을 정하고 있다.

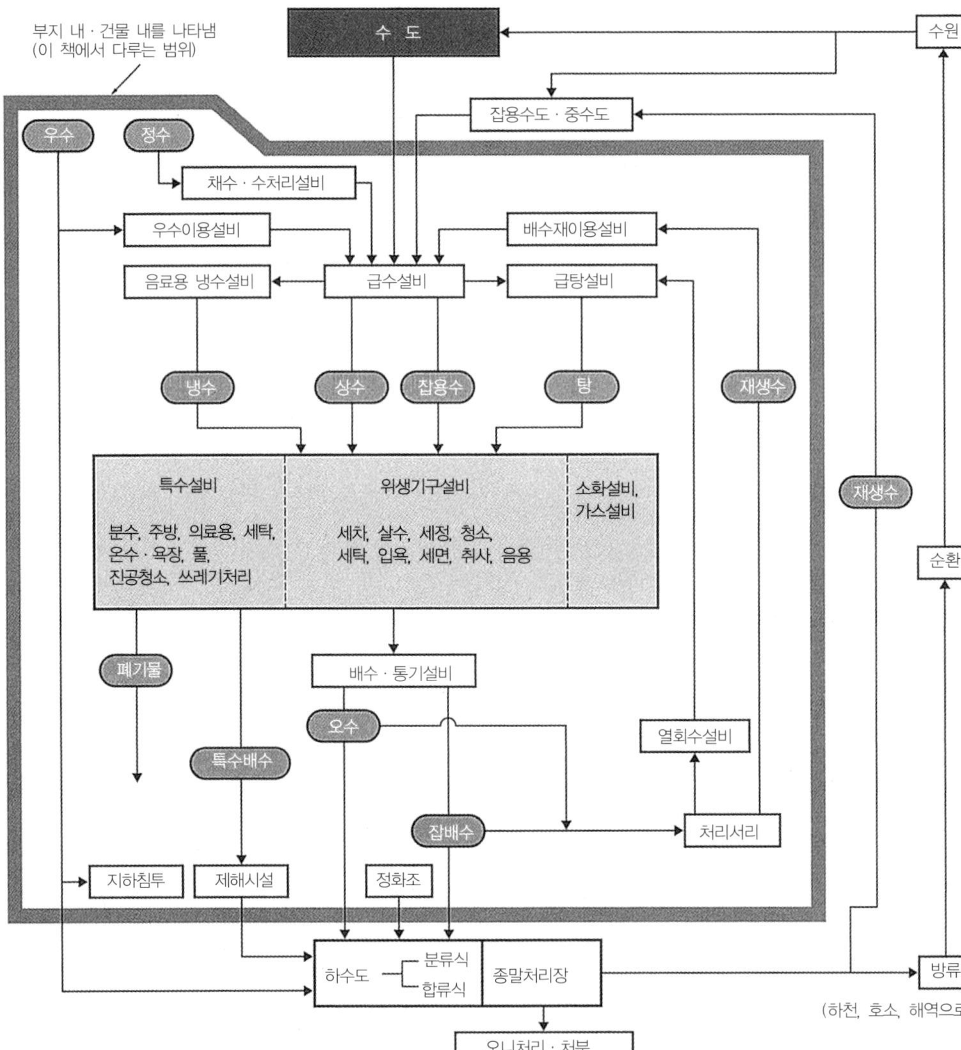

그림 2.3 급배수위생설비의 개요

2.1.2 급배수위생설비의 구성

급배수위생설비로 취급하는 범위는 넓은 의미에서는 하천 · 호소 · 지하수 등의 물, 음용수원을 만드는 정수장, 그리고 그곳에서 건물로 배수하는 상수도, 도시가스를 끌어들이는 가스배관,

건물에서 나오는 배수를 종말처리장까지 보내는 하수도, 그리고 방류되는 하천, 호소, 해역의 범위까지도 포함하는 경우가 있다. 그러나 일반적으로 건물의 급배수위생설비는 그림 2.3에 나타낸 것처럼 부지 내 · 건물 내의 범위이며 이 책에서도 그 범위만을 다룬다.

2.2 급수설비

2.2.1 수도시설과 수도의 종류

(1) 수도시설

음용수를 **상수**(수돗물)라 하고, 수도란 물을 사람의 음용에 적합한 물로 공급하는 시설이다. 이에 반해 우물물이나 재생수처럼 수질이 낮은 음용 외의 용도, 즉 화장실 세정수나 청소 · 살수용으로 쓰이는 물을 **잡용수**라고 한다. 상수를 공급하기 위해 필요한 수도시설은 수도법에 근거하여 설치되며 수요자가 만족하는 **수량**을 가지고 음용수의 **수질기준**에 적합하며 적당한 **수압**을 유지해야 한다. 이를 **수도의 3요소**라고 한다.

수도시설은 그림 2.4에 나타낸 것처럼 취수시설, 저수시설, 도수시설, 정수시설, 송수시설, 배수시설로 구성된다. 배수관에서 분기된 급수관, 지수전, 양수기(수도미터) 및 여기에 '직결하는 급수전 등의 급수용구'를 급수장치라고 한다.

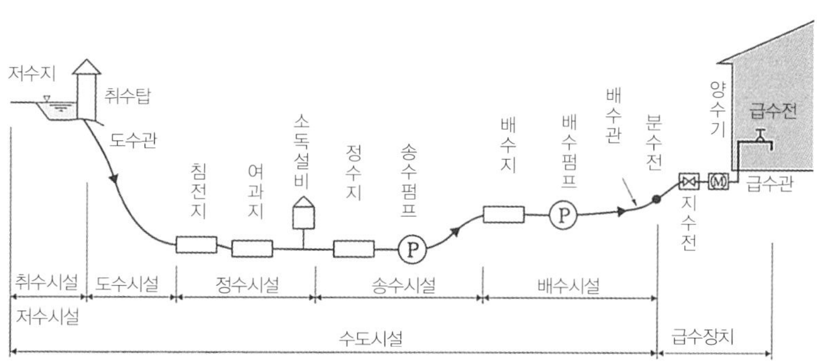

그림 2.4 수도시설

(2) 수도의 종류

수도는 도관 및 기타 공작물에 의해 물을 사람의 음용에 적합한 물로 공급하는 시설을 총칭한다. 수도사업이란 일반 수요에 따라 수도를 통해 물을 공급하는 사업을 말하며, 법적 조건으로는 급수인구가 101명 이상인 경우를 말한다. 100명 이하인 경우는 수도법의 적용을 받지 않으며 보건소나 행정지도 관할 하에 놓인다. 수도사업에서 다루는 수도의 종류와 그 개요를 그림 2.5에 나타낸다.

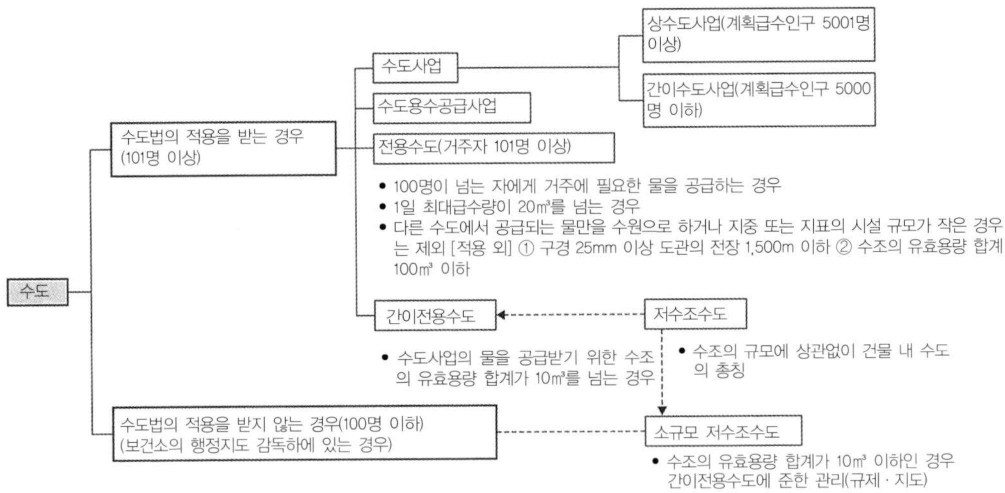

그림 2.5 수도의 종류와 개요

1) 상수도사업 · 간이수도사업

급수인구가 101명 이상인 수도사업으로 급수인구가 5,001명 이상인 경우를 상수도사업이라고 하는데 반해 5,000명 이하인 경우는 간이수도사업이라 한다.

2) 전용수도

기숙사, 사택, 요양소 등의 자가용 수도, 그 외에 수도사업 용도로 공급하는 수도 외의 수도이며 101명 이상인 자에게 거주에 필요한 물을 공급하는 것을 말한다. 단, 다른 수도로부터 공급받는 물만을 수원으로 하거나 구경 25mm 이하이고 도관의 전장이 1,500mm 이하이며 수조의 유효용량 합계가 100m³ 이하인 것은 적용을 받지 않는다.

3) 저수조수도 · 간이전용수도 · 소규모 저수조수도

수돗물을 수원으로 하여 일단 물탱크에 모아놓고 건물 내에 공급하는 것을 수도로 보는데 이를 **저수조수도**라고 한다. 그 중에서도 유효용량이 10m³를 넘는 것은 수도법상 **간이전용수도**라 하며 정기적인 청소 등의 관리기준과 수질검사를 하도록 정해져 있다. 그에 반해 유효용량이 10m³ 이하인 것은 **소규모 저수조수도**라 하며 수도법의 규제를 받지 않았다. 그러나 소규모 저수조의 설치수가 많아지고 수조의 위생관리가 문제시되자 2001년 수도법 개정으로 10m³ 이하의 소규모 저수조수도를 포함한 저수조수도에 대해 이제까지의 위생행정에 의한 감시 · 지도가 추가되어 수도사업자가 위생행정과 연계하여 설치자나 관리자에게 위생관리에 관한 조언 · 지도 · 권고 등을 하도록 되어 있다. 또한 이용자에게도 정보제공을 정확히 하도록 되어 있다.

2.2.2 수돗물의 수질

수도법에서는 수도에 의해 공급되는 상수의 수질기준을 50개 항목으로 정하고 있다. 그 중 표 2.1에 나타낸 ◎, ○는 '건축물의 위생적 환경 확보에 관한 법률(건축물관리위생법)[1]'에 의해 정기적으로 수질검사를 하도록 요구되는 항목이다. ◎는 6개월에 1번, ○는 1년에 1번(6월 1일~9월 30일에 측정) 검사가 필요하다. 우물물을 음용수로 사용하는 경우도 이 기준에 적합해야 한다.

또한 상수에는 살균효과가 있는 잔류염소가 요구되며 말단급수전에서 표 2.2에 나타낸 값을 규정하고 있다. 일반적으로 평상시 말단급수전에서 유지해야 하는 **유리잔류염소** 0.1mg/ℓ (**결합잔류염소**인 경우 0.4mg/ℓ) 이상을 유지하도록 먹는 물 수질기준 및 검사 등에 관한 것으로 규정하고 있다. 잡용수에 대한 수질기준은 2.6.6에서 설명하기로 한다.

표 2.1 상수의 수질기준 발췌(2004년 4월 1일 시행)

번호	항 목 명		기 준 치
1	일반세균	◎	1mℓ의 검수에서 형성되는 집락수[注]가 100 이하일 것
2	대장균	◎	검출되지 않을 것
6	납 및 그 화합물	◎	납의 양에 관해 0.01mg/ℓ 이하일 것
9	시안화합물이온 및 염화시안	○	시안의 양에 관해 0.01mg/ℓ 이하일 것
10	초산성 질소 및 아초산성 질소	◎	10mg/ℓ 이하일 것
21	클로로초산	○	0.02mg/ℓ 이하일 것
22	클로로포름	○	0.06mg/ℓ 이하일 것
23	디클로로초산	○	0.04mg/ℓ 이하일 것
24	디브로모클로로메탄	○	0.1mg/ℓ 이하일 것
25	취소산	○	0.01mg/ℓ 이하일 것
26	총 트리할로메탄(클로로포름, 디클로모클로로메탄, 브로모디클로로메탄, 및 브로모포름의 각 농도의 총합)	○	0.1mg/ℓ 이하일 것
27	트리클로로초산	○	0.2mg/ℓ 이하일 것
28	브로모디클로로메탄	○	0.03mg/ℓ 이하일 것
29	브로모포름	○	0.09mg/ℓ 이하일 것
30	포름알데히드	○	0.08mg/ℓ 이하일 것
31	아연 및 그 화합물	◎	아연의 양에 관해 1.0mg/ℓ 이하일 것

1) 일반적으로 빌딩관리법이라 부른다. 표 2.1 참조

33	철 및 그 화합물	◎	철의 양에 관해 0.3mg/ℓ 이하일 것
34	동 및 그 화합물	◎	동의 양에 관해 1.0mg/ℓ 이하일 것
37	염화물이온	◎	200mg/ℓ 이하일 것
39	증류잔류물	◎	500mg/ℓ 이하일 것
45	유기물(전체 유기질소(TOC)의 양)	◎	5mg/ℓ 이하일 것
46	pH값	◎	5.8 이상 8.6 이하일 것
47	맛	◎	이상이 없을 것
48	냄새	◎	이상이 없을 것
49	색도	◎	5도 이하일 것
50	탁도	◎	2도 이하일 것

주) 세균 덩어리를 말함. 이를 CFU(Colony Forming Unit)라 하며 CFU/mg로 나타냄(칼럼 4 참조).

표 2.2 급수전에서 수돗물의 잔류염소값

잔류염소의 상태	급수전에서 유지해야 할 유리잔류염소[mg/ℓ]
평상시	0.1(0.4) 이상
공급하는 물이 병원생물에 심하게 오염될 우려가 있는 경우 또는 병원생물에 오염되었다고 의심되는 물질을 다량 함유할 우려가 있는 경우	0.2(1.5) 이상

2.2.3 급수방식

급수방식은 수도직결방식과 물탱크방식의 두 가지로 구분된다. 이들 방식에 대한 각각의 특징을 나타내면 표 2.3과 같다.

표 2.3 급수방식의 특징

항 목	수도직결방식		물탱크방식		
	수도직결 직압방식	수도직결 증압방식	고가수조방식	펌프직송방식	압력수조방식
급수압력의 변화	수도본관의 압력 변화에 따름. 여름·겨울에는 변화가 있음	거의 일정	일정 최상층은 급수압 부족	거의 일정	변동이 큼
수도관 단수시	급수 정지	급수정지	물탱크와 고가수조 저수분만큼 급수 가능	물탱크 저수분만큼 급수 가능	물탱크 저수분만큼 급수 가능
정전시의 영향	영향 없음	급수정지	고가수조 저수분만큼 급수 가능	급수 정지	급수 정지
적용 건물	소규모건물, 단독주택	병원·공장 외의 일반 건물(인입관 지름에 제한이 있음)	일반 건물, 오피스빌딩 등	대규모 건물, 지역급수, 공장, 집합주택 등	소규모 건물

(1) 수도직결방식

1) 수도직결직압방식(그림 2.6)

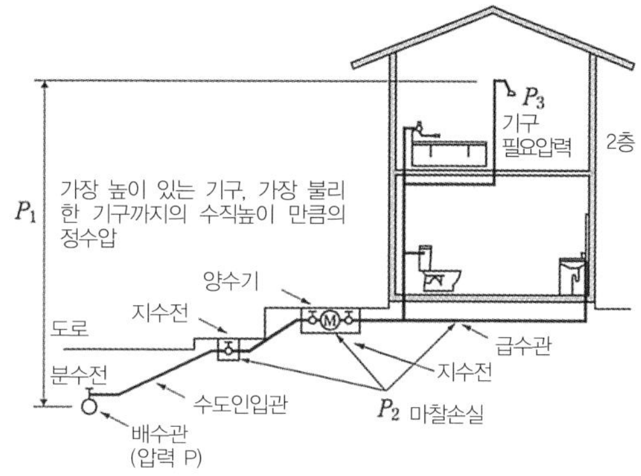

그림 2.6 수도직결직압방식

배수배관에서 분기하여 부지 내로 끌어와 수도본관 압력만으로 각 장소에 급수하는 방식이다. 이 방식은 주로 2~3층짜리 저층 건물이나 단독주택 같은 소규모 건물에 적용된다.[1] 설계시에는 식 (2.1)의 압력식을 충족시키고 있는지 확인한다.

단, 배수관의 압력 P는 계절이나 시간대에 따라 변동하므로 가장 저하된 열악한 조건 하에서 검토한다.

$$P > P_1 + P_2 + P_3 \quad \cdots\cdots (2.1)$$

P : 배수관의 압력 [kPa]

P_1 : 배수관으로부터 가장 높은 곳 등 최악의 조건에 있는 수전 또는 위생기구까지의 수직높이에 상당하는 압력(정수압) [kPa]

P_2 : 배수관으로부터 가장 높은 곳 등 최악의 조건에 있는 수전 또는 위생기구까지의 사이에 있는 양수기, 직관, 이음, 밸브 등에 의한 마찰손실수두에 상당하는 압력 [kPa]

P_3 : 가장 높은 곳 등 최악의 조건에 있는 수전 또는 위생기구의 필요압력 [kPa] (표 2.5)

급수설비의 경우 수압을 파악하는 것이 중요하다. 배수관이나 급수관 등에 정지중인 물이 고여 있는 경우 정수압 P[Pa]라고 하며 식 (2.2)로 구한다.

$$P = \rho \cdot g \cdot H \quad \cdots\cdots (2.2)$$

여기서 ρ : 물의 밀도(일반적으로 1,000kgf/m³), g : 중력가속도(9.8m/s²), H : 수두높이[m]

따라서 예를 들어 10m 수두의 압력은

$1{,}000\text{kg/m}^3 \times 9.8\,\text{m/s}^2 \times 10\text{m} = 9.8 \times 10^4\text{N/m}^2 \fallingdotseq 100\text{kPa}$[2] $= 0.1\text{MPa}$가 된다.

2) 수도직결증압방식(그림 2.7)

배수관에서 배관을 끌어와 증압펌프에 접속시켜 건물 내 각 장소에 급수하는 방식이다. 이 방식은 배수본관의 수압에너지를 이용할 수 있기 때문에 양수펌프를 소형화할 수 있으며 그 결과 에너지절감화를 꾀할 수 있다. 또한 물탱크를 설치하지 않기 때문에 공간을 절약하고 배수

1) 배수관의 최소동수압력은 150kPa 이상으로 하며 2층짜리인 경우 150~200kPa 정도, 3층짜리인 경우 200~250kPa 정도가 필요

2) 압력의 단위(N/m²)=Pa, k(킬로)=10^3, M(메가)=10^6

관에 직결되어 있기 때문에 수질 저하도 적다.

그러나 배수관 내부가 부압(負壓)되었을 경우 배수관에 건물 내의 물이 역류되지 않도록 증압펌프 흡인측에 역류방지장치를 접속해야 하며, 정전 같은 비상시에는 증압펌프도 정지하기 때문에 예비전원을 설치해야 하는 등의 대책이 필요하다. 그림 2.8과 같은 증압펌프, 역류방지기, 제어판을 조합한 콤팩트한 증압펌프 유닛이 보급되어 있다.

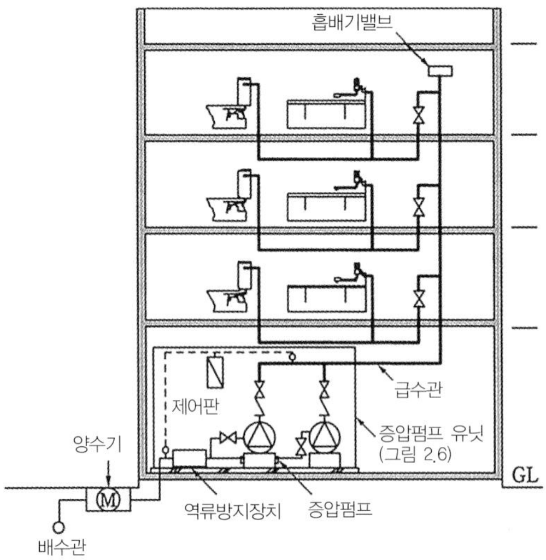

그림 2.7 수도직결증압방식

그림 2.8 증압펌프 유닛

(2) 물탱크방식

1) 고가수조방식(그림 2.9)

배수관에서 끌어와 물탱크에 물을 저장한 후 양수펌프로 고가수조에 양수하며 이후에는 중력에 의해 건물 내의 필요한 곳에 급수하는 방식이다. 지금까지 일반 건물에서 가장 많이 채용해온 방식이다.

계획할 때에는 건물 최고층의 경우 식(2.3)을 이용해 충분히 급수할 수 있는 높이에 고가수조를 설치한다(그림 2.10). 단수나 정전시에도 수조의 용량에 따라 어느 정도 급수가 가능하며 가격도 저렴하다. 일반적으로 물탱크의 유효용량[1]은 건물의 1일 사용수량의 1/2 정도, 고가수조의 유효용량은 1일 사용수량의 1/10 정도로 계획하는 경우가 많다.

$$H = (P_1 + P_2)/\rho g \quad \cdots\cdots(2.3)$$

H : 고가수조 설치높이 [m]

P_1 : 최고위수전 또는 기구의 필요압력 [Pa] (표 2.5)

P_2 : 고가수조에서 최고위수전 또는 기구까지의 마찰손실수두 [Pa]

1) 유효용량이란 물탱크 상부 수면과 하부 펌프흡입관 사이에 저류할 수 있는 수량을 말한다(그림 2.9 참조).

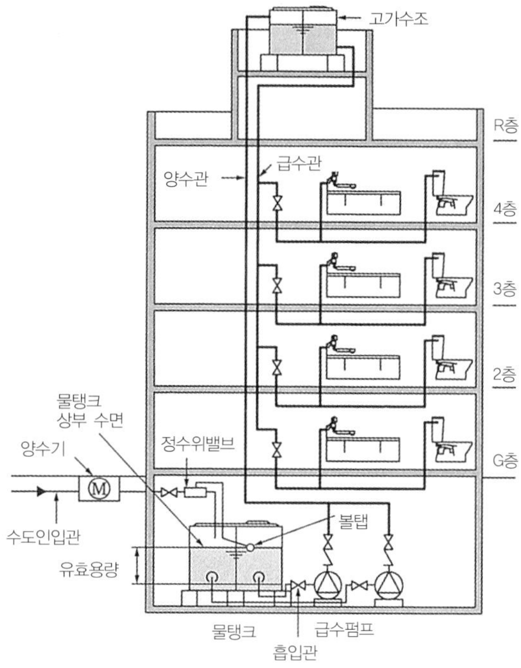

그림 2.9 고가수조방식

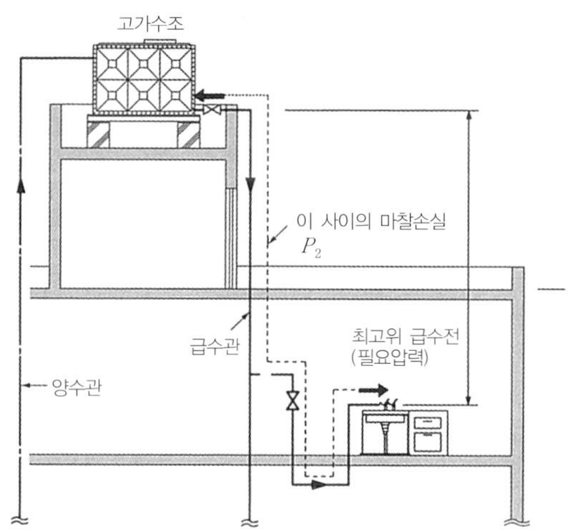

그림 2.10 고가수조의 설치높이

2) **펌프직송방식(그림 2.11)**

물탱크에 물을 저장하고 직송펌프(그림 2.12)로 건물 내의 필요한 곳에 급수하는 방식이다. 그림 2.11과 같이 인버터 제어로 변속모터의 회전수를 변화시키는 방법, 여러 개의 펌프 운전대수를 변화시키는 방법, 그리고 이들을 조합시킨 방법 등에 의해 송수한다.

이 방식은 고가수조를 설정할 필요가 없기 때문에 구조상으로나 미관상으로 유리하다. 그러나 정전으로 인해 단수되는 경우 예비전원을 준비하지 않으면 전혀 대응하지 못하므로 펌프나 제어상의 비용을 고려한다면 소규모 건축에 적합하다. 최근 짓고 있는 집합주택이나 오피스빌딩의 경우 이 방식을 채용하는 것이 늘어나고 있는 추세이다.

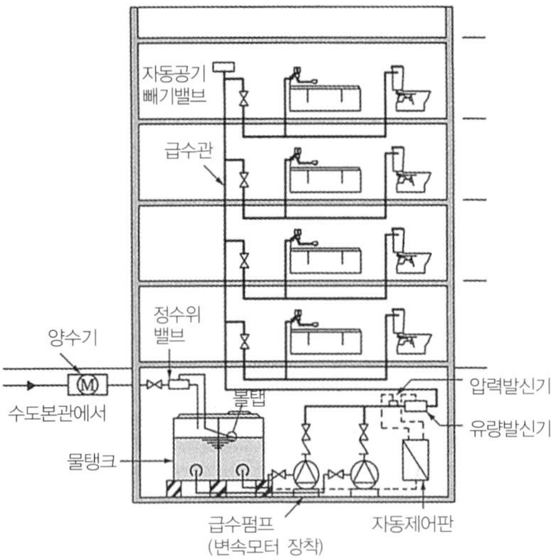

그림 2.11 펌프직송방식

그림 2.12 펌프직송방식의 펌프유닛

3) 압력수조방식(그림 2.13)

물탱크에 물을 저장하고 펌프로 압력탱크에 급수하며 컴프레서를 사용해 탱크 내의 압력을 상승시켜 그 압력을 이용하여 필요한 곳에 급수하는 방식이다.

이 방식은 건물의 구조상의 이유로 고가수조를 설치할 수 없는 곳이나 수도직결방식으로는 적절한 압력을 얻을 수 없는 경우에 이용된다. 그러나 압력변동이 크고, 압력수조의 공기 보급을 필요로 하며, 압력탱크 내의 가압용기 부분의 열화 등 유지관리상의 문제도 많아 최근에는 별로 채용하지 않는 추세이다.

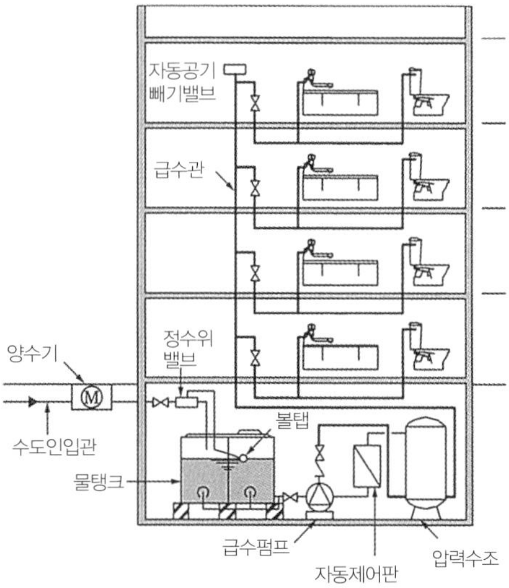

그림 2.13 압력수조방식

2.2.4 사용수량과 급수압력

(1) 사용수량

건물의 용도에 따라 건물 전체의 사용수량은 그림 2.14와 같은 시간변화를 보인다. 일반적으로 주택의 경우는 2개의 굴곡을 보이며, 사무소의 경우는 가운데가 봉긋하게 솟는 특징이 있다.

또한 건물용도별 설계용 사용수량을 표 2.4에 나타낸다. 이 표를 이용해 급수설비기기와 배관을 설계한다. 그러기 위해서는 먼저 1일 급수량 Q_d를 계산해야 한다. 계산방법은 다음과 같은 두 가지 방법이 있다.

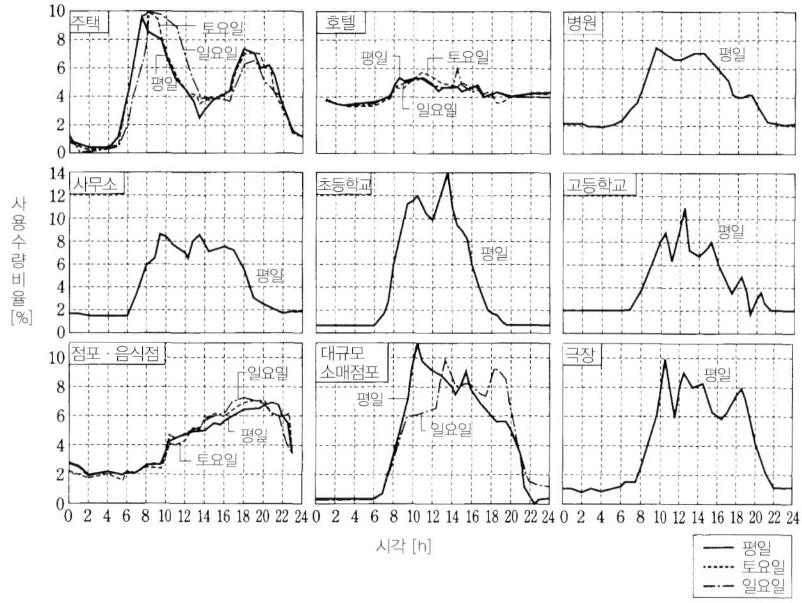

그림 2.14 건물용도별 사용수량의 시간 변화 (일본의 예)

1) 건물인원으로 계산하는 방법

$$Q_d = N \cdot q \quad \cdots\cdots (2.4)$$

Q_d : 1일 사용하는 급수량 [ℓ /d]

N : 급수인원 [명]

q : 건물용도별 급수량 [ℓ /(명 · d)] (표 2.4)

2) 유효면적으로 계산하는 방법

$$Q_d = (k \cdot A \cdot n) \cdot q \quad \cdots\cdots (2.5)$$

k : 유효면적률(바닥연면적에 렌터블비(0.7[1]))을 곱한 값)

A : 건축 바닥연면적 [m²]　　　n : 유효면적당 인원 [명/m²]

1) 또는 2)의 결과를 이용해 양수펌프의 능력 산정과 급수배관의 크기를 결정하는 경우에는 식 (2.6), (2.7), (2.8)을 이용해 다음과 같이 예상급수량을 구한다.

1) 렌터블비는 바닥연면적에서 임대 가능한 부분의 면적비율로 보통 $k = 0.7$을 사용.

$$Q_h = Q_d / T \quad \cdots\cdots (2.6)$$

$$Q_m = K_m \cdot Q_h \quad \cdots\cdots (2.7)$$

$$Q_p = K_p \cdot Q_h / 60 \quad \cdots\cdots (2.8)$$

Q_h : 시간평균예상급수량[ℓ /h]

Q_m : 시간최대예상급수량[ℓ /h]

Q_p : 피크시 최대예상급수량[ℓ /min]

T : 1일 평균사용시간[h]

K_m : 시간최대예상급수량의 피크율(1.5~2.0)

K_p : 피크시 최대예상급수량의 피크율(3.0~4.0)

설계에 이용하는 Q_h, Q_m, Q_p와 1일 사용수량의 변동 관계를 나타내면 그림 2.15와 같다. 고가수조방식의 양수펌프나 양수관 등 실무적인 설계에는 수조 내의 저수를 예상할 수 있기 때문에 시간단위의 급수량을 나타내는 Q_m값을 이용하는 경우도 있지만 저수기능이 없는 수도직결증압방식 등으로 설계할 때는 1분 단위의 급수량을 나타내는 Q_p값을 사용하는 경우가 많다.

표 2.4 건물 종류별 급수량

건축물 종류	1일 평균 사용 수량(ℓ)	1일평균 사용시간	사용자	유효면적당 인원	유효면적 연면적
사무소	100~120	8	재근자 1인당	0.2인/m²	대여사무소 60 일반 55~57
관청, 은행, 병원	100~200 고급 1000 이상 중급 500 이상 기타 250 이상	8 10	직원 1인당 1병상당 외래객 8 직원 120	0.2인/m² 1병상당 3.5인	사무소와 같다 45~48
극장	30	5	객석 1인당		53~55
영화관	10	3	연 인원에 대하여	객석에 대하여 1.5인	
백화점	3	8	손님 1인당 점원 100ℓ	1.0인/m²	55~60
점포	100	7	상주 160점원 100ℓ	0.16인/m²	
소매시장	40	6	손님 1인당		
공중식당	15	7	손님 1인당	1.0인/m²	
요리점	30	5	손님 1인당	1.0인/m²	
주택	160~200	8~10	거주자 1인당	0.16인/m²	50~53
저택	250	8~10	거주자 1인당	0.16인/m²	42~45
아파트	160~250	8~10	거주자 1인당	0.16인/m²	45~50
기숙사	120	8	거주자 1인당	0.2인	
호텔	250~300	10	손님 수당	0.17인	

여관	200	10	손님 수당	0.24인	
클럽하우스	150~200		내방자	15홀 150인	
학교	초·중학교40~50 고교 이상 80 교사 1인당 100	5~6 6	학생당 학생당	0.25~0.14인/m² 0.1인/m²	58~60
연구소	100~200	8	직원 1인당	0.06인/m²	
도서관	25	6	열람자 1인당	0.4인/m²	
공장	60~140 (남 80, 여 100)	8	1교체 1인당	좌작업 0.3인/m² 입작업 0.1인/m²	
정차장	3	15	승강객수		

주) 냉각수를 필요로 하는 냉방용 또는 주방용 냉동기가 있는 경우에는 13ℓ /min. USRt(냉각탑을 사용하는 경우에는 이것의 2%, 0.26ℓ /min. USRt) 정도의 냉각수가 필요하다.

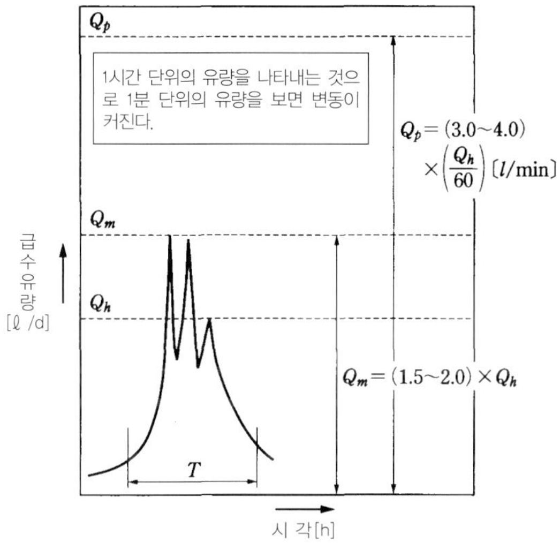

그림 2.15 Q_h, Q_m, Q_p와 1일 사용수량의 변동 관계

(2) 급수압력

급수관 말단에 접속하는 위생기구나 기기류가 제 기능을 충분히 다하기 위해서는 일정 수준 이상의 급수압력이 필요하다. 각종 급수기구의 필요압력을 표 2.5에 나타냈다. 특히 최상층에 설치된 샤워수전은 높은 위치에 설치되기 때문에 수압이 부족한 경우가 있으므로 주의가 필요하다.

사무소빌딩이나 공장은 일반적으로 급수관의 급수압력 상한치를 400~500kPa 이하, 집합주택의 세대 내는 300~400kPa 이하로 설정한다. 이 값이 허용급수압이 된다. 이를 위해 초고층·고층 건축에서는 그림 2.16과 같이 중간수조를 이용해 분할하거나 급수배관 도중에 압력을 내리기 위해 그림 2.17과 같은 감압밸브를 설치하여 허용급수압력 범위 이내가 되도록 조정한다.

표 2.5 각 기구에서의 최저 필요압력

기 구 명	필요압력 [MPa]
블로우아웃식 대변기	0.1
세정밸브(플러시밸브)	0.07(최저) 표준 0.1
보통밸브	0.03(최저) 표준 0.1
자동밸브	0.07
샤워	0.07
순간온수기(대)	0.05
순간온수기(중)	0.04
순간온수기(소)	0.01(저압용)

건물용도별 허용 최고수압(MPa)

구 분	주택, 호텔, 병원	일반건물
최고압력	0.3~0.4	0.4~0.5

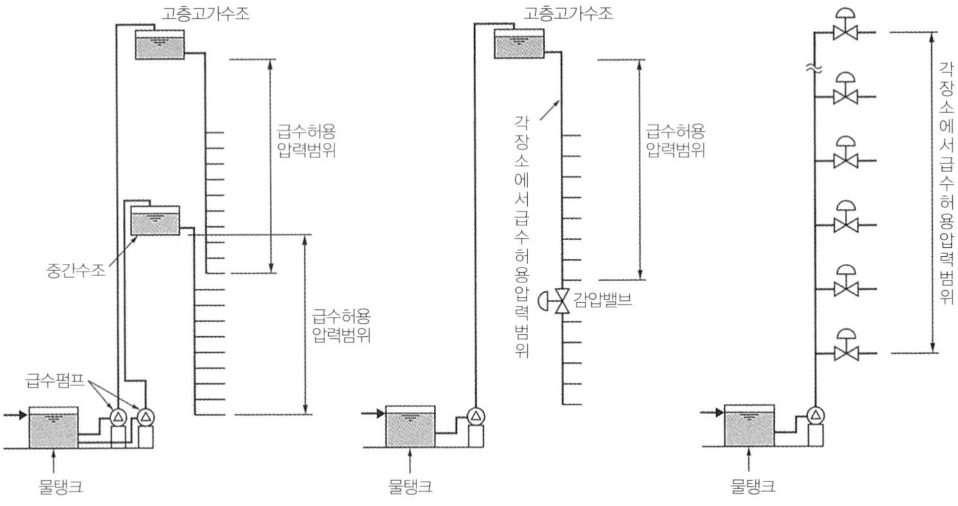

(a) 중간수조방식 (b) 주관감압밸브방식 (c) 각층 감압밸브방식

그림 2.16 고층건물의 급수압력 구분(조닝)

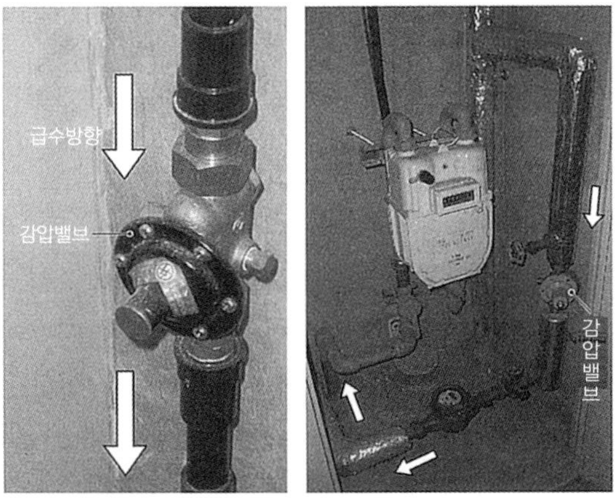

(a) 주관감압밸브방식 (b) 각층 감압방식(집합주택의 PS 내)

그림 2.15 감압밸브

이와 같이 급수계통을 구분하는 것을 **조닝**이라고 한다. 급수관 내의 압력이 높아지면 관내 유속이 증가하고 수전을 갑자기 닫거나 펌프 발정시 **수격작용(워터해머)**이라 하는 소음이나 진동이 발생한다. 따라서 배관설계를 할 때는 급수관 내를 흐르는 물의 관내 유속을 1.5~2.0m/s 이내가 되도록 할 필요가 있다.

[칼럼 2] 워터해머와 방지장치

그림 1과 같이 급수전에서 흐르고 있던 물①을 급수전을 갑자기 닫았을 때② 덜컹거리며 해머로 두드리는 것처럼 충격음이 나는데, 이를 워터해머(수격작용)라 한다. 이는 흐르고 있던 물의 에너지가 수압(수격압)을 상승시키는 에너지, 배관의 진동에너지, 관재를 팽창시키는 에너지 등으로 변환하기 때문인데 이때의 상승압력을 수격압이라 한다.

워터해머를 방지하기 위해서는 관내 유속을 1.5~2.0m/s 이내가 되도록 하는 방법 외에도, 그림 2와 같이 워터해머 방지장치를 수전 가까이에 설치하는 방법이 있다. 워터해머 방지장치에는 벨로즈형, 에어백형 등이 있으며 수격압력을 완화시킬 수 있다.

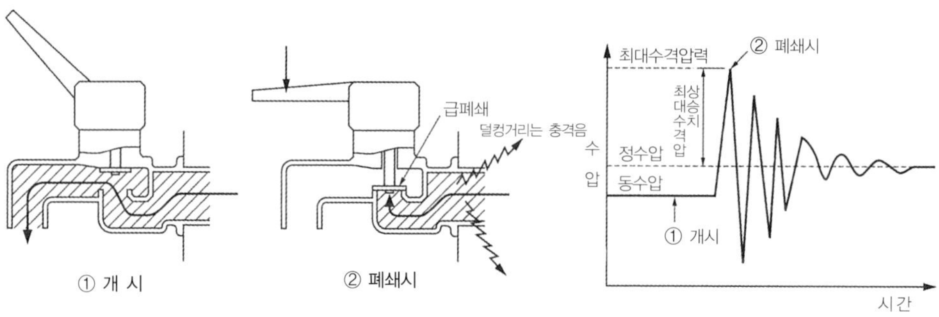

그림 1 워터해머와 수격압(싱글 레버 수전의 예)

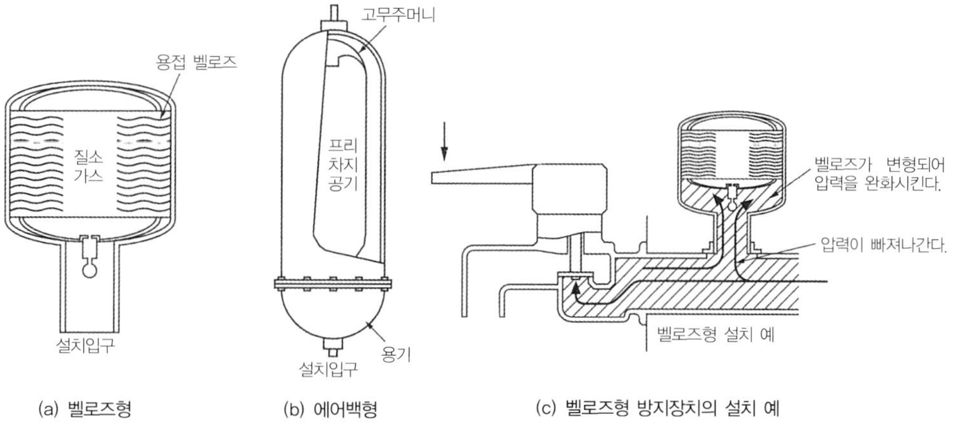

그림 2 워터해머 방지장치

2.2.5 상수의 오염과 방지대책

상수가 오염되는 원인으로 배관류, 위생기기류, 수조류에 의한 경우가 있다.

(1) 배관류

건물 내에는 다양한 배관이 있다. 시공을 할 때 계통이 다른 배관을 잘못 접속하는 경우가 있는데, 특히 상수의 급수 · 급탕 계통과 다른 계통의 배관이나 기기가 직접 또는 밸브 등을 매개로 접속되는 것을 **크로스커넥션**이라 한다. 그림 2.18에 나타낸 것처럼 (a) 상수 배관과 우물물 배관을 접속한 경우, (b) 상수 배관과 잡용수 배관을 밸브로 접속한 경우, (c) 난방용 보일러와 상수 배관을 접속한 경우도 크로스커넥션에 해당한다. 크로스커넥션을 방지하기 위해 배관에 수종을 표시하는 방법, 배관의 색을 구별하는 방법, 관의 재질을 다르게 하는 방법 등의 다양한 방지책을 마련할 필요가 있다.

또한 배관 내면이나 이음부가 부식되어 붉은 녹물이 흘러나와 관내를 막히게 하거나 토중매설관의 경우 외부에서 오수가 침입하는 사고에 의한 오염도 있다. 그에 대한 대책으로는 내식성이 뛰어난 스테인리스 배관, 내면피복강관 등을 사용하는 방법이 있다.

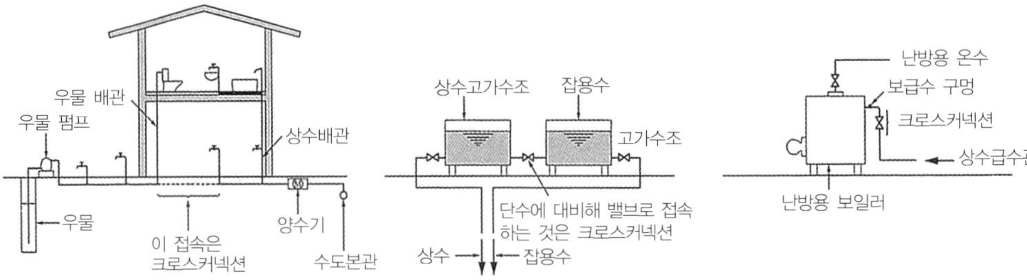

(a) 상수배관과 우물배관 (b) 상수와 잡용수 (c) 공기설비기기와 상수배관

그림 2.18 크로스커넥션의 예
(공기조화 · 위생공학회 '도해 공조 · 급배수 대백과' 1998에서 작성)

(2) 위생기구류

한 번 사용한 물이 급수관 내에 생긴 부압 등에 의해 역사이펀 작용을 일으켜 급수관 내로 역류하는 경우가 있다. 그림 2.19에 역사이펀에 의한 오염 예를 나타낸다.

이 그림은 급수설비 점검이나 수리 등의 이유로 밸브 Ⓐ를 닫았을 때 수전 Ⓑ를 열면 급수관 내의 압력이 부압이 되어 수전 Ⓒ의 토수구가 용기 내의 오염수에 접하기 때문에 오염수가 흡입되어 수전 Ⓑ로 나오는 모습을 나타낸 것이다. 이것이 **역사이펀 작용**이다.

역류를 방지하는 방법은 급수전 단부와 위생기구의 물넘침면 사이에 공간을 확보하는 것이다. 이 공간을 **토수구공간**이라 하며, 그림 2.20과 같이 수전 주변의 근린벽 상태, 토수구의 내경, 수전 부위의 유효개구 내경에 따라 토수구 공간의 거리를 정한다. 그러나 대변기 세정밸브처럼 토수구 공간을 확보할 수 없는 위생기구에는 급수관 중간에 **버큠 브레이커**(역류방지기)를 설치하여 대처한다.

그림 2.21은 버큠 브레이커의 종류를 나타낸 것이다. 버큠 브레이커에는 물이 흐를 때만 수압이 걸리며 최종밸브 이후의 배관에 설치하는 **대기압식**과 상시 수압이 걸리며 최종밸브 1차측에 설치하는 **압력식**이 있다.

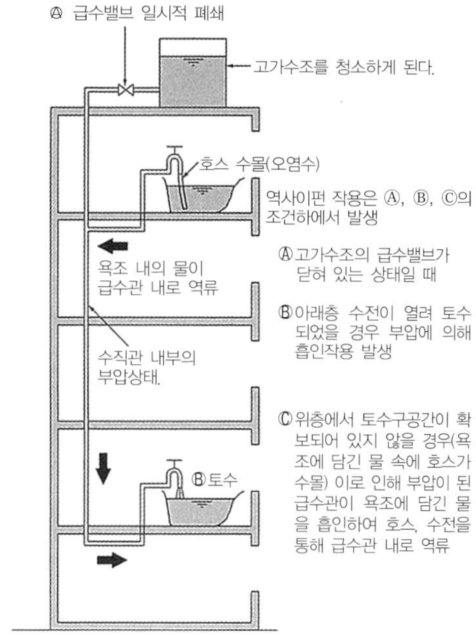

그림 2.19 역사이펀 작용에 의한 오염의 예

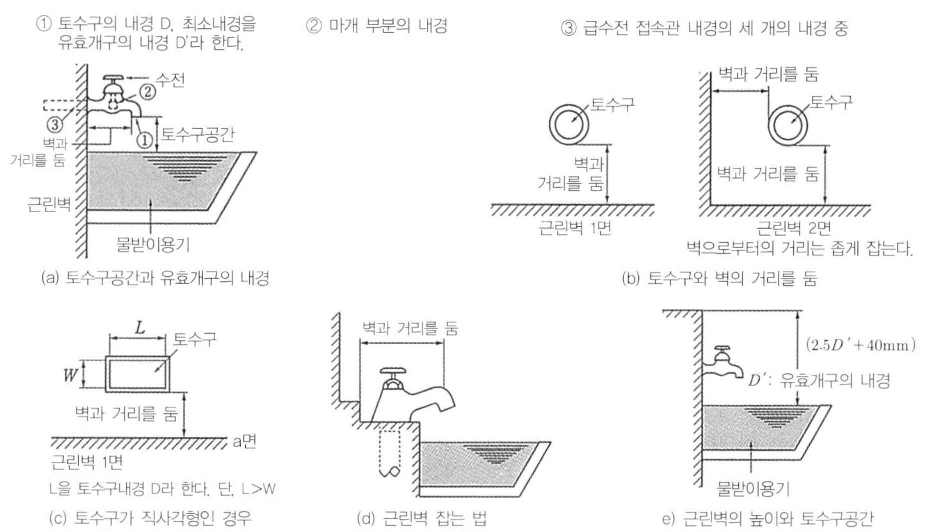

근린벽의 영향이 없는 경우	근린벽의 영향이 있는 경우						
	근린벽 1면인 경우			근린벽 2면인 경우			
	벽으로부터의 거리			벽으로부터의 거리			
1.7D' + 5	3D 이하	3D 초과 5D 이하	5D 초과	4D 이하	4D 초과 6D 이하	6D 초과 7D 이하	7D 초과
	3.0D'	2.0D' + 5	1.7D' + 5	3.5D'	3.0D'	2.0D' + 5	1.7D' + 5

주 1) D : 토수구의 내경[mm]　　D' : 유효개구의 내경[mm]
2) 토수구 단면이 직사각형인 경우는 긴 쪽을 D로 한다.
3) 물넘침면보다 조금이라도 높은 벽이 있는 경우는 근린벽으로 보고 근린벽 1면, 2면인 경우의 수치에 따른다.
4) 토수구 단면이 물넘침면에 평행하지 않은 경우는 토수구 끝의 최하층과 위생기구·물탱크용기의 물넘침면과의 공간을 토수구공간으로 한다.

그림 2.20 토수구공간의 예

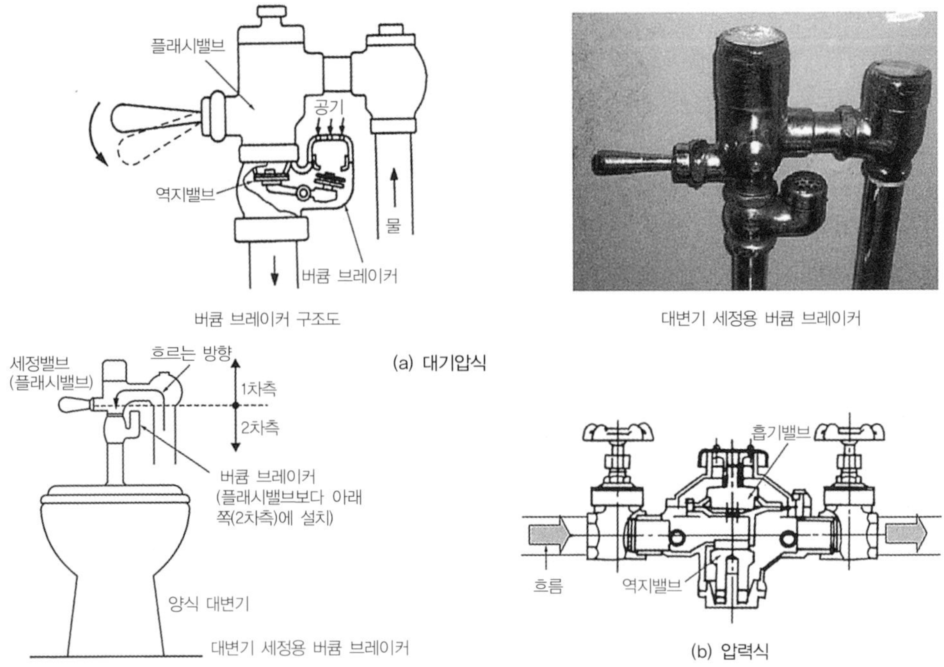

버큠 브레이커 구조도

대변기 세정용 버큠 브레이커

대변기 세정용 버큠 브레이커

(a) 대기압식

(b) 압력식

그림 2.21 버큠 브레이커의 종류

(3) 수조류

물탱크나 고가수조 같은 저수조는 오염 침입의 위험이 있기 때문에 건축구체를 이용하여 설치해서는 안 된다. 그림 2.22(1)에 설치방법을 나타낸 것처럼 저수조는 주변의 모든 면에서 점검(이를 **6면 점검**이라 함)을 할 수 있도록 수조 윗면에 1.0m 이상, 측면과 아랫면에 0.6m 이상의 공간을 확보하여 설치해야 한다. 또한 구조상으로도 그림 2.22(2)에 나타낸 것처럼 외부로부터 오수나 오물이 침입되지 않는 구조로 해야 한다.

그 외에 수조를 청소할 때도 건물의 급수가 중단되는 일이 없도록 중간칸막이벽을 두어 둘로 나누거나 체류수에 의해 사수(死水)가 생기지 않도록 우회벽을 설치하고(그림 2.23), 급수구의 위치와 물의 출구 위치를 고려하는 것(대각선상으로 할 것)이 중요하다. 수조 패널은 내수성·내식성이 풍부하며 태양광이 투과되지 않는 재질로 하는 등의 배려를 한다.

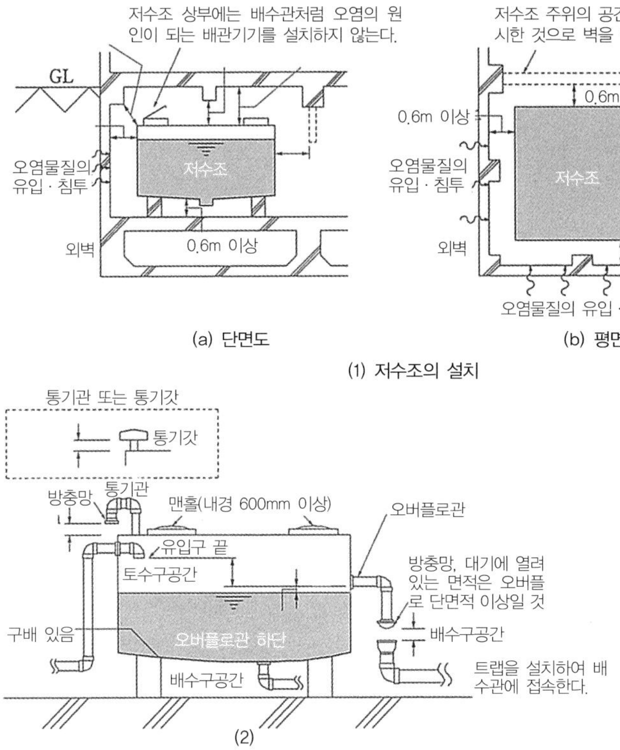

그림 2.22 저수조의 구조

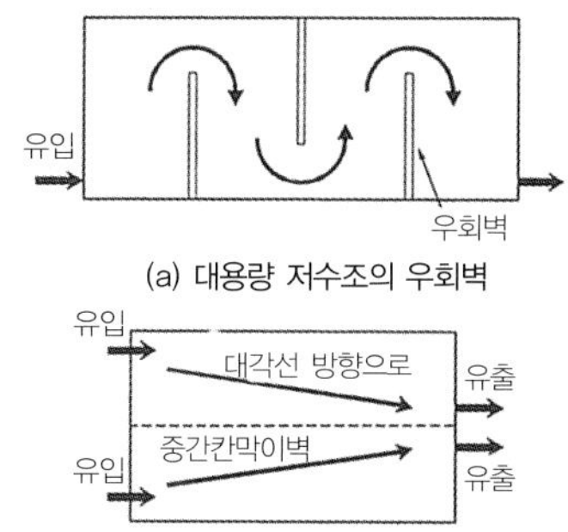

그림 2.23 체류수 · 사수 방지를 고려한 수조계획(평면도)

▌예제 1 ▌

어떤 사무소빌딩에서 그림 2.9와 같은 고가수조방식을 채용했을 경우의 물탱크, 고가수조의 유효용량 V_S, V_E를 구하시오. 직원은 500명이며 1인당 1일 급수량은 100ℓ /(명 · d)로 한다. 단, 냉방용수는 고려하지 않아도 된다.

[해설]

① 물탱크 용량 V_S의 계산

식 (2.4)에서 1일 급수량(Q_d)는

Q_d=100ℓ /(명 · d)×500명=50000ℓ /d=50㎥/d

계산값은 p.50(2)의 1)에서 1일 급수량의 1/2로 보면 25㎥가 된다.

② 고가수조용량 V_E의 계산

물탱크와 마찬가지로 1일 급수량의 1/10로 하면 50㎥×1/10=5㎥

2.2.6 양수펌프의 능력과 운전

양수펌프의 역할은 물탱크에서 고가수조로 물을 끌어올리는 것이다. 양수펌프의 사양은 전양정, 양수량, 구경, 소요동력으로 나타낸다. 그림 2.24에 급배수위생설비 · 공기조화설비 분야에서 많이 사용되는 펌프의 개요를 나타냈다. 또한 양수펌프의 특성은 그림 2.25와 같이 양정곡선, 축동력곡선, 효율곡선의 세 가지로 나타낸다.

	육상펌프		수중펌프
	와권펌프	라인펌프	
형상	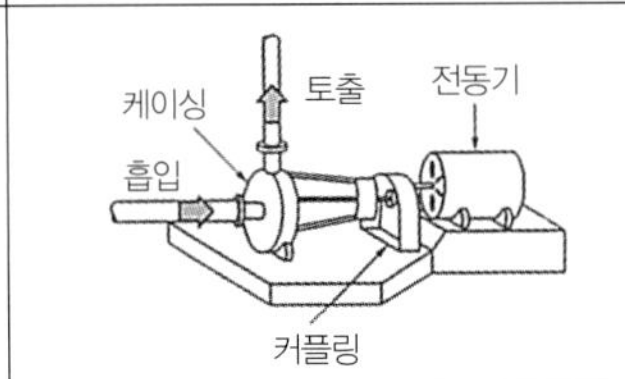	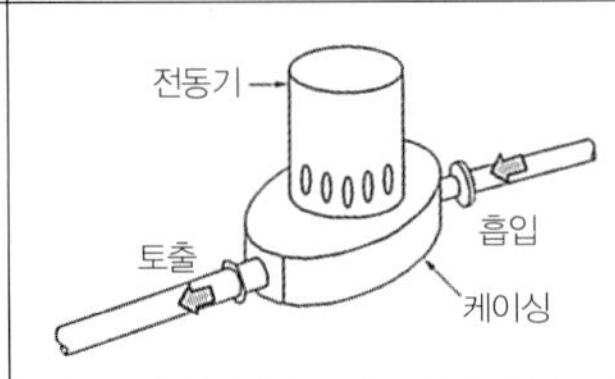	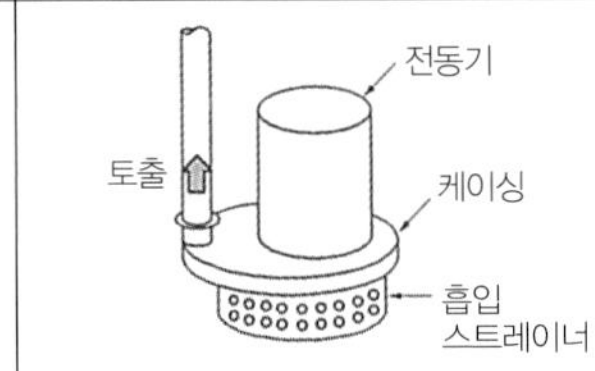
특징	• 중~대수량, 중~고양정, 유량범위가 넓으며 안정적으로 운전할 수 있다.	• 소수량, 저양정, 배관 중간에 설치하기 때문에 탈부착이 용이하다.	• 물을 수조에서 끌어올릴 경우에 적합하다.
용도	• 급수펌프 • 공조용 순환펌프 • 소화펌프	• 급수펌프 • 공조용 순환펌프	• 급수펌프 • 배수펌프

그림 2.24 펌프의 종류와 개요

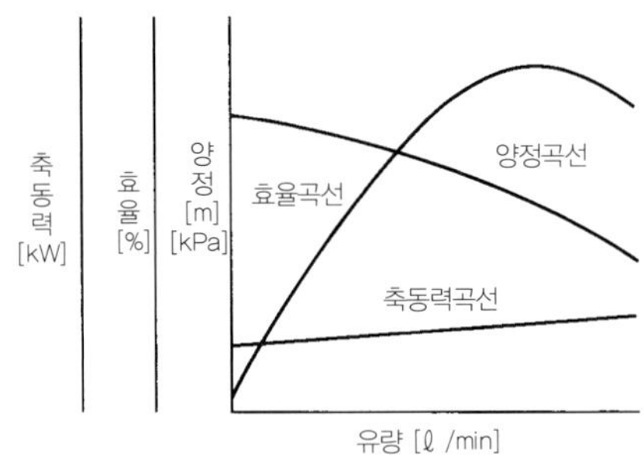

그림 2.25 펌프특성곡선

(1) 양수유량과 양수관경

펌프에서 토출되는 단위시간당 수량을 **양수량**이라 한다. 양수량을 계산하기 위해서는 식 (2.7), (2.8) 등으로 구한 시간최대예상급수량 Q_m과 피크시 최대예상급수량 Q_p를 이용하는 경우가 많다. 이 급수량을 이용해 그림 2.26에 나타낸 유량선도에서 워터해머를 일으키지 않는 관내유속 1.5~2.0m/s 이하가 되도록 구경을 선정한다. 유량선도를 이용하는 방법은 그림 2.27에 나타낸다. 식 (2.9)에서 직관, 이음, 밸브 등의 마찰손실수두를 상세히 구할 경우에는 그와 동시에 선정한 구경의 가로축 값(단위길이당의 압력손실값[kPa/m])도 구해놓는다.

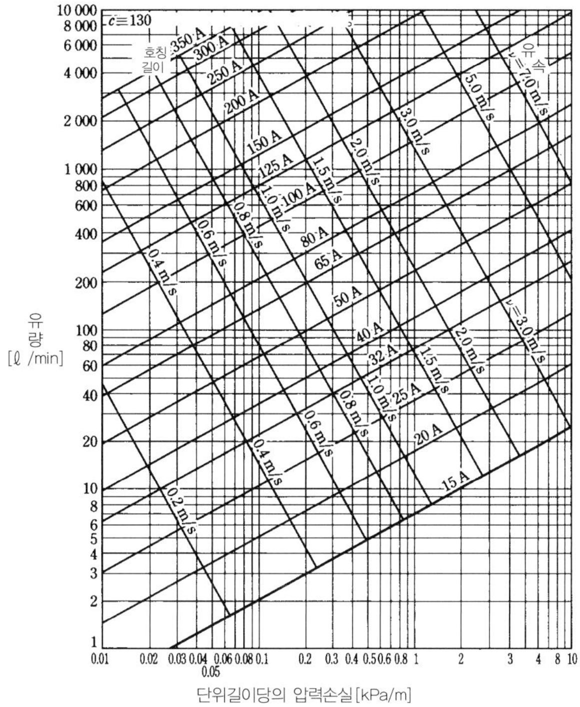

그림 2.26 경질염화비닐라이닝강관의 유량선도

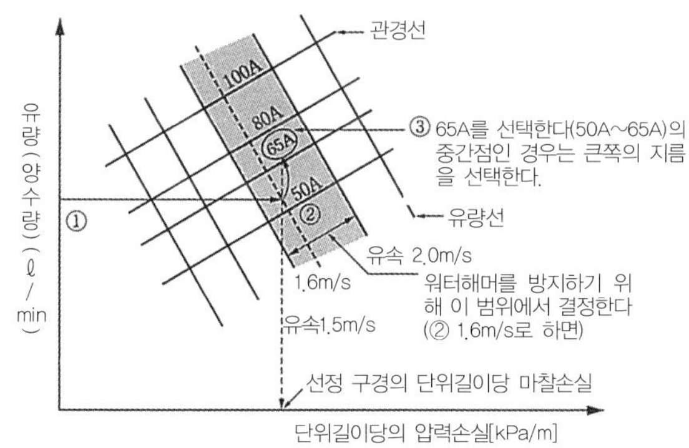

※ 시간최대예상급수량과 피크시 최대예상급수량을 이용한다.

그림 2.27 그림 2.26을 이용해 양수량을 구한 후 구경을 결정하는 그림

(2) 양수펌프의 전양정

전양정은 펌프에 발생하는 송수압력으로 단위는 [Pa] 또는 편의상 [m]로 나타내는 경우도 많다. 이 책에서는 건물의 높이[m]를 적용하여 설명하기 때문에 [m]로 표시했다.[1] 양수펌프의 전양정 H의 계산식을 식 (2.9)에 나타내며, 그 설명도를 그림 2.28에 나타낸다.

1) [m] 표시와 [Pa] 표시의 환산 방법은 식 (2.2)에 따른다.

$$H \geqq H_1 + H_2 + \frac{v^2}{2g} \quad \cdots\cdots (2.9)$$

여기서,

H_1 : 양수펌프의 흡입면부터 양수관 꼭대기까지의 실제 높이(실양정이라 함)[m]

H_2 : 양수펌프의 흡입면부터 양수관 꼭대기까지의 직관, 이음, 밸브 등의 마찰손실 수두에 상당하는 높이[m]

$\frac{v^2}{2g}$: 토출구에서 속도수두에 상당하는 높이[m](v ≒1.5~2.0[m/s]를 이용)

일반적으로 H_2는 실제배관길이의 30~50% 정도로 한다. 정확하게는 (1)에서 구한 단위길이당 압력손실값[kPa/m]에 직관길이, 이음, 밸브류의 상당길이를 더한 값을 곱해서 구한다. 속도수두는 매우 적기 때문에 생략하는 경우가 많다.

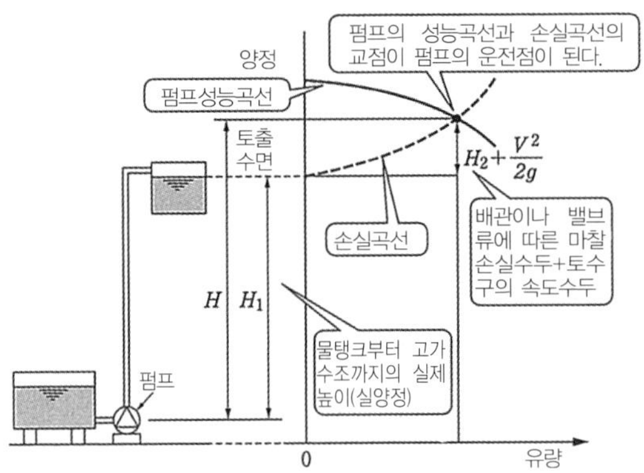

그림 2.28 양정의 모식도

(3) 소요동력[1)]

펌프를 구동시키는 소요동력은 식 (2.10)으로 구할 수 있다.

$$L = \rho Q g H \frac{(1+\alpha)}{\eta_P \cdot \eta_t} \quad \cdots\cdots (2.10)$$

L : 펌프의 소요동력 [W]

ρ : 물의 밀도=1,000 [kg/m³]

Q : 양수량 [m³/s](=피크시 순간최대예상급수량 Q_p [ℓ /min] 등을 사용)

1) 양수시 펌프가 물에 미치는 동력(일)을 '수동력' 이라 한다. 그러나 실제 운전에서는 펌프 내부의 누수, 축받이나 패킹(접합부의 채움 물) 등의 마찰에 의한 손실이 있기 때문에 펌프의 회전축에 가해지는 동력은 커지는데, 이를 '축동력' 이라 한다. 펌프 효율 η_P는 축동력에 대한 수동력의 비이며, 이것과 전도율, 여유율을 고려한 동력이 '소요동력' 이다.

g : 중력가속도=9.8 [m/s²]

η_P : 펌프 효율(실제로는 0.5 ~ 0.6)

η_t : 전도율(펌프와 원동기의 전도효율로, 전동기 직결인 경우는 1.0)

α : 여유율(과부하로부터 원동기를 보호하는 것으로 전동기 직결인 경우는 0.1 ~ 0.2)

▒ 표시된 부분의 수치는 예제 2에서 사용

▌예제 2 ▌

그림 2.29에 나타낸 사무소빌딩의 고가수조방식에서 양수펌프의 양수량, 구경, 전양정, 소요동력을 다음과 같은 설정조건으로 구하시오.

(조건)

(1) 소요인원은 250명, 1일 평균사용수량 100ℓ /(명 · d), 1일 평균사용시간 9시간

(2) 이음 · 밸브류의 상당길이는 실제 관길이의 30% (3) 속도수두 : 0.5m

(4) 펌프 여유율 : 0.2 (5) 펌프 효율 : 0.5 (6) 전도율 : 1.0

[해설]

① 양수펌프의 양수량

1일 사용수량=250명×100ℓ /(명 · d)=25,000ℓ

시간평균사용수량=25,000ℓ /9h≒2,778ℓ /h

피크시 최대예상급수량을 이용하면 식 (2.8)로부터

양수량=(2,778ℓ /h×4)/60min≒186ℓ /min(피크계수는 4)

② 펌프구경

관내유속을 1.5~2.0m/s 이내로 하여 그 하한치 1.5m/s를 이용하면 그림 2.26에서 50A로 정할 수 있다. 그림 2.30에 설명도를 나타낸다.

③ 양수펌프의 양정

식(2.9)로부터

실양정=(4m×4층분)+10m)−2m=24m

여기서 물탱크의 수두압 2m 만큼은 양정으로는 마이너스측에 작용하므로 뺀다(실제로는 무시해도 됨).

관마찰손실=$(\underbrace{2+5+4+3\times4+10+3}_{\text{실제 관길이}})\times0.3$

=10.8m

속도수두=0.5m

전양정=24+10.8+0.5=35.3m

④ 양수펌프의 소요동력

식 (2.10)으로부터

소요동력=1,000×(0.186/60)×9.8×35.3×(1+0.2)/(0.5×1.0)

≒2574≒2.6kW

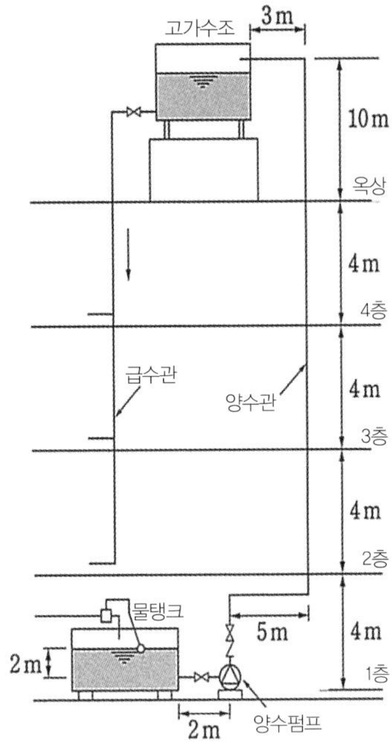

그림 2.29

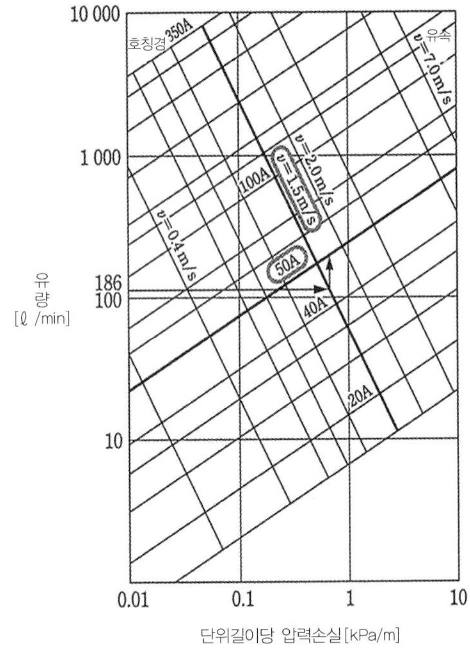

그림 2.30 펌프 구경 결정에 대한 설명도

2.2.7 급수관의 관경 계산

급수관경은 구하려고 하는 급수관의 구간을 흐르는 순간최대유량을 산출하고, 그림 2.26의 유량선도에 의해 결정한다. 순간 최대급수량 산출법에는 몇 가지 방법이 있는데, 이 책에서는 '기구급수부하단위에 의한 방법'을 설명한다. 그 순서는 다음과 같다.

① 표 2.6의 기구급수부하단위표에서 기구급수단위의 합계를 산출한다.

② ①에서 그림 2.30을 이용하여 동시사용수량(순간최대유량)을 구한다.

③ 그림 2.26의 유량선도에서 관경(호칭경)을 선정한다. 여기서는 관내유속을 1.5m/s 이하로 한다. 단, 위생기구에 접속하는 급수관의 접속구경은 표 2.7과 같다.

표 2.6 기구급수부하단위

기 구 명	수 전	기구급수부하단위		기 구 명	수 전	기구급수부하단위	
		공중용	개인용			공중용	개인용
대변기	세정밸브	10	6	연합 싱크	급수전		3
대변기	세정탱크	5	3	세면 싱크 (수전 1개에 설치)	급수전	2	
소변기	세정밸브	5		청소용 싱크	급수전	4	3
소변기	세정탱크	3		욕조	급수전	4	2
세면기	급수전	2	1	샤워	혼합전	4	2
수세기	급수전	1	0.5	욕실	대변기가 세정밸브에 의한 경우		8
의료용 세면기	급수전	3					

사무실용 싱크	급수전	3		욕실	대변기가 세정탱크에 의한 경우		6
주방 싱크	급수전		3				
음식점 싱크	급수전	4	2	음료장	음료수전	2	1
음식점 싱크	혼합전	3		탕비기	볼탭	2	
식기세척싱크	급수전	5		살수 · 차고	급수전	5	

주) 급탕전 병용일 경우 1개의 수전에 대한 기구부하단위는 위 수치의 3/4로 한다.
■ 표시된 부분의 수치는 예제 3에서 사용.
(공기조화 · 위생공학회편 '공기조화 · 위생공학편람(1964년) 표 1.9에서 작성')

표 2.7 위생기구의 급수관 접속구경

기구의 종류	1회당 사용량(ℓ)	순간 최대 유량(ℓ/min)	접속 구경(mm)
대변기(세정밸브)	15	110	25
대변기(세정탱크)	15	15	15
소변기(세정밸브)	5	30	20
소변기(세정밸브)	4.5	8	15
세 면 기	10	15	15
싱크(13mm 수전)	15	15	15
싱크(13mm 수전)	25	25	20
수 세 기	3	10	15
살 수 전		20~50	15~20
양식욕조	125	30	20
샤 워	34~60	12	15~20

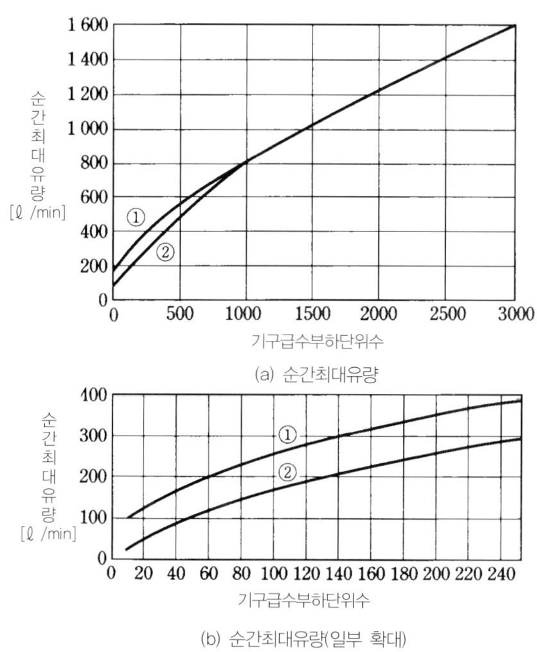

그림 2.30 순간 최대유량 산정도

▌예제 3 ▌

그림 2.32에 나타낸 급수횡지관에서 각 부위의 관경을 구하시오. 단, 기구에 대한 접속구경은 대변기는 세정밸브를 사용한 방식으로 하여 25A, 세면기는 15로 한다. 또한 세면기 1개의 순간최대유량은 10ℓ /min으로 하고 3개까지의 동시사용률은 100%로 한다.

[해설]

구경을 구하는 방법은 각 구간에서 기구급수부하단위의 합계를 표 2.6으로 산출하고 그림 2.31을 이용해 순간최대유량을 구한다. 대변기는 모두 세정밸브식(공중용)이므로 그림 2.31(b)의 ①번 선을 이용한다. 그 설명도를 그림 2.33에 나타낸다. 이 값을 이용해 그림 2.30에 나타낸 요령으로 구경을 정한다. 그 결과를 정리해 보면 표 2.8과 같다. 이 표에서 a'~b', b'~c', c'~e' 구간에서는 기구배수부하단위의 합계가 작기 때문에 그림 2.31(b)의 ①번으로는 순간최대유량을 읽을 수 없으므로 문제에서 제시한 세면기 순간최대유량 10ℓ /min을 이용하여 구한다.

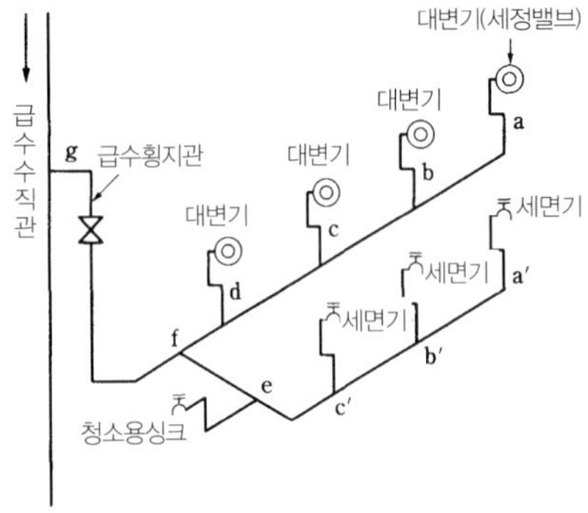

그림 2.32 급수횡지관도

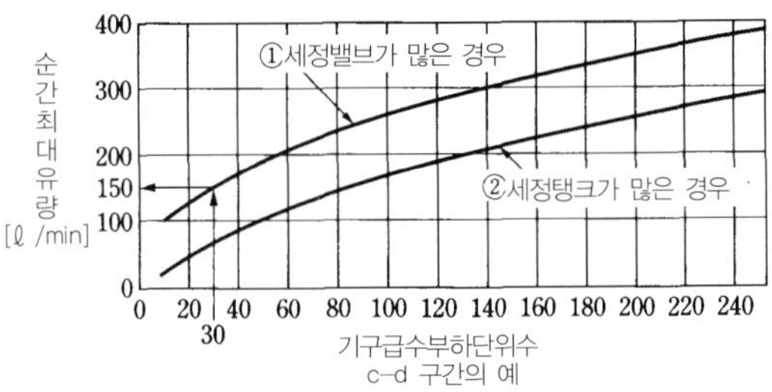

그림 2.33 순간최대배수유량 구하는 법(c~d 구간의 예)

표 2-8 급수횡지관 각 부위의 구경 결정 결과

구 간	기 구 명	접속구경 A	기구수	단 위	기구급수부하단위의 합계	순간최대유량 [ℓ /min]	구 경
a~b	대변기	25	1	10	1×10=10	100	40A
b~c	대변기	25	2	10	2×10=20	130	50A
c~d	대변기	25	3	10	3×10=30	150	50A
d~f	대변기	25	4	10	4×10=40	170	50A
a'~b'	세면기	15	1	2	2×1=2	10*	20A
b'~c'	세면기	15	2	2	2×2=4	20*	25A
c'~e'	세면기	15	3	2	2×3=6	30*	25A
e~f	청소용 싱크+세면기				(2×3)+4=10	100	40A
f~g	대변기+청소용 싱크+세면기				(4×10)+(2×3)+4=50	190	65A

주) A : 호칭경을 말하며 관경, 구경의 실체 수치의 끝수를 잘라 표준화해서 나타냄.
 * 세면기 1개의 순간최대유량 10ℓ /min을 사용해 전체 개수 × 동시사용률로 구한다.

2.2.8 급수배관재료

급수관에는 KS D 3507(배관용 탄소강관)을 원관으로 하는 수지라이닝강관, 내식성과 내구성이 뛰어난 KS D 3595 일반 스테인리스강관, KS D 8503 동관, 수지관 등이 있다.

수지라이닝강관은 절단부가 노출되어 있어 그곳에 녹이 발생하지 않도록 그림 2.34에 나타낸 것처럼 관의 끝부분을 방식이음으로 처리한다. 수지에는 경질염화비닐관, 폴리부텐관, 가교폴리에틸렌관이 사용된다.

밸브류에는 칸막이밸브, 둥근형 밸브, 역지밸브, 볼밸브, 버터플라이밸브 등이 있다. 그 구조는 3.6.2(3)(p.217~218)에 나타낸다.

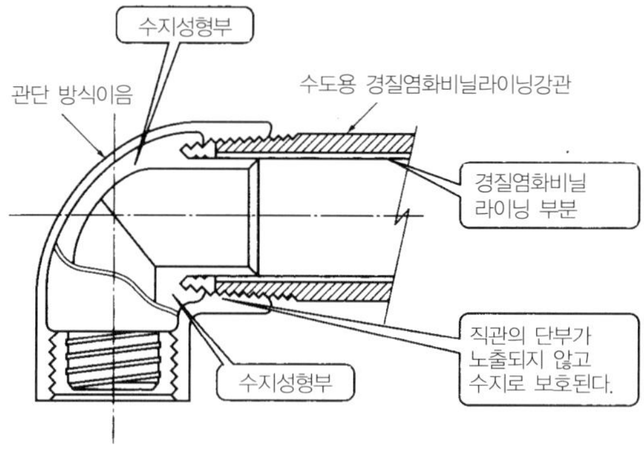

그림 2.34 관단 방식이음

[칼럼 3] 급수 · 급탕 이중관헤더공법

급수 · 급탕 이중관헤더공법의 구성을 그림 1에 나타내며, 이를 시공하는 모습을 그림 2 (a), (b)에 나타낸다.

이 공법은 종래의 급수 · 급탕배관에서 사용하던 강관이나 동관 같은 금속관 대신 내부식성 · 내열성 · 가통성이 뛰어난 폴리부텐관이나 가교폴리에틸렌관 등의 수지관을 사용하며, 그림 2 (c)에 나타낸 이중관 내에 그림 2 (d)와 같이 수지관을 삽입하여 위생기구의 수전과 접속하기 때문에 배관 교체시에도 배관의 탈착을 용이하게 할 수 있는 것이 특징이다.

표 1은 과거에 많이 사용되던 선분기공법과 시스템 및 특징을 비교하여 나타냈다. 이중관헤더공법은 각 위생기구로 보내는 급수 · 급탕압력이 안정적이며 급수가 원활하게 이루어진다. 또한 급탕배관은 관로 내의 보유수량이 소구경이기 때문에 적으므로 온수가 나오기까지의 시간(온수대기시간이라 함)은 짧게 걸린다. 이 공법은 집합주택을 중심으로 보급되고 있다.

표 1 헤더 방식과 선분기 방식의 특징 비교

항 목	선분기 방식	헤더 방식
온수대기시간	• 1계통별 관로의 보유수량이 많아 온수대기시간이 긴 편이다.	• 1계통별 관로의 보유수량이 적어 온수대기시간이 짧은 편이다.
배관재료 시공방법	• 배관이음이 많다.	• 지관은 소구경배관으로 할 수 있다. • 이음을 적게 할 수 있다.
	• 이음시공 부위가 많으며 시공에 손이 많이 간다.	• 헤더로부터의 지관은 중간이음을 하지 않아도 된다. • 현장시공이 용이하다.
배관 보수	• 배관의 교체나 보수가 어렵다.	• 이중관 내의 배관을 빼내면 되므로 배관 교환이 용이하다.
열신축대책	• 급탕본관의 직선배관부에는 일반적으로 신축대책이 필요하다. • 분기부의 응력집중대책이 필요하다.	• 수지관을 위한 신축이음 등은 필요하지 않다.
공기저류 대책	• 소량 사용시 본관의 유속이 늦어 공기저류가 발생하기 쉬우므로 공기빼기밸브, 경사배관 등의 대책이 필요하다.	• 지관을 소구경으로 배관하면 유속이 빨라져 공기저류가 발생하는 일이 거의 없다.
시스템도	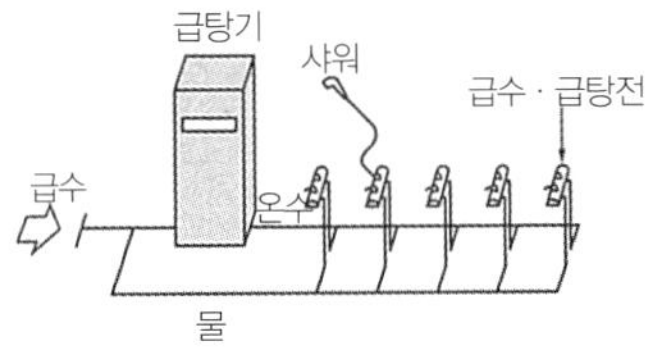	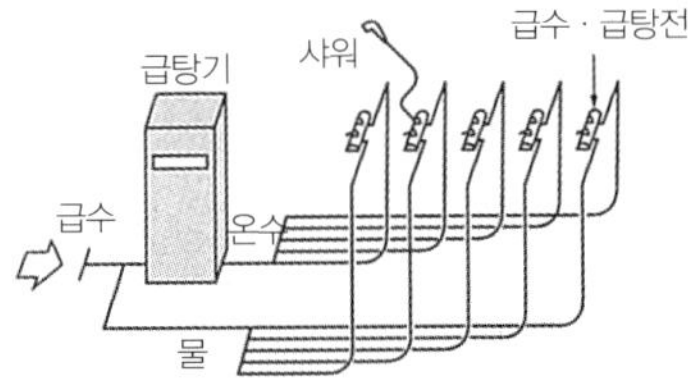

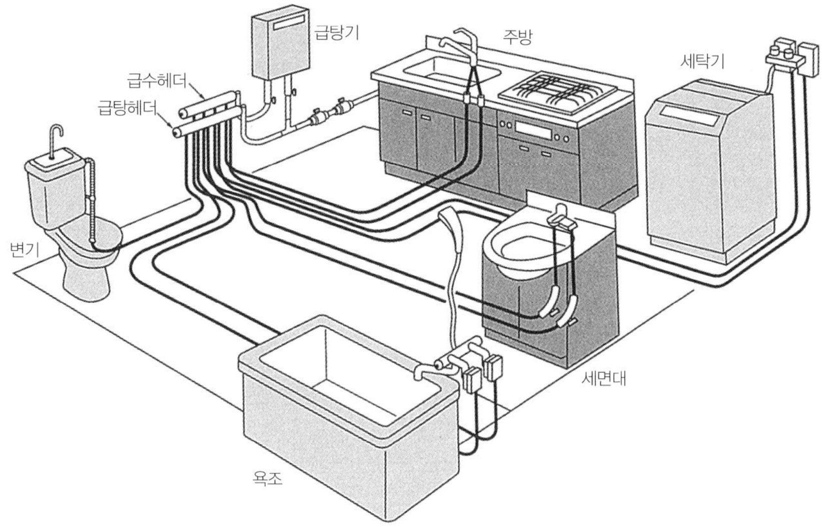

그림 1 급수 · 급탕 헤더공법 계통도

(a) 시공중인 바닥배관

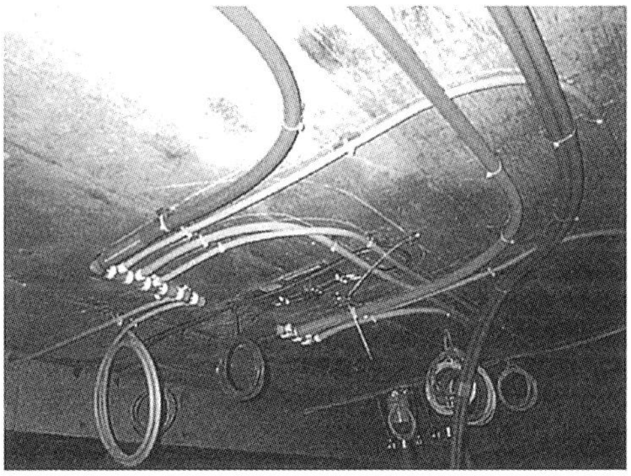

(b) 시공중인 천장배관

(c) 이중관과 삽입관

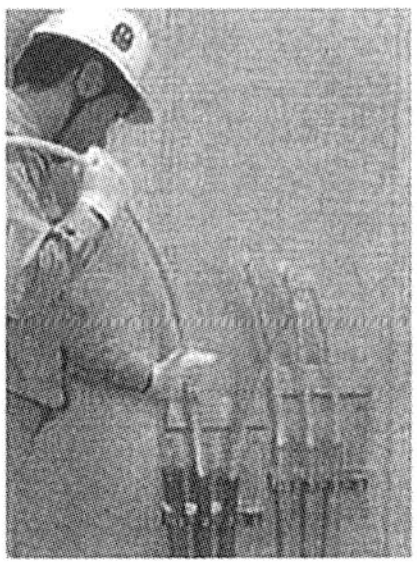

헤더측면에서 통관

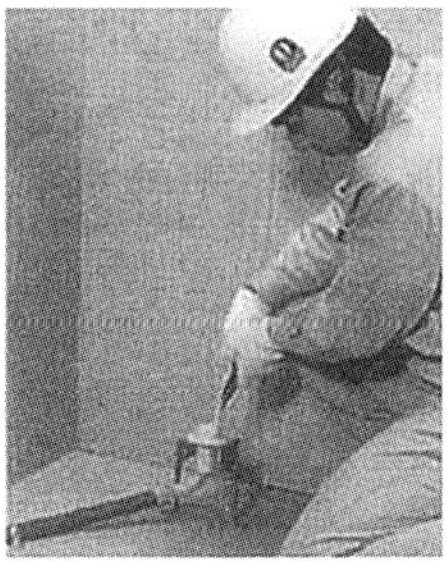

화장실, 세면소 등의 치올림 부분

유닛 배스로 배관

(d) 배관삽입시공(바닥배관)

그림 2 시공상황(헤더 주변)

2.3 급탕설비

2.3.1 온수의 성질

급탕설비의 목적은 용도에 맞는 적절한 온도, 유량, 압력으로 필요한 곳에 온수를 공급하는 것이다. 이는 온도라는 조건만 제외하면 급수설비와 동일하다.

표 2.9에 온도와 물의 밀도(단위체적당 질량) 관계를 나타낸 것처럼 밀도는 약 277K(약 4℃)[1) 일 때 최대(1,000kg/㎥)가 되며 온도가 높아지거나 낮아지면 밀도는 작아지는 성질이 있다.

밀도가 작아진다는 것은 체적이 늘어나는 것, 즉 팽창함으로써 그에 대한 대책을 마련하지 않으면 기기 · 배관이 파손될 위험이 있다. 따라서 급탕설비를 설계할 때에는 온수의 팽창을 고려하여 빠져나가기 위한 배관(팽창관)이나 모으기 위한 수조(팽창수조), 배관의 신축을 흡수할 수 있는 이음(신축이음)을 설치하는 등의 안전대책을 취해야 한다.

표 2.9 표준대기압에서의 물의 비체적

온 도[℃]	밀 도[kg/㎥]	비체적[㎥/kg]
0	999.8	1.0002×10^{-3}
4	1000	1.0000×10^{-3}
10	999.7	1.0003×10^{-3}
30	995.7	1.0043×10^{-3}
50	988.1	1.0120×10^{-3}
80	971.8	1.0290×10^{-3}
100	958.4	1.0434×10^{-3}

▒ 표시된 수치는 예제 4에서 사용.

표 2.10 관의 팽창계수

관 종	선팽창계수[1/℃]
강관	1.098×10^{-5}
스테인리스강관	1.600×10^{-5}
동관	1.710×10^{-5}
내열성 경질염화비닐관	7.000×10^{-5}
폴리부텐관	15.000×10^{-5}
가교폴리에틸렌관	20.000×10^{-5}

(1) 배관의 신축량

열변화에 대한 배관의 신축량은 식 (2.11)로 계산한다.

$$\Delta L = 1{,}000 \times l \times \alpha \times \Delta t \quad \cdots\cdots (2.11)$$

ΔL : 관의 신축량 [m]

l : 변화되기 전의 관길이 [m]

α : 관의 선팽창계수 (표 2.10)

Δt : 온도차 [℃]

(2) 온수의 순환력

물을 가열하면 물의 온도가 상승하여 뜨거워진 물이 배관 내를 상승하고 냉수는 하강하기 때문에 그림 2.35에 나타낸 바와 같이 순환작용을 일으킨다. 이때 순환압력은 식 (2.12)로 계산한다.

1) 온도의 단위 K(열역학온도 : 캘빈)=℃(세시움도)+273.15로 나타낸다.

$$P = g(\rho_1 - \rho_2)H \quad \cdots\cdots \quad (2.12)$$

P : 자연순환력 [Pa]

g : 중력가속도 9.8 [m/s^2]

ρ_1 : 가열기와 반탕관 접속구에서 온수의 밀도 [kg/m^3]

ρ_2 : 가열기와 급탕관 접속구에서 온수의 밀도 [kg/m^3]

H : 가열기 입구에서 가장 높은 곳에 있는 급탕관까지의 높이 [m]

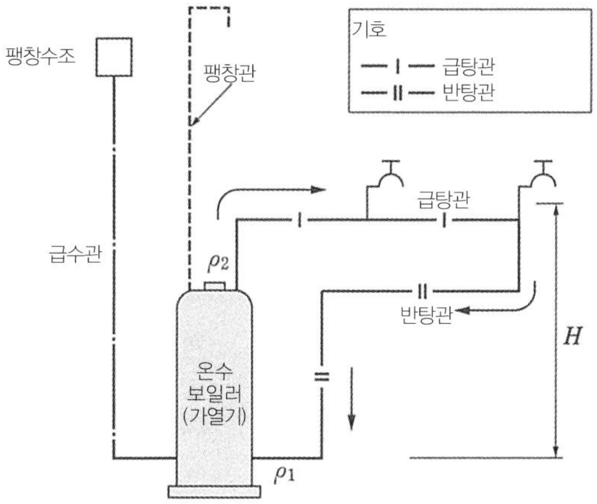

그림 2.35 자연순환급탕방식

▌예제 4▐

그림 2.35에서 가열기 출구의 온수 온도는 80℃, 가열기 입구의 온수 온도는 50℃라고 했을 때 자연순환력을 구하시오. 가장 높은 곳에 있는 급탕관에서 가열기로 가는 반탕관까지의 높이 H는 10m로 한다.

[해설]

표 2.10에서 80℃, 50℃인 온수의 밀도는 $\rho_1 = 988.1[kg/m^3]$, $\rho_2 = 971.8[kg/m^3]$

따라서

$P = 9.8 \times (988.1 - 971.8) \times 10 \fallingdotseq 1600[Pa] = 1.6[kPa]$

(3) 온수와 물의 혼합

급수량과 급탕량의 비율은 대기 등으로 나가는 방열이 없다고 가정하면 식 (2.13)으로 구할 수 있다.

$$Q_h(t_h - t_c) = (Q_c + Q_h)(t_m - t_c) \quad \cdots\cdots \quad (2.13)$$

Q_h : 급탕량 [l], Q_c : 급수량 [l]

t_m : 혼합탕의 온도 [℃], t_c : 급수온도 [℃], t_h : 급탕온도 [℃]

❙ 예제 5 ❙

샤워 헤드로부터의 급탕량은 12ℓ, 사용온도는 42℃인 온수를 내보낼 경우 급탕온도 60℃, 급수온도 15℃로 하면 급탕해야 할 급탕량[ℓ]은 얼마인가? 단, 배관 등에서의 열손실은 없는 것으로 가정한다.

[해설]

급탕온도 t_h를 60℃, 사용온도를 혼합탕의 온도 t_m(42℃), 급수온도 t_c를 15℃로 하고 급탕량 Q_h와 급수량 Q_c의 합을 12ℓ로 보면 급수량 Q_h는 식(2.13)에 의해

$$Q_h \times (60-15) = 12(42-15)$$

따라서 $Q_h = 7.2$[ℓ]

2.3.2 급탕온도와 사용온도

급탕설비는 일반적으로 60℃의 온수(급탕온도)를 공급하며, 사용 공간에서 급수와 혼합하여 사용목적에 맞는 온도(사용온도)로 맞춰서 사용한다.

사용온도는 그 용도에 따라 일반적으로 표 2.11과 같이 설정된다. 급탕온도는 중앙급탕방식의 경우 60℃ 정도로 온수를 공급한다. 국소급탕방식인 경우에는 가열장치에 따라 다르며 심야전력을 이용하는 전기온수기는 85℃ 정도의 온수를 공급하고, 가스순간급탕기는 45℃ 정도로 설정하여 사용하는 경우도 있다.

급탕설비는 화상에 대한 고려도 해야 하는데 화상은 온수의 온도와 온수에 접촉하는 시간의 관계로 보아 접촉시간이 10초 정도일 때 화상을 입지 않을 정도의 온도 한계를 58℃ 정도로 보고 있다.

노인시설처럼 노약자가 사용하는 시설에서는 급탕온도를 낮게 공급하는 경우도 있는데, 급탕온도 저하는 **레지오넬라속균**[1]의 번식으로 이어지므로 급탕전에서 55℃ 이상으로 유지할 필요가 있다.

표 2.11 용도별 사용온도

용 도	사용 온도[℃]	용 도	사용 온도[℃]
음료용	50~55	세면 및 손씻기	40~42
목욕용(성인, 유아)	42~45, 40~42	샤워용	43
의료용(손씻기)	43	주방(헹구기)	45~60, 70~80
풀장	21~27	차고(세차용)	24~30
면도용	46~52	세탁용	33~60

1) (*legionella pneumophilia*) : 자연계의 토양, 강, 호수 등의 담수에 서식하며 수온이 30~50℃ 정도인 환경에서 증식하고 그 물이 에어로졸 상태(분무상태)로 사람의 폐에 들어가면 감염되어 고열을 일으킬 위험이 있는 균류

2.3.3 급탕량과 급탕유량

건물에서 사용되는 급탕사용량은 건물의 용도나 생활양식에 따라 크게 다른데, 건물 전체에서 사용하는 급탕량을 산출할 때 원단위가 되는 건물의 종류별 · 용도별 급탕량을 표 2.12, 기구별 급탕량을 표 2.13에 나타낸다.

표 2.12 건물의 종류별 급탕량

건물의 종류	1인 1일당 급탕량 ($l/c/d$)	1일 사용에 대한 필요한 1시간당 최대치 비율	피크로드의 계속 시간	1일 사용량에 대한 저탕 비율	1일 사용량에 대한 가열 능력비율
	q_d	q_h	h	v	r
주택·아파트·호텔 등	75~150	1/7	4	1/5	1/7
사무실	7.5~11.5	1/5	2	1/5	1/6
공장	20	1/3	1	2/5	1/8
레스토랑	–	–	–	1/10	1/10
레스토랑(3식/1일)	–	1/10	8	1/5	1/10
레스토랑(1식/1일)	–	1/5	2	2/5	1/6

주) ① 호텔에서는 1일의 탕 필요량과 특성이 호텔의 형식에 따라 달라진다. 고급 호텔에서는 피크로드는 낮지만 1일 사용량이 비교적 많고, 상업 호텔에서는 피크로드는 높지만 1일의 사용량이 적다.
② 주택이나 아파트에서 접시 세정기나 세탁기가 있을 때는 접시 세정기 1대당 60l, 세탁기 1대당 150l를 추가한다.

표 2.13 각종 건물에서의 기구별 급탕량(ℓ /(기구 · 1개/h)) (급탕온도 60℃ 기초) (ASHRAE.1991)

기구종별 \ 건물종별	단독주택	집합주택	사무소	호텔	병원	공장	학교	YMCA	체육관
개인세면기	7.6	7.6	7.6	7.6	7.6	7.6	7.6	7.6	7.6
일반세면기	–	15	23	30	23	45.5	57	30	30
양식 욕조	76	76	–	76	76	–	–	114	114
샤 워	114	114	114	284	284	850	850	850	850
주방싱크	38	38	76	114	76	76	76	76	–
배전실싱크	19	19	38	38	38	–	38	38	–
접시세척기*1	57	57	–	190~760	190~570	76~380	75~380	26~380	–
청소용 싱크	57	57	57	114	76	76	–	76	–
세탁싱크	76	76	–	106	106	–	–	106	–
동시사용률	0.30	0.30	0.30	0.25	0.25	0.40	0.40	0.40	0.40
저탕용량계수*2	0.70	1.25	2.00	0.80	0.60	1.00	1.00	1.00	1.00

주 1) 가열능력은 각 기구의 소요급탕량 누계에 동시사용률을 곱한 값에 (60℃-급수온도)의 온도차를 곱하여 구한다.
2) 유효저탕용량은 각 기구의 소요급탕량 누계에 동시사용률을 곱한 값에 저탕용량계수를 곱하여 구한다.
*1 사용할 기기의 기종을 알고 있는 경우에는 그 기종에 대한 제조자의 데이터로 산출한다.
*2 열원을 충분히 얻을 수 있는 경우에는 이 계수를 빼도 상관없지만 그 만큼 가열능력을 크게 할 필요가 있다.
■ 표시된 수치는 예제 7에서 사용.

(1) 급탕인원에 따른 급탕량

급탕인원을 정확히 파악할 수 있는 경우 1일 사용급탕량은 식 (2.14)로 산출하며, 단위인원당 시간최대급탕량 q_h[ℓ /h]는 건물종류별로 정해진 표 2.12를 이용한다. 또한 저탕조용량을 구하기 위한 급탕인원을 고려한 시간최대급탕량 Q_h[ℓ /h]는 식 (2.15)로 구한다.

$$Q_d = N \times q_d \quad \cdots\cdots (2.14)$$

Q_d : 1일 사용급탕량[ℓ /d]

q_d : 건물종류별 1인당 1일 급탕량[ℓ /(명 · d)]

N : 급탕인원[명]

$$Q_h = Q_d \times q_h \quad \cdots\cdots (2.15)$$

Q_h : 시간최대급탕량[ℓ /h]

q_h : 1인당 시간최대급탕량[ℓ /(h · 명)]

❙ 예제 6 ❙

급탕인원이 200명인 사무소빌딩의 1일 사용급탕량 Q_d 및 시간최대급탕량 Q_h를 구하시오.

[해설]

식 (2.14), 식 (2.15)에서 표 2.12의 q_d, q_h에 인원 N을 곱해서 구한다.

$Q_d = N \times q_d$ =200[명]×7.5~11.5[ℓ /(명 · d)]=1,500~2,300[ℓ /d]

$Q_h = Q_d \times q_h$=1,500~2,300[ℓ /d]×1/5=300~460[ℓ /h]

(2) 위생기구에 따른 급탕량

나중에 설명할 국소식 급탕방식의 가열기, 저탕조의 용량과 소규모 중앙 급탕방식의 경우에는 식 (2.16)을 이용한다.

$$Q_h = e \times \Sigma q_1 \times F \quad \cdots\cdots (2.16)$$

Q_h : 시간최대급탕량[ℓ /h]

e : 건물종류별 기구동시사용률

호텔(0.25), 단독 · 집합주택 · 사무소(0.3), 공장 · 학교(0.4) 정도이다.

q_1 : 위생기구별 1개 1시간당 급탕량[ℓ /(기구수 · h)], Σq_1은 합계급탕량

F : 위생기구수

위 계산에 쓰이는 기구별 급탕량은 표 2.13의 수치를 사용한다.

▌예제 7▐

세면기 30개, 서양식 욕조 30개, 샤워기 30개, 주방싱크 4개, 청소싱크 5개, 식기세척기 1대가 설치된 호텔의 시간최대급탕량을 구하시오. 단, 식기세척기는 190~760의 중간치로 하여 350ℓ /h로 한다.

[해설]

표 2.13에서 호텔의 기구동시사용률은 0.25이므로 식 (2.16)에 의해

$$Q_h = e \times \Sigma q_l \times F$$

$= 0.25(7.6\times30+76\times30+284\times30+114\times4+114\times5+350\times1)$

$\fallingdotseq 3101[\ell/h]$

[칼럼 4] 순환식 욕조와 레지오넬라증

2002년 7월 미야자키현 닛코시의 어느 온천에서 일어난 레지오넬라 감염사고는 7명의 사망자와 295명의 감염자를 냈다. 온천이 풍부하게 뿜어 나오는 지역은 예외로 하고 대부분의 료칸이나 온천에서는 그림 1과 같은 순환식 욕조가 사용되고 있다.

1976년 미국 필라델피아의 한 호텔에서 개최된 재향군인회에 참석했던 많은 사람들이 원인 불명의 폐렴에 걸려 약 30명이 사망한 일도 있었다. 그 다음해에 그 원인균이 발견되었는데 환자들의 대부분이 재향군인(American Legion)이었다는 점에서 병명을 레지오넬라증이라고 불렀다. 병원균은 레지오넬라속균이라고 불리며, 그림 2에 레지오넬라속균의 확대 사진으로 나타냈다.

레지오넬라속균은 35~36℃의 온수에서 가장 많이 번식하며 순환식 욕조 내의 벽면이나 급탕관 내의 생물막(바이오필름) 내에서 번식한다. 특히 이렇게 오염된 온수는 샤워 등에 의해 공중에서 미세 물입자(에어로졸)로 흩어져 이것이 폐로 들어가면 감염의 원인이 된다.

레지오넬라속균에 대한 대책으로는 다음과 같은 점에 유의할 필요가 있다.

① 순환식 욕조의 욕조물은 1주일에 1번 이상 새로운 물로 교환한다.

② 저탕조는 늘 60℃ 이상으로 하고 급탕전의 온도도 55℃ 이상이 되도록 한다.

③ 온수의 정기적 수질검사를 한다. 또한 염소소독을 하여 그 농도를 고농도로 유지시킨다.

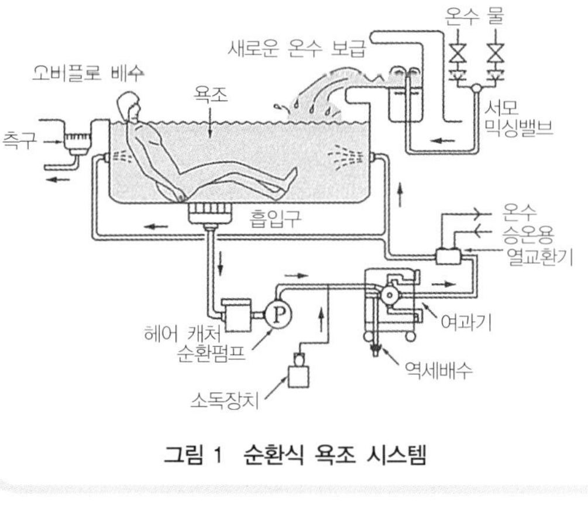

그림 1 순환식 욕조 시스템

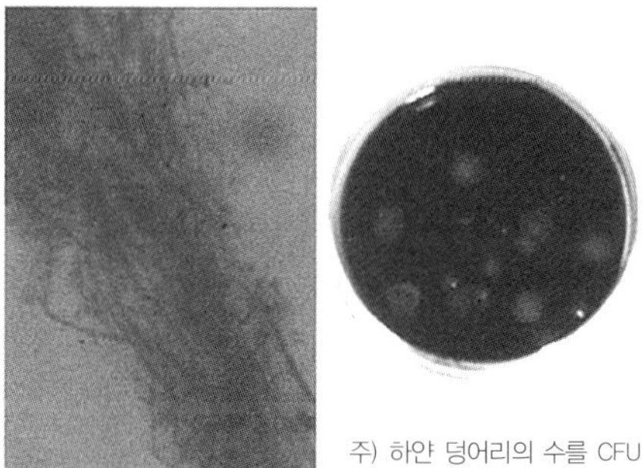

주) 하얀 덩어리의 수를 CFU 라고 부름(표 2.2 주)

그림 2 레지오넬라속균 확대 사진

2.3.4 급탕방식

급탕방식에는 온수의 사용장소별 가열장치의 관계, 열원과 가열방법의 종류, 배관 내 온수 온도의 저하를 막기 위해 온수를 순환시킬 것인지 아닌지 등에 따라 여러 가지 분류 방법이 있다.

(1) 국소급탕과 중앙급탕

국소급탕방식은 가열장치와 급탕장소를 1 : 1로 대응시키는 방식이다. 주택의 주방처럼 소형 순간탕비기를 설치하여 사용하는 경우나 사무소빌딩에서 커피나 차를 서비스하기 위해 뜨거운 온수를 필요로 하는 곳에 탕비실마다 저탕식 탕비기를 설치하는 경우 등이 국소급탕방식의 대표적인 예이다. 그림 2.36은 사무소빌딩의 세면기에 설치하는 전기식 급탕기의 예를 나타낸 것이다.

그림 2.37과 같이 주택의 욕조, 샤워, 주방, 세면소 같은 여러 급탕장소에 1대의 급탕기를 사용해 급탕하는 경우도 있는데, 이를 **세대센트럴방식**이라 한다. 또한 집합주택 등에서는 1곳에 있는 열원기로 주동 내에 있는 세대 전체에 급탕하는 경우도 있는데, 이를 **주동센트럴방식**이라 한다.

중앙급탕방식(센트럴방식)은 그림 2.38과 같이 하나의 가열장치로 여러 급탕장소에 대응시키는 방식이다.

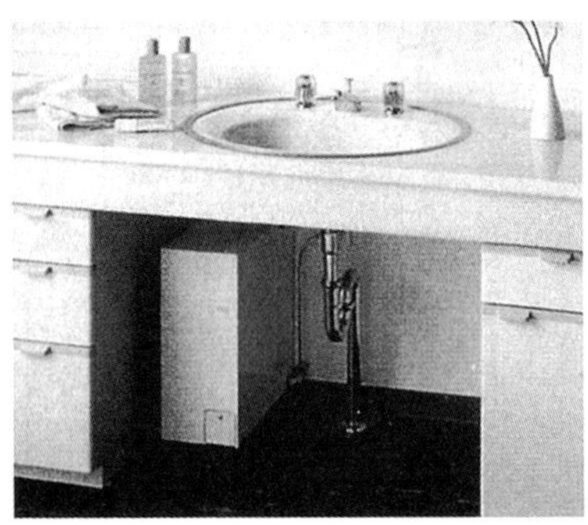

그림 2.36 세면기에 설치한 전기식 국소급탕기의 예

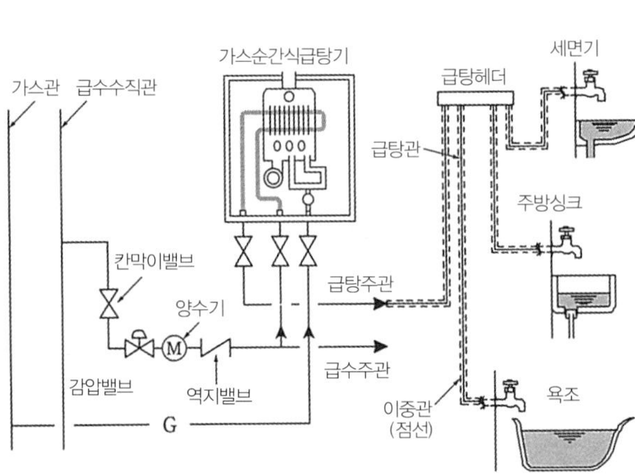

그림 2.37 세대센트럴방식

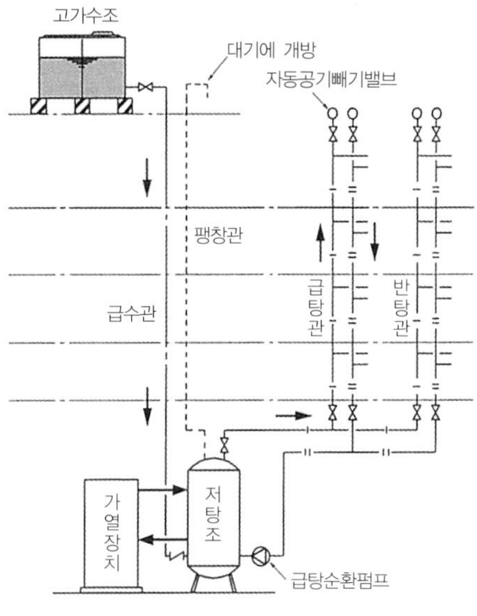

그림 2.38 중앙급탕방식의 예(복관식 상향급탕)

(2) 단관식과 복관식

가열장치로부터 위생기구까지의 배관길이가 짧은 경우, 온수를 장시간 사용하는 주방이나 탕비실에서는 온수를 공급하는 급탕관만 설치한 **단관식**이 사용된다. 그러나 급탕전을 열었을 때 바로 온수가 나오는 호텔 같은 곳에서는 그림 2.38과 같이 **반탕관**을 설치하여 관내의 온수를 순환시켜 **온수대기시간**[1]을 짧게 하는데, 이를 **복관식**이라 한다.

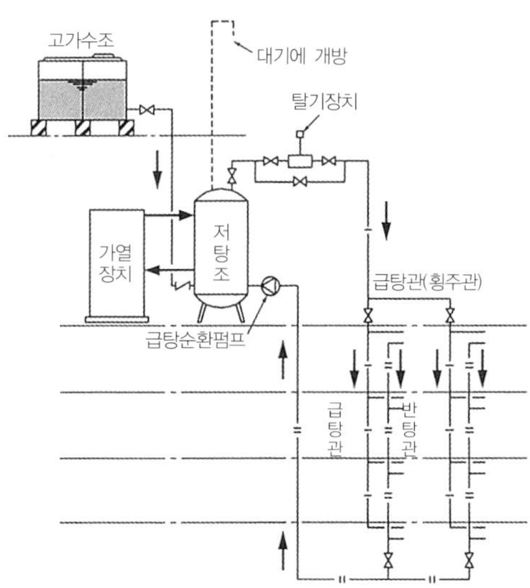

그림 2.39 중앙급탕방식의 예(복관식 하향급탕)

1) 급탕전을 열고나서 온수가 나오기까지의 시간. 배관, 방법이나 길이에 따라 처음에는 온도가 낮은 물이 나오기 때문에 이를 적게 하거나 절수 및 급탕 성능 향상에 대해 평가하는 척도가 된다.

복관식의 경우 반탕관의 경로와 길이에 대한 연구를 하여 온수가 나올 때의 유량이나 온도를 균일하게 할 수 있다. 그에 대한 연구 결과로 나온 것이 **리버스리턴방식**이다. 리버스리턴방식은 그림 2.39와 같이 가장 먼 거리에서 모든 배관길이를 합하기 때문에 배관의 저항이 거의 동일하며 장소에 따른 급탕조건의 차이를 개선할 수 있다.

(3) 상향 급탕과 하향 급탕

그림 2.38과 같이 가열장치나 저탕조에서 볼 때 상향인 급탕은 급수전으로 보내는 온수의 공급방향과 관 내의 공기가 빠지는 방향이 같으며, 가장 높은 곳에 있는 급탕전에서 공기를 뺄 수 있지만 아래층에서 다량의 온수를 사용하면 위에서는 온수가 잘 나오지 않게 되는 결점이 있다. 그림 2.39에 나타낸 하향 급탕은 공기빼기를 수직관의 맨 위에서 탈기장치 등으로 빼기 때문에 횡주관에 충분한 구배를 두어 공기저류가 생기지 않도록 할 필요가 있다.

(4) 자연순환식과 강제순환식

2.3.1에서도 설명했듯이 온수에 온도차가 있는 경우는 순환력이 생긴다. 그림 2.35와 같이 그 힘만큼을 사용해 순환시켜 급탕하는 방식을 **자연순환방식**이라 한다. 그러나 그것만으로는 순환이 잘 이루어지지 않아 중간에 그림 2.38과 같이 순환펌프를 설치하여 강제로 순환시키는 방식을 **강제순환방식**이라 한다. 중앙식 급탕은 강제순환방식이 일반적이며 순환펌프는 일반적으로 저탕조 바로 앞에 있는 반탕관 부분에 설치한다. 이때 급수방식의 양수펌프와 급탕의 순환펌프가 다른 것은 순환펌프의 양정 · 압력에는 순환경로의 마찰저항 · 국부저항에 의한 압력손실만 관계되며, 위치의 압력(실양정)은 관계가 없다.

2.3.5 기기와 배관재료

(1) 가열장치

1) 순간탕비기의 가열능력

급수온도 t_c[℃]인 급수를 하여 t_h[℃]인 온수를 온수유량 Q_m[ℓ /min]만큼 급탕하기 위한 순간탕비기의 가열능력 H는 식 (2.17)로 구한다. 그리고 1분간 단위를 기준으로 한다.

$$H = (1/60) \times k \times C_p \times Q_m \times (t_h - t_c) \quad \cdots\cdots (2.17)$$

H : 탕비기 가열능력[W]

k : 여유율(1.1~1.2)

C_p : 물의 비열[4.186kJ/(kg · ℃)]

Q_m : 1분간 급탕량[ℓ /min]

t_h : 온수의 온도[℃]

t_c : 물의 온도[℃]

특히 가스급탕기의 경우는 가열능력을 표시할 때 **'호'** 를 사용한다. 1호는 유량 1ℓ /min인 물의 온도를 25℃ 상승시키는 능력을 말한다. 즉 1호의 가열능력은 다음 식에서 1.75kW가 된다.

1호=(1/60) × 1 [ℓ /min] × 4.186 [kJ/(kg · ℃)] × 25[℃]

=1.75 [kJ/s]=1.75[kW]

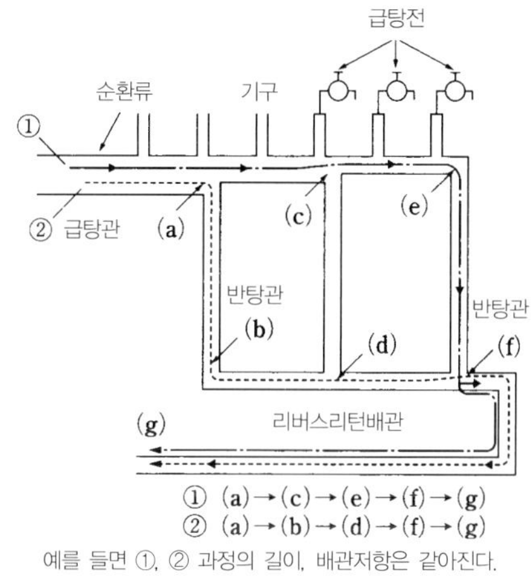

그림 2.40 리버스리턴배관의 원리[1)]

2) 저탕식 가열능력

중앙급탕방식에서 사용하는 저탕탱크의 가열능력과 저탕조용량 사이에는 식 (2.18)과 같은 관계식이 성립된다.

$$1.163(t_{h1} - t_{h2})V + HT \geq 1.163[(t_{h1} + t_{h2})/2 - t_c]Q_h T \quad \cdots\cdots (2.18)$$

t_{h1} : 급탕최내사용시 개시 전의 저탕조 내 온수온도(일반적으로 60℃)

t_{h2} : 급탕최대사용시 종료 후의 저탕조 내 온수온도(일반적으로 55℃)

t_c : 급수온도[℃]

V : 저탕조 내의 유효저탕량[ℓ](일반적으로 저탕조 용량의 70% 정도)

Q_h : 시간최대급탕량[ℓ /h]

1) 그림 2.40은 공기조화 · 위생공학회 '급배수위생설비 계획설계의 실무지식' 2001에서 작성

H : 가열능력 [W]

T : 시간최대급탕량의 계속시간 [h](일반적으로 2시간)

(2) 심야전력 이용 온수기

열원이 가스가 아닌 전력을 사용하는 것으로 전기온수기가 있다. 전기온수기는 전력사용량이 저렴한 심야전력시간대(일반적으로 23시~7시)나 제2심야전력시간대(1~5시)에 물을 85~90℃로 가열하여 조 내에 저탕한다. 그 구조와 외관을 그림 2.41에 나타낸다. 기숙사나 독신자아파트, 임대 집합주택 등에서는 지진 등의 재해에 대해 안전성이 높기 때문에 사용되는 경우가 많다. 표 2.14에 일반적으로 사용되고 있는 심야전력온수기의 저탕량과 가열능력의 기준을 나타낸다.

표 2.14 심야전력온수기의 사용 예

규 모	거주인원(명)	저탕량[ℓ]	가열능력[kW]
독신세대	1	170~200	2.1~2.4
소세대	2~3	250~300	3.0~3.4
일반세대	3~4	380~420	4.4
	4~5	420~460	4.4~5.5
	5~6	500~560	5.4~6.0

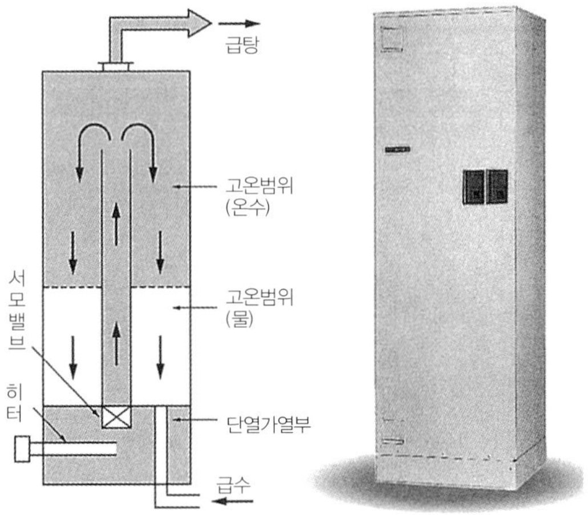

그림 2.41 심야전력온수기의 구조와 외관

❙ 예제 8 ❙

도심에 짓는 숙박인원 100명 정도의 비즈니스호텔을 중앙급탕방식으로 계산했을 경우, 객실계통의 저탕조 용량과 가열능력을 구하시오. 단, 급탕온도 55℃ 이상, 급수온도 5℃로 한다.

[해설]

표 2.12에서 숙박객 1인당 시간최대급탕량을 20ℓ /(h · 명)이라 하면 식 (2.15)에 의해 시간최대급탕량 Q_h =100 [명]×20[ℓ /(h · 명)]=2,000 [ℓ /h]

저탕조 유효용량은 저탕조 용량의 70%이므로

저탕조 용량 2,000/0.7≒2858 [ℓ]

식 (2.18)에서

1.163×(60－55)×2858＋2H≧1.163×{(60＋55)/2－5}×2,000×2

H ≧ 113801[W]

따라서 가열능력은 120kW가 된다.

❙ 예제 9 ❙

세면기, 샤워, 주방싱크가 설치되어 있는 주택의 가스순간식 급탕기의 가열능력을 구하시오. 적정유량과 적정온도는 표 2.15에 따르며 급수온도는 5℃로 한다. 단, 여유율은 무시해도 좋다.

[해설]

식 (2.17)에서

- 세면기 : 8.0[ℓ /min]×4.186[kJ/(kg · ℃)]×(38－5)[℃]＝1,106[kJ/min]
- 샤워 : 8.5×4.186×(40－5)＝1246[kJ/min]
- 주방싱크 : 7.5×4.186×(39－5)＝1068[kJ/min]

위의 합계가 3,420[kJ/min]이 되며 3420÷60＝57[kW]

1호가 1.75kW이므로 57/1.75≒32호

표 2.15

기구	온도[℃]	유량[ℓ /min]
세면기	38	8
샤워	40	8.5
주방싱크	39	7.5

(3) 안전장치

물을 가열하면 체적이 팽창됨에 따라 배관이나 밀폐용기 내의 압력이 과도하게 상승하는 것을 방지하기 위한 장치로 도피밸브(안전밸브, 그림 2.42), 도피관(팽창관), 팽창수조 등을 그림 2.43과 같이 설치한다. 저탕조와 팽창관 사이에는 밸브를 설치하지 않아야 한다. 팽창관의 최고높이는 식 (2.19)로 구한다. 또한 팽창관의 단부는 음료용 고가수조에는 위생상의 문제 때문에 되돌아오지 않도록 한다.

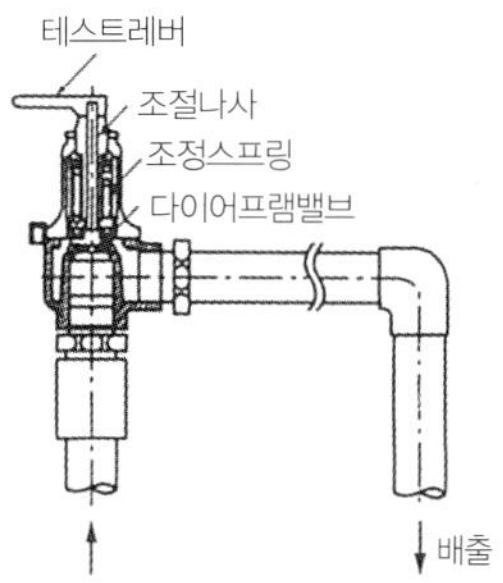

그림 2.42 도피밸브의 장치

$$h = H\left(\frac{\rho_1}{\rho_2} - 1\right) \quad \cdots\cdots (2.19)$$

h : 팽창관 끝까지의 높이 [m]

H : 저탕조 또는 보일러 바닥면에서 팽창조 수면까지의 높이 [m]

ρ_1 : 물의 밀도 [kg/m³]

ρ_2 : 온수의 밀도 [kg/m³]

또한 배관의 열신축에 대해 직관부는 그림 2.44의 신축곡관이나 신축이음을 설치한다. 분기부는 이 그림의 구부림관(엘보)을 여러 개 사용하여 가통성을 갖게 한 **스위벨조인트공법**이 이용된다.

그림 2.45에 나타낸 것처럼 팽창수조에는 개방식과 밀폐식이 있다. 개방식은 고가수조와 겸용하는 경우도 있지만 팽창수조를 따로 설치하는 것이 바람직하다. 밀폐식은 그림 2.45(b)와 같이 건축적 공간상의 문제 등으로 팽창수조가 가장 높은 곳에 설치되지 않은 경우에 설치한다. 일반적으로 다이어프램식과 브래더식이 있다.

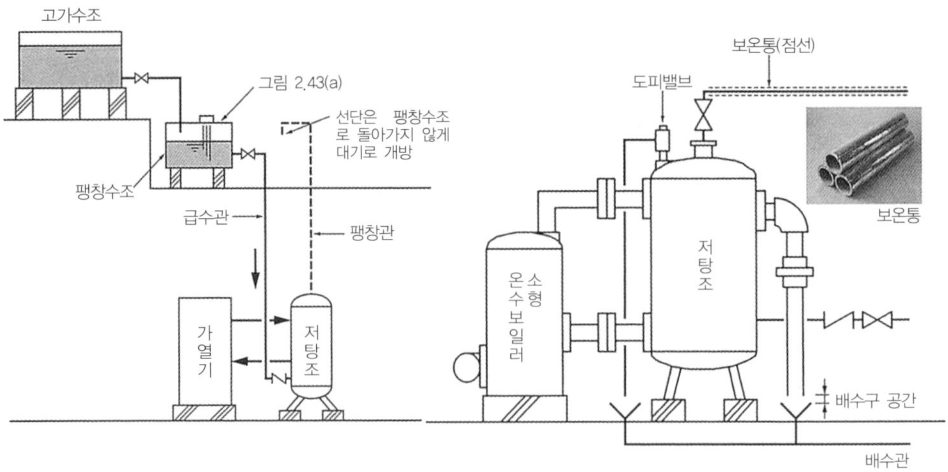

그림 2.43 밀폐용기의 안전장치

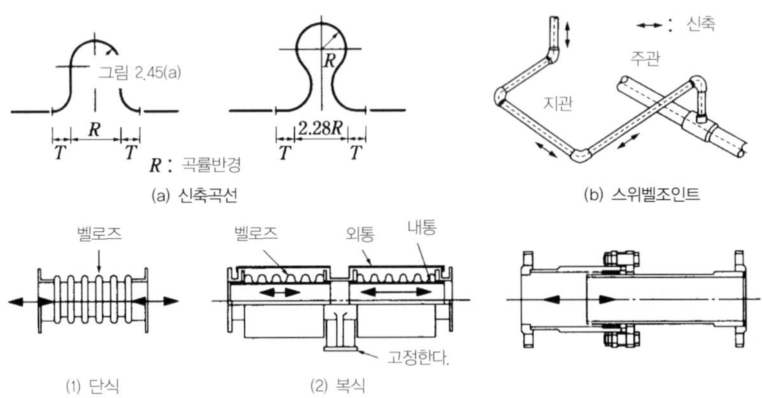

(a) 신축곡선 (b) 스위벨조인트

(c) 벨로즈형 신축이음 (d) 슬리브형 이음

그림 2.44 신축이음

(공기조화 · 위생공학회, '급배수위생설비 계획설계의 실무 지식' 1995에서 일부 인용)

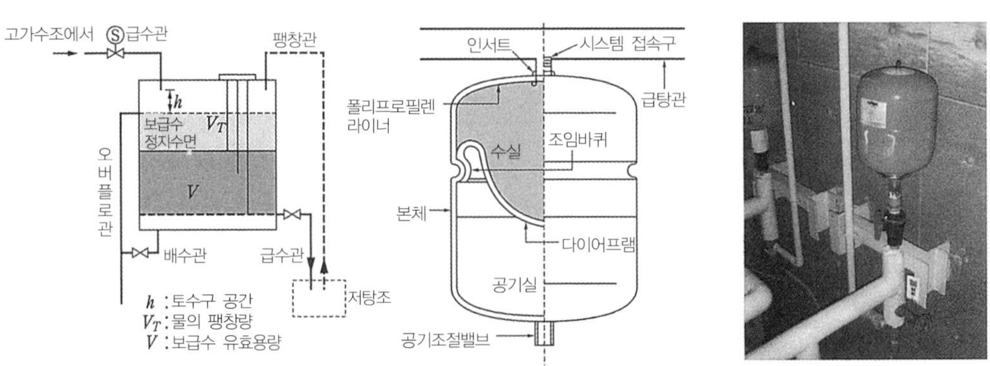

(a) 감압보급수 겸용 팽창수조(개방형) (b) 다이어프램식 팽창수조(밀폐형 하부 설치) (c) 왼쪽과 동일하나 상부 설치

그림 2.45 팽창수조

(4) 급탕배관과 보온재

급탕관은 급수관에 비해 온도변화에 의한 신축을 반복하기 때문에 내열성 · 내식성을 고려하여 선정해야 한다. 주로 동관이나 스테인리스관이 많이 쓰이는데, 집합주택의 세대 내는 폴리에틸렌관, 폴리부텐관, 내열용 경질염화비닐관 등의 수지관이 쓰인다.

또한 저탕탱크 및 배관으로부터의 열손실을 막기 위해 보온시공을 한다. 저탕탱크는 물비빔 보온, 록울, 글래스울로 보온재를 피복하고 알루미늄이나 스테인리스 강판으로 마무리를 한다. 배관은 둘로 나누어서 보온통으로 덮는다.

2.3.6 태양열 이용 급탕설비

자연에너지인 태양열을 이용하는 급탕 시스템으로 태양열 이용 시스템이 있다. 그림 2.46과 같이 집열기 상부에 저탕조를 설치한 자연순환식과 집열기와 저탕조 사이를 순환시키면서 물을 가열하여 저탕하는 강제순환식이 있으며, 전자는 주로 주택용에 쓰이고 후자는 비교적 대규모의 태양열 급탕설비에 쓰인다.

그러나 집열은 날씨나 집열부의 경사각도에 의해 많이 좌우되기 때문에 급탕부하가 동등한 보조열원을 필요로 하는 등 설비비가 더 많이 드는 경우도 있다.

화석연료 절약과 이산화탄소 발생량 억제를 위해 사용방법을 잘 고려한다면 효과적인 급탕설비가 될 것이다.

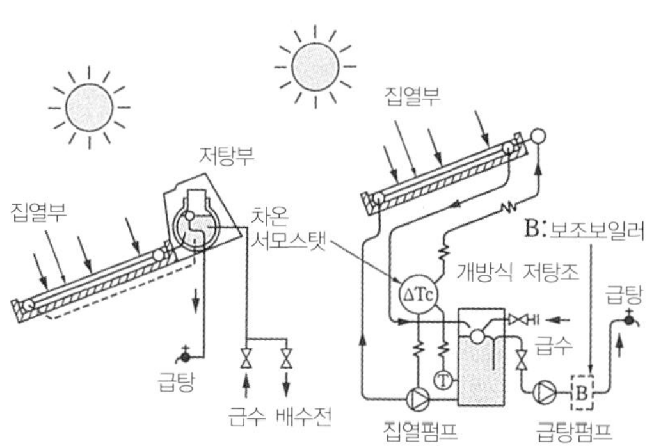

(a) 자연순환식 (b) 강제순환식(직접집열방식)

그림 2.46 태양열 급탕 시스템의 예

(공기조화 · 위생공학회, '공기조화 · 위생공학편람 제12판 제4권' 1995년에서 작성)

[칼럼 5] 급탕기

(1) 고효율 급탕기(잠열회수형 급탕기)

주택의 소비에너지 중 30~40%는 급탕용이다. 열원기기가 되는 급탕기는 효율적으로 온수를 만드는 것이 에너지절감이나 환경부하 삭감으로 이어진다.

종래의 가스급탕기는 물이 열교환기(1차 열교환기)를 통과할 때 연소배기가스와 열교환하여 온수가 나온다. 그림 1(a)와 같이 이때의 급탕효율은 약 80%이며 나머지 20%, 즉 약 200℃의 열은 배기로 버려졌다.

그림 1(b)와 같이 잠열회수형 급탕기는 연소배기가스 중 수증기가 물이 될(응축) 때 나오는 열을 2차 열교환기(②부분)에서 회수하고, 상수를 프리히트하여 이후에 1차 열교환기에서 가열되어 온수가 나온다. 그 결과 급탕효율을 95%로 종래형보다 15% 높이고 이산화탄소 배출량도 삭감시켰다.

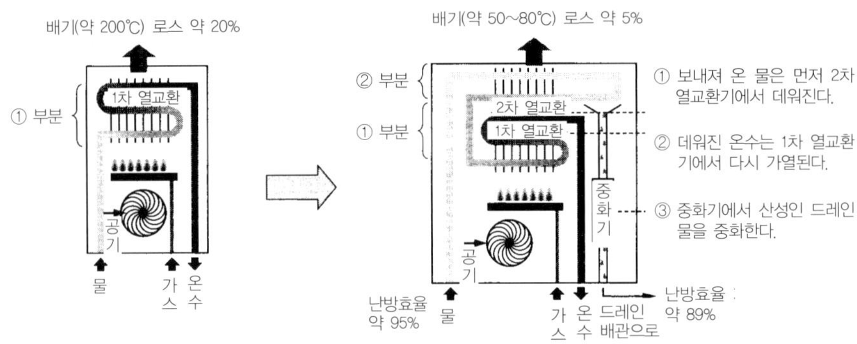

(a) 종래형 (b) 고효율형(잠열회수형)

그림 1 종래형과 고효율 가스급탕기

(2) 자연냉매 히트펌프

자연냉매 히트펌프는 대기의 열을 압축기로 빨아들여 물로 방출하고 온수를 얻는 구조로, 그 원리는 공조설비인 에어컨(히트펌프)과 같다(그림 3.69). 그러나 가정용 에어컨은 열을 이동시키는 매체를 냉매라고 하는데 반해 냉난방용은 효율이 좋은 프론계 가스가 사용되었다.

자연냉매 히트펌프는 높은 온도의 온수를 만드는 데 더 효율이 좋은 탄산가스(이산화탄소 CO_2)가 사용되기 때문에 투입 에너지(전력) 약 3~4배의 열에너지를 얻는 것이 가능하다. 또한 프론계 가스에 비해 환경부하가 매우 적은 이산화탄소 가스를 사용하고 있다. 따라서 CO_2 히트펌프라고도 한다.

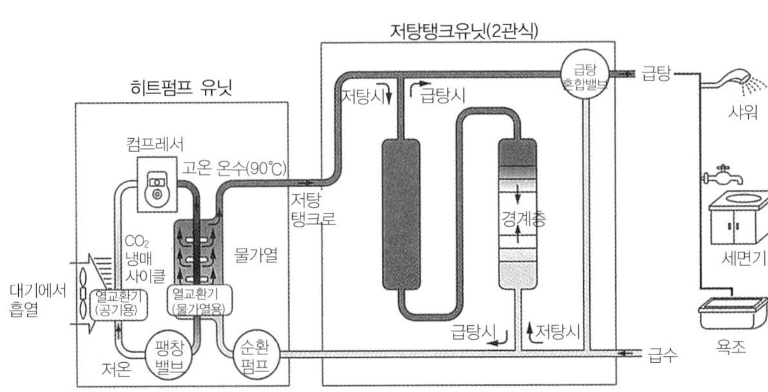

그림 2 자연냉매 CO_2 히트펌프식 급탕기의 원리

2.4 가스설비

2.4.1 가스의 종류와 성질

도시가스의 종류는 도시가스와 액화석유가스(LPG[1])로 나뉜다. 일반적으로 가스라 불리는 도시가스는 공급하는 가스사업자별로 가스 그룹이 다르다.

도시가스의 주요 원료는 석탄에서 석유계로 바뀌어 현재는 외국에서 산출된 천연가스를 액화시켜 해상수송으로 수입하는 액화천연가스(LNG[2])가 주류를 이루고 있다. 가스사업법에서는 전국의 도시가스를 비중, 열량, 연소속도의 차이에 따라 13A, 12A, 6A, 5C, L1, L2, L3의 7종류의 가스 그룹으로 분류하고 있다.

2.4.2 공급방식과 배관방법

도시가스는 그림 2.47과 같이 제조공장에서 가스 거버너스테이션, 가스홀더, 조압기 등을 거쳐 가정용, 상업용, 공업용, 그리고 빌딩냉난방, 지역냉난방, 코제네레이션 시스템 등으로 이용된다. 또한 도시가스는 수송압력의 차이에 따라 표 2.16과 같이 저압방식, 중압방식, 고압방식으로 나뉜다.

표 2.16 도시가스의 공급방식

<table>
<tr><th>급탕방식의 호칭</th><th colspan="2">공급압력[MPa]</th><th colspan="2">법령상의 정의</th></tr>
<tr><td>고압공급</td><td colspan="2">1.0 이상</td><td>1.0MPa 이상</td><td>고압</td></tr>
<tr><td>중압 A 공급</td><td colspan="2">0.3 이상 1.0 미만</td><td rowspan="2">0.1MPa 이상
1MPa 미만</td><td rowspan="2">중압</td></tr>
<tr><td>중압 B 공급</td><td colspan="2">0.1 이상 0.3 미만</td></tr>
<tr><td>중간압 공급</td><td colspan="2">공급 규정압력 이상 0.1 미만</td><td rowspan="5">0.1MPa 미만</td><td rowspan="5">저압</td></tr>
<tr><td rowspan="4">저압공급</td><td>가스의 종류</td><td>공급규정압력[kPa]</td></tr>
<tr><td>13A, 12A</td><td>1.0~2.5</td></tr>
<tr><td>6A</td><td>0.7~2.2</td></tr>
<tr><td>6B, 기타</td><td>0.5~2.0</td></tr>
</table>

저압방식은 비교적 가스 사용량이 적은 단독주택용, 집합주택용, 상업용 등 소규모 건물에 공급되는 방식이다. 중압방식은 지역사업자에 의해 지압으로 조압히여 공급히는 방식으로 공업용, 빌딩냉난방 · 지역냉난방의 수요 등에 많이 채용되고 있다. 고압방식은 공급원으로부터 고압가스를 공급받아 다량의 가스를 공급하는 경우로 발전소 같은 특수 용도에 채용된다. 가스사업법에서는 압력이 1.0MPa 이상인 경우를 고압, 0.1MPa 이상 1.0MPa 미만인 경우를 중압, 0.1MPa 미만인 경우를 저압으로 정의하고 있다. 또한 그림 2.45에서 저압도관 이후의 소유구분을 그림 2.48에 나타낸다. 등외내관은 사용자의 비용부담에 의해 부설되어 사용자의 소유가 된다.

1) Liquefied Petroleum Gas
2) Liquefied Natural Gas

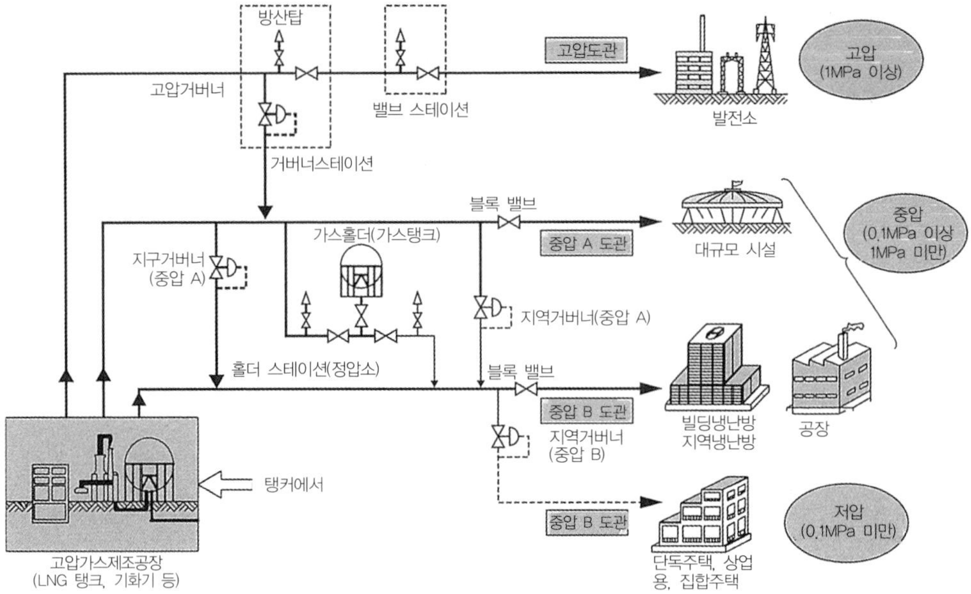

그림 2.47 도시가스 공급계통도

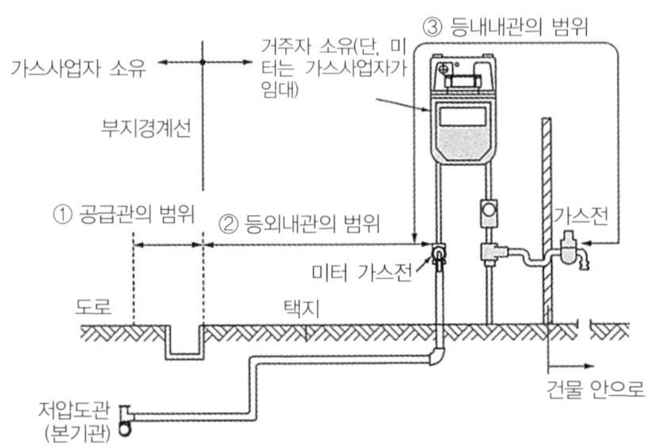

① 공급관 : 분기관부터 경계선까지(가스사업자 재산)
② 등외내관 : 부지경계선에서 미터 가스전까지(거주자 재산)
③ 등내내관 : 미터 가스전에서 가스전까지(거주자 재산) 단, 가스미터는 임대

그림 2.48 저압도관에서 가스전까지의 소유구분

2.4.3 가스기기와 급배기

가스기기는 가스를 안전하게 연소시키기 위해 신선한 공기를 공급하고 연소에 의해 발생한 연소배기가스를 배출할 필요가 있다. 이러한 급배기방식은 연소형식에 따라 개방식, 반밀폐식, 밀폐식으로 분류된다. 개방식, 반밀폐식, 밀폐식의 각 연소방식의 특징을 살펴보면 표 2.18에 나타낸 바와 같다.

표 2.17 가스기기와 급배기의 분류와 특징

옥내설치	개방방식	개방방식 (Open Flued)	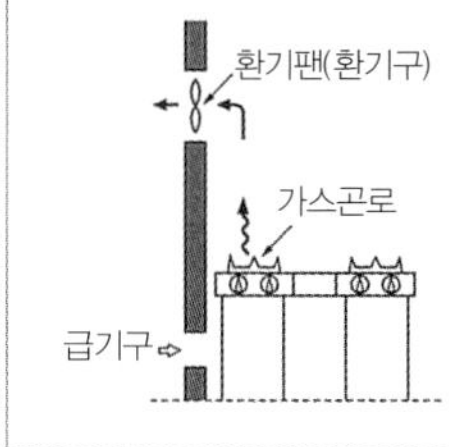	• 기계환기인 경우 환기팬과 급기구를 설치한다. • 자연환기인 경우 천장과 가까운 위치에 쉽게 개방할 수 있는 환기구를 만든다.
	반밀폐연소식	자연배기방식 (CF 방식 : Conventional Flue)	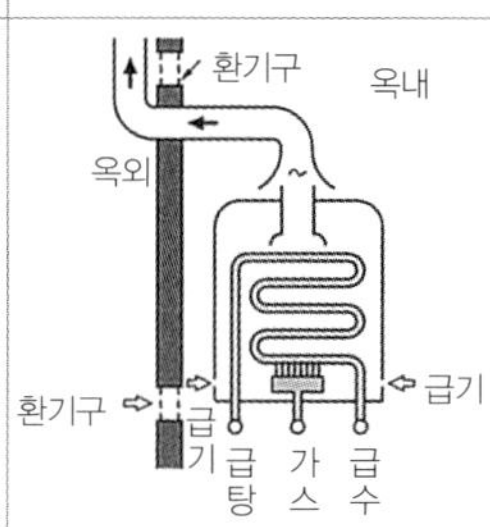	• 배기관과 상하 2개소의 환기구가 필요하다. • 연소 후의 배기가스는 배기관에서 옥외로 내보낸다.
		강제배기방식 (FE 방식 : Forced Exhaust Flue)	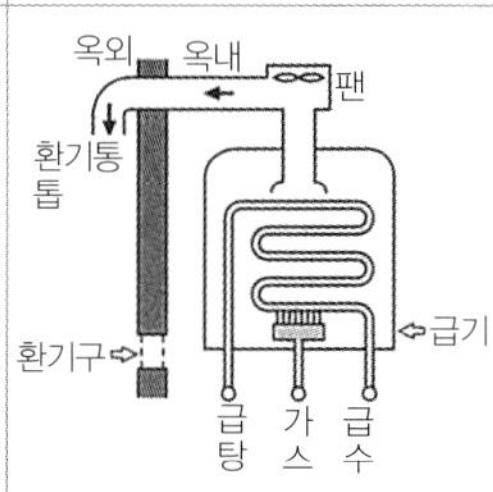	• 연소에 실내공기를 사용하며 배기팬을 이용하여 옥외로 배출한다. • 반드시 환기구가 필요하다.
	밀폐연소방식	자연급배기방식 (BF 방식 : Balanced Flue)	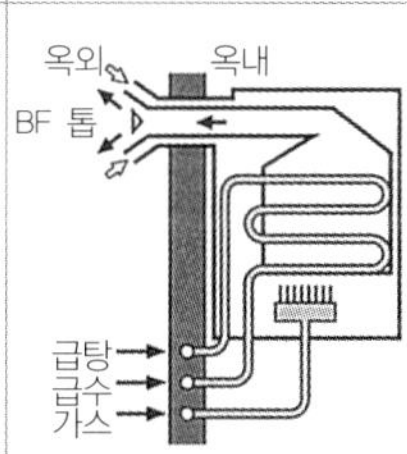	• 급배기통을 외기와 접하는 벽을 관통해 옥외로 내보내고, 자연통기력에 의해 급배기를 한다.
		강제급기방식 (FF 방식 : Forced Draught Balanced Flue)	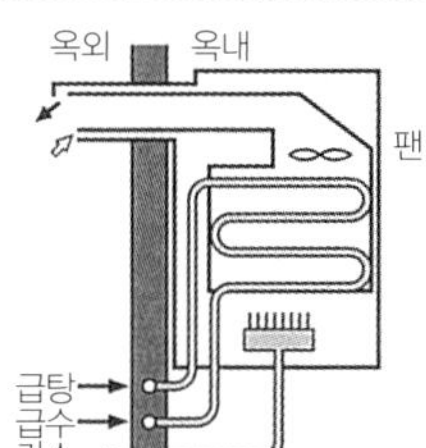	• 급배기통을 외기와 접하는 벽을 관통해 옥외로 내보내고, 급배기용 팬에 의해 강제로 급배기를 한다. • BF식과 비교할 때 벽 개구면적이 약 1/5 정도면 되므로 한랭지에 적합하다.
옥외설치		옥외설치방식 (RF방식 : Roof Top Flue)	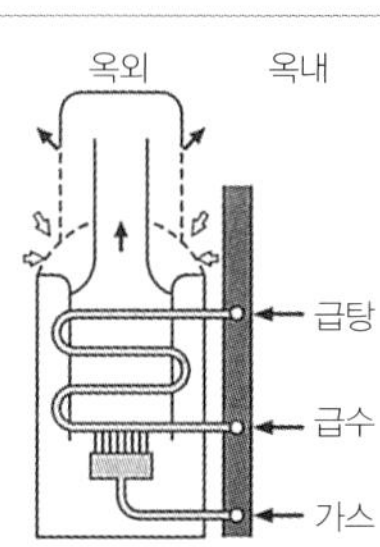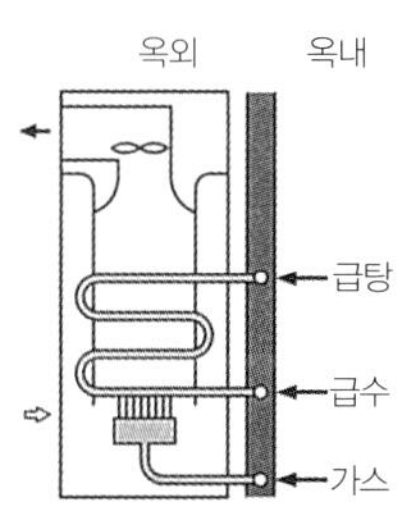	• 옥외에 설치하기 때문에 급배기 공사를 할 필요가 없다. • 최근에는 한랭지를 제외하고는 거의 이 형식을 쓰고 있다.

(1) 개방식 가스기기

옥내 공기를 연소에 사용하며 연소가스를 옥내에 배출하기 때문에 가스레인지, 소형탕비기, 소형가스난방기 등이 이에 해당하며 자연환기나 강제환기가 필요하다.

(2) 반밀폐식 가스기기

실내공기를 연소용에 사용하며 연소배기가스를 자연통기력으로 배기하는 경우(**자연배기방식** ; CF 방식), 팬을 이용해 강제로 배기하는 경우(**강제배기방식** ; FE 방식)가 있다.

자연배기방식은 주변 공기와의 온도차를 이용해 배기하는 방식으로 건물의 구조나 형태로 인해 생기는 풍압대의 영향을 받기 때문에 배기통 모양, 설치 위치, 급배기구 확보에 주의해야 한다.

(3) 밀폐식 가스기기

실내공기를 전혀 사용하지 않기 때문에 실내가 오염될 우려도 없고 위생적이다. 급배기방식에는 자연통기력에 의하는 경우(**자연급배기식 밸런스식** ; BF식)와 기계통풍에 의하는 경우(**강제급배기식** ; FF식)가 있다. 배기통 주위는 급배기에 지장을 주지 않는 상태로 해야 한다. 그림 2.49에 가스기기 본체 및 배기 톱(꼭대기부분) 주변의 이격거리에 관한 규정 일부를 나타낸다.

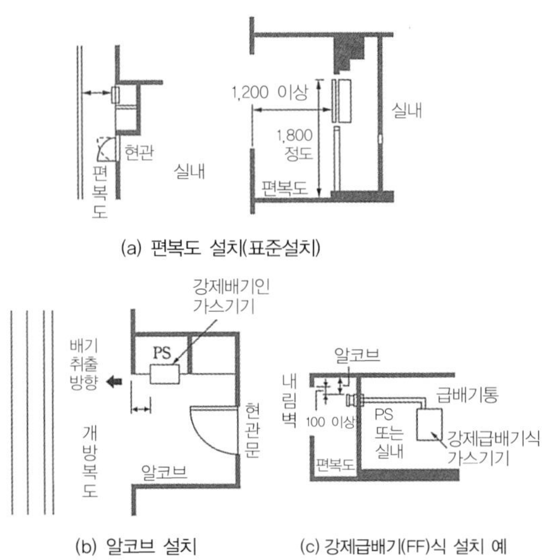

(b) 알코브 설치 (c) 강제급배기(FF)식 설치 예

그림 2.49 열원기 설치기준의 일부

(4) 옥외용 가스기기

옥외설치방식은 가스소비량이 많은 대형 급탕기나 난방용 열원기 등에 적합하다.

2.4.4 가스배관

도시가스의 경우 가스설비 배관이나 공사는 가스사업법에 의한 가스회사 또는 지정 공사점이 아니면 시공할 수 없다.

가스관은 도로에 매설하는 가스도관에는 주철관이나 주강관이 사용되지만 부지 내 또는 건물 내에는 탄소강강관을 주로 가스용 폴리에틸렌관, 가통성 있는 가스용 스테인리스강 플렉시블관이 사용된다.

단독주택이나 집합주택(전용 부분)에 설치된 대부분의 가스미터(그림 2.50)는 가스 누설 등의 사고를 방지하기 위해 개발된 마이콤[1] 미터이다.

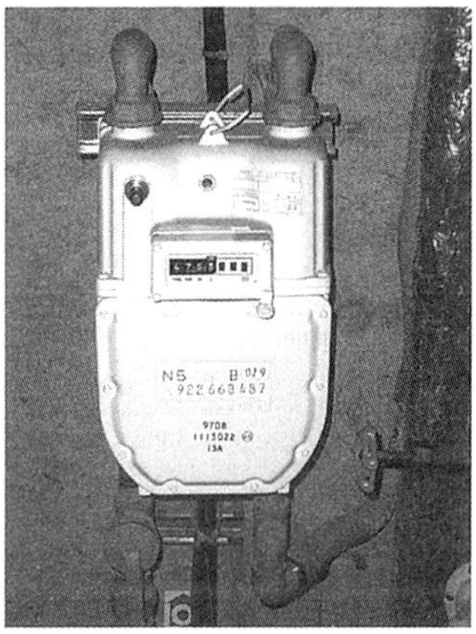

그림 2.50 단독주택 · 집합주택(전용부분)의 가스미터

1) 마이콤 미터 : 컴퓨터를 내장한 안전기능이 장착된 가스미터로 불 끄는 것을 잊거나 가스호스 파손에 의해 가스가 누설되면 마이크로컴퓨터가 이를 판단하여 가스가 흘러나오는 것을 막는 장치이다.

[칼럼 6] 바이오매스와 에너지 이용

미이용에너지를 활용하는 방법으로 바이오매스 에너지의 이용이 있다. 바이오매스란 에너지나 제품으로 재생 가능한 생물에서 나온 유기물자원으로 구체적인 예를 들면 식품폐기물, 하수오니, 가축의 분뇨, 간벌재 등을 들 수 있다. 그림 1은 하수처리장, 식품공장의 예를 나타낸 것인데, 하수오니 등을 소화조에서 메탄발효시켜 얻은 바이오가스를 보일러, 가스엔진을 작동시키는 에너지인 전기나 열로 교환하여 재이용하는 것이다. 계절이나 시간에 따라 발생량이 달라지는 바이오가스에 도시가스를 혼합하여 안정된 연료로 이용할 수 있다. 자원 고갈화와 재활용 자원 이용 등을 고려할 때 앞으로 중요한 기술이 될 것으로 기대되고 있다. 또한 그림 2는 유럽의 하수처리장에서 볼 수 있는 메탄가스 저장탱크의 모습이다.

그림 1 바이오매스 이용에 의한 에너지 시스템의 예

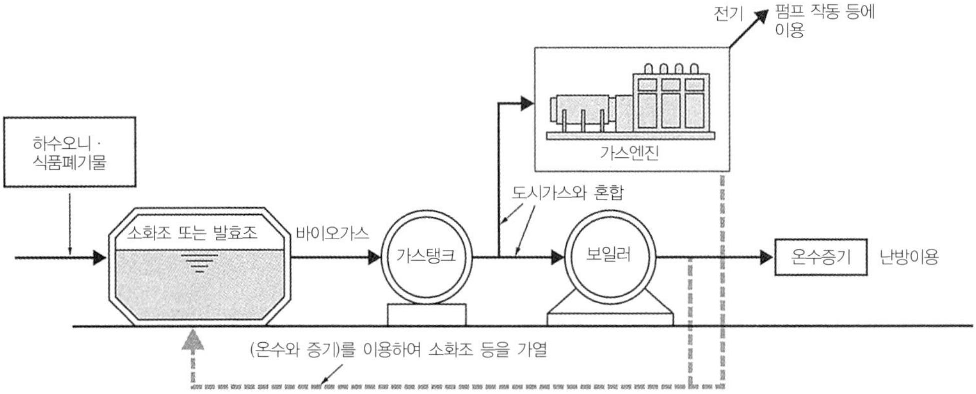

그림 2 하수처리장에 설치된 바이오가스 탱크의 모습(벨기에)

2.5 배수 · 통기설비

2.5.1 배수 · 통기설비의 목적

배수 · 통기설비의 목적은 오물 등을 포함한 생활배수를 건물이나 부지 내에서 원활하게 배출시키는 것이며, 또한 배수에 의해 건물 내의 위생기구나 부지 내에 설치된 트랩의 봉수를 손상시키지 않는 것이다.

2.5.2 배수의 종류와 배수방식

건물 및 부지 내의 배수는 오수, 잡배수, 우수, 용수, 특수배수로 구분된다.

건물 내, 부지 내에서 말하는 **오수**는 대 · 소변기 및 이와 유사한 오물 등의 기구에서 배출되는 배수를 말한다. 또한 **잡배수**는 오수를 배출시키는 것 외의 기구에서 배출되는 배수를 말한다. 예를 들면 세면기, 주방싱크, 욕조에서 나오는 배수가 이에 해당된다. 지붕 및 부지에 내리는 빗물은 **우수**, 건물의 지하외벽이나 바닥에 침투되는 물을 **용수**라고 한다. 한편 일반 배수계통이나 하수도로 직접 배출할 수 없는 유해, 유독, 위험한 성질을 가진 배수를 **특수배수**라고 하며, 공장배수나 방사능을 포함한 배수가 이에 해당한다.

배수방식은 앞서 설명한 각종 배수를 어떻게 조합시켜 배수계통을 계획하느냐에 따라 표 2.18과 같이 분류된다.

표 2.18 배수방식의 분류

<table>
<tr><th>방 식</th><th>건물 내 배수계통</th><th>부지 내 배수계통</th><th>하수도</th></tr>
<tr><td rowspan="2">합류식</td><td rowspan="2">오수+잡배수</td><td>오수+잡배수</td><td rowspan="2">오수+잡배수+우수</td></tr>
<tr><td>우수</td></tr>
<tr><td rowspan="3">분류식</td><td rowspan="2">오수</td><td>오수</td><td rowspan="2">오수+잡배수</td></tr>
<tr><td>잡배수</td></tr>
<tr><td>잡배수</td><td>우수</td><td>우수</td></tr>
</table>

주) 이 표에서 오수는 대 · 소변기 등에서 배출되는 배수로, 건축설비에서 일반적으로 사용되는 용어이다. 그러나 건축기준법이나 하수도법에서 말하는 오수는 이 표에서 볼 때 오수 · 잡배수를 포함한 것으로 우수를 제외한 생활 · 사업에서 발생하는 배수를 말한다.

배수방식에는 **합류식**과 **분류식**이 있는데, 건물 내 · 부지 내 배수와 공공하수도 배수는 그 내용이 다르기 때문에 주의해야 한다. 특히 공공하수도는 오수와 잡배수에 우수를 넣는 경우를 합류식, 넣지 않는 경우를 분류식이라 한다. 이에 반해 건물 내 · 부지 내 배수는 오수와 잡배수를 구분하여 배수하는 경우를 분류식, 함께 배수하는 경우를 합류식이라 하며 우수 배수는 포함하지 않는다.

또한 공공하수도가 정비되어 있지 않은 지역에서는 건물 내 배수를 **정화조**에서 처리한 후 하천, 호수, 항만, 연안해역 등의 **공공용 수역**으로 방류한다.

2.5.3 트랩

(1) 트랩의 기능과 종류

트랩은 하수에서 생긴 냄새나 해충 등이 실내로 침입하는 것을 방지하기 위해 각 위생기구의 배수구 부근에 설치된다. 그 일반적인 구조를 나타내면 그림 2.51과 같다. 물이 고여 있는 부분을 **봉수**라 하며, 봉수깊이는 건축기준법[1]에 의해 50mm~100mm 이하로 정하고 있다. 또한 그림 2.52에 나타낸 것처럼 업무용 조리실, 이발소, 치과 등에서는 유분(글리스), 모발, 석고 등의 배수가 포함되기 때문에 이러한 물질이 함께 나오는 것을 저지, 분리, 수집하고 나머지 액체만 배수하기 위해 **포집기**를 설치한다. 포집기에는 저지, 분리, 수집하는 내용물에 따라 업무용 · 주방용 글리스 포집기, 자동차 수리 가공장에서는 가솔린 · 유류용 오일 포집기, 치과기공실 · 외과 깁스실에서는 플라스터, 귀금속용 플라스터 포집기, 미용실 등에서는 모발 포집기 등이 설치된다. 그리고 출구측에도 트랩기구를 설치해야 하는데, 건축기준법에서는 봉수깊이를 50mm 이상으로 정하고 있다. 트랩 봉수부분의 물깊이가 봉수깊이보다 작아지고 또한 수면이 딥보다 낮아져 냄새가 실내로 올라오는 것을 **파봉**이라 한다.

트랩에는 그림 2.53에 나타낸 것처럼 각종 트랩이 있다. 트랩은 각 위생기구가 설치되는 계통에 1개 설치되며, 2개 이상 설치하는 것을 **이중트랩**이라 하고 봉수나 배수의 흐름에 나쁜 영향을 미치기 때문에 금지되어 있다. 그림 2.54에 이중 트랩의 예를 나타낸다.

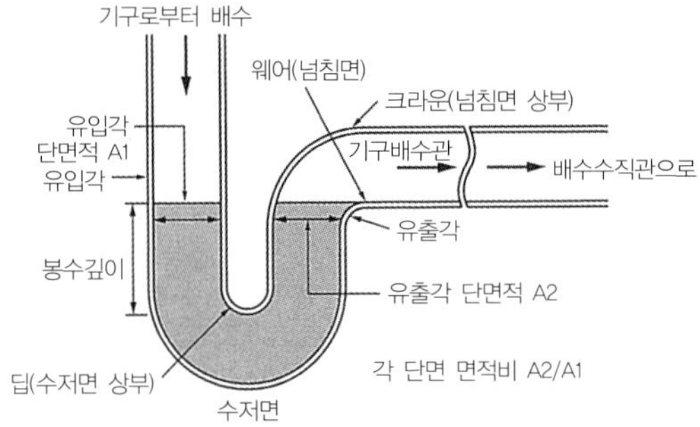

봉수깊이는 딥에서 웨어까지의 수직거리를 말한다.

그림 2.51 트랩의 일반적인 구조

1) 국토교통성고시 제1406호

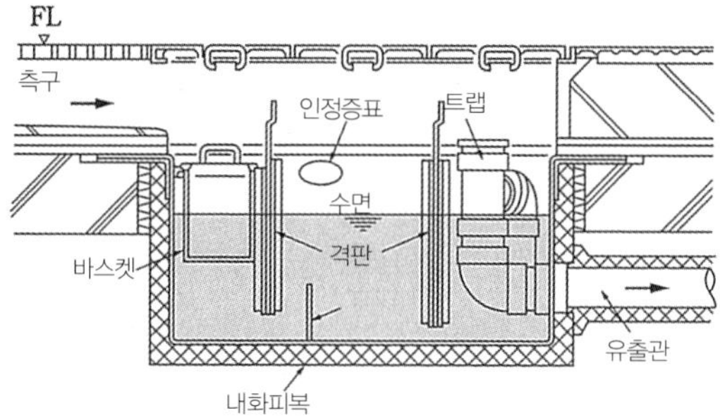

그림 2.52 포집기의 예(오일 포집기)

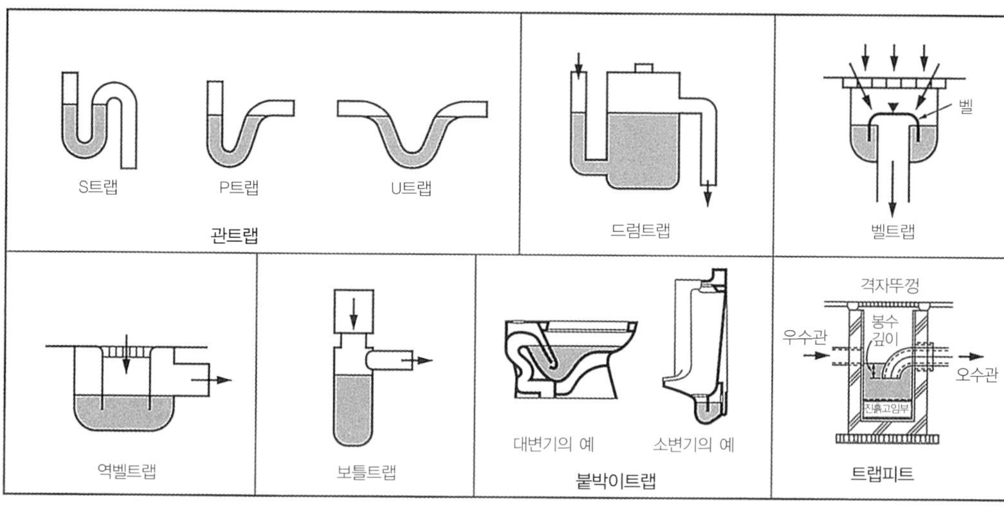

그림 2.53 트랩의 종류와 특징

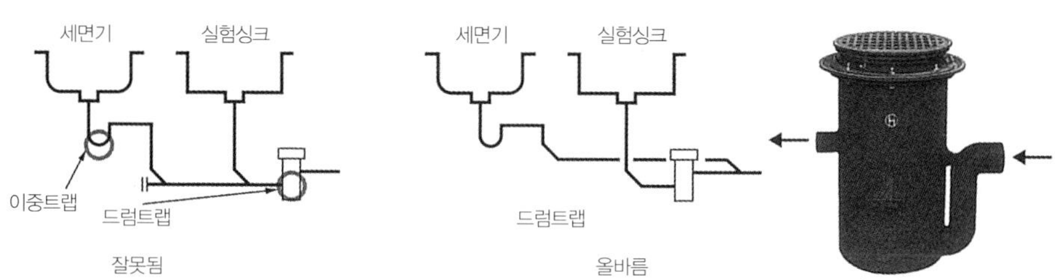

(a) 드럼트랩에 여러 개의 기구를 설치하는 경우

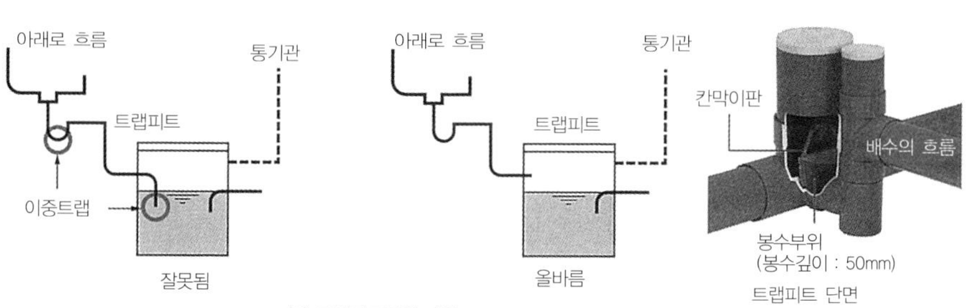

(b) 트랩피트로의 배관

그림 2.54 이중트랩의 잘못된 접속방법과 올바른 접속방법의 예

(2) 트랩의 파봉 원인과 방지대책

트랩이 파봉되는 원인은 그림 2.55에 나타낸 바와 같다.

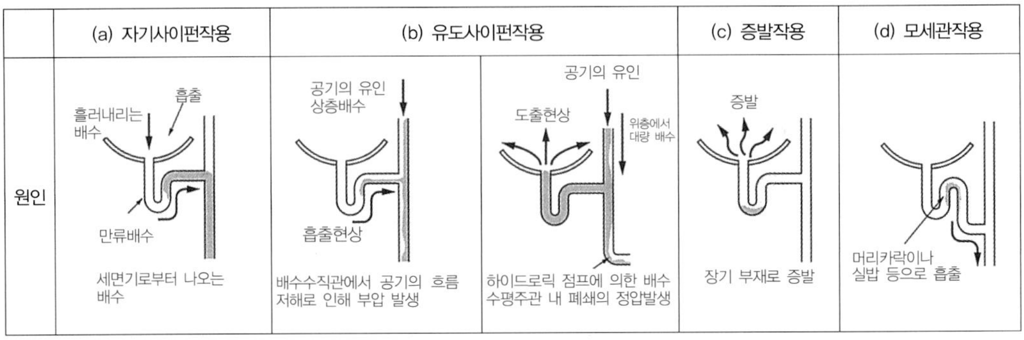

그림 2.55 트랩 파봉 현상

1) 자기사이펀 작용

배수가 위생기구의 기구배수관을 가득 채운 상태로 흐를 경우 사이펀 원리에 의해 봉수가 흡인되어 잔류봉수가 없어지며 공기가 통과하는 현상을 말한다. 예를 들면 세면기 구멍을 막고 사용하다가 한꺼번에 배수를 하게 되면 부글거리는 소리와 함께 트랩이 파봉되는 현상이 이에 해당한다. 방지책으로는 기구배수관 이후를 넓히거나 근처 배수관에 통기관을 설치하는 것이다.

2) 유도사이펀 작용

배수수직관에 다량의 배수가 흘러들어오면 배관 내에 큰 압력 변동이 생겨 파봉현상이 일어나는 것을 말한다.

특히 배수된 바로 아래층에서는 부압이 발생하여 봉수의 **흡출현상**이 일어나고 맨 아래층에서는 배수수직관에서 배수수평주관으로 유입된 배수가 점핑현상(하이드로릭 점프)에 의해 배수수평주관을 막히게 하기 때문에 공기가 빠져나가지 못하게 되어 정압에 의한 봉수의 **도출현상**이 일어난다. 방지책으로는 그림 2.56의 계통도에서 보듯이 통기관을 각각에 바르게 설치하는 것이다. 또한 설치된 트랩의 압력변동에 견딜 수 있는 성능(**봉수강도**라 함)을 강화한다.

일반적으로 그림 2.51의 트랩 각 단면적비(유출각단면적/유입각단면적)가 크면 봉수강도가 커져 파봉되기 어려운 것으로 알려져 있으며, 그 값이 1.0보다 작은 것은 가능하면 사용하지 않는다.

3) 증발작용

청소용 배수구, 별장 · 맨션의 공실 등에 설치되어 사용빈도가 낮은 트랩은 증발에 의해 봉수 손실을 일으킨다. 방지책으로는 봉수보급장치를 설치하거나 배수구에 플러그를 설치한다.

4) 모세관 작용

트랩의 넘침면에 실밥이나 머리카락이 걸리면 모세관작용으로 서서히 봉수가 감소되어가는 현상을 말한다. 방지책으로는 트랩 내부를 청소하거나 내면을 평활하게 하고, 실밥이 많은 경우는 모발포집기를 설치하는 방법 등이 있다.

2.5.4 배수배관

그림 2.56에 건물 내 배수·통기배관의 예를 나타냈다. 주요 배관 부위에 대한 설명은 다음과 같다.

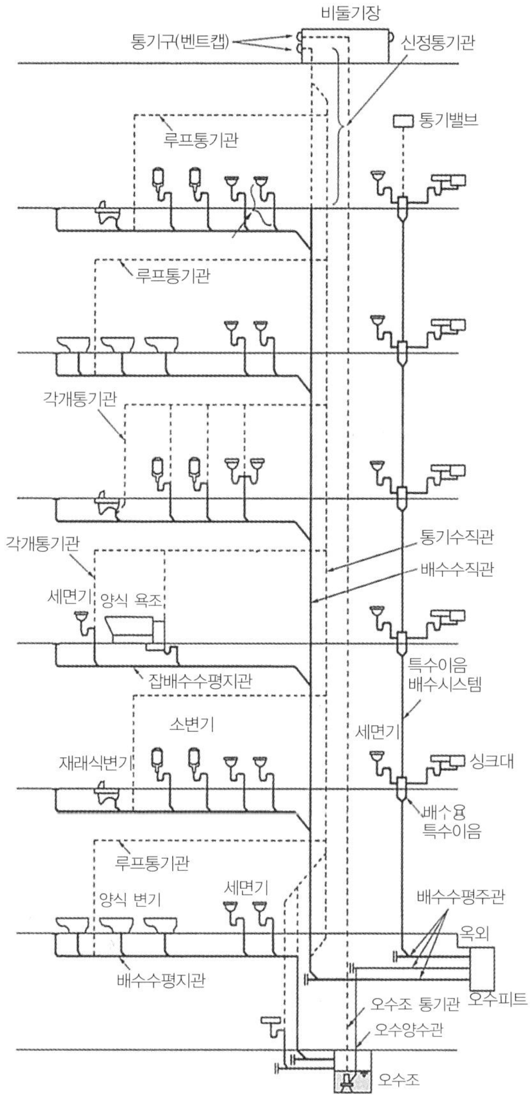

그림 2.56 건물 내 배수·통기배관의 예

1) 기구배수관

위생기구에 부속되거나 내장된 트랩에 접속되는 배수관으로 트랩부터 다른 배수관까지의 관의 배관을 말한다.

2) 배수수평지관

기구배수관에서 나오는 배수를 배수수직관으로 보내는 배관을 말한다. 고형물이 배관 내에 퇴적되지 않고 원활하게 흐를 수 있도록 배수유속을 0.6~1.5m/s로 흐르게 할 필요가 있다. 따라서 관경별로 표 2.19의 최소구배를 정하고 있다.

표 2.19 배수수평지관 · 배수수평주관의 최소구배

관 경[mm]	구 배
65 이하	최소 1/50
75, 100	최소 1/100
125	최소 1/150
150~300	최소 1/200

3) 배수수직관

배수수평지관에서 나오는 배수를 수직방향으로 흘려보내 배수수평주관까지 보내는 배수관을 말한다. 또한 건물 하층에 필로티나 주차장이 있는 경우 그곳을 배수수직관이 통과할 때에는 수평이동하여 경로를 바꾸는데 이를 **오프셋 배관**(그림 2.57)이라 한다.

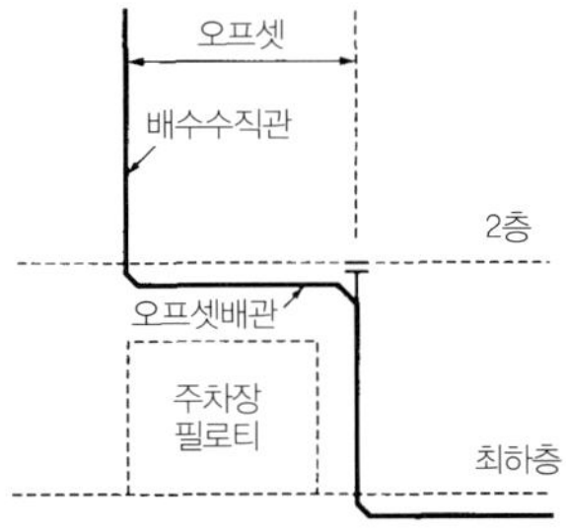

그림 2.57 오프셋 배관

4) 배수수평주관

배수수직관에 접속되는 수평배관으로 아래층에서 발생하는 정압을 완화시켜 트랩 파봉을 막기 위한 목적으로 배수수직관의 관경보다 한 사이즈 큰 관경을 선택한다. 관경별 최소배관구배는 2) 배수수평지관의 경우와 마찬가지로 표 2.19를 기준으로 하여 설계한다.

5) 신정통기관

배수수직관 상부에 설치하는 통기관을 말하며, 원칙적으로 배수수직관의 관경보다 축소시키지 않고 그대로 연장하여 대기로 개구한다. 최상부에는 벤트캡이라는 철물을 설치한다. 최근에는 그림 2.58처럼 대기로 개구하지 않고 옥내에서 처리할 수 있는 **통기밸브**도 채용되고 있다.

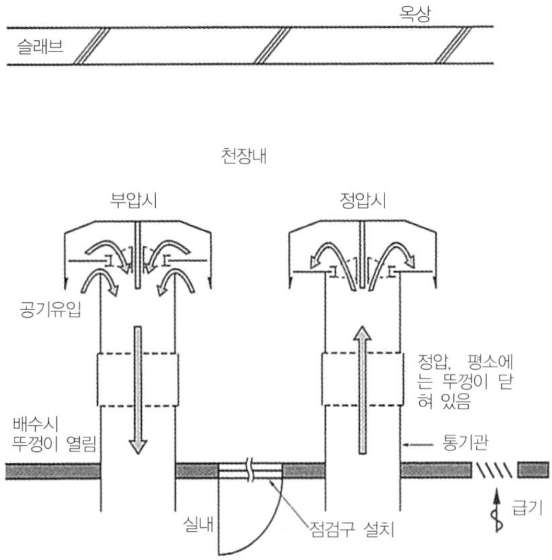

그림 2.58 통기밸브의 작동원리

6) 통기수직관

각층에 있는 배수수평지관의 통기를 위한 주관으로 배수수직관의 기부에서 취출하여 신정통기관에 접속하거나 대기로 개구한다.

7) 각개통기관

그림 2.59처럼 각 위생기구의 배수관에 각각 접속하는 통기관으로 그 기구의 **넘침면**보다 150mm 이상 높게 하여 통기수직관에 접속한다.

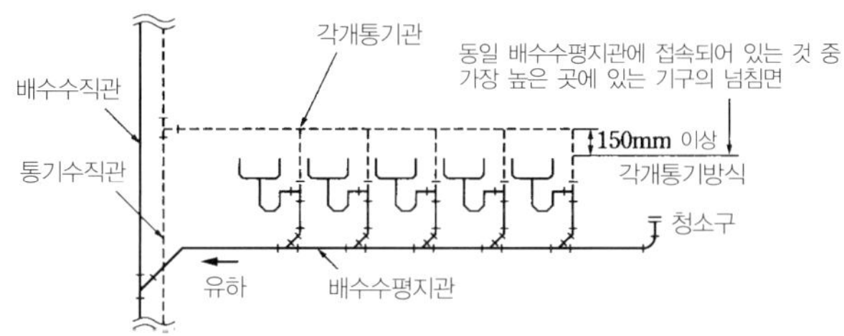

그림 2.59 각개통기방식

8) 루프통기관

그림 2.60처럼 2개 이상의 기구에 접속되어 있는 배수관에서 연장시킨 통기관으로 최상류의 기구배수관이 배수수평지관에 접속되는 점의 바로 하류에서 연장시켜 통기수직관에 접속한다.

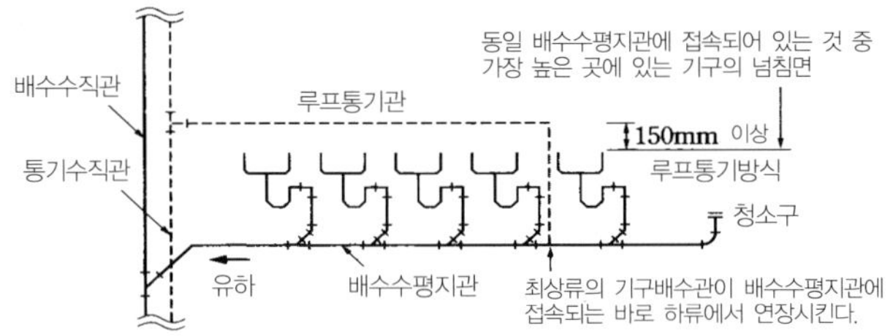

그림 2.60 루프통기방식

9) 부지배수관

그림 2.61처럼 건물 내에서 나오는 배수를 부지 밖의 하수도로 보내는 수평배관이며 점검이나 청소를 할 수 있도록 **오수배수피트(인버트 피트)**(그림 2.62)를 설치한다. 오수용 배수피트에는 오물이나 고형물이 쌓이지 않도록 바닥부분에 배수구(**인버트**)를 설치한다. 배수의 유입관과 유출관에 낙차가 있는 경우에는 드롭피트를 설치한다. 배수피트를 설치하는 위치는 다음과 같은 ①~④의 위치이다.

① 배관 내경의 120배를 넘지 않는 범위 내
② 부지배수관의 기점
③ 부지배수관의 합류장소 및 방향 변환 장소
④ 기타(구배가 심하게 변하는 장소, 신설관과 기설관의 접속장소, 청소 · 점검 등이 필요한 장소)

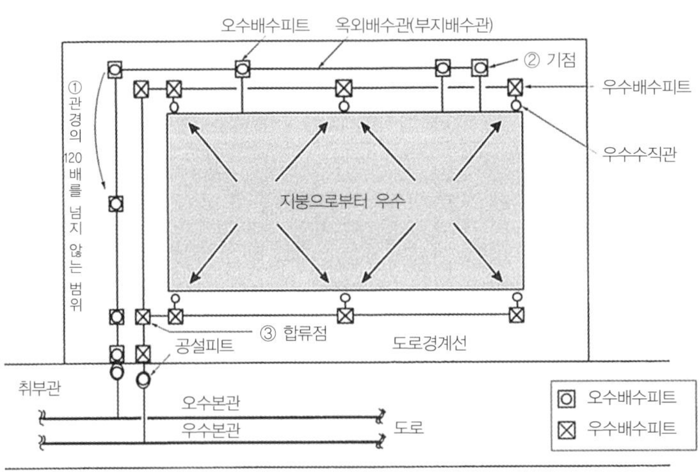

그림 2.61 부지배수관과 설치 위치

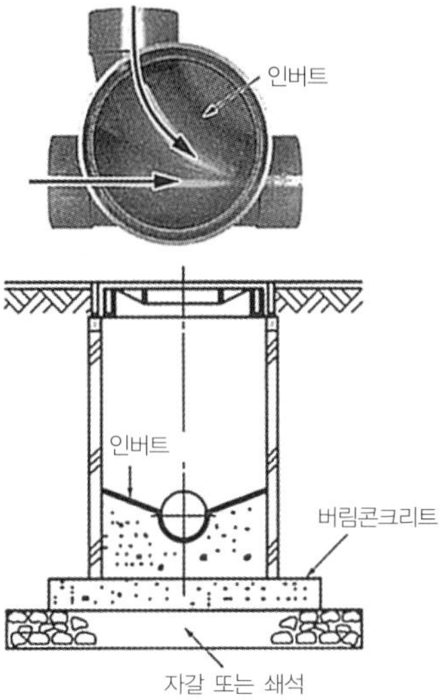

그림 2.62 배수피트(인버트 피트)

10) 청소구

그림 2.63에 청소구의 예를 나타낸다. 설치 위치는 다음과 같은 장소에 한다.

① 배수수평지관, 배수수평주관 같은 수평관의 기점

② 수평관은 관경 100mm 이상일 경우 15m 이내, 100mm를 넘는 경우 30m 이내

③ 배수관이 45° 를 넘는 각도로 방향을 바꾸는 곳

④ 배수수직관의 최하부 또는 그 부근

⑤ 3~4층 간격의 배수수직관 위

⑥ 배수수평주관과 부지배수관의 접속장소와 가까운 곳

청소구의 크기는 배수관경이 100mm 이내인 경우는 동일한 구경으로 하고, 100mm 이상인 경우는 보통 100보다 작게 하지 않도록 한다.

현재는 그림 2.63처럼 분사노즐로 고압수를 뿜어 세정하는 고압세정방식이 쓰이는 경우가 많다.

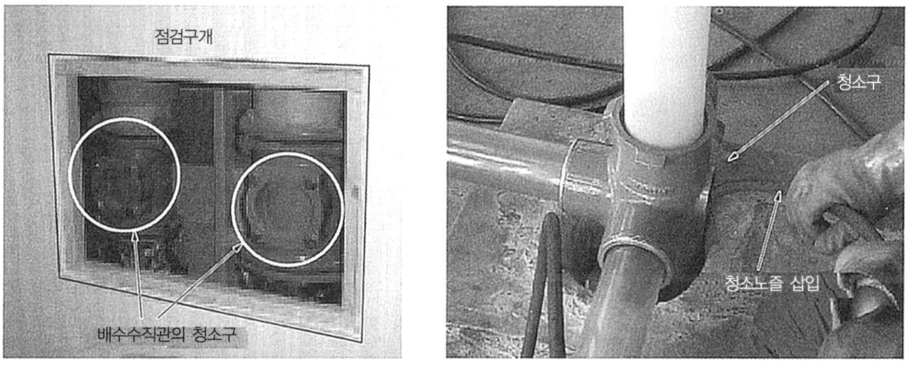

그림 2.63 청소구의 예와 청소작업(고압세정)

2.5.5 배수펌프와 배수조

배수조는 저류하는 배수의 종류에 따라 오수, 잡배수, 용수, 우수조 등으로 구분된다. 배수조와 배수펌프의 설치 예는 그림 2.64에 나타낸 바와 같다.

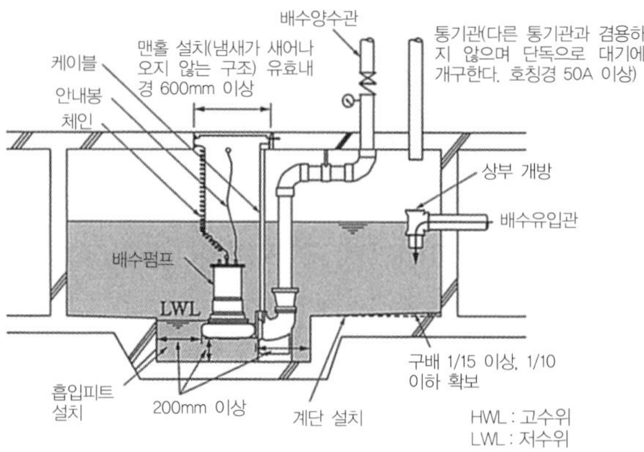

그림 2.64 배수조와 배수펌프의 설치 예

2.5.6 통기방식

표 2.20에 각종 통기방식의 계통도를 나타낸다.

표 2.20 각종 통기방식

신정통기방식	루프통기방식	각개통기방식	특수이음배수시스템
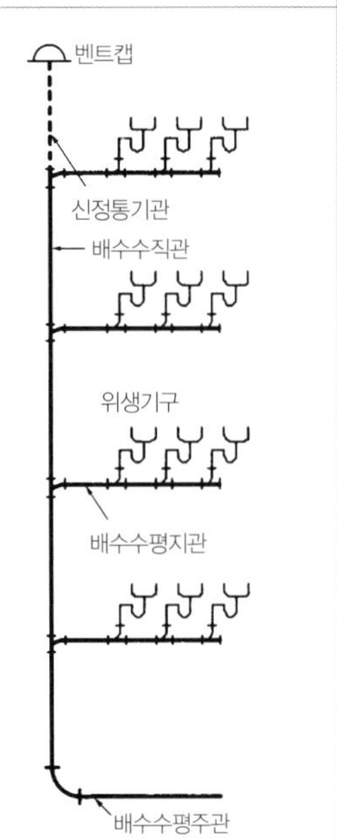	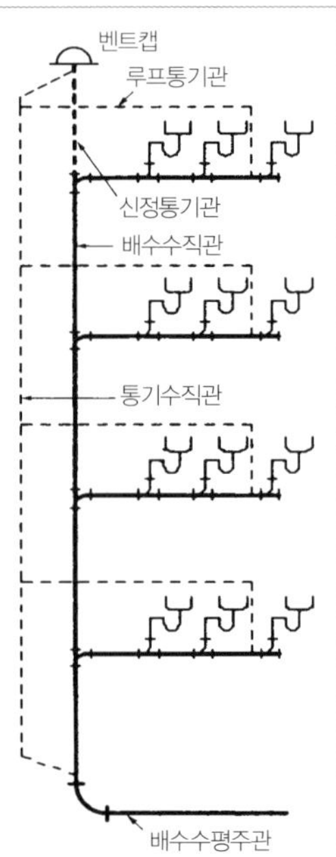	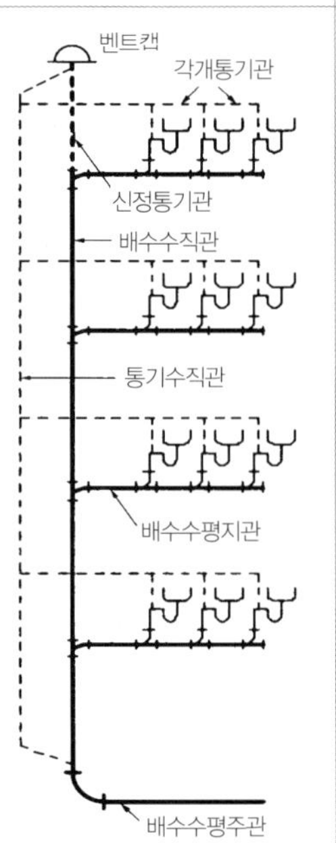	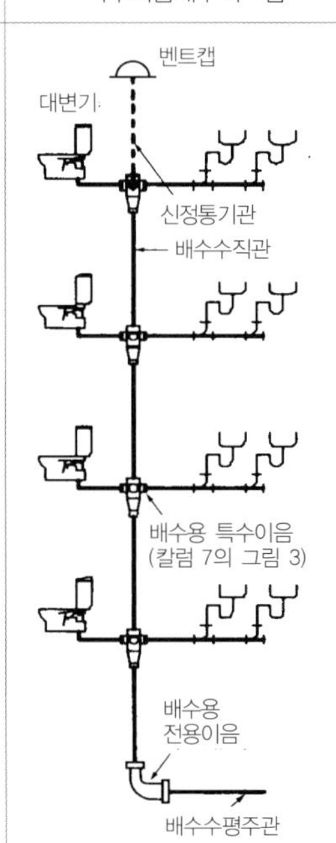

(1) 신정통기방식

신정통기방식은 배수수직관 정부에 신정통기관만 설치한 배수방식으로 단독주택이나 배수수직관에 설치되는 위생기구가 적은 저층건물이나 대변기 같은 단독배수계통 배수관에 채용되고 있다.

(2) 루프통기방식

루프통기관을 사용하여 배수수평지관에 접속된 위생기구의 트랩을 보호하는 가장 효과적인 방법이다. 일본의 경우 사무소빌딩 같은 일반 건축에서 가장 많이 이용되는 방법이다.

(3) 각개통기방식

각개통기관을 설치하여 루프통기관보다 더욱 안전성을 높인 통기방식으로, 자기사이펀 작용 방지에도 효과적이다. 미국에서 많이 채용하는 배수방식이다.

(4) 특수이음 배수시스템

신정통기방식의 일종으로 배수수직관으로 가는 유입부의 저항을 작게 하고 배수관의 배수 유하속도를 감속시켜 배수관에 생기는 관내압력을 작게 한 것이다. 배수수평지관의 접속구가 여러 개 설치되기 때문에 여러 개의 위생기구로부터 합류되는 배수에 대응할 수 있으므로 고층이나 초고층 집합주택, 호텔을 중심으로 채용되고 있다.

2.5.7 간접배수

음료수 · 음식물을 다루는 기기나 의료용 기구 등의 배수구를 가진 기기 · 장치는 일반배수계통에 막힘이 발생한 경우 배수가 역류하거나 트랩이 파봉되어 발생하는 하수가스의 역류, 위생해충의 침입을 방지하기 위해 그림 2.65와 같이 배수계통과의 연결을 일부 끊는다. 이를 간접배수라고 하며, 표 2.21에 나타낸 것처럼 **배수구공간**을 마련해야 한다. 수영장 자체의 배수관, 주변의 오버플로구로부터 나오는 배수 등도 간접배수로 한다.

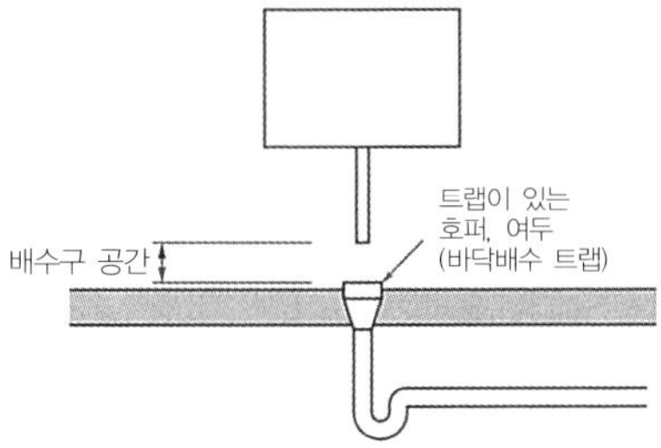

그림 2.65 간접배수의 배관방법 예

표 2.21 배수구공간

간접배수관의 관경[mm]	배수구공간[mm]
25 이하	최소 50
30~50	최소 100
65 이상	최소 150

주) 각종 음료용 저수조 등의 간접배수관의 배수구 공간은 이 표와 상관없이 최소 150mm로 한다.

2.5.8 우수배수설비

그림 2.66에 건물의 우수배수계통도를 나타낸다.

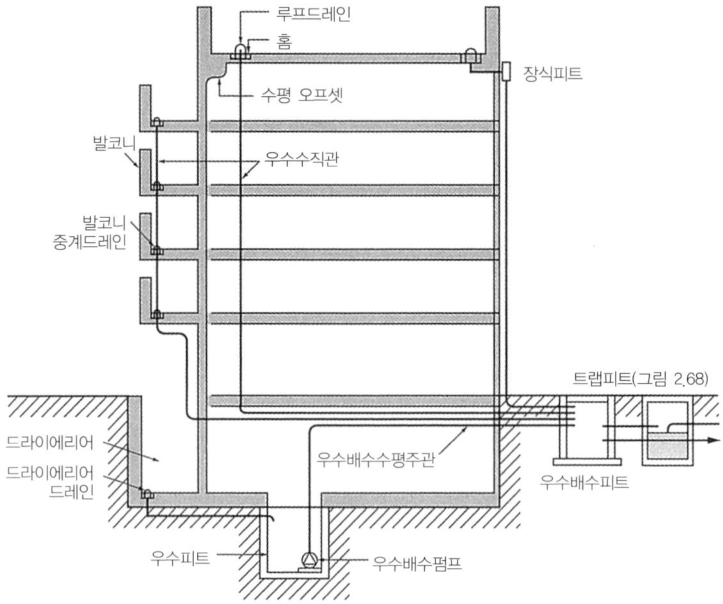

그림 2.66 우수배수계통도

(1) 지붕배수와 우수배수관

옥상지붕면이나 발코니 등에 내린 빗물은 루프드레인(그림 2.67)에서 집수하여 우수수직관으로 유입된다. 지상면보다 낮은 위치에 있는 드라이에리어의 우수는 자연구배로는 우수배수피트로 배수할 수 없기 때문에 일단 우수조에 저류시켰다가 배수펌프로 배수한다. 우수배수관과 다른 배수관을 겸용시키면 배수관이 막혔을 때 우수가 위생기구를 통해 실내로 들어올 위험이 있으므로 우수배수관은 오수관, 잡배수관, 통기관과는 절대 접속시키면 안 된다.

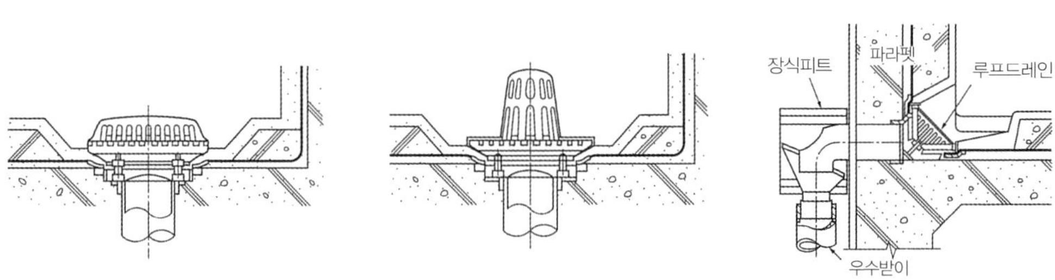

(a) 평형 (b) 돔형 (c) 코너형(앵글형)

그림 2.67 루프드레인의 종류

(2) 루프드레인

지붕이나 발코니의 우수를 집수하여 우수배수관으로 보내기 위한 것으로, 스트레이너나 배수구의 모양도 다양하다.

배수구는 낙엽이나 쓰레기로 인해 막혀 기능이 손상되지 않도록 정기적으로 청소해줄 필요가 있다. 만일의 막힘 대비, 여분으로 배수수직관을 설치하거나 건축적으로 넘침이 우려되는 곳에는 오버플로구멍을 두는 등의 대책을 마련해 둔다.

(3) 트랩피트와 우수피트

그림 2.61에 나타낸 것처럼 우수피트는 배수피트와 마찬가지로 부지 내에 설치하는데, 배수피트가 배수를 원활하게 배제시키기 위해 인버트를 설치하는데 반해 우수피트는 그림 2.68(b)처럼 우수 내에 섞여 있는 진흙 등이 배관 내에 유입되지 않도록 하기 위해 150mm 이상의 **진흙 고임부**를 두며 유입배관과 유출배관 간에 20mm 정도의 차이를 두게 한다.

루프드레인에는 트랩 기능이 없기 때문에 우수배수계통에 배수관이나 하수도로부터 냄새가 올라오는 것을 막도록 한다. 우수배수관을 일반계통의 부지배수관에 합류시키기 위해서는 트랩 기능이 있는 트랩피트(그림 2.68(a))를 설치하여 냄새가 역류하는 것을 막는다.

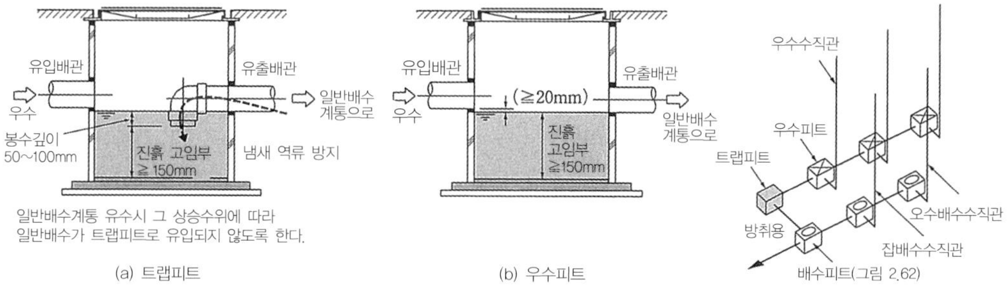

그림 2.68 우수배수피트

(4) 우량과 우수배수수직관과 배수수평주관의 지름

우수배수관의 관경을 구하기 위한 우량은 각 지역에 내린 과거 최대우량의 1시간 수치 또는 10분간 수치를 기준으로 하고 있다(표 2.22). 보통은 1시간 수치를 사용하며 우수수직관, 배수수평주관이 맡는 지붕면적을 구하고, 표 2.23 (1), (2)의 수치에서 이를 만족하는 허용최대지붕면적의 관경을 구한다. 단, 표 2.23 (1), (2)의 허용최대지붕면적은 우량 100mm/h를 기준으로 산출되기 때문에 이를 다시 환산해야 한다(예제 10 참조).

표 2.22 각 지역별 월평균 강수량(mm) (1971~2000)

지명	1월	2월	3월	4월	5월	6월	7월	8월	9월	10월	11월	12월	합계
서울	21.6	23.6	45.8	77.0	102.2	133.3	327.9	348.0	137.6	49.3	53.0	24.9	1344.2
인천	20.8	20.5	40.8	70.7	91.3	110.9	261.5	288.9	126.5	48.9	49.2	22.3	1152.3
수원	23.5	24.0	47.0	76.0	94.8	133.2	302.7	305.8	133.5	52.3	51.0	24.1	1267.3
춘천	20.3	23.7	39.8	69.5	100.1	131.3	318.6	310.4	143.4	43.1	44.1	22.4	1266.3
원주	22.2	24.3	49.1	80.0	92.0	146.2	324.9	283.0	147.1	50.7	43.8	27.6	1290.9
속초	53.1	56.4	56.2	71.0	87.9	122.9	201.4	293.7	205.4	81.5	71.6	41.3	1342.4
강릉	65.3	58.7	72.2	77.5	84.4	122.0	196.5	288.2	207.0	104.2	82.4	43.5	1401.9
울릉도	110.5	84.2	68.2	75.6	86.1	108.2	125.6	148.0	150.7	79.0	98.5	101.4	1236.0
태백	34.8	37.4	58.3	71.7	88.0	139.8	267.1	285.8	203.8	55.3	46.2	19.4	1307.6
충주	21.7	24.1	44.9	76.5	88.7	143.7	272.4	259.4	136.3	54.1	42.2	23.8	1187.8
청주	26.6	28.2	51.1	76.6	87.7	154.2	265.3	271.4	133.2	53.3	50.9	26.6	1225.1
대전	29.5	36.4	60.5	87.2	97.0	174.3	292.2	296.5	141.5	56.9	51.7	30.1	1353.8
천안	23.8	27.0	48.4	78.7	84.9	143.8	246.4	297.5	137.7	58.5	53.0	29.2	1228.9
부여	27.2	33.3	55.7	93.6	101.4	168.9	287.5	279.8	140.3	60.8	56.1	29.6	1334.2
전주	33.9	39.2	59.0	83.9	93.8	173.6	266.7	254.8	134.4	59.7	56.8	31.0	1286.8
정읍	41.5	38.7	56.7	86.1	91.6	160.1	253.3	255.7	139.3	61.5	61.6	40.0	1286.1
남원	31.4	38.9	52.3	92.8	91.8	186.2	287.4	256.9	138.3	58.5	49.5	29.9	1313.9
광주	38.0	43.9	64.5	95.3	97.3	190.3	281.9	276.0	137.7	55.3	55.4	32.4	1368.0
목포	33.7	44.5	60.8	79.1	86.6	172.5	214.1	174.3	130.9	51.0	49.6	27.9	1125.0
여수	27.6	38.9	78.0	126.1	145.2	222.8	257.2	249.1	138.9	55.0	47.8	20.9	1407.5
순천	32.4	43.7	66.4	11.3	115.1	217.2	303.5	304.8	156.4	59.0	51.0	26.7	1487.5
안동	18.6	26.1	47.7	66.0	89.8	143.8	222.8	201.3	133.1	42.0	37.8	15.8	1050.0
포항	40.5	43.4	67.1	79.4	74.6	138.9	182.4	207.9	159.7	52.3	47.9	26.2	1120.3
대구	21.6	27.1	51.6	75.2	75.3	140.7	206.7	205.8	129.6	42.0	37.1	15.2	1027.9
구미	19.4	27.5	46.0	75.4	69.3	130.1	217.2	202.1	131.6	42.4	36.5	16.5	1014.0
울산	38.0	42.2	71.6	108.2	100.6	185.4	195.3	232.5	165.5	60.7	50.7	23.9	1274.6
마산	36.3	41.8	78.3	116.0	134.4	235.7	293.7	275.8	165.3	53.0	52.2	21.2	1503.7
부산	37.8	44.9	85.7	136.3	154.1	222.5	258.8	238.1	167.0	62.0	60.1	24.3	1491.6
진주	33.1	42.6	75.5	135.3	131.0	217.7	291.0	285.8	155.9	52.7	48.8	20.5	1489.9
밀양	21.7	30.4	54.1	104.6	104.3	199.8	241.9	230.4	136.6	49.4	43.0	17.6	1233.8
제주	63.0	66.9	83.5	92.1	88.2	189.8	232.3	258.0	188.2	78.9	71.2	44.8	1456.9
서귀포	59.4	80.6	125.6	172.2	215.4	279.3	306.3	257.6	170.2	72.7	68.4	43.1	1850.8

표 2.23 빗물 수직관 및 빗물 배수수평관의 관경(HASS 206-1982)

관 경 [mm]	허용 최대 수평 지붕면적[㎡]									
	빗물 수평관									
	1/25	1/50	1/75	1/100	1/125	1/150	1/200	1/300	1/400	
50	–	–	–	–	–	–	–	–	–	67
65	127	90	73	–	–	–	–	–	–	135
75	186	131	107	–	–	–	–	–	–	197
100	400	283	231	200	179	–	–	–	–	425
125	–	512	418	326	324	296	–	–	–	770
150	–	833	680	589	527	481	417	–	–	1,250
200	–	–	1,470	1,270	1,130	1,040	897	732	–	2,700
250	–	–	–	2,300	2,060	1,880	1,630	1,130	1,150	–
300	–	–	–	3,740	3,350	3,050	2,650	2,160	1,870	–
350	–	–	–	–	5,050	4,610	3,990	3,260	2,820	–
400	–	–	–	–	–	6,580	5,700	4,650	4,030	–

주) • 허용지붕면적은 강우량 100mm/h를 기초로 하여 산출한 것으로 한다. 따라서 이것 이상의 강우량에 대해서는 수평지붕면적에 『해당지역의 최대강우량/100』을 곱하여 산출한다. 또한 빗물 배수수평관의 경우 유속이 0.6m/s미만 또는 1.5m/s를 초과하는 것은 바람직하지 않으므로 제외한다.
• 지붕면적 또는 배수면적은 모두 수평투영면적으로 한다.
• 안뜰, 드라이 에어리어, 또는 옥상에 세워져 있는 옥탑의 외벽면 및 세트백으로 되어 있는 면 등은 수직면 30° 의 각도로 비가 들이치는 것으로 하여 외벽면의 1/2을 아래 지역의 면적에 가산한다.

다음은 수평지붕 환산방법을 나타내고 있다.

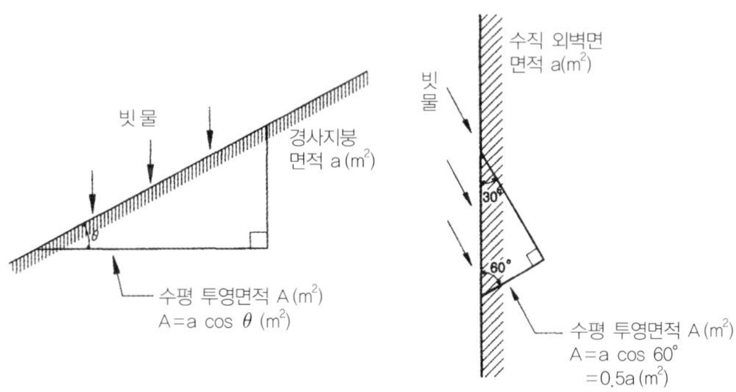

(a) 경사지붕 (b) 수직외벽면

그림 2.69 수평지붕환산방법

❙ 예제 10 ❙

최대강우량이 92mm/h이고 지붕면적이 250㎡인 우수배수수직관, 우수배수수평주관(구배 1/125)의 관경을 구하시오.

[해설]

강우량 100mm/h로 환산한 지붕면적

$$= (\text{각 지역이 맡는 지붕(면적)}) \times \frac{\text{각 지역의 최대강우량[mm/h]}}{100[\text{mm/h}]} \text{ 에서}$$

$$250[\text{㎡}] \times \frac{92[\text{mm/h}]}{100[\text{mm/h}]} = 230[\text{㎡}]$$

따라서 표 2.23에서 우수배수수직관의 지름은 만족하는 허용최대지붕면적보다 100mm(425 m² 이내)가 된다. 또한 우수배수수평주관의 지름은 표 2.23에서 1/125 구배이면 허용최대지붕면적 351m²가 되어 125mm로 결정한다.

2.5.9 배수배관 재료

배수관에는 내식성이 뛰어난 배수용 주철관, 그보다 가벼운 배수용 경질염화비닐라이닝강관이 있다. 또한 수지관으로 경질염화비닐관이나 겉을 섬유모르타르로 씌운 배수용 내화이중관 등이 있다.

이음은 그림 2.70처럼 배수가 원활하게 이루어지도록 각도를 준 ST이음, Y이음, TY이음과 90° 벤트 등이 쓰인다.

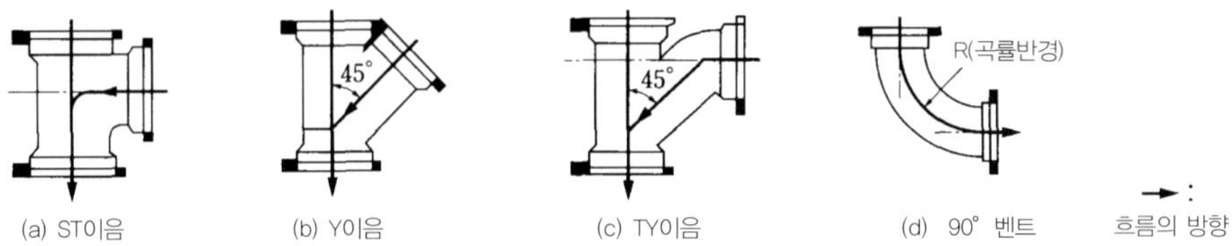

그림 2.70 배수관용 이음

2.5.10 배수통기관의 관경 계산

배수관의 관경을 결정하는 방법에는 미국의 NPC에서 채용하고 있는 '기구배수부하단위법'과 '정상유량법'이 있다. 여기서는 사무소빌딩 같은 일반 건축에서 많이 채용되고 있는 **기구배수부하단위법**에 대해 설명하기로 한다.

(1) 관경결정의 원칙

① 관경 축소의 금지

배수관은 급수관과 달리 수직관이든 수평관이든 어느 경우에서도 배수의 유하방향의 관경을 축소해서는 안 된다.

② 배수관의 최소 관경

배수관의 관경은 최소 30mm로 하고 표 2.24에 나타낸 것처럼 트랩의 최소구경보다 작아서는 안 된다.

③ 지중매설관의 관경

지중에 매설되는 배수관의 관경은 50mm 이상으로 하는 것이 바람직하다.

④ 배수수직관의 관경

배수수직관은 어느 층에서나 최하층의 가장 큰 배수부하를 부담하는 부분의 관경과 동일한 관경이어야 한다. 하류로 갈수록 관경이 커지는 소위 '죽순형 배관'이 되어서는 안 된다.

⑤ 통기관의 관경

- 통기관의 최소관경은 30mm로 한다. 단, 배수조에 설치되는 통기관의 최소관경은 50mm로 한다.
- 루프통기관의 관경은 배수수평지관의 통기수직관 중 가장 작은 관경의 1/2보다 작게 해서는 안 된다.
- 신정통기관의 관경은 배수수직관보다 작게 해서는 안 된다.
- 배수관에는 적절한 위치에 청소구를 설치한다.

표 2.24 각종 기구의 배수 부하 단위

기 구	부호	부속트랩의 구경(mm)	기구배수 부하단위(fu)
세면기	Lav	30	1
대변기	Wc	75	8
소변기	U	40	4
비데	B	50	2.5
음수기	F	30	0.5
욕조(주택용)	BT	40~75	2~3
샤워(주택용)	S	40	2
청소 수채	SS	64	3
세탁 수채	ST	40	2
요리수채(주택용)	KS	40	2
요리수채(영업용)	KS	40~50	2~4
바닥배수	FD	50~75	1~2

표 2.25 배수수평지관 및 수직관의 허용최대배수부하 단위수[1] (2-3)에서 일부발췌

관경 [mm]	담당할 수 있는 허용최대배수부하단위수			
	배수수평지관	3층 건물 또는 브랜치 간격 3을 가진 1개 수직관	3층을 넘는 건물의 경우: 1개 수직관에 대한 합계	3층을 넘는 건물의 경우: 1층분 또는 1브랜치 간격의 합계
30	1	2	2	1
40	3	4	8	2
50	6	10	24	6
65	12	20	42	9
75	20[2]	30[4]	60[4]	16[3]
100	160	240	500	90
125	360	540	1100	200
150	620	960	1900	350

주 1) 신정통기관방식, 특수이음배수시스템에는 적용할 수 없다.
2) 배수수평주관의 배수수평지관은 포함하지 않는다.
3) 대변기 2개 이내일 것
4) 대변기 6개 이내일 것
5) 브랜치 간격은 예제 11 참조

(2) 관경 계산 순서

배수통기관의 관경을 결정할 경우에는 다음과 같은 순서로 배수부하를 계산하여 결정한다.

① 설치기구의 기구배수부하단위를 결정한다(표 2.24에서).

② 배수계통에서의 기구배수부하단위의 누계를 산출한다.

③ 배수수평지관, 배수수직관의 관경을 결정

- 앞서 설명한 기구배수부하단위의 누계<허용배수부하단위가 되는 관경을 선택한다(표 2.25에서).

④ 배수수평주관, 부지배수관의 관경을 결정

- ③에서와 마찬가지로 허용배수부하단위를 만족하는 관경을 구한다(표 2.26에서)

⑤ 통기관의 관경결정계산

- 배수관이 부담하는 기구배수부하단위수와 통기관 길이를 구하고 관경별로 정해진 통기관의 최장거리 이내가 되도록 관경을 결정한다(표 2.27에서).

표 2.26 배수수평주관 및 부지배수관의 허용최대배수부하단위수[1] (2-3)에서 일부발췌

관경 [mm]	배수수평주관 및 부지배수관에 접속 가능한 허용최대배수단위수			
	구배			
	1/200	1/100	1/50	1/25
50			21	26
65			24	31
75		20[2]	27[2]	36[2]
100		180	216	250
125		390	480	575
150		700	840	1000
200	1400	1600	1920	2300
250	2500	2900	3500	4200
300	2900	4600	5600	6700

주 1) 신정통기관 방식, 특수이음 배수시스템에는 적용할 수 없다.
2) 대변기 2개 이내일 것.

표 2.27 통기관의 관경과 길이

오수 또는 잡배수관의 관경근사 [mm]	배수 단위	통기관의 관경						
		근사[mm]	근사[mm]	근사[mm]	근사[mm]	근사[mm]	근사[mm]	근사[mm]
		30	40	50	65	75	100	125
		통기관의 최장거리[m]						
30	2	9						
40	8	15	45					
40	10	9	30					
50	12	9	22.5	60				
50	20	7.8	15	45				
65	42	–	9	30	90			
75	10	–	9	30	60	180		
75	30	–	–	18	60	150		
75	60	–	–	15	24	120		
100	100	–	–	10.5	30	78	300	
100	200	–	–	9	27	75	270	
100	500	–	–	6	21	54	210	
125	200	–	–	–	10.5	24	105	300
125	500	–	–	–	9	21	90	270
125	1100	–	–	–	6	15	60	210

표 안에 표시된 수치는 예제 11에서 사용.

| 예제 11 |

그림 2.71은 어느 사무소빌딩의 배수통기 시스템 계통도를 나타낸 것이다. 그림에 나타낸 배수수평지관, 배수수직관, 배수수평주관(1/100 구배), 통기수평지관, 통기수직관의 관경을 구하시오. 브랜치 간격은 12로 한다.

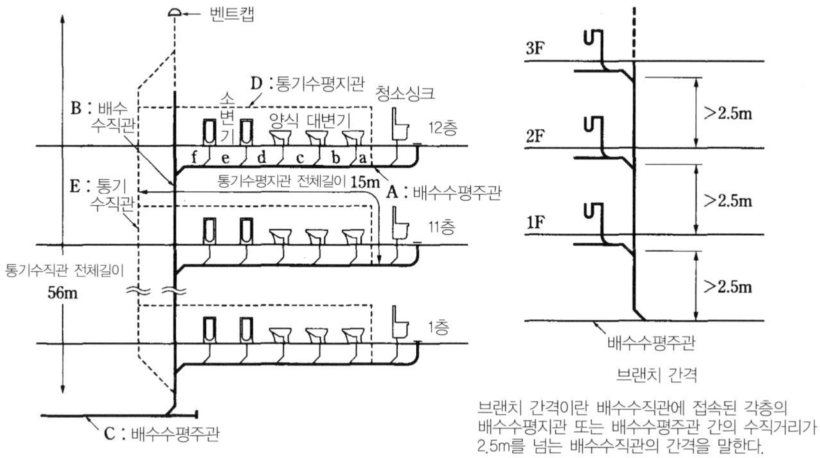

그림 2.71

[해설]

표 2.24에서 기구배수부하단위는 청소싱크 2.5, 대변기(공중용) 6, 소변기(스톨형) 4로 계산한다. 계산결과를 표 2.28에 나타낸다.

표 2.28 관경 계산결과

관기호		합계기구배수부하단위	관경[mm]	비 고
A 배수수평지관	a	2.5	65(100)	표 2.24, 표 2.26의 배수수평지관의 허용최대배수단위 말단으로 결정한다. a는 계산상 40mm, 그러나 표 2.24의 트랩 최소구경 이상이므로 65mm. 마찬가지로 b도 계산상 65mm. 그러나 표 2.24에서 75mm. c는 계산상 75mm이지만 이 계통에는 3개 설치되어 있으므로 실제로 a~f 구간은 모두 100mm를 채용한다.
	b	2.5+6=8.5	75(100)	
	c	2.5+6×2=14.5	75(100)	
	d	2.5+6×3=20.5	100	
	e	2.5+6×3+4=24.5	100	
	f	2.5+6×3+4×2=28.5	100	
B		배수수직관 B가 부담하는 기구배수부하단위=28.5×12=342	100	표 2.25의 배수수직관의 허용최대배수단위 말단으로 결정한다. 지름 100mm인 수직관은 최대허용배수부하단위 500 미만
C		배수수평주관 C가 부담하는 기구배수부하단위=342	125	표 2.26의 배수수평주관의 허용최대배수단위 말단으로 결정한다. 지름 125mm인 배수수평주관(1/100)은 최대허용배수부하단위 390 미만
D		통기수평지관 D가 담당하는 기구배수부하단위=28.5	65	표 2.27에서 배수수평지관의 관경 100mm, 배수부하단위 100 미만이며 통기수평지관길이가 15m이므로 30m 미만이 되어 65mm
E		통기수직관 E가 담당하는 기구배수부하단위=342	100	표 2.27에서 배수수직관의 관경 100mm, 배수부하단위 500 미만이며 통기수직관의 길이가 56m이므로 210m 미만이 되어 100mm

[칼럼 7] SARS와 트랩의 파봉

2003년 봄, 홍콩의 아모이가든이라는 집합주택 주민들이 SARS*(중증급성호흡기증후군)에 감염되었다는 뉴스로 전세계가 떠들썩했다(그림 1).

홍콩 정부에서 조사한 결과 감염루트 중 하나로 하수에서 배수관을 통해 실내로 들어왔을 가능성이 높다고 지적했다.

그림 2처럼 이웃 세대와의 사이에는 오픈 스페이스(라이트코트) 공간이 있었고 각각 창과 환기팬이 설치되어 있었다. 실내에 설치되어 있던 트랩 봉수의 파봉에 의해 하수도를 통해 SARS균을 포함한 오염가스가 실내로 들어와 환기팬과 오픈 스페이스를 통해 다른 방으로 옮겨졌을 것으로 추측했다.

봉수강도가 높고 안전성이 높은 트랩이 개발되면서 그림 3에 나타낸 것처럼 고층 · 초고층 집합주택에서는 종래의 신정통기방식보다 이음부에 더욱 신경을 써서 유수를 감속시키고 통기의 유통이 쉽도록 관내압력을 작게 하여 트랩이 파봉되는 것을 막기 위해 표 2.20과 같은 특수이음 배수시스템이 개발되었다.

그림 1 SARS 감염 방지 마스크를 착용한 시민들의 모습

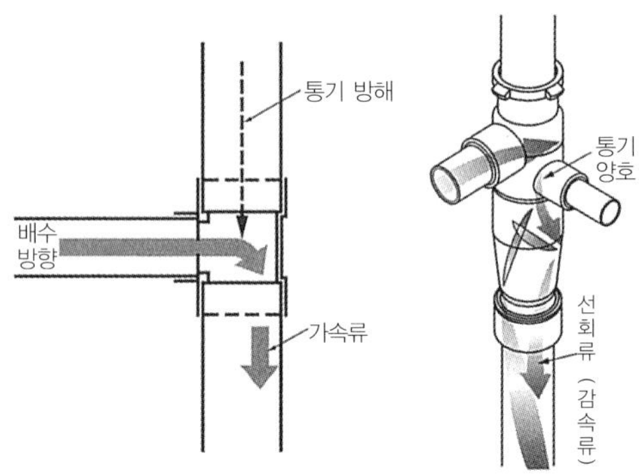

신정통기방식　　특수이음배수시스템

그림 3 신정통기방식과 특수이음 시스템의 성능 비교

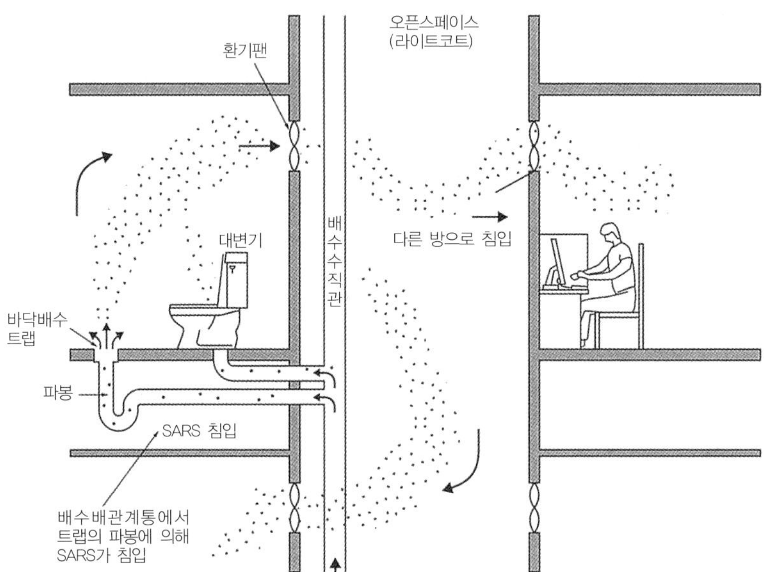

그림 2 아모이 가든에서의 SARS 감염 루트

*SARS : Severe Acute Respiratory Syndrome의 줄임말.

2.6 배수처리설비

2.6.1 배수처리설비 목적

생활배수는 종말처리장을 가진 공공하수도로 배수하는 것이 바람직하다. 그러나 공공하수도가 정비되어 있지 않은 지역에서는 정화조를 설치하여 처리하고 위생상 문제가 되지 않는 수질로 정화시켜 하천, 호수, 바다 등의 공공용 수역으로 방류하기 위한 배수처리설비를 갖춰야 한다.

2.6.2 배수오염도 평가수법

배수가 어느 정도 오염되었는지 나타내는 주요 지표로 다음과 같은 항목이 있다.

1) pH

수소이온지수로 물이 산성인지 알칼리성인지 나타내며, pH=7 정도이면 중성, pH<7이면 산성, pH>7이면 알칼리성을 나타낸다. 생물화학처리에는 pH가 6.5~7.5 범위에 있어야 한다.

2) SS[1)]

오수에 포함된 부유물질량을 말한다. 물의 탁한 정도를 나타내는 지표로 부유물질량을 표시한다. 단위는 mg/ℓ 로 나타내며 다음의 2), 3), 4), 5), 6)도 마찬가지이다.

3) COD

화학적 산소요구량(Chemical Oxygen Demand의 줄임말)이다. 오수 중의 유기물을 100℃로 산화하는데 필요한 산소량이다. 과망간산칼륨 같은 산화제를 사용해 BOD보다 쉽게 측정할 수 있는 방법이다.

4) BOD

생물화학적 산소요구량(Biochemical Oxygen Demand의 줄임말)이다. 물속의 유기물이 호기성 미생물에 의해 생물화학적으로 분해될 때 소비되는 산소의 양이다. 물속의 분해 가능한 유기물이 용존산소의 존재 하에서 20℃이고 5일 동안 호기성 미생물에 의해 소비되는 산소량 mg/ℓ 로 나타낸다. 이 수치가 클수록 오염도가 높다.

1) Suspended Solid

5) DO

물속에 용해되어 있는 산소의 양(Dissolved Oxygen의 줄임말)이다. 이 수치가 높은 배수는 자정작용이 크다는 것을 의미한다.

6) 노멀헥산추출물질

주방에서 나오는 배수에 포함된 글리스나 유상물질 등의 유지류를 말한다.

2.6.3 배수처리방법의 분류와 특징

배수처리방법은 보통 단계적으로 나누어 1차 처리, 2차 처리, 3차 처리(고도처리)를 한다. 그림 2.72에 배수처리의 분류와 공정을 나타낸다.

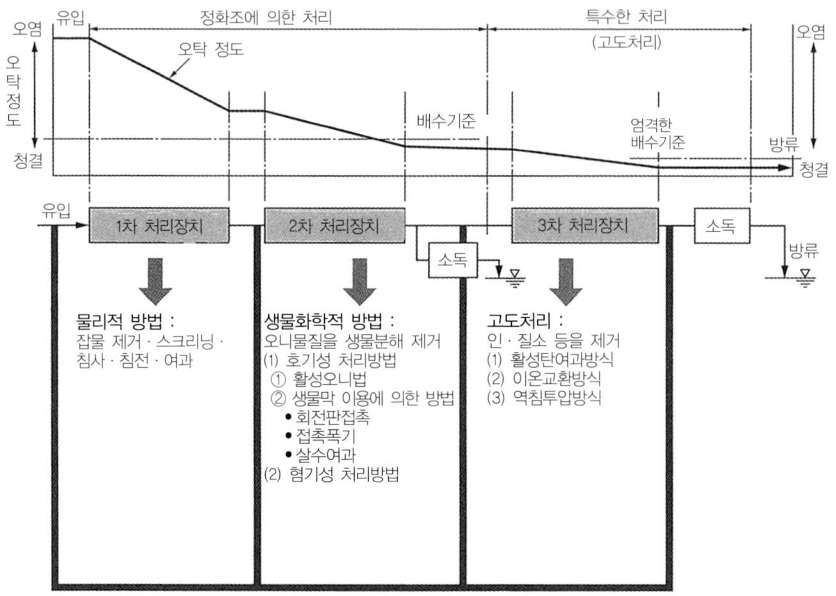

그림 2.72 배수처리의 분류와 공정

(1) 1차 처리

물리적 처리방법이라고도 하며 스크리닝, 침사, 침전 등에 의해 생물배수 내의 여러 잡물과 입자를 제거하는 방법을 말한다.

(2) 2차 처리

생물화학적 방법이라고도 하며 생활배수 내의 유기물을 미생물에게 영양원으로 주고, 그 대사작용으로 유기물을 분해시켜 배수처리하는 방법이다. 이 방법에는 호기성 처리방법과 혐기성 처리방법이 있다.

1) 호기성 처리방법

배수 내의 산소를 섭취하고 사는 호기성 미생물에 의해 유기물을 산화분해하는 방법으로, 그림 2.73에 나타낸 것처럼 활성오니법과 생물막법이 있다.

활성오니법은 유기물로 오염된 배수에 공기를 보내면 호기성 미생물이 유기물을 먹고 증식해나가며 그 찌꺼기(활성오니)를 이용해 산화를 진행시키는 방법이다.

생물막법은 여재 같은 접착제 표면에 정제하는 호기성 미생물의 막을 이용해 생활배수 내의 유기물을 흡착하여 산화하는 것이다. 생물막법에는 접촉폭기방식, 살수여과방식, 회전판 접촉방식 등이 있다.

2) 혐기성 처리방법

산소가 없는 곳에서 생존하는 혐기성 미생물을 이용해 생활배수 내에 포함된 유기물을 분해한다. 부패작용, 소화작용이라고도 하며, 유기물을 탄산가스나 메탄가스 등으로 바꾸어 정화하는 방법으로 냄새가 발생하며 온도의 영향을 받기 쉽다.

그림 2.73 활성오니법과 생물막법의 종류와 특징

	활성오니법	접촉폭기법	살수여과법	회전판접촉법
종류	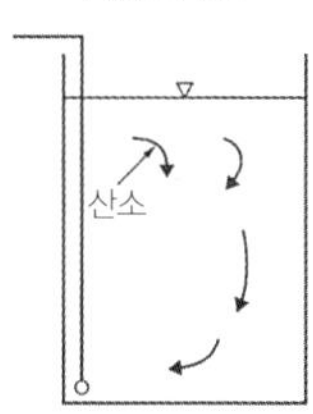	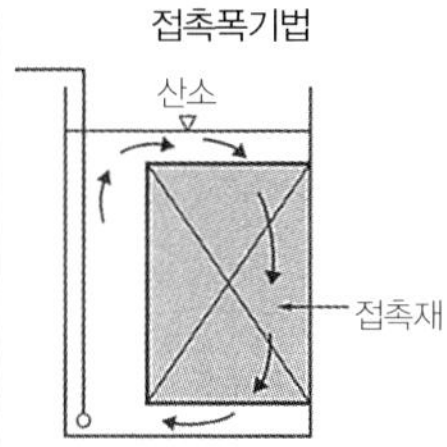	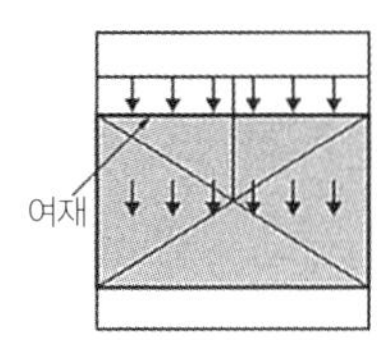	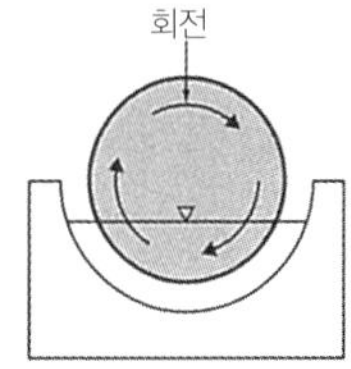
특징	• 각종 박테리아, 프록 등에 의해 구성된 활성오니가 처리수 내의 유기물을 흡착하고 폭기에 의해 공급된 산소로 산화하는 방법이다.	• 조 내에 접촉재를 충전하고 여과를 형성하여 폭기에 의해 충분한 용존산소를 공급하는 방법이다. • 생물화학반응의 안정성이 증대됨.	• 여재 표면에 발생하는 생물막에 생긴 호기성 박테리아에 의해 유하수를 정화하는 방법이다. • 최근에는 거의 사용되지 않는다.	• 회전판 표면에 생성되는 생물막에 의해 오탁물질을 제거하는 방법이다.

(3) 3차 처리

2차 처리를 하고 난 후에 남아 있는 인 · 질소 · 부유물 · 유기물 · 무기염류 등을 제거하는 처리를 말한다. **고도처리**라고도 한다.

2.6.4 정화조의 성능과 용량 산정

정화조는 **단독처리정화조**와 **합병처리정화조**로 나누어지는데, 전자는 수세식 화장실에서 배수되는 분뇨(오수)만 처리하며 후자는 분뇨(오수) 외에도 주방, 욕실, 세탁에서 나오는 잡배수를 합병하여 처리하는 정화조이다.

생활배수의 수질특성은 표 2.29에 나타낸 것처럼 1일 배수량이 합병처리로 200ℓ /(명 · d), BOD부하량 40g/(명 · d), BOD 농도 200mg/ℓ 이다. BOD 부하량 40g/(명 · d)의 내역은 오수 13g/(명 · d), 잡배수 27g/(명 · d)로 잡배수가 차지하는 비율이 전체의 2/3나 된다. 따라서 2000년부터 공공용 하수도가 정비되어 있지 않은 지역의 배수처리에 대해 분뇨만 처리하는 단독처리정화조의 사용을 인정하지 않고 잡배수도 포함하여 처리할 수 있는 합병처리정화조를 설치하도록 되어 있다.

정화조에서 배수를 정화한 후 방류하는 방류수의 수질에 관해서는 표 2.29에 나타낸 것처럼 건축기준법에 따라 3가지로 구분하며 처리대상인원별 BOD 제거율, 방류수 BOD 농도 등이 정해져 있다.

정화조의 처리성능에 관해서도 건축기준법에서 처리방식이나 구조방식별로 BOD 제거율, 방류수 BOD 농도 등이 정해져 있다. 정화조의 구조는 그림 2.74에 합병처리정화조의 예를 나타낸 것처럼 보통 그림 2.72의 1차, 2차 처리 공정까지이지만 최근에는 3차 처리까지 가능한 고도처리정화조도 도입되고 있다.

정화조의 용량은 일반적으로 **처리대상인원**으로 나타낸다. 처리대상인원이란 건물을 이용하는 인원을 말하는 것이 아니라 바닥면적 등으로 산정하게 되어 있는데, 이는 건물에서 배출되는 배수량이나 BOD량이 몇 명분에 해당하는지 환산한 것이다.

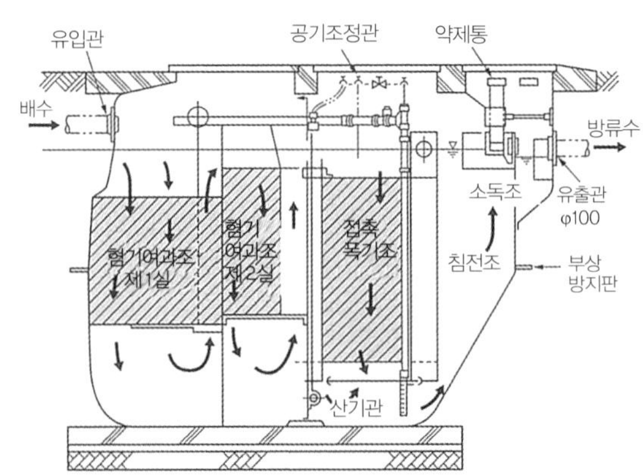

그림 2.74 합병처리정화조의 예

표 2.29 건축물의 용도별 단독정화조 처리대상 인원 산정기준(환경부 고시 제 2001-168호, 2001.11.20

분류기호	건축물 용도			단독정화조 처리대상인원	
				인원산정식	산정단위
1	문화 및 집회 시설	집회장	예식장, 공회당, 마을회관, 회의장, 교회, 사찰, 성당, 제실, 사당, 장례식장	n = 0.15A	n = 인원(인) A = 연면적[1](m^2)
		공연장	영화관, 연예장, 음악당, 연극극장, 서커스장	n = 0.20A	n : 인원(인) A : 연면적(m^2)
		기도원, 수도원, 수녀원		n = P	n : 인원(인) P : 정원(인)
		경기장	체육관, 운동장, 경마장, 경륜장, 자동차경기장	$n=\dfrac{20c+120u}{8}\times t$ t = 0.5 ~ 0.3	n : 인원(인) c : 대변기 수(개) u[2] : 소변기 수(개) t : 단위변기당 1일 평균사용시간(시간)
		전시장	박물관, 미술관, 기념관, 수족관, 과학관, 박람장, 관망탑, 모델하우스		
2	주거 시설	단독주택		$n=5+(\dfrac{A-100}{30})$	n : 인원(인) A : 연면적(m^2) 1호에 대해서 A가 100㎡ 이하인 때는 5인으로 하고, 100㎡를 넘는 부분의 면적에 대하여는 30㎡마다 1인을 가산하며, 220㎡를 넘는 때는 10인으로 한다.
		공동주택	아파트, 연립주택, 다세대, 다가구 주택	$n=3.5+(R-2)\times 0.5$	n : 인원(인) R : 거실[3]의 개수 1호가 1거실로 구성되어 있을 때는 2인으로 할 수 있다.
		기숙사, 양로원, 다중주택(원룸),		n = 0.14A (정원이 명확하지 않은 경우)	n : 인원(인) A : 연면적(m^2) P : 정원(인)
				n = P (정원이 명확한 경우)	고정침대 등으로 정원을 명확히 산정할 수 있는 경우는 정원으로 산정한다.
3	숙박 시설	관광호텔, 호텔, 모텔, 여관, 여인숙		n = 0.04A	n : 인원(인) A : 연면적(m^2)
		가족호텔, 콘도미니엄, 유스호스텔		n = P	n : 인원(인) P : 정원(인)
4	위락 시설	무도 유흥주점	나이트클럽, 카바레	n = 0.3A	n : 인원(인) A : 연면적(m^2)
		일반 유흥주점	룸살롱, 단란주점, 요정, 스탠드바	n = 0.23A	n : 인원(인) A : 연면적(m^2)
		투전기업소, 기지노업소, 마권장외 발매소		n = 0.16A	n : 인원(인) A : 연면적(m^2)
		무도장, 무도학원, 콜라텍		n = 0.2A	n : 인원(인) A : 연면적(m^2)
5	의료 시설	종합병원		n = 3.5B	n : 인원(인) B : 침상수 침상이 없는 경우 수용인원을 침상수로 한다.
		병원, 치과병원, 한방병원, 정신병원, 요양소, 격리병원, 산후조리원	급식시설 있음	n = 3.5B	
			급식시설 없음	n = 3.5B	
		의원, 한의원, 치과의원, 침술원, 접골원, 조산소, 보건소, 진료소		n = 2.6B	n : 인원(인) A : 연면적(m^2)

분류기호	건축물 용도			단독정화조 처리대상인원: 인원산정식	단독정화조 처리대상인원: 산정단위
6	판매 및 영업시설	시장, 상점	도매시장, 구판장, 소매시장, 양판점, 대형할인점, 서점, 표구점, 소매점, 슈퍼마켓, 사진관, 세탁소, 장의사, 동물병원, 의약품판매점, 총포판매소	n = 0.08A	n : 인원(인) A : 연면적(㎡)
		백화점, 쇼핑센터		n = 0.16A	
		게임제공업소, PC방, 기원, 전자오락실		n = 0.16A	n : 인원(인) A : 연면적(㎡)
		여객, 철도역, 종합여객, 공항		$n=\frac{20c+120u}{8}\times t$ $t=1\sim10$	n : 인원(인) c : 대변기 수(개) u : 소변기 수(개) t : 단위변기당 1일 평균사용시간(시간)
7	운동시설	탁구장, 당구장		n = 0.08A	n : 인원(인) A : 연면적(㎡)
		체육도장, 헬스장, 에어로빅장, 볼링장, 사격장, 라켓볼장, 스쿼시장, 실내낚시터, 스케이트장, 롤러스케이트장, 수영장		$n=\frac{20c+120u}{8}\times t$ $t=0.4\sim2.0$	n : 인원(인) c : 대변기 수(개) u : 소변기 수(개) t : 단위변기당 1일 평균 사용 시간(시간)
		골프연습장			
		골프장		n = 12H	n : 인원(인) H : 홀수 1. 종업원의 오수량은 별도가산한다.
		테니스장	light 시설 있음	n = 3S	n : 인원(인) S : 코트수
			light 시설 없음	n = 2S	n : 인원(인) S : 코트수
8	자동차 관련시설	주차장, 주기장		$n=\frac{20c+120u}{8}\times t$ $t=0.4\sim2.0$	n : 인원(인) c : 대변기 수(개) u : 소변기 수(개) t : 단위변기당 1일 평균 사용 시간(시간)
		주유소, LPG충전소		n = 20	n : 인원(인) 1개 영업소를 기준으로 한다.
9	교육연구 및 복지시설	초등학교, 유치원, 보육시설		n = 0.25P	n : 인원(인) P : 정원(인) P′ : 야간정원(인)
		중학교, 고등학교, 학원, 대학, 대학교, 직업훈련소	주간	n = 0.33P	
			주야간 병설	n = 0.33P + 0.25P′	
		연구소, 시험소, 동물검역소		n = 0.33P	n : 인원(인) P : 정원(인)
		도서관, 독서실		n = 0.14A	n : 인원(인) A : 연면적(㎡)
		고아원, 일시보호시설, 보호치료시설, 자립지원시설, 경로당, 자연권 청소년 수련시설		n = P	n : 인원(인) P : 정원(인)

<table>
<tr><th rowspan="2">분류 기호</th><th colspan="3" rowspan="2">건축물 용도</th><th colspan="2">단독정화조 처리대상인원</th></tr>
<tr><th>인원산정식</th><th>산정단위</th></tr>
<tr><td rowspan="3">10</td><td rowspan="3">업무 시설</td><td>일반 사무소</td><td>사무소, 신문사, 상담소, 소개소, 소방서</td><td>n = 0.08A</td><td>n : 인원(인)
A : 연면적(㎡)</td></tr>
<tr><td>방문객 많은 사무소</td><td>대사관, 전화국, 공공청사, 금융업소, 경찰서, 우체국</td><td>n = 0.16A</td><td>n : 인원(인)
A : 연면적(㎡)</td></tr>
<tr><td colspan="2">오피스텔</td><td>$n = 3.5 + (R-2) \times 0.5 + 0.04A$</td><td>n : 인원(인)
R : 거실의 개수
A : 연면적(㎡)
1호가 1거실로 구성되어 있을 때는 n = 2 + 0.04A로 할 수 있다.</td></tr>
<tr><td rowspan="10">11</td><td rowspan="10"></td><td colspan="2">식품 즉석 제조 판매점, 제과점</td><td>n = 0.2A</td><td>n : 인원(인)
A : 연면적(㎡)</td></tr>
<tr><td colspan="2">이용원, 미용원</td><td>n = 0.08A</td><td>n : 인원(인)
A : 연면적(㎡)</td></tr>
<tr><td colspan="2">일반 목욕장[(7)]</td><td>n = 0.23A</td><td>n : 인원(인)
A : 연면적(㎡)</td></tr>
<tr><td colspan="2">공중화장실</td><td>$n = \frac{20c + 120u}{8} \times t$
$t = 1 \sim 10$</td><td>n : 인원(인)
c : 대변기 수(개)
u : 소변기 수(개)
t : 단위변기당
1일 평균 사용 시간(시간)</td></tr>
<tr><td rowspan="3">음식점</td><td>오염부하량 높은 경우(한식, 중식)</td><td>n = 0.4A</td><td rowspan="3">n : 인원(인)
A : 연면적(㎡)</td></tr>
<tr><td>일반음식점</td><td>n = 0.3A</td></tr>
<tr><td>오염부하량 낮은 경우
(양식, 일식, 커피숍, 카페)</td><td>n = 0.2A</td></tr>
<tr><td colspan="2">안마시술소</td><td>n = 0.08A</td><td>n : 인원(인)
A : 연면적(㎡)</td></tr>
<tr><td colspan="2">찜질방</td><td>n = 0.15A</td><td>n : 인원(인)
A : 연면적(㎡)</td></tr>
<tr><td colspan="2">노래연습장, 비디오방</td><td>n = 0.16A</td><td>n : 인원(인)
A : 연면적(㎡)</td></tr>
<tr><td>12</td><td></td><td colspan="2">공장, 발전소, 작업소</td><td>n = 0.5A</td><td>n : 인원(인)
A : 연면적(㎡)</td></tr>
<tr><td rowspan="2">13</td><td rowspan="2">공공 용시설</td><td colspan="2">교도소, 구치소, 소년원, 감화원</td><td>n = P</td><td>n : 인원(인)
P : 정원(인)</td></tr>
<tr><td colspan="2">촬영소</td><td>n = 0.08A</td><td>n : 인원(인)
A : 연면적(㎡)</td></tr>
<tr><td>14</td><td>묘지 관련 시설</td><td colspan="2">화장장, 납골시설</td><td>n = 0.15A</td><td>n : 인원(인)
A : 연면적(㎡)</td></tr>
</table>

분류 기호	건축물 용도		단독정화조 처리대상인원	
			인원산정식	산정단위
15	관광 휴게 시설	휴게소	$n=\dfrac{20c+120u}{8}\times t$ $t=1\sim10$	n:인원(인) c:대변기 수(개) u:소변기 수(개) t:단위변기당 1일 평균 사용 시간(시간)
16	부대 급식 시설	문화 및 집회시설, 숙박시설, 위락시설, 판매 및 영업시설, 운동시설, 자동차관련시설, 교육연구 및 복지시설, 업무시설, 근린생활시설, 공업시설, 묘지관련시설, 관광휴게시설 등의 상주인원에 대한 급식을 제공하는 시설	–	–

주 (1) 연면적이란, 당해 용도로 사용되는 바닥면적(부설주차장을 제외한 공용면적을 포함)의 합계를 말한다.
(2) 여자 전용 화장실에서는 변기 수의 1/2을 소변기로 보아 산정식에 추가한다.
(3) 거실이란, 건축법에 따른 용어의 정의에서 말하는 거실이며, 거주, 집무, 작업, 집회 및 오락 기타 이에 속하는 목적을 위해서 계속적으로 사용하는 방을 말한다. 다만, 공동 주택에 있는 부엌 및 식당은 제외한다.
(4) 다중주택이란, 학생 또는 직장인 등의 다수인이 장기간 거주할 수 있는 구조로 된 주택을 말한다.
(5) 주차장에서 건축물의 부속주차장은 제외한다.
(6) 주기장이란, 건설기계관리법에 의한 건설기계 등 중기(重機)를 세워두는 시설을 말한다.
(7) 일반목욕장이란, 공동탕, 가족탕, 한증막, 사우나탕을 포함한다.

2.6.5 정화조의 성능

(1) BOD 부하량

1일 BOD 부하는 BOD농도[mg/ℓ]에 1일 배수량 [m³/d]를 곱한 부하량이 되며 식 (2.20)으로 나타낸다.

$$\text{BOD 부하[g/d]} = \text{BOD농도[mg/ℓ]} \times \text{배수량[m}^3\text{/d]}^{1)} \quad \cdots\cdots (2.20)$$

(2) BOD 제거율

BOD 제거율이란 정화조 내에서 유입오수 내의 BOD 성분이 미생물의 작용에 의해 얼마나 제거되었는지를 백분율로 나타낸 것이며 식 (2.21)로 나타낸다.

$$\text{BOD 제거율} = \frac{(\text{유입수 BOD 농도}) - (\text{방류수 BOD 농도})}{\text{유입수 BOD 농도}} \times 100 \quad \cdots (2.21)$$

1) 단위의 환산 : $[g/d] = 10^{-3}[g/ℓ] \times 10^{3}[ℓ/d]$

| 예제 12 |

합병처리정화조로 유입되는 유입수의 BOD 농도가 200mg/ℓ 이고 방류수의 BOD 농도가 30mg/ℓ 일 때 BOD 제거율은 얼마인지 구하시오.

[해설]

$$\text{BOD 제거율} = \frac{(200-30)}{200} \times 100 = 85\%$$

따라서 BOD 제거율은 85%가 된다.

2.6.6 우수 · 배수 재이용설비

(1) 우수 · 배수 재이용설비의 목적

도시의 건물에서는 생활배수를 처리하여 잡용수로 재이용하는 경우가 많아지고 있다. 또한 지붕면이 큰 건물에서는 우수를 모아 화장실 세정수 등에 사용하는 잡용수로 이용하고 있다. 그 배경에는 다음과 같은 것들을 들 수 있다.

① 물의 유효이용을 도모한다.

② 건물이 고층화 · 고도화됨에 따라 상수의 수요가 많아져 절수화를 꾀할 필요가 있다.

③ 하수도시설에 대한 부하를 줄인다.

④ 물을 많이 사용하는 여름철에도 대응할 수 있도록 한다.

도시에 따라서 어느 정도 규모 이상의 건물에 우수이용이나 배수재이용 같은 잡용수시설을 의무화하도록 한 곳도 있다. 그림 2.75에 우수재이용 시스템의 예를 나타낸다.

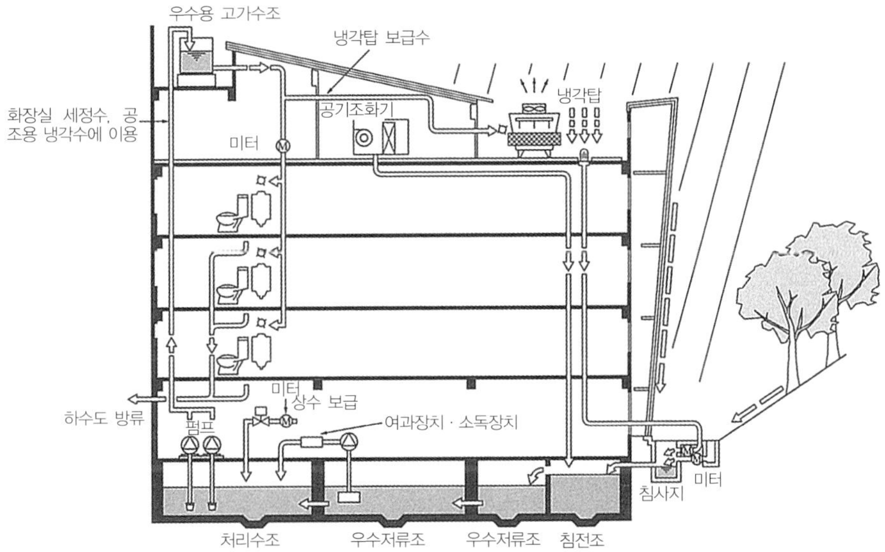

그림 2.75 우수재이용 시스템의 예

표준적인 처리과정은 그림 2.76에 나타낸 것처럼 지붕면에서 우수를 집수하고 스크리닝 · 침사조 · 침전조에서 흙을 제거하고 우수저류조에 모아 여과장치, 소독조를 거쳐 처리수조에 저장하여 사용한다.

또한 배수재이용의 처리과정은 그림 2.77에 나타낸 바와 같다. 원래는 No.1, No.2의 생물처리가 중심이었지만 No.3, No.4처럼 고도처리가 가능한 미세한 막으로 여과하는 막처리도 실시되고 있다.

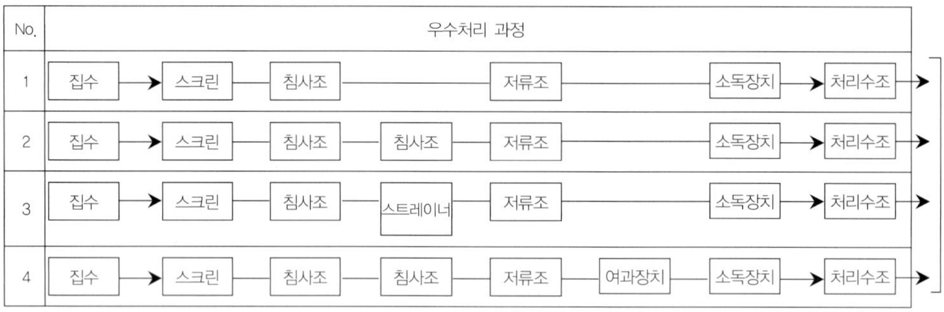

주 : 우수 집수부터 사용에 이르는 과정에서 소독장치를 설치한다.

그림 2.76 우수처리 표준처리과정

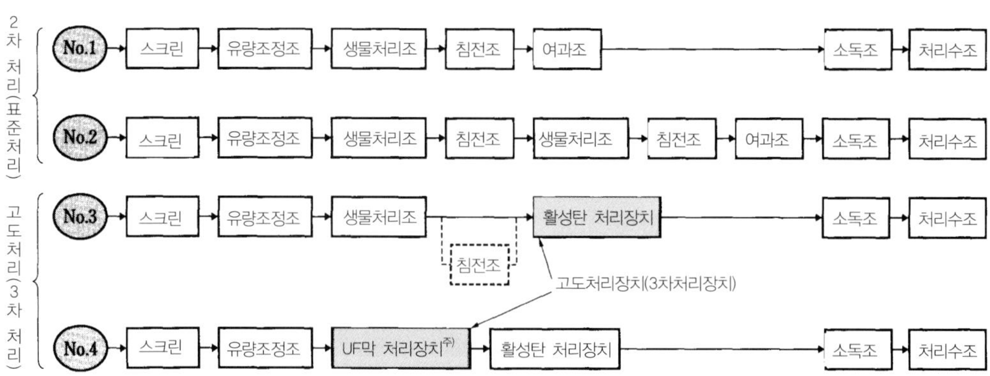

주: 배수재이용 처리에는 막분리기술이 이용되고 있으며 그 중 하나가 한외여과막처리(Ultra Filtration : UF)이다. 매우 미세한 구멍(0.001~0.01㎛)에 의한 여과이다.

그림 2.77 배수재이용 처리방식

(2) 배수재이용 방식

배수재이용 방식은 대상 범위에 따라 그림 2.78과 같이 분류된다.

1) 개별순환방식

사무소빌딩 등 개별 건축물의 부지 내 배수를 처리하여 건물 내에서 재이용한다.

2) 지역순환방식

대규모 집합주택이나 시가지재개발지역 등 여러 건물에서 나오는 배수를 처리하여 그 지역에서 재이용한다.

3) 광역순환방식

공공하수도에서 나오는 배수를 처리하여 광범위한 지역에 송수하여 재이용한다.

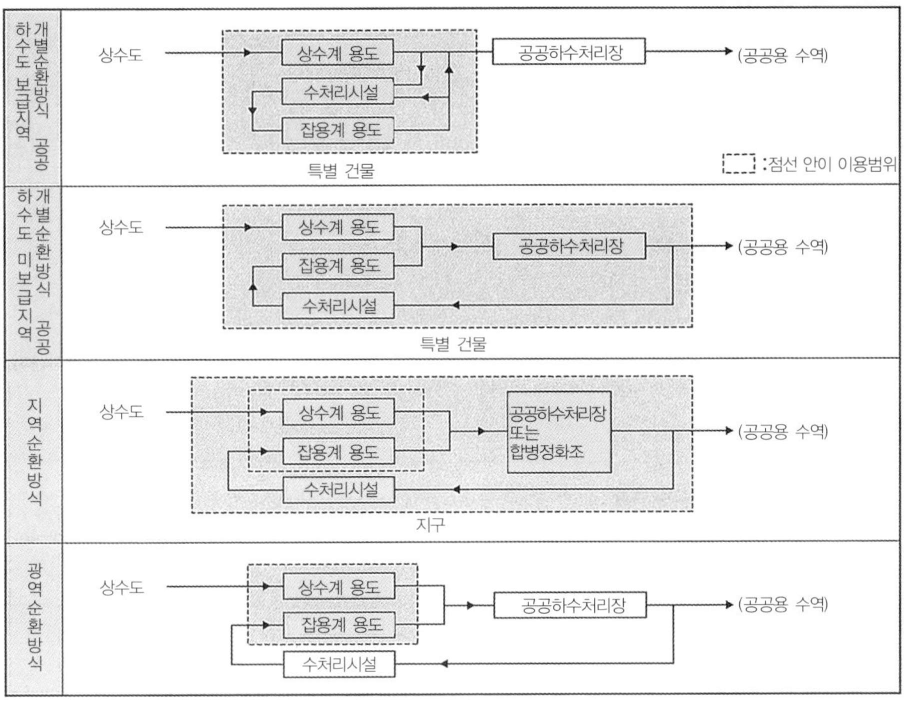

그림 2.78 배수재이용 방식

(3) 잡용수의 수질기준

잡용수의 수질에는 다음과 같은 점에 주의한다.

① 병원성 미생물에 의해 보건위생상의 문제가 생기지 않을 것

② 수질기준을 클리어할 것

③ 색 · 냄새 등이 이용자에게 불쾌감을 주지 않을 것

④ 기구나 배관을 파손시키지 않을 것

⑤ 재이용수의 수질이 항상 안정적일 것

배수재이용수나 우수를 수원으로 할 경우 잡용수의 사용 용도에 따른 수질기준과 검사빈도는 정해져 있다.

잡용수의 급수관은 상수용 급수관과 크로스커넥션을 방지하기 위해 다음과 같은 점에 주의한다.

① 상수와 잡배수의 배관재 종류를 바꾼다.

② 도장색 또는 마킹으로 식별할 수 있게 한다.

[칼럼 8] 디스포저 배수처리 시스템

그림 1과 같은 디스포저(음식물쓰레기 파쇄기)를 주방싱크에 설치하여 가정에서 배출되는 음식물쓰레기를 파쇄하여 물과 함께 배수하는 디스포저 배수처리 시스템이 개발되어 집합주택을 중심으로 채용이 늘고 있다.

디스포저 배수는 그대로 하수에 흘려보내면 오탁부하가 크기 때문에 하수도배관의 막힘이나 하수처리장에 악영향을 미치므로 반드시 배수처리정화조를 설치하는 것이 중요하다. 이를 위해 인정기관에서 ① 디스포저, ② 배수배관, ③ 배수처리 정화조를 조합시킨 시스템을 평가받은 것에 대해 사용을 허가하고 있다.

정화조에서 방류되는 처리수는 BOD 농도 300mg/ℓ 이하, SS300mg/ℓ 이하, 노멀헥산물질 30mg/ℓ 이하이어야 한다.

일반적으로 주방싱크계통은 전용배관으로 하고, 파쇄찌꺼기(특히 계란껍질 등)가 관내에 부착, 퇴적되면 막힘의 원인이 되므로 적절한 위치에 청소구를 마련하여 정기적으로 청소를 하고, 배수수평지관 · 배수수평주관에는 표 2.20을 참고로 규정하는 적정한 구배를 확보하는 것이 중요하다. 또한 사용시에는 각 자치단체의 지도에 따른다.

디스포저 설치 예

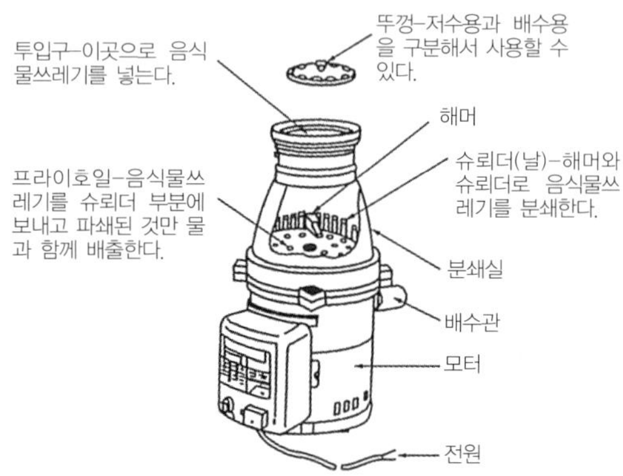

디스포저 설치 예

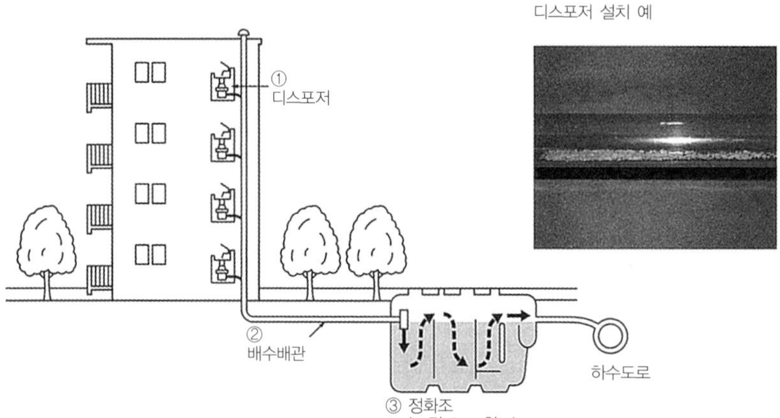

그림 1. 디스포저 배수처리 시스템

2.7 위생기구설비

2.7.1 위생기구의 개요

위생기구란 급수 · 급탕 및 배수 등 물을 사용하는 곳에서 필요한 기구 및 부속품을 총칭하며 다음의 (1)~(4)와 같이 분류된다.

(1) 물받이용기(대변기, 소변기, 세면기, 수세기, 주방싱크, 청소싱크, 욕조 등)

(2) 급수용구(급수전, 세정밸브, 볼탭 등)

(3) 배수기구(배수철물, 트랩, 바닥배수구 등)

(4) 부속품(화장실선반, 비누받침대, 휴지걸이 등)

위생기구는 위생적으로 쾌적한 생활을 유지하기 위해 필요한 기구로, 위생성 · 쾌적성 · 내구성 · 내수성이 뛰어나며 시공 및 유지관리도 용이해야 한다. 특히 급수전 같은 급수기구나 대 · 소변기 같은 위생도기는 거주자의 눈에 직접 보이며 매일 사용하는 것이기 때문에 디자인도 뛰어나고 기능이나 안전면에서도 부족함이 없어야 한다.

또한 환경공생, 에너지절감, 자원절감 관점에서도 절수 · 절탕이나 리사이클에 대한 배려가 필요하다. 그리고 고령자나 장애인에 대한 배려는 물론 누구나 사용하기 편리하도록 배려한 설계(**유니버설 디자인**)가 요구된다.

2.7.2 물받이용기

(1) 대변기

바람직한 대변기의 구조와 요구 성능은 그림 2.79처럼 변기 내에 고인 수면(이하, **유수면**이라 함)이 넓고, 사용시 오물이 달라붙지 않으며, 냄새 발생이 적고, 오물이나 화장지가 잘 배출되며, 세정소음도 적어야 한다.

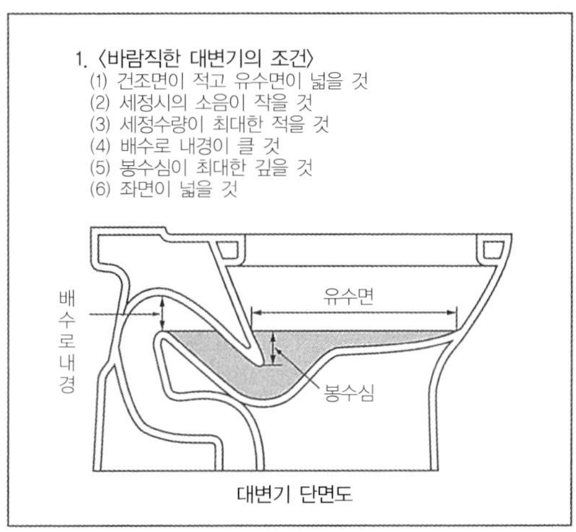

그림 2.79 대변기의 구조와 요구 성능

형식적으로는 서양식 변기와 동양식 변기로 구분할 수 있으며, 세정기능에 의한 분류로는 세출식, 세락식, 사이펀식, 사이펀제트식, 블로아웃식, 사이펀볼탭식의 6가지로 나뉜다. 일반적으로 세출식이 동양식 변기이다. 각각의 구조와 특징은 표 2.30에 나타낸 바와 같다.

표 2.30 대변기의 세정방식과 주요 기능

종류	세출식	세락식	사이펀식
평면도 단면도	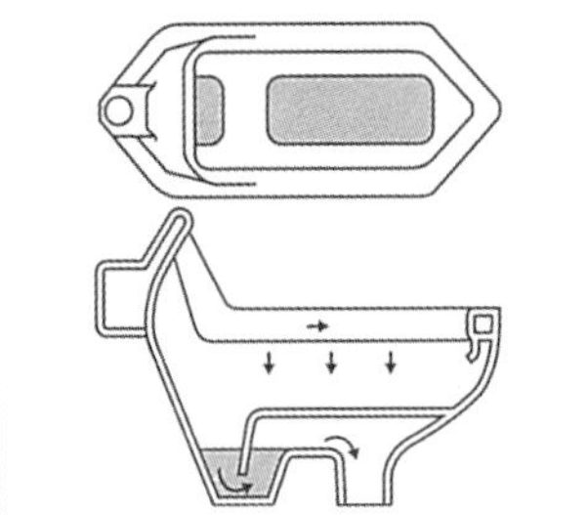	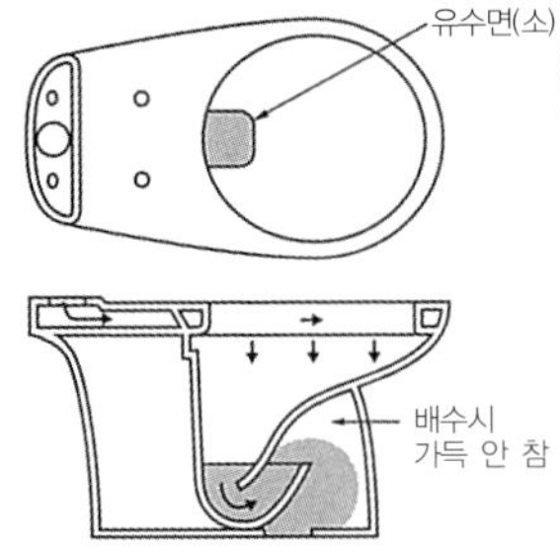	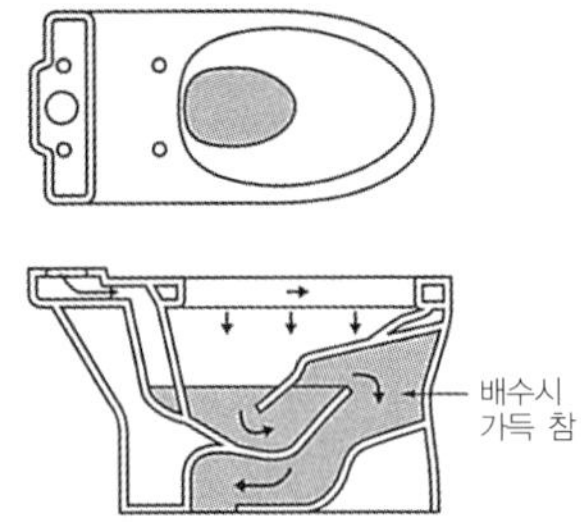
특징	• 오물을 일시적으로 받았다가 수세시 세정수에 의해 트랩방향으로 흘려보내 변기 밖으로 배출시키는 방식이다. • 오물을 받는 부분이 다른 변기에 비해 얕기 때문에 물이 튀지는 않지만 사용중 오물이 노출되므로 냄새 발생이 많다. 주로 동양식 변기에 사용되는 방법이다.	• 세정시 변기 트랩부분의 유수면이 상승하고 낙차에 의해 오물을 변기 밖으로 배출시키는 방식이다. • 충분한 낙차를 얻을 수 있기 때문에 유수면이 그다지 넓지 않으며 비교적 건조면이 넓기 때문에 사이펀계 변기에 비해 냄새, 오물 부착이 많다.	• 구조는 세락식과 비슷하나 트랩 배수로에 굴곡이 많아 세척시 유수저항이 커져서 흐름이 완만하고 때문에 세정수가 배수로를 가득 차게 흘러 사이펀 작용이 일어나 흡인력으로 오물을 변기 밖으로 배출시키는 방식이다. • 배출력이 강하며 세락식에 비해 유수면이 넓고 봉수깊이도 깊어 오물이 물속에 투입되며 냄새 발생이나 오물 부착이 적다.
종류	사이펀제트식	블로 아웃식	사이펀 볼탭식
평면도 단면도	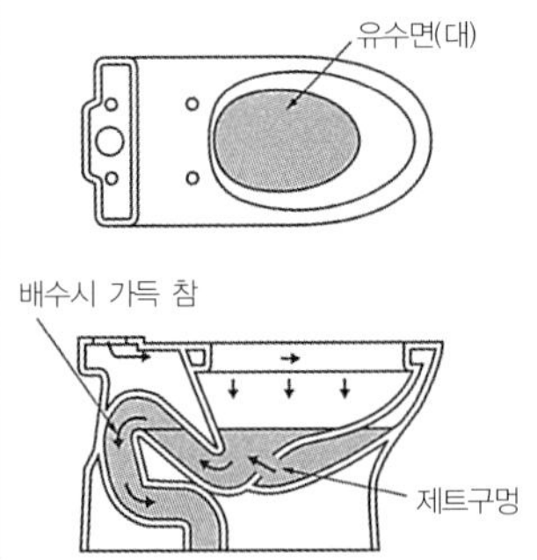	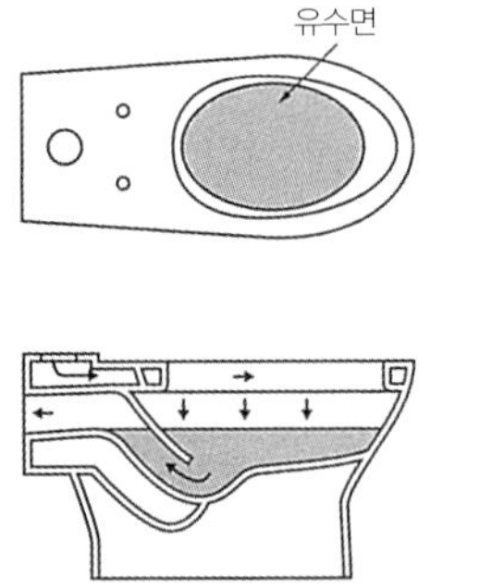	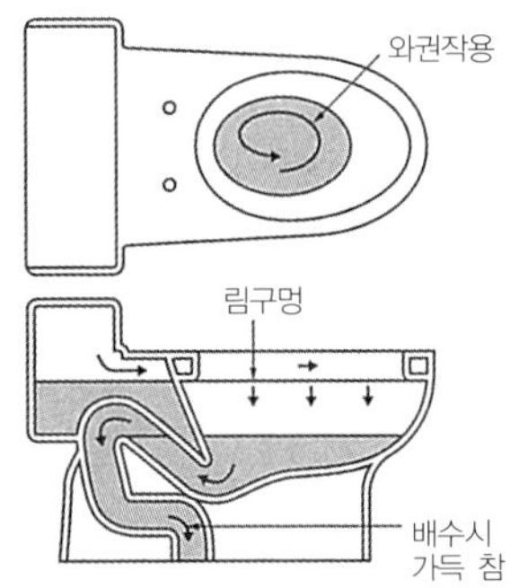
특징	• 제트구멍(분출구멍)에 의해 강제적으로 배수로 내를 만수시키고 사이펀 작용을 일으키기 쉽게 한 방식이다. • 사이펀 작용이 강하며 배출능력도 강력하다. 따라서 유수면이 거의 변기 전면을 덮을 정도로 넓고 봉수깊이도 깊다.	• 배수로 내에 마련한 분출구멍에서 세정수를 강하게 분출시켜 유수와 함께 오물을 변기 밖으로 배출시키는 방식이다. • 배수로 내경을 매우 크게 할 수 있기 때문에 막힘이 발생할 우려는 없지만 세정음이 다른 변기에 비해 약간 큰 것이 단점이다.	• 사이펀작용에 와권작용을 더해 강력한 흡인·배출능력을 갖게 한 방식이다. • 세정시 공기가 혼입되지 않는 구조로 되어 있어서 세정음이 매우 작다. • 탱크와 변기가 일체화되어 있어서 '원피스 변기' 라고도 하며 고급스러운 느낌의 변기이다.

주) 최근에는 직결방식이라 불리는 수압만으로 변기를 세정할 수 있는 방식도 시판되고 있다. 로탱크로 보내는 급수가 불필요한 방식이다. 이때에는 오물을 배출·반송시키기 때문에 유수시의 급수압력(70kPa 이상 : 표 2.5)을 충분히 확보하는데 유의한다.

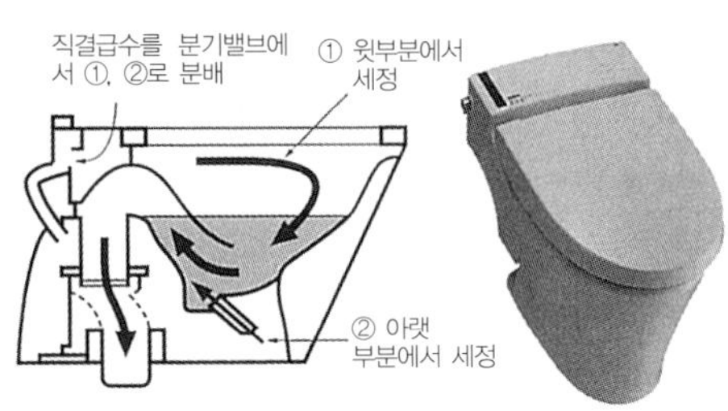

세정수량에 대해서는 KS L 1551(위생도기)에서 세출 · 세락식이 11ℓ, 동 절수형이 8ℓ, 사이펀 · 사이펀제트식이 13ℓ, 동 절수형이 9ℓ 로 정해져 있다. 절수화 동향으로 볼 때 현재 세정수량을 6ℓ 정도까지 줄인 초절수형 대변기도 채용되기 시작했다.

대변기의 세정방식에는 그림 2.80의 세정밸브를 사용한 세정밸브식(플래시밸브식)과 그림 2.81의 로탱크에 일단 급수하여 저수했다가 배수하는 로탱크식이 있다.

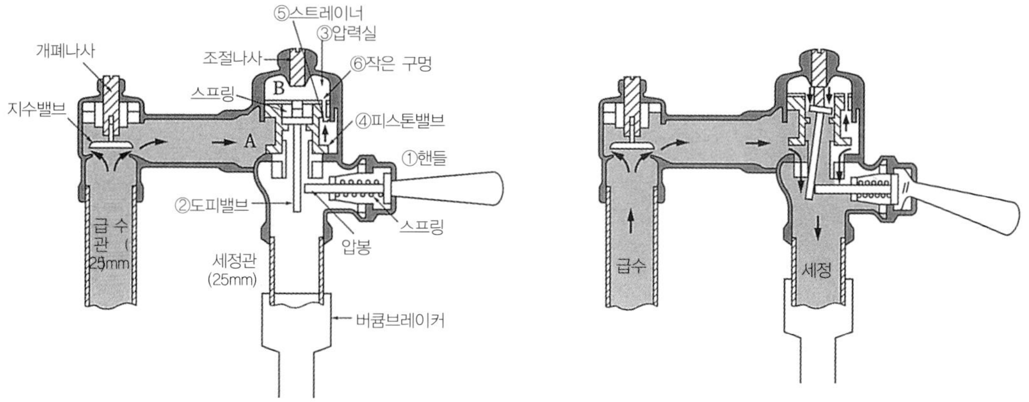

(a) 세정밸브(정지시) (b) 세정밸브(세정시)

그림 2.80 대변기 세정밸브의 구조와 작동원리

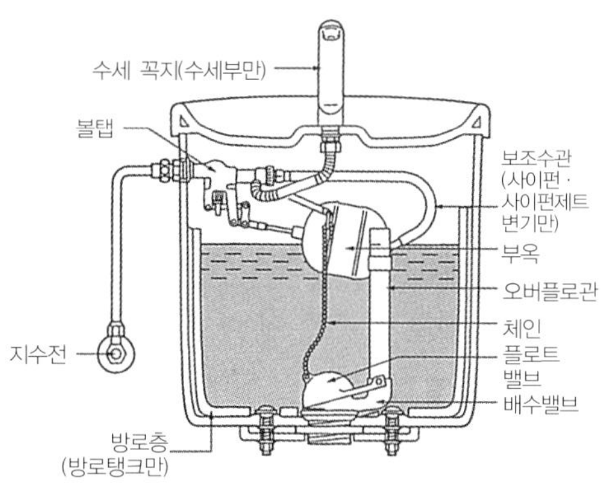

그림 2.81 로탱크의 내부 구조

1) 세정밸브식(플래시밸브식)

학교, 사무소, 공장, 역, 경기장, 대형 점포처럼 연속이용 기능이 필요한 화장실에 많이 사용된다. 배출에 대해 70kPa 이상의 급수압력을 필요로 한다.

이 방식의 경우 변기의 트랩이 막혀 오수가 변기 내에 가득 찼을 때 급수관이 부압이 되어 오수가 급수관 내로 역류할 위험이 있다. 이러한 현상을 막기 위해 그림 2.21에 나타낸 것처럼 세정밸브의 2차측에서 대변기의 넘침면보다 150mm 이상 높게 역류방지기(버큠브레이커)를 설치할 필요가 있다.

2) 로탱크식

탱크 내에 일정량의 물을 저수하여 변기에 급수하는 것으로 세정밸브식에 비해 급수관경이 작아도 되기 때문에 급수압도 일반 수전과 같은 정도(30kPa 이상)면 된다. 단, 일정량을 저수하는 데 시간이 걸리기 때문에 연속 사용은 어렵다. 주택, 호텔 객실처럼 비교적 특정인이 사용하는 변기에 사용된다.

3) 변좌

서양식 변기에는 변좌를 세트시켜 사용한다. 변좌에는 보통변좌, 국부세정기능이 있는 온수세정변좌, 사용 중에 냄새를 제거하는 탈취변좌, 좌면을 따뜻하게 하는 난방변좌 및 이를 조합시킨 것이 있다. 그 중에서도 그림 2.82에 나타낸 온수세정변좌는 온수에 의한 항문 세정, 비데 기능, 온풍건조기능, 탈취기능 등을 갖춘 것이 시판되고 있으며, 보급률도 높다. 또한 그림 2.83처럼 고령자의 승강을 돕는 승강변좌도 사용되고 있다.

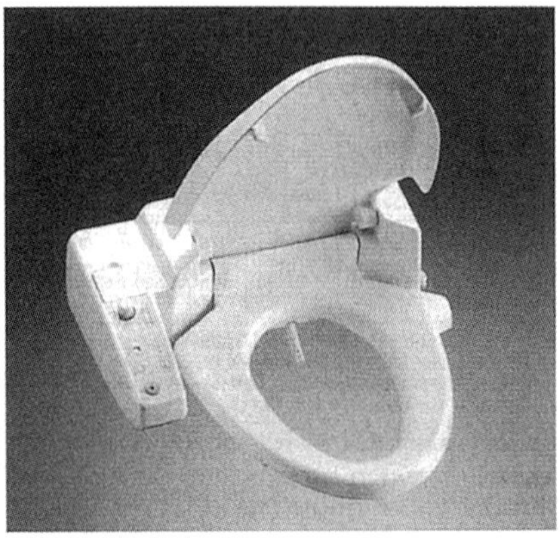

그림 2.82 온수세정변좌의 예

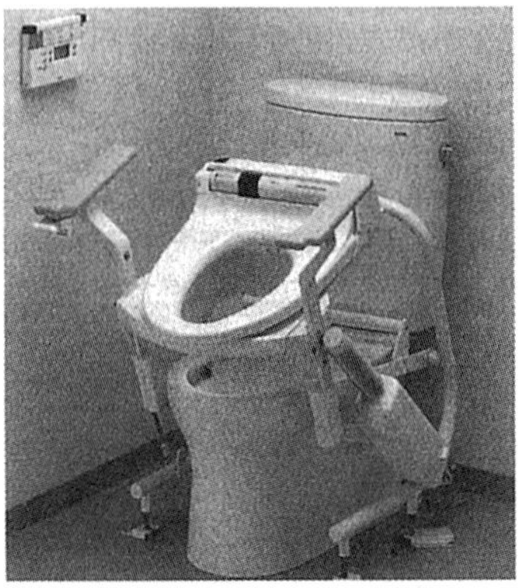

그림 2.83 승강변좌

(2) 소변기

소변기의 종류에는 그림 2.84에 나타낸 것처럼 벽걸이형과 자립형(스톨형)이 있으며, 트랩을 내장시킨 트랩 내장형과 그렇지 않은 착탈형이 있다. 일반적으로는 바닥청소가 용이한 벽걸이형이 선호되는 경향이지만 학교, 공원, 역, 극장, 상업시설 등 어린이가 많이 이용하는 시설에는 자립형도 채용되고 있다.

소변기의 세정수량은 6ℓ /회이었지만 최근에는 4ℓ /회로 절수화가 이루어지고 있으며 절수형 소변기 개별감지 세정장치(그림 2.85)도 채용되고 있다.

또한 트랩이나 배수관 내에 요석이 부착되기 쉬우므로 퍼지 제어[1])를 이용해 적당한 세정수

---

1) fuzzy control : 경험자에 따른 애매한 룰을 수량화하여 실시하는 제어로, 세정도 그에 맞추어서 하는 방법이다.

가 흐르도록 고려한 방식도 채용되고 있다.

최근의 소변기들은 그림 2.86처럼 트랩부분의 청소를 하기 쉬운 트랩 착탈식이나 어린이의 사용을 고려하여 리브부분의 높이를 35cm 정도로 낮춘 저리브 벽걸이 스톨형도 있다.

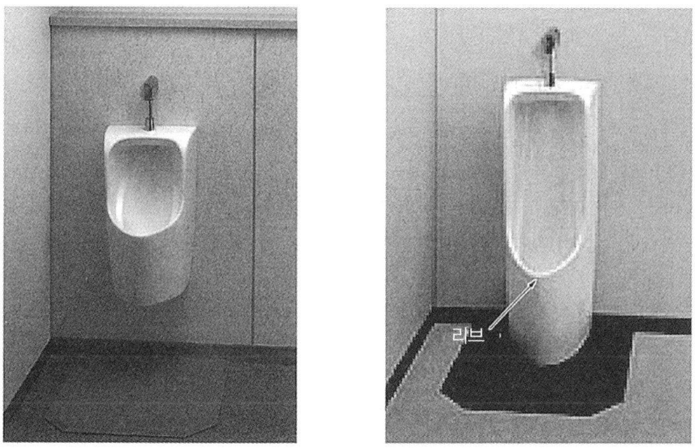

(a) 벽걸이형 (b) 자립형(스톨형)

그림 2.84 소변기의 종류

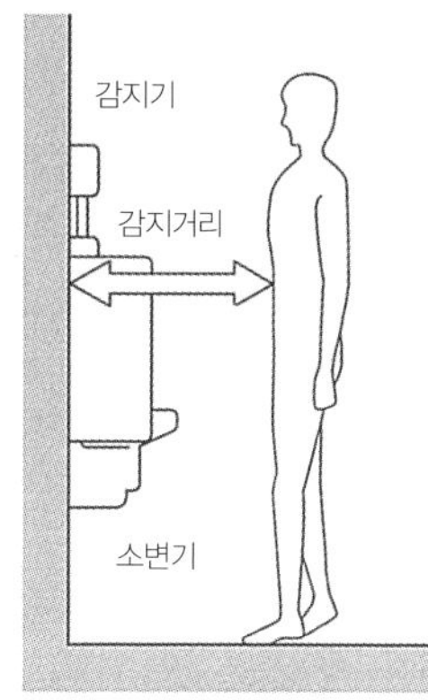

그림 2.85 개별 감지 세정장치

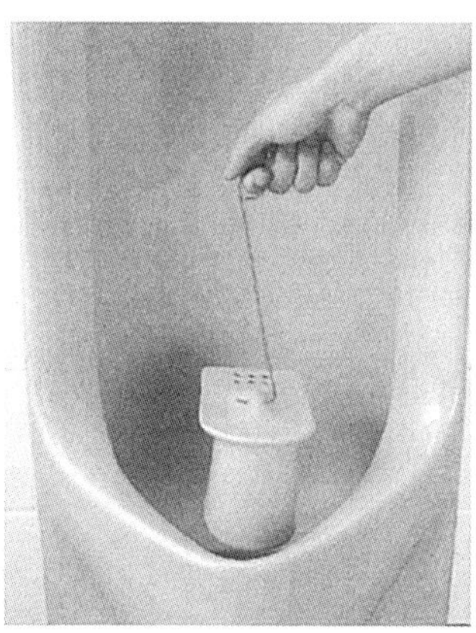

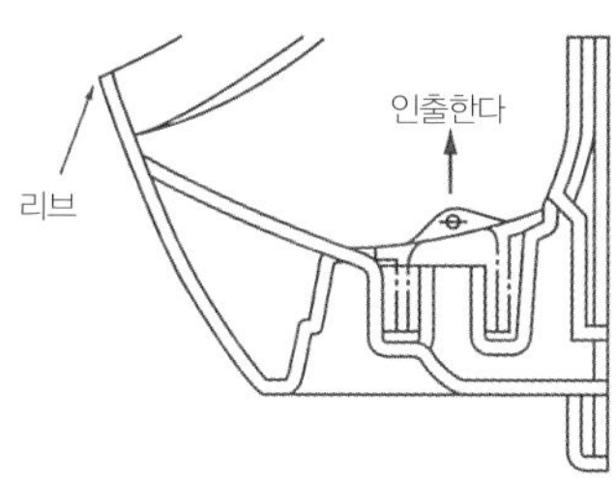

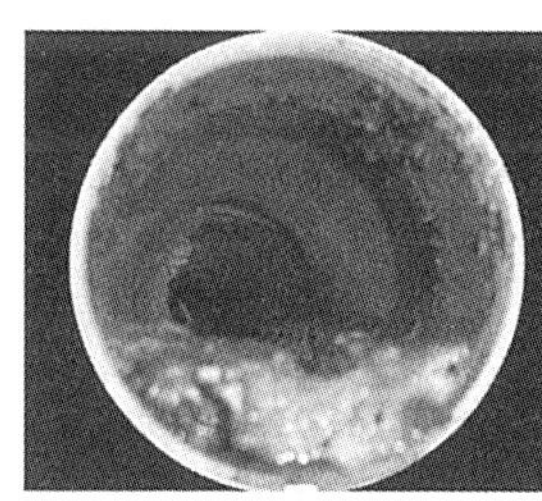

트랩 부근에 부착된 요석

그림 2.86 소변기 트랩 착탈식

(3) 세면기 · 수세기

설치 방법에 따라 표 2.31과 같이 벽면에 설치하는 벽걸이형, 화장대에 기구를 삽입하는 카운터형 등이 있다. 카운터형에는 세면기의 수도꼭지를 카운터 윗면에 설치하는 셀프리밍형, 카운터 아랫면의 브래킷 등에서 지지 · 고정하는 언더카운터형, 세면기 가장자리와 카운터 사이에 스테인리스 등의 금속 프레임을 이용해 설치하는 프레임형이 있다.

최근에는 그림 2.87처럼 세발이나 간단한 빨래를 할 수 있도록 세면 볼을 크게 만든 다기능 세면기도 사용되고 있다.

표 2.31 세면기의 종류

벽걸이형	카운터형(셀프리밍형)
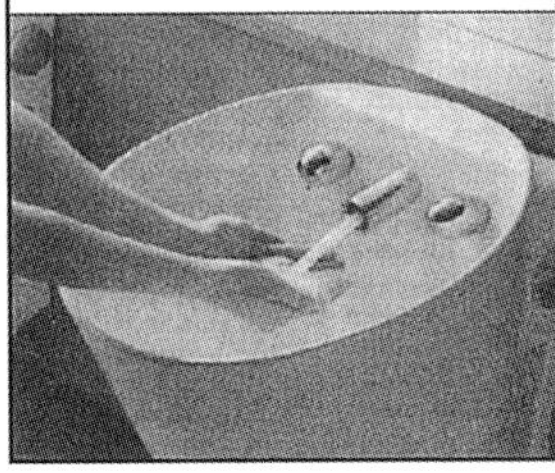	

그림 2.87 다기능 세면기

(4) 주방싱크, 청소싱크

싱크류에는 식생활에서 사용하는 주방싱크와 사무소빌딩의 화장실 등에 설치하는 청소싱크, 주택의 베란다 등에 설치하는 슬로프 싱크 등이 있다.

주방 싱크는 수납 · 조리 · 세정설비, 작업대 등을 조합하여 일체화시킨 시스템키친이 많다.

(5) 욕조

욕조에는 표 2.32처럼 동양식, 서양식, 동서양 절충식이 있다.

소재는 수지제 · 법랑제 · 스테인리스제가 대부분이다. 특히 수지제인 FRP[1](유리섬유플라스틱) 욕조는 착색 · 형태를 자유롭게 할 수 있고 강도도 뛰어나며 열전도율도 작고 가볍기 때문에 많이 이용되고 있다. 주택 등에서는 욕실 유닛으로 일체 시공되는 경우가 많다.

표 2.32 욕조의 종류

동양식(일본식)	서양식	동서양 절충식

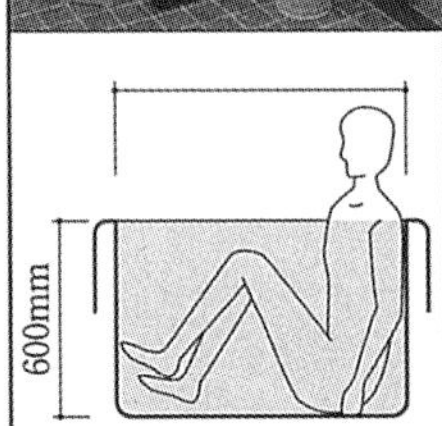	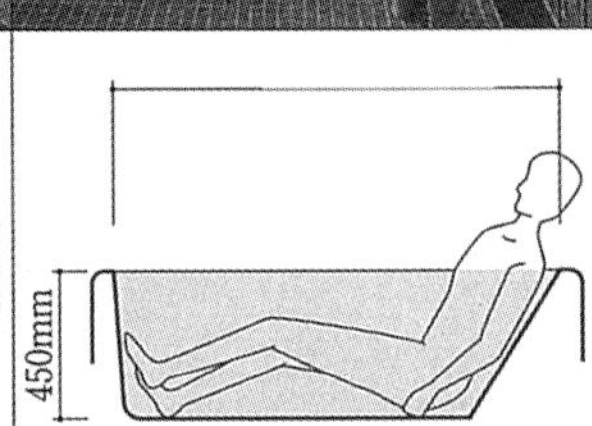	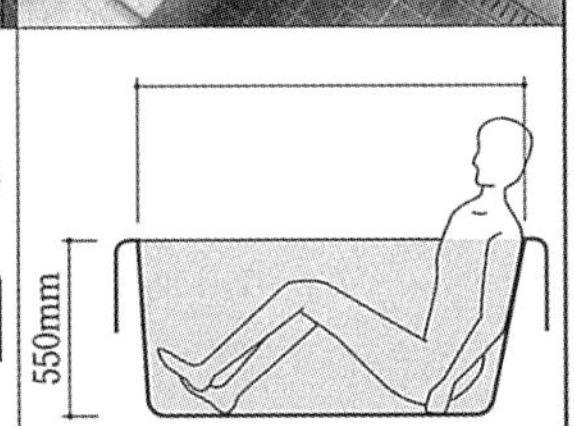
어깨까지 잠기도록 깊이 있게 만든 것	발을 뻗고 비스듬히 누울 수 있도록 만든 것	어깨까지 잠기면서 발도 적당히 뻗을 수 있게 만든 것

1) Fiber Glass Reinforced Plastic

2.7.3 급수기구(급수전 · 샤워)

급수전 · 샤워는 표 2.33 (1), (2), (3)처럼 세면기용과 주방용 · 욕조용 등으로 분류할 수 있다. 온도조절을 할 수 있는 서모스탯이 달린 혼합수전 등은 절수화 · 에너지절약화를 고려한 것으로 최근 들어 많이 보급되고 있다.

샤워헤드에는 그림 2.88처럼 잠깐 물을 멈출 수 있는 지수기능이 있는 것이 있는데, 그런 기능이 없는 것에 비해 절수 효과가 매우 높은 것으로 알려져 있다.

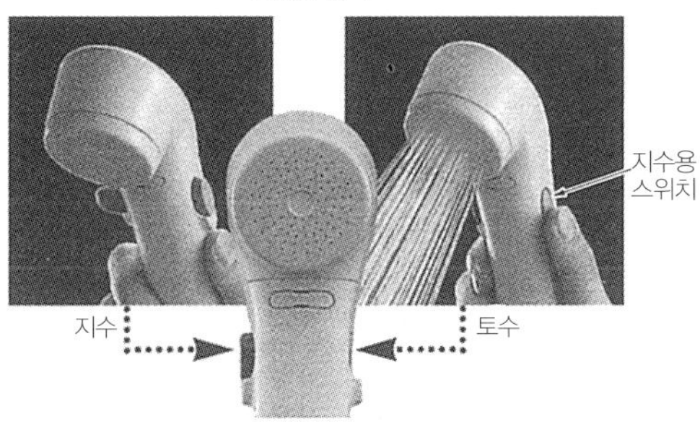

그림 2.88 지수기능이 있는 샤워헤드의 예

표 2.33 급수전의 종류

(1) 세면기용		
수직수전	2밸브	싱글레버
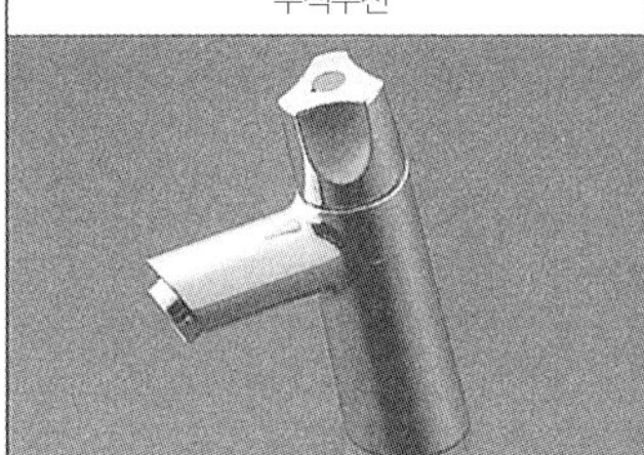	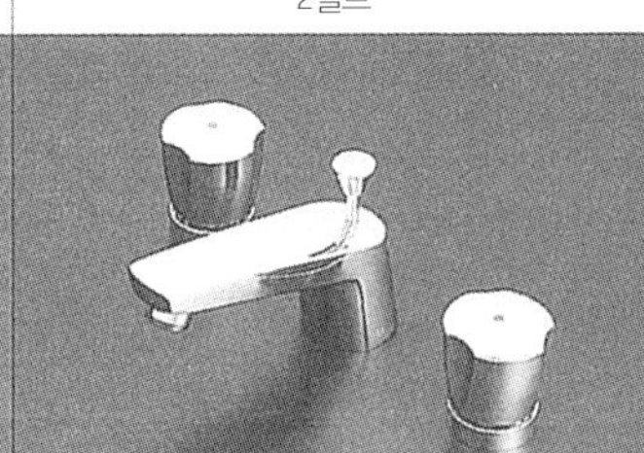	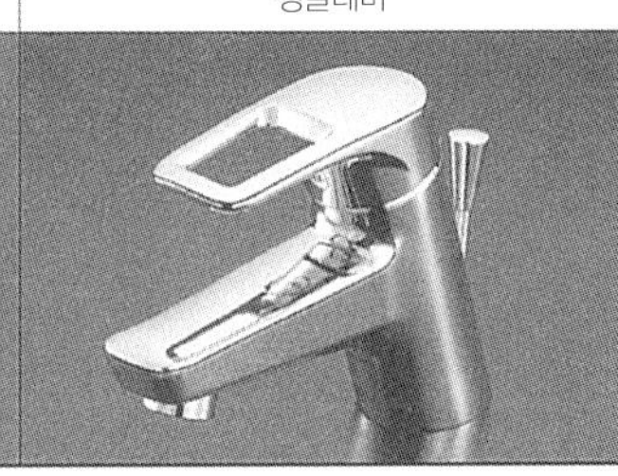
(2) 주방싱크용	(3) 욕실용	
싱글레버 수전	서모스탯이 달린 혼합수전	정량지수전
		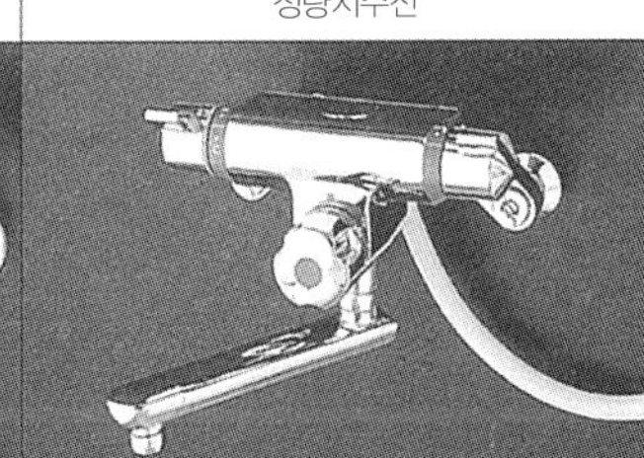

| 예제 13 |

종업원수가 남자 120명, 여자 60명인 사무소빌딩에 설치하는 대변기와 소변기의 수를 계산하시오.

[해설]

법령의 기준에 따르면 작업장(사업장)에서 최소 기구수[개]는 대변기의 경우 남자 : 노동자수/60, 여자 : 노동자수/20, 소변기의 경우 남자 : 노동자수/30이므로 다음과 같이 구할 수 있다.

남자 대변기= $\frac{120}{60}$ =2[개]   여자 대변기= $\frac{60}{20}$ =3[개]

남자 소변기= $\frac{120}{30}$ =4[개]

2.7.4 위생기구의 설치계획

(1) 사용기구수

건물 내에 설치하는 위생기구수는 [예제 13]에 나타낸 것처럼 필요로 하고 있다. 또한 건물의 특성, 기구의 사용법, 서비스 레벨[1], 경제성 등을 고려하여 결정해야 하기 때문에 그에 맞는 공간에 적절하게 위생기구를 설치해야 한다.

(2) 설치 스페이스

화장실 부스의 도어면에서 변기 선단까지의 스페이스는 500mm 이상 확보하고 특히 동양식 변기의 경우 사용 후 일어날 때 머리가 벽에 닿지 않도록 200mm 이상의 공간을 확보한다.

2.7.5 설비유닛

건축설비의 유닛화는 그림 2.89에 나타낸 것처럼 건축공사에 의한 복잡한 설비공사를 종합하여 공장에서 하나의 유닛으로 완성시키고, 이를 현장에 반입하여 조립함으로써 현장에서의 작업공정을 대폭 단축할 수 있다. 유닛은 키친 유닛, 새니터리 유닛, 냉난방 유닛 및 배관 유닛을 총칭한다.

새니터리 유닛은 욕실 유닛, 화장실 유닛, 세면소 유닛, 복합 유닛으로 분류된다. 사무실처럼 주택이 아닌 곳에서는 배관 유닛이나 물사용 기기와 배관을 일체화시킨 시스템 화장실 채용이 증가하고 있다.

1) 서비스 레벨이란 상한치 I(사용시 여유가 있는 기구수), 평균치 II(표준적인 기구수), 하한치 III(최저한도의 기구수)으로 위생기구의 설정레벨을 고려하여 계획하는 것. 높은 순대로 말하면 레벨 I, II, III이 된다.

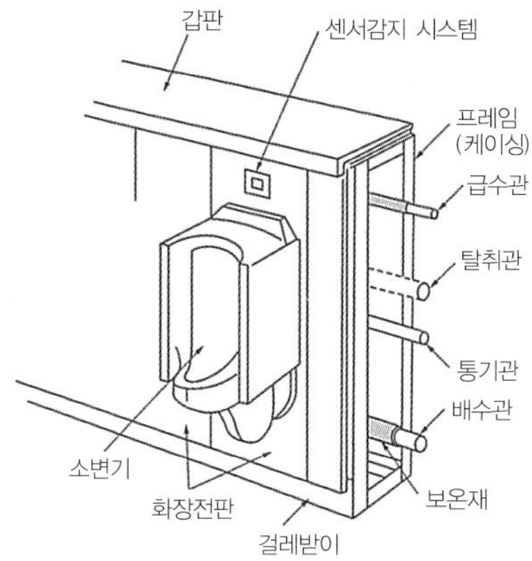

(a) 소변기 유닛 예

(b) 대변기 유닛

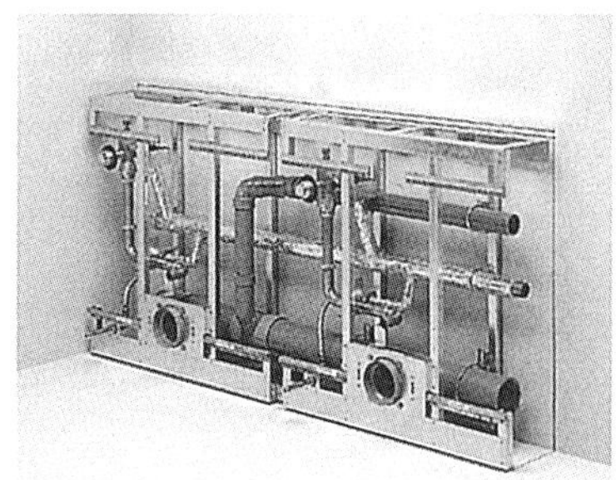

(c) 대변기 유닛의 구조

그림 2.89 화장실의 유닛 예

[칼럼 9] 변기의 절수화 동향

그림 1에 전세계의 절수변기 사용현황(시행중인 것도 포함)을 나타내며, 표 1에는 일본의 변기 세정수량 기준을 나타낸다.

미국에서는 1992년 에너지액트법을 제정하여 대변기의 사용수량을 6ℓ 로 규정했다. 이후 배수관 막힘이나 변기로 배출되지 못했던 것 등의 트러블도 보고되었다. 사막이 많은 오스트레일리아에서는 절수가 매우 중요하며, 브라질이나 중국 등에서도 세정수량 6ℓ 인 대변기가 채용되기 시작했다.

일본에서도 절수화가 진행되어 2007년에는 세정수량 5.5~6.0ℓ 정도의 초절수형 대변기가 시판되고 있다.

절수화는 수자원 보호, 사용수량 절약으로 이어지지만 배수배관에서의 오물이나 화장지로 인한 막힘이 일어나지 않도록 반송성능을 확보하는 것이 중요하다.

표 1 일본의 변기 세정수량 기준

변기의 종류	세정수량[ℓ]	
	JIS	BL 기준*1
세출식 · 세락식 변기	11	–
동 절수형	≦8.5	≦8.5
동 초절수형(세락식 변기)	–	대≦6.5, 소≦5*2
사이펀 · 사이펀제트 변기	13	–
동 절수형	≦10.5	≦10
동 초절수형	–	대≦6.5, 소≦5
사이펀 볼텍스 변기	–	≦18

*1 (재) 베터리빙 우량주택부품성능기준에서

*2 대 : 대세정, 소 : 소세정을 말함

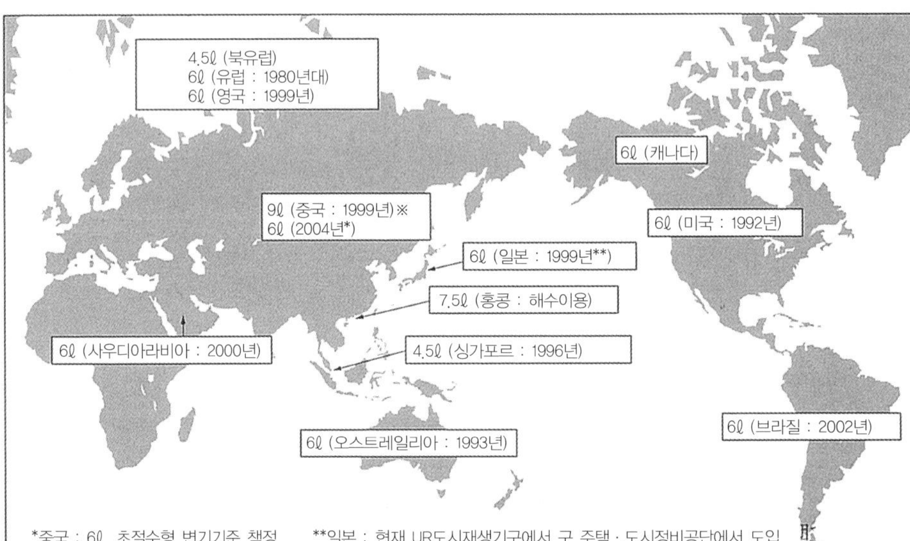

그림 1 전세계의 대변기 절수화 현황(※일부는 기타 규제 있음)

2.8 소화설비

2.8.1 소화설비의 기본사항

소화설비는 건축물에 화재가 발생했을 경우 물이나 소화기를 이용해 초기소화를 하고 화재의 연소를 막아 피해를 최소한으로 줄이기 위해 설치하는 설비이다. 소방법에서는 방화대상물에 맞게 소화설비를 설치하도록 의무화하고 있다.

(1) 화재의 종류

화재는 연소물의 종류에 따라 A화재(보통화재), B화재(기름화재), C화재(전기화재), D화재(금속화재)로 구분된다. 그 상세한 내용은 표 2.34에 나타낸 바와 같다.

화재는 가연물이 연소되어 발생한다. 연소가 일어나기 위해서는 **연소의 3요소**라 불리는 가연물, 산소, 점화에너지가 필요하다. 그 중 연소를 제거하는 요소로 다음과 같은 방법이 있다.

① 가연물을 제거하는 제거소화

② 산소 공급을 중단하는 질식소화

③ 열을 뺏는 냉각소화

④ 가연물이나 산소를 희석하는 희석소화

⑤ 산화를 억제하는 부촉매소화

소화방재설비는 표 2.35에 나타낸 것처럼 소방용으로 공급되는 설비, 소방용수, 소방활동상 필요한 설비로 나누어진다. 그림 2.90에 화재의 진행과 방재대책을 나타낸다. 특히 화재발생시 실내온도가 급상승하는 시기(최성기)를 플래시오버라고 하는데, 그에 이르기까지의 소화를 하는 초기소화설비로 옥내소화전설비와 스프링클러 설비가 중요하다.

표 2.34 화재의 종류

A화재(보통화재)	일반주택이나 빌딩 내부에서 목재, 종이, 천 등이 원인이 되어 일어난 연소화재
B화재(기름화재)	주차장이나 위험물시설에서 석유, 가연성 액체, 유지류 등이 원인이 되어 일어난 화재
C화재(전기화재)	전기기기설비, 수변전설비, 변압기나 배전반으로 인한 화재이며, 감전의 위험이 수반된다.
D화재(금속화재)	마그네슘, 나트륨, 칼륨 등의 금속 화재
가스화재	가연성 가스의 화재

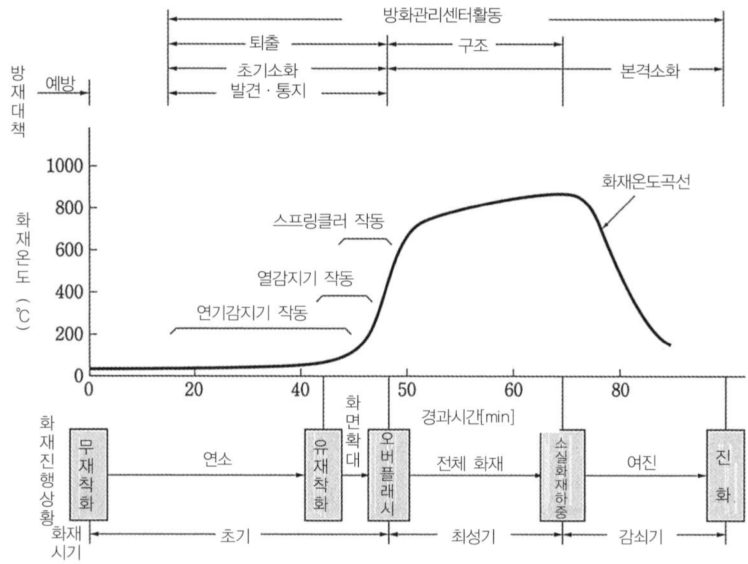

그림 2.90 화재의 진행과 방재대책

표 2.35 소방방재설비 등의 종류

구 분		종 류
소방용으로 공급되는 설비	소화설비	소화기 및 간이소화용구
		옥내소화전설비
		스프링클러설비
		물분무소화설비
		포소화설비
		불활성가스 소화설비
		할로겐화합물 소화설비
		분말소화설비
		옥외소화전설비
		동력소방펌프설비
	경보설비	자동화재경보설비
		가스누설화재경보설비
		누전화재경보기
		소방기관에 알리는 화재경보설비
		비상벨, 휴대용 확성기, 수동식 사이렌, 기타 비상경보기구 및 비상경보설비
		기구 및 비상경보설비
	피난설비	미끄럼대, 피난사다리, 구조대, 완강기, 피난교, 기타 피난기구
		유도등 및 유도표지
소방용수		방화수조 또는 이를 대신하는 저수지, 기타 용수
소화활동상 필요한 시설		배연설비
		연결살수설비
		연결송수관
		비상콘센트설비
		무선통신보조설비

2.8.2 소화기

소화기는 초기발견 단계에서 소화를 위한 목적으로 쓰인다. 소화기에는 물소화기, 강화액 소화기, 포소화기, 분말소화기, 할로겐화합물 소화기, 이산화탄소 소화기 등이 있다. 설치기준은 다음과 같다.

① 각층마다 보행거리 20m 이내에 1개를 설치한다.

② 바닥면으로부터 높이가 1.5m 이하이며 동결 · 변질의 우려가 없는 곳에 설치한다.

③ 소화기 표시는 보기 쉬운 위치에 놓는다. 그림 2.91에 포소화기의 구조를 예로 들어 나타낸다.

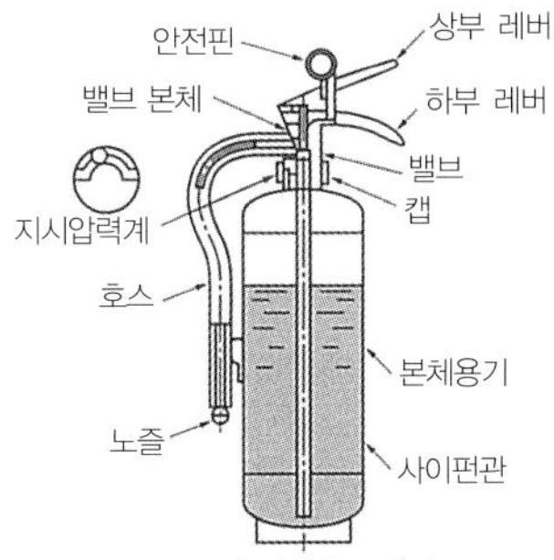

그림 2.91 포소화기의 구조 예

2.8.3 옥내소화전설비

옥내소화전설비는 화재가 발생했을 때 소방대가 현지에 도착할 때까지 건물 관계자나 자위소방대가 초기소화를 위해 사용한다. 옥내소화전설비의 구성 예는 그림 2.92에 나타낸 바와 같다. 소화펌프는 그림 2.93처럼 소화펌프 유닛으로 반입하여 설치된다. 그림 2.94의 옥상에 설치하는 소화용 고가수조는 상시소화배관에 물을 채워놓기 위한 것이다.

옥내소화전에는 그림 2.95에 나타낸 1호 소화전과 그림 2.96에 나타낸 2호 소화전이 있다. 1호 소화전은 공장이나 창고 등에 이용된다. 2호 소화전은 혼자서도 쉽게 조작할 수 있도록 개발된 것으로 야간근무인원이 적은 여관, 호텔, 사회복지시설, 병원 등에서 사용된다. 옥내소화전설비의 배치는 그림 2.97과 같이 소화전을 중심으로 한 반경(1호 소화전 25m, 2호 소화전 15m)으로 모든 바닥면이 덮일 수 있게 설치한다.

옥내소화전의 노즐 선단 방수압력과 방수량은 1호 소화전의 경우 0.17MPa 이상 0.7MPa 이하, 130ℓ /min 이상, 2호 소화전의 경우 0.25MPa 이상 0.7MPa 이하, 60ℓ /min 이상의 성능을 갖춰야 한다.

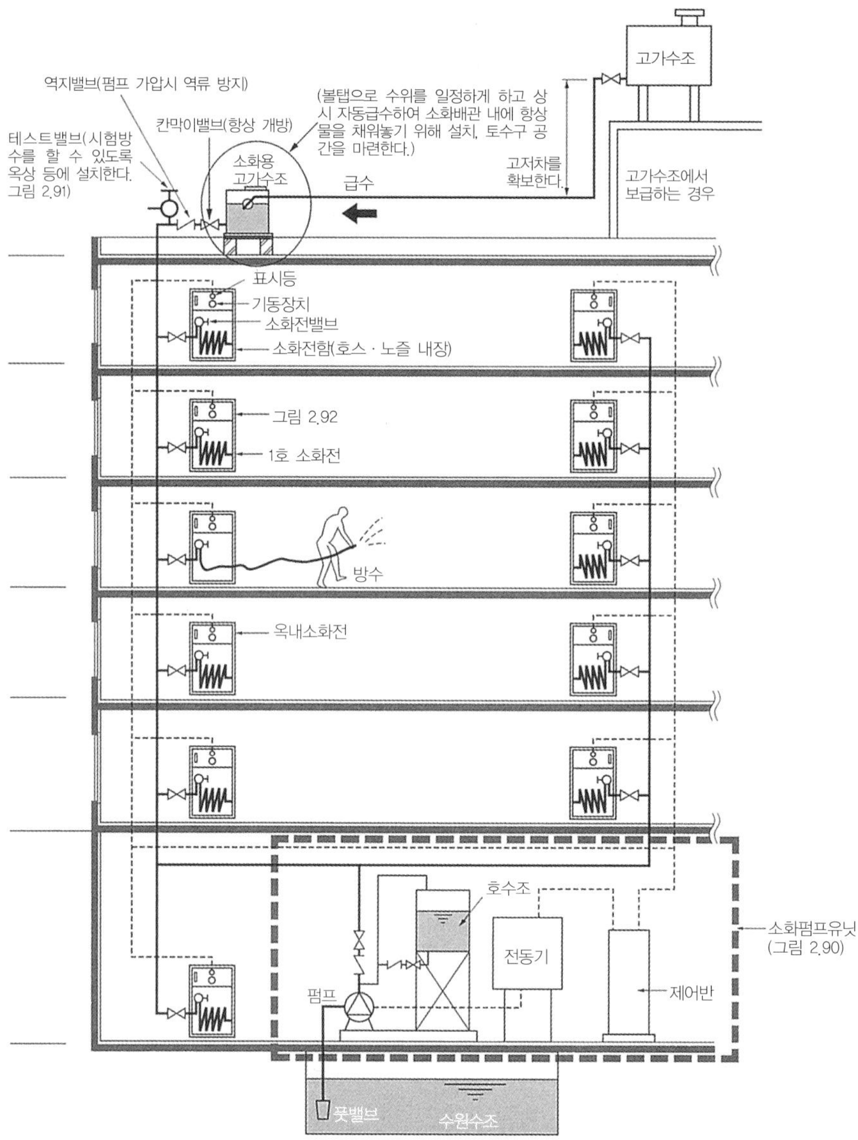

그림 2.92 옥내소화전설비의 구성 예

그림 2.93 소화펌프 유닛의 예

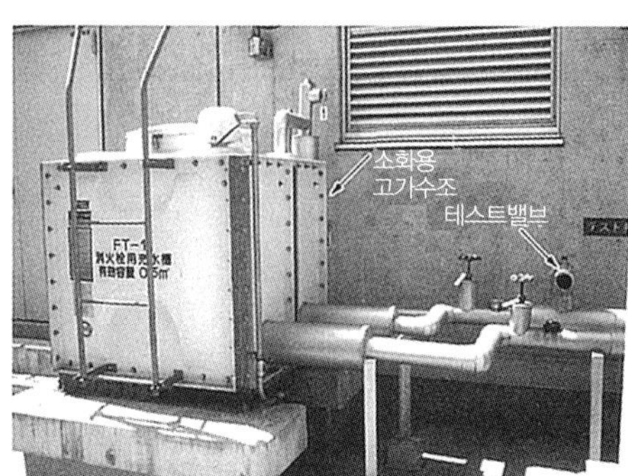

그림 2.94 소화용 고가수조의 예

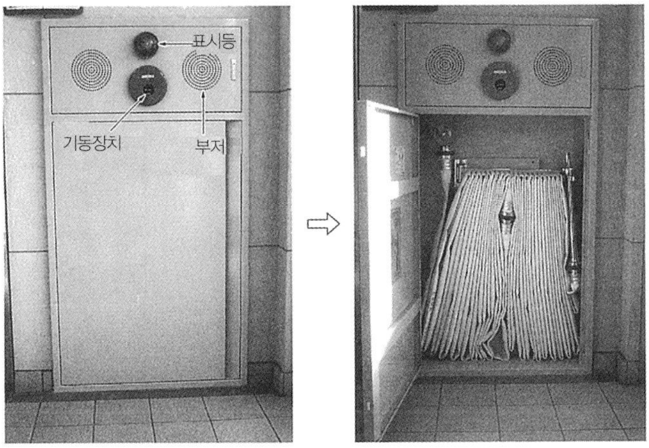

그림 2.95 1호 소화전

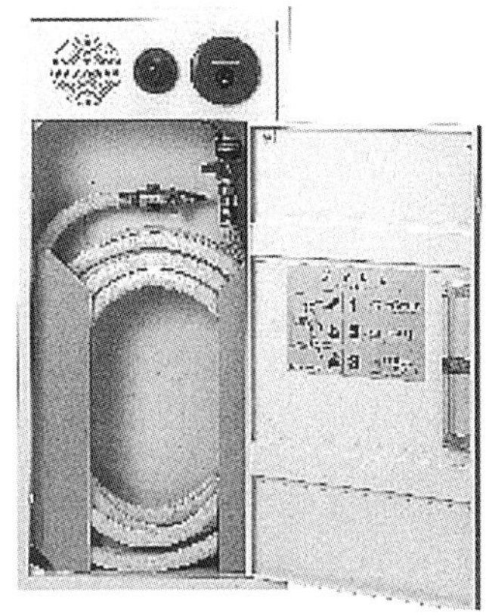

그림 2.96 2호 소화전

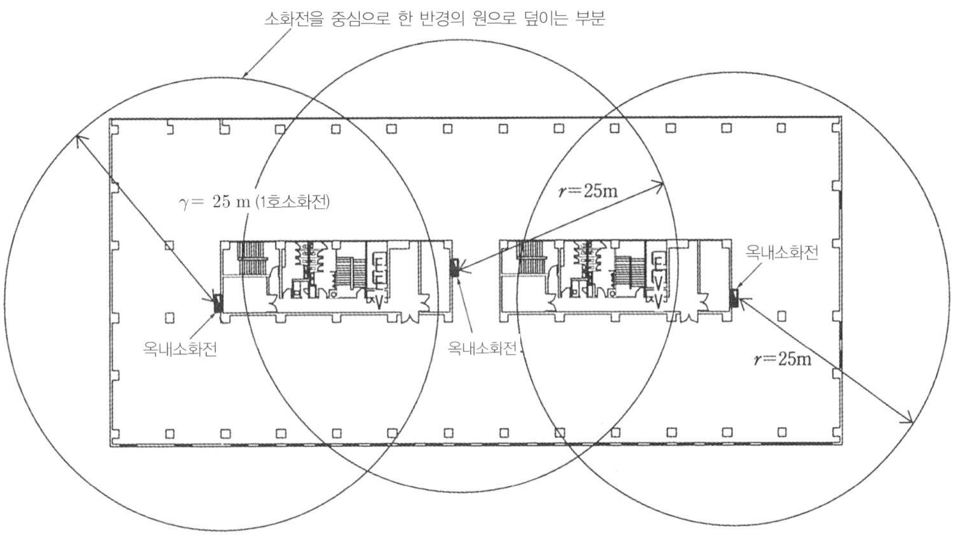

주) 원의 범위로 소화 범위를 커버한다(r=25m가 1호 소화전, r=15m가 2호 소화전)

그림 2.97 옥내소화전의 배치

2.8.4 옥외소화전설비

옥외소화전설비는 비교적 큰 건물의 1층 및 2층에 화재가 발생했을 경우 이를 소화하기 위한 것이다.

그림 2.98에 옥외소화전설비의 구성 예를 나타낸다. 옥외소화전설비에는 호스, 노즐을 모아 수납하는 옥외소화전함, 지상 스탠드 등으로 구성된다. 소화전을 옥외에 설치하여 건물의 소화나 인접 건물로부터의 연소를 방지한다. 소화전을 중심으로 반경 40m의 원으로 건물 전체가 덮이도록 배치한다. 방수압력은 0.25MPa 이상 0.6MPa 이하로 하고, 방수량은 350ℓ /min 이상의 성능을 갖추어야 한다.

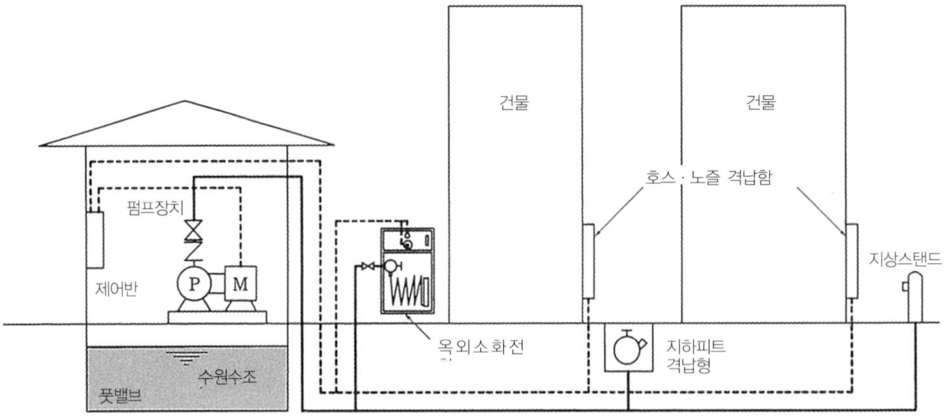

그림 2.98 옥외소화전설비의 구성 예

2.8.5 스프링클러설비

스프링클러설비는 화재가 발생했을 때 천장면 등에 설치한 스프링클러헤드에서 자동적으로 살수하여 초기소화를 하는 것이다. 스프링클러설비의 구성 예를 그림 2.99에 나타낸다.

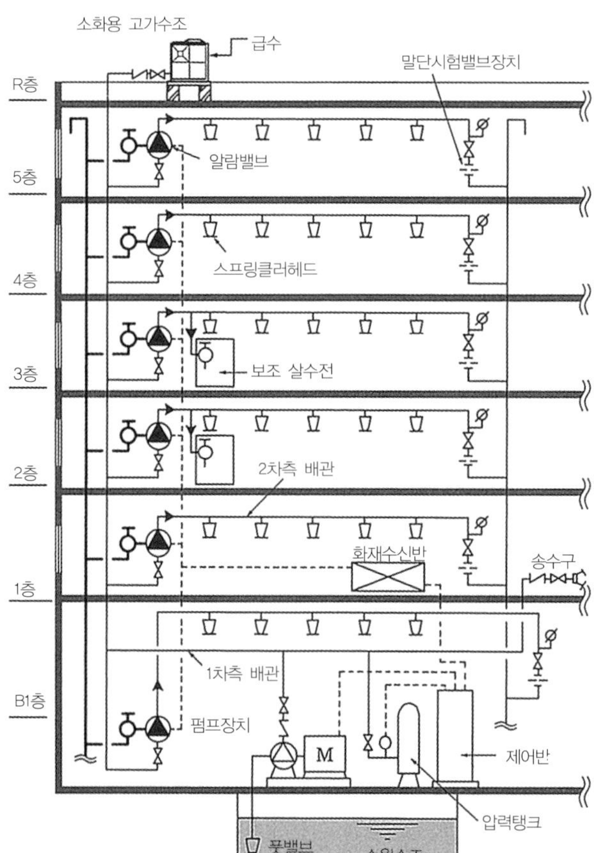

그림 2.99 폐쇄형 습식 스프링클러설비의 구성

스프링클러헤드는 감열체가 있는 폐쇄형 헤드와 감열체가 없는 개방형 헤드가 있으며 그 외관은 그림 2.100에 나타낸 바와 같다.

폐쇄형 스프링클러헤드를 사용하는 폐쇄형(습식, 건식, 예작동식)과 **개방형 스프링클러헤드**를 사용하는 개방형이 있다. 폐쇄형은 열을 감지하여 자동적으로 방수하고, 개방형은 방수준비가 되어 있는 것의 밸브를 열어 방수한다. 각각의 구조와 특징을 그림 2.101에 나타낸다.

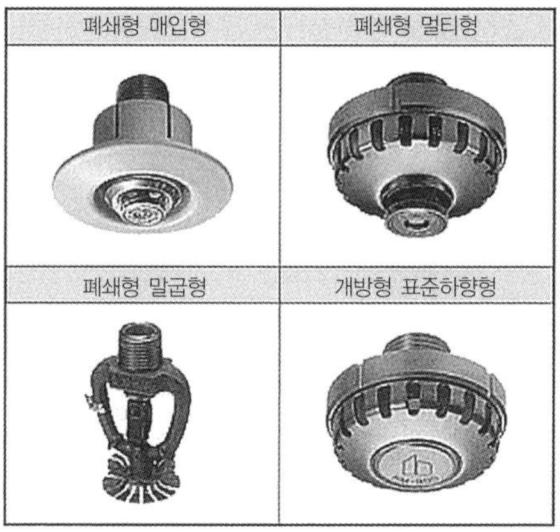

그림 2.100 스프링클러헤드의 종류

	폐쇄형 습식	폐쇄형 건식	폐쇄형 예작동식	개방형
구조	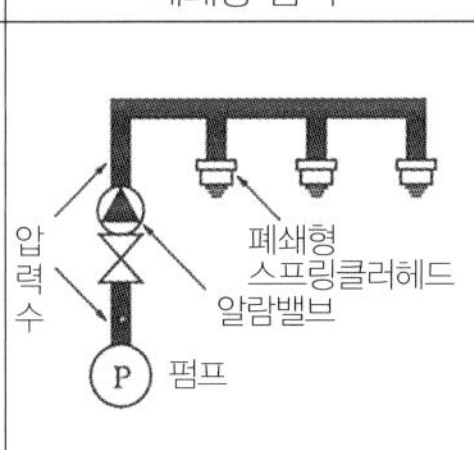	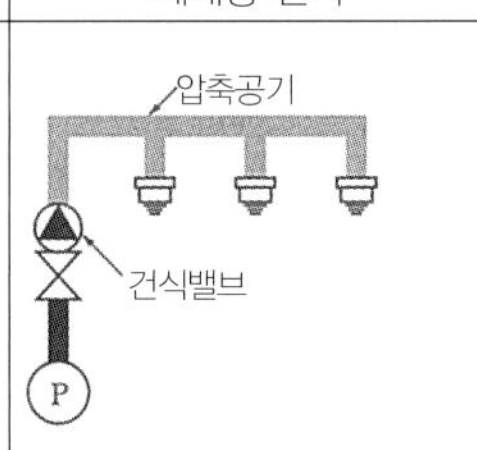	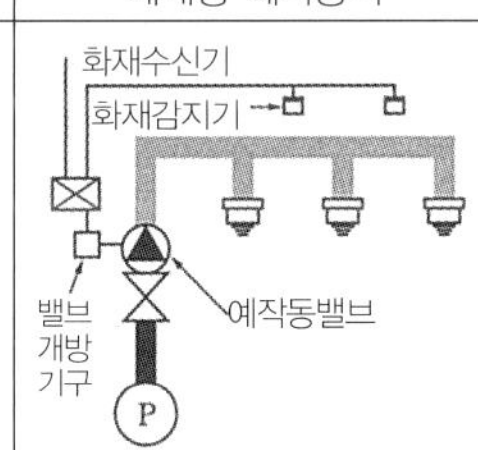	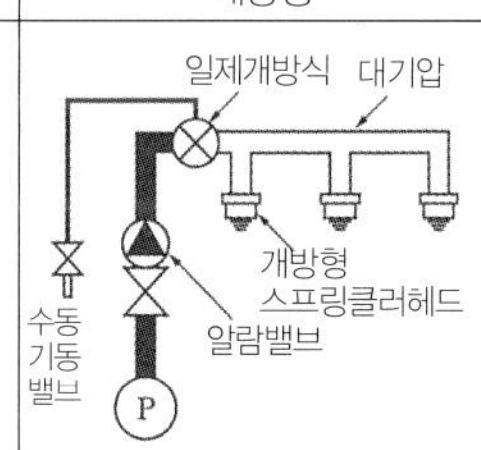
특징	헤드까지의 배관계통에 항상 소화수를 가압충전해놓는 방식이다.	배관 내의 소화수가 동결될 우려가 있는 한랭지역의 건물에 채용된다. 폐쇄형 스프링클러헤드를 이용해 항상 공기를 가압충전한다. 압축공기공급용 에어컴프레서가 필요하다.	폐쇄형 건식처럼 소화수가 동결될 우려가 있는 한랭지나 만일의 사고에 의해 손해가 심한 컴퓨터실 및 통신기기실 등에 채용된다. 헤드까지는 압축공기를 충전해놓고 연기감지신호와 연동하여 방수한다.	극장 무대 또는 폐쇄식 스프링클러헤드로는 효과적으로 화재감지를 하기 어려운 천장이 높은 방화대상물에 채용된다. 감지기와 연동하거나 수동기동장치로 일제개방밸브를 개방하여 방수한다.

그림 2.101 스프링클러설비의 구조와 특징

2.8.6 연결송수설비와 연결살수설비

연결송수설비와 연결살수설비는 소방대의 소화활동에 필요한 시설 중 하나이다.

(1) 연결송수관

연결송수관은 공설소방대가 사용하는 것으로 그림 2.102에 연결송수관의 구성 예를 나타낸다.

화재시 소방펌프차가 그림 2.103처럼 1층 외벽이나 외부에 설치된 송수구로부터 송수하여 소방대가 호스나 노즐을 가지고 들어가 건물 각층의 방수구(그림 2.104)에 접속시켜 소화활동을 한다.

11층 이상인 층의 송수구는 구멍이 2개로 되어 있으며, 호스나 노즐을 설치한다. 또한 높이가 70m를 넘는 건물인 경우는 중간층에 가압펌프를 설치한다.

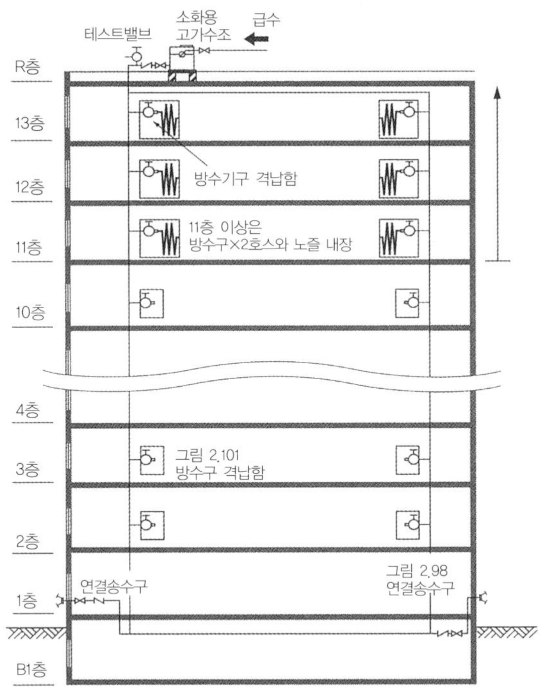

그림 2.102 연결송수관의 구성 예

그림 2.103 연결송수구

그림 2.104 각층 방수구

(2) 연결살수관

연결살수설비는 소화활동을 하기 어려운 지하가에 설치하는 것으로 개방형 살수헤드를 사용하는 개방형과 폐쇄형 스프링클러헤드를 사용하는 폐쇄형이 있다.

2.8.7 기타 소화설비

불활성가스 소화설비, 할로겐화합물 소화설비, 분말소화설비는 주로 전기실이나 통신기기실, 보일러실 등에 설치된다. 또한 드렌처 설비는 건물 외부의 화재로부터 연소의 우려가 있는 외벽, 지붕, 개구부에 수막을 만들어 연소를 방지한다.

(1) 불활성가스 소화설비

소화제로 이산화탄소 외에 질소 · 아르곤 등과의 혼합물을 사용한다. 소화제를 방출함으로써 산소농도 희석효과(질식)와 가스가 기화할 때의 열흡수에 의한 냉각작용으로 소화한다. 보통 사람이 재실하지 않는 수변전실, 발전기실, 전산실 등에 설치된다(그림 2.105).

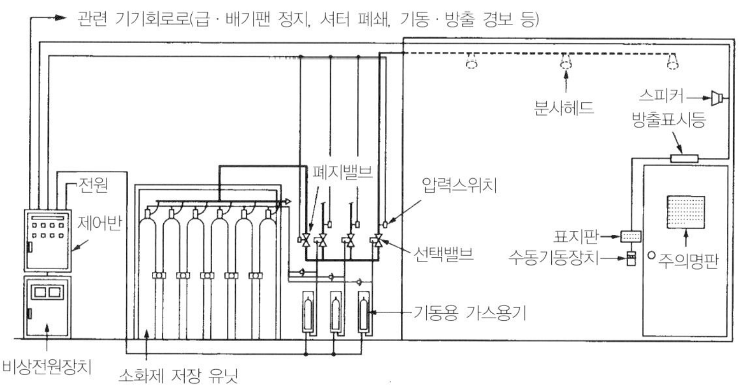

그림 2.105 불활성가스 소화설비의 예(이산화탄소 소화설비)

(2) 할로겐화합물 소화설비

할로겐소화제를 분사하여 연소물에 뿌리고 질식효과와 부촉매효과에 의한 억제작용으로 소화하는 설비이다. 소화제로는 새로 개발된 오존층을 파괴하지 않는 HFC-23(트리플루오르메탄) 및 HFC-227ea(헵타플루오르프로판)이 이용되고 있다.[1] 적용 건물의 용도는 불활성가스 소화설비와 동일하다.

(3) 분말소화설비

소화약제로 중탄산나트륨 등의 분말을 사용하는 것으로 부촉매작용에 의한 소화방법이며 구성이나 작동방법은 불활성가스 소화설비나 할로겐화합물 소화설비와 동일하다.

(4) 포소화설비

물로 소화할 수 없는 유류를 소화하기 위한 것으로 포가 화면을 덮어 질식효과와 거품을 구성하는 물에 의한 냉각효과로 소화하는 설비이다(그림 2.106).

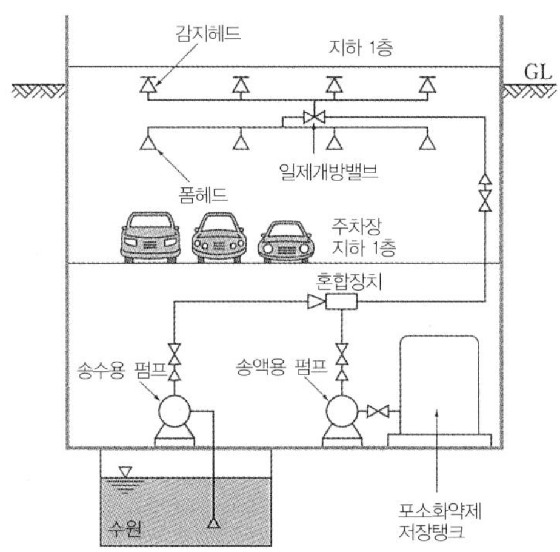

그림 2.106 포소화설비

(5) 물분무 소화설비

물분무 헤드로 물을 분무하고 그 냉각효과와 화염에 닿아 발생하는 수증기에 의한 질식작용으로 소화한다(그림 2.107).

지하주차장, 도로, 지정가연물 취급 · 저장소의 소화설비에 적용한다.

---

1) 할론소화제의 할론 1301, 1211, 2402는 '오존층 보호를 위한 빈 조약'에 근거하여 '오존층을 파괴하는 물질에 관한 몬트리올 의정서'에서 오존층을 파괴하는 특정물질로 지정되어 일본에서도 1994년 1월 1일 이후부터 생산이 중지되었다. HFC-23, HFC-227ea는 이들을 대신하는 **대체할론**으로 불리고 있다.

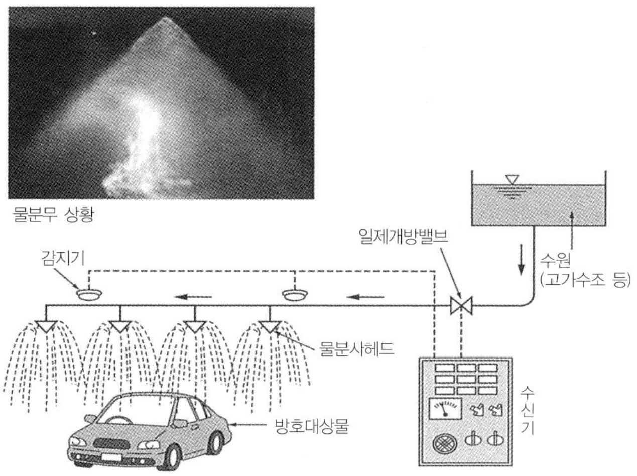

그림 2.107 물분무 소화설비

(6) 드렌처 설비

그림 2.108과 같이 드렌처 설비는 건물 외부의 화재로부터 연소의 우려가 있는 외벽, 지붕, 개구부에 수막을 만들어 연소를 방지하는 설비이다. 이 설비방식은 개방형 스프링클러설비와 동일하다.

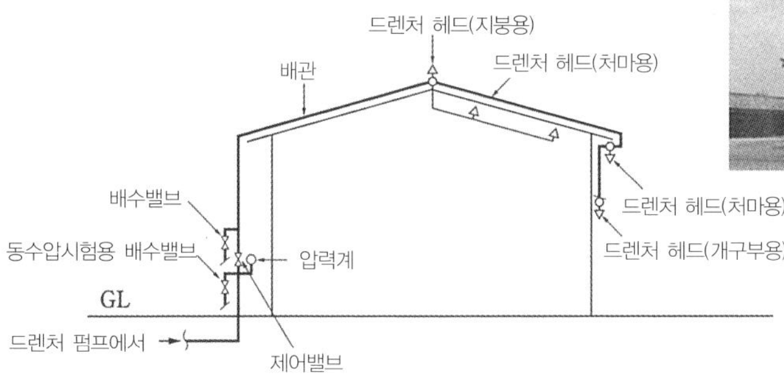

호류지 : 드렌처 설비

그림 2.108 드렌처 설비의 계통

제2장 확인문제

[문제 1] 급배수위생설비에 관한 용어의 조합으로 잘못된 것은 어느 것인가?

(1) 배수설비-크로스커넥션
(2) 급수설비-6면 점검
(3) 급탕설비-리버스리턴방식
(4) 배수처리설비-BOD
(5) 소화설비-연결송수관

[문제 2] 급수설비에 관한 기술 중 잘못된 내용은 어느 것인가?

(1) 집합주택에서 거주자 1인당 1일 단위급수량을 600ℓ 정도로 했다.
(2) 일반수전의 필요급수압을 30kPa로 했다.
(3) 대변기의 세정밸브, 기타 토수구 공간을 확보할 수 없는 기구에는 버큠브레이커를 설치했다.
(4) 음용수조를 건물 내에 설치할 경우 주위 및 하부에 60cm 이상, 상부에 100cm 이상의 보수 · 점검 공간을 마련하였다.
(5) 워터해머를 방지하기 위해 급수관 내의 유속을 1.5~2.0m/s 이내로 했다.

[문제 3] 급탕 · 가스설비에 관한 기술 중 잘못된 내용은 어느 것인가?

(1) 순환형 욕조인데 레지오넬라속균의 번식을 방지하기 위해 급탕온도를 55℃ 이상으로 했다.
(2) 가스사업법에서는 0.1MPa 미만을 저압가스라고 한다.
(3) 밀폐식 가스기기는 외기를 급기하여 연소한 후 외기로 배출하는 방식이다.
(4) 급탕기의 능력을 나타내는 1호란 유량 1ℓ /min의 물의 온도를 20℃ 상승시키는 능력을 말한다.
(5) 중앙식 급탕방식은 순환펌프를 저탕조의 바로 앞인 반탕관 부분에 설치한다.

[문제 4] 배수설비에 관한 기술 중 잘못된 내용은 어느 것인가?

(1) 트랩의 봉수깊이는 50mm 이상 100mm 이하로 한다.
(2) 루프통기관은 위생기구의 넘침면보다 15cm 이상 높게 해야 한다.
(3) 부지 내의 오수배수피트에는 오물을 정체시킨 후에 흐르도록 진흙 고임부를 마련한다.
(4) 음용수를 다루는 기기에서 나오는 배수는 일단 배수계통과는 상관이 없는 간접배수로 한다.
(5) 신정통기관은 원칙적으로 배수수직관에서 바로 축소시키지 않고 연장해서 대기로 개방한다.

[문제 5] 배수처리설비 · 위생기구설비에 관한 기술 중 잘못된 내용은 어느 것인가?

(1) BOD는 오염의 정도를 나타내는 지표로 호기성 미생물에 의해 소비되는 산소량으로 나타낸다.

(2) 정화조의 처리방법이나 구조방법은 건축기준법으로 정하고 있다.

(3) 잡용수란 주방싱크나 욕조 등에서 나오는 배수를 말한다.

(4) 사이펀식 대변기는 세락식 대변기보다 유수면이 넓다.

(5) 사이펀볼탭식 대변기는 세정음이 다른 세정방식에 비해 작다.

제 3 장

공기조화설비

3.1 공기조화설비

3.1.1 공기조화설비의 목적과 구성

(1) 공기조화설비의 목적과 분류

공기조화설비(이하, 공조설비)의 목적은 실내 및 특정 장소의 공기 온도, 습도, 공기의 오염 정도를 나타내는 청정도(분진 · 냄새 · 탄산가스 등), 그리고 흐름상황을 나타내는 기류를 조절하여 인간이 쾌적한 상태로 지낼 수 있도록 하는 것이다. 일반적으로 그림 3.1에 나타낸 것처럼 **온도, 습도, 청정도, 기류분포**를 공기조화(이하, 공조)의 **4요소**라고 한다.

공조의 가장 큰 역할은 그림 3.2에 나타낸 것처럼 여름철에는 저온의 공기를 보내 실내 열을 제거하고, 겨울철에는 고온의 공기를 보내 실내를 따뜻하게 유지하는 것이다. 이를 위한 기본이 4요소이다.

그러나 실제로는 3.2항에서도 설명하겠지만 쾌적한 환경을 만들기 위해서는 대상이 되는 인간의 복장상태를 나타내는 **착의량**과 운동의 정도를 나타내는 **대사량**, 주변의 벽이나 천장 등에서 발생하는 열의 영향을 나타내는 **평균복사온도** 등을 포함하여 평가할 필요가 있다.[1)]

또한 공조는 그 목적에 따라 두 가지로 분류된다. 하나는 쾌적한 환경을 유지하는 것을 목적으로 한 **보건용 공기조화**(**일반공조, 쾌적공조**라고도 함)로 주택, 사무소, 호텔, 백화점, 병원 등의 공조가 이에 해당한다. 다른 하나는 각종 산업에서 제품의 품질 및 산업성 향상, 그리고 저장물의 품질 저하를 방지하고 환경보전을 목적으로 한 **산업용 공기조화**(**공장공조**)로 공장, 창고, 컴퓨터센터 등의 공조가 이에 해당한다.

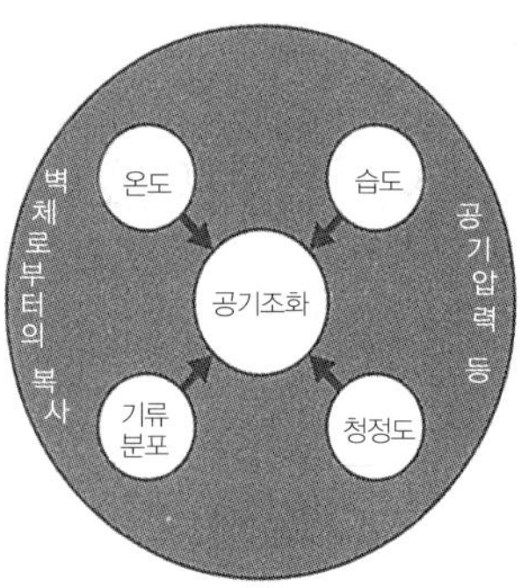

그림 3.1 공조의 4요소

(a) 여름 (b) 겨울

그림 3.2 공조의 개요

---

1) 최근에는 4요소보다는 온도, 습도, 기류속도, 평균복사온도, 착의량, 대사량의 온열환경 6요소를 고려한 공조설비가 요구되고 있다.

(2) 공조설비의 구성

대표적인 공조설비의 기기구성을 그림 3.3의 단일덕트방식을 예로 들어 설명한다.

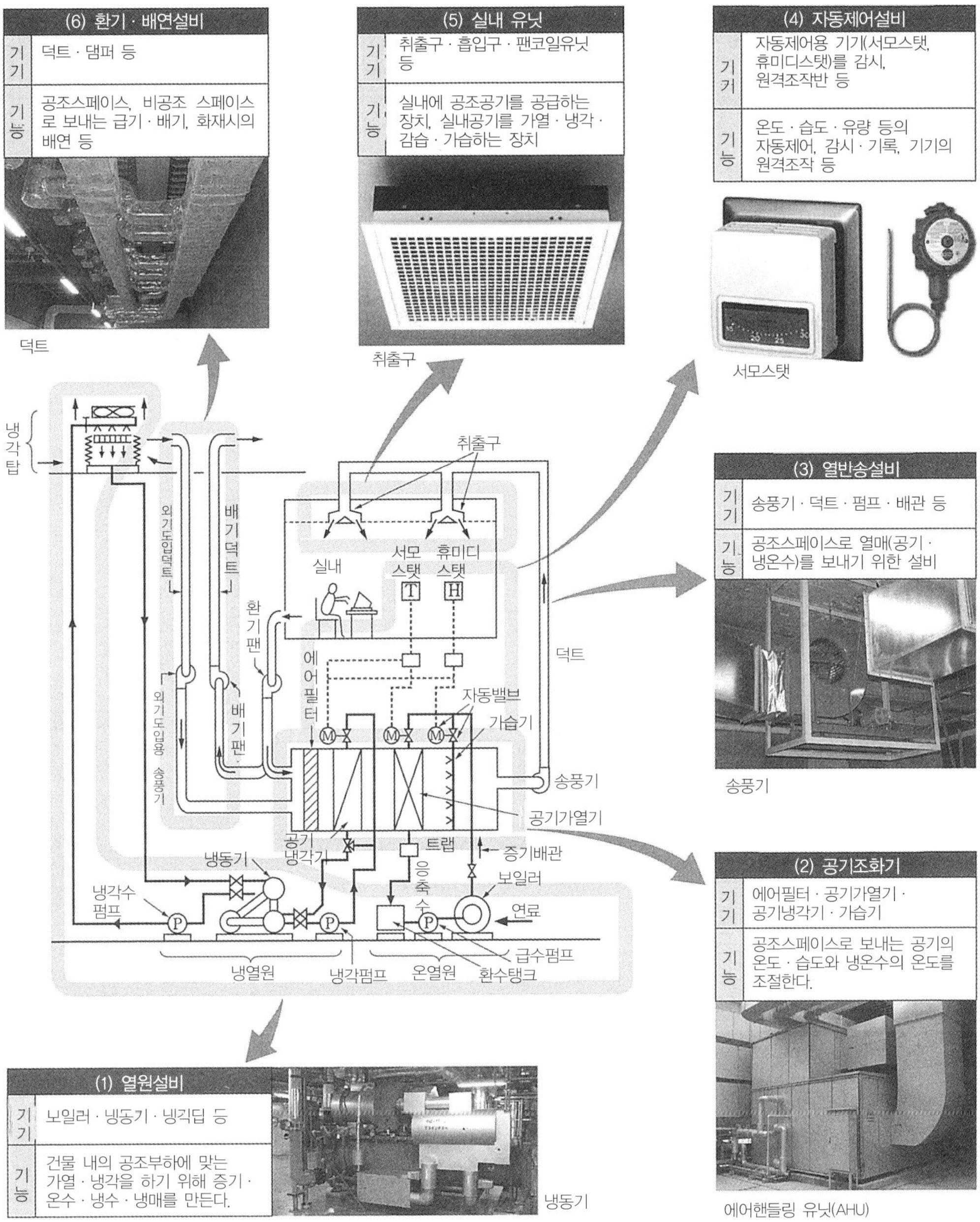

그림 3.3 공조설비의 구성과 기기

공조설비는 우선 공기를 따뜻하게 하거나 차갑게 하는 증기, 온수, 냉수 등의 열매체(열매)를 만들 필요가 있다. 이 장치가 보일러나 냉동기라 불리는 **열원설비**이다. 온열원이 되는 보일러로 증기나 온수를 만들고, 냉열원이 되는 냉동기로 냉수나 냉매가스를 만들어낸다. 이러한 열매를 사용하여 냉풍이나 온풍을 만들기도 하고 습도도 조절하는 것을 **공기조화기**(이하, **공조기**)라 한다.

공조기에서 냉풍이나 온풍을 보내는 덕트나 송풍기, 열원장치에서 공조기로 열매를 반송하는 배관이나 펌프 등을 **열반송설비**라고 한다. 또한 신선한 외기를 도입하거나 오염된 공기(화재시의 연기 포함)를 배기하기 위한 **환기 · 배연설비**, 실내의 온습도를 일정하게 조절하거나 공조설비의 감시 및 경제적 운전을 하기 위한 제어를 하는 **자동제어설비**가 있다. 그 외에 실내에 공조된 공기를 공급하는 부위에 설치하는 취출구, 흡출구 등의 **실내유닛**도 있다.

3.2 공기조화와 실내환경

3.2.1 실내환경 기준

공기조화설비가 설치되어 있는 건물의 각 실내에서 온도, 습도, 기류속도 등의 기준치는 표 3.1과 같이 정하고 있다. 이 표에서 일산화탄소(CO)는 연료의 불완전연소에 의해 발생하며 이를 흡입하면 중독증상을 일으킨다. 온도 17℃ 이상은 겨울철의 최저치를, 28℃ 이하는 여름철의 최고치를 나타낸다. 상대습도 40% 이상은 겨울철의 최저치를, 70% 이하는 여름철의 최고치를 나타낸다. 기류 0.5m/s 이하는 그 이상의 기류를 직접 받았을 경우 사람은 **드래프트**(불쾌감이 강한 기류)를 느낀다는 점에서 정해졌다. 포름알데히드는 건축자재나 벽지 등의 접착제로부터 실내로 확산되기도 하고 화학물질과민증 등의 원인물질이 되기도 한다.

표 3.1 중앙관리방식의 공기조화설비 기준

항목	기준
부유분진의 양	공기 $1m^3$당 0.15mg 이하
CO 함유율	10ppm 이하(0.001% 이하)
CO_2 함유율	1,000ppm 이하(0.1% 이하)
온 도	① 17℃ 이상, 28℃ 이하 ② 각 실에서 온도를 외기의 온도보다 낮게 할 경우에는 그 차이를 심하게 하지 않을 것
상대습도	40% 이상, 70% 이하
기 류	0.5m/s 이하
포름알데히드	$0.1mg/m^3$ 이하

주) ppm : 백만분율(parts per million)

3.2.2 온열감각과 평가지표

인간이 건축공간에서 덥다고 느끼거나 춥다고 느끼는 것을 온열감(온냉감 · 한서감)이라 하며 여기에는 다양한 환경요소가 영향을 미친다.

특히 인체에 작용하는 온열환경에는 그림 3.4에 나타낸 것처럼 ① 공기온도, ② 습도, ③ 평균복사온도(MRT[1]), ④ 기류속도, ⑤ 착의량, ⑥ 대사량의 6요소가 영향을 준다. 이들을 **온열환경의 6대 요소**라고 한다. 그 중 ① 공기온도, ② 습도, ③ 평균복사온도, ④ 기류속도를 **'환경측 4요소 또는 실내온열환경 4대 요소'** 라고 하며, ⑤ 착의량, ⑥ 대사량을 온열감의 **'개인적 2요소'** 라고 한다. 평균복사온도, 착의량, 대사량에 대해서는 다음과 같다.

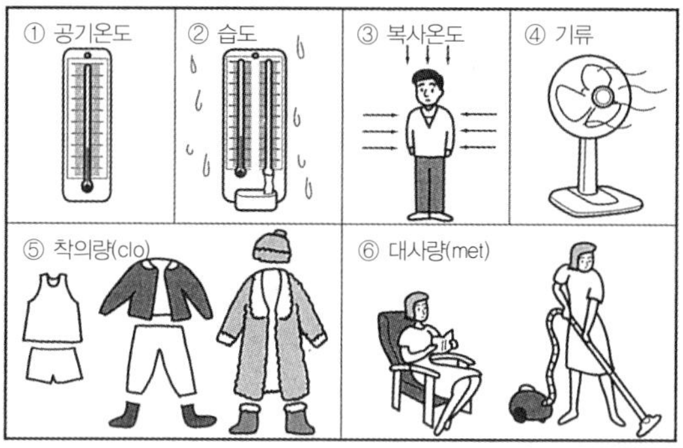

그림 3.4 온열감의 주요 6요소

(1) 평균복사온도

평균복사온도 MRT는 대상자 주변의 벽 · 바닥 · 창 등의 표면온도에 의해 지배된다. 간단히 말하면 실내 각 벽면(바닥 · 천장 · 유리면 등을 포함)에 대해 표면온도와 면적을 곱한 값의 합을 전체벽면 표면적으로 나눈 값이다.

그림 3.5와 같이 겉표면을 무광 검정색으로 칠한 동판제 중공의 중심부에 온도계를 삽입한 것을 **글로브온도계**라고 하며, 이 온도계로 글로브온도 t_g를 측정하고 식 (3.1)로 구한다.

$$\mathrm{MRT} = t_g + 2.37\sqrt{v}\,(t_g - t_a) \quad \cdots\cdots (3.1)$$

t_g : 글로브온도[℃]

v : 풍속[m / s]

t_a : 실내공기온도[℃]

1) Mean Radiant Temperature

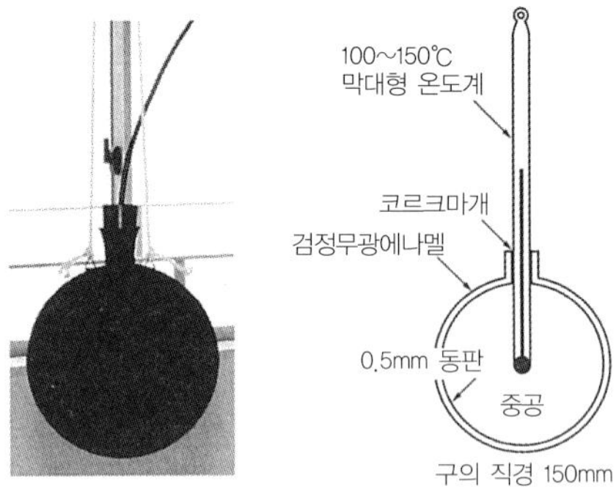

그림 3.5 글로브온도계

(2) 대사량

인체의 활동량이나 작업강도를 나타내는 것으로 그림 3.6에 나타낸 것처럼 의자에 앉아 안정을 취하고 있는 상태를 1met(대사량 58.3W/㎡)로 정의하고 있다. 수면시에는 0.8met, 사무실에서 일을 하는 경우 1.2met, 평탄지 보행시 2.6met, 테니스 등의 운동을 할 경우 4met이다. 또한 성인 남자의 체표면적이 약 1.4~1.9㎡라는 점에서 볼 때 1met의 대사량은 1시간당 100W 전구 1개분의 발열량에 해당한다.

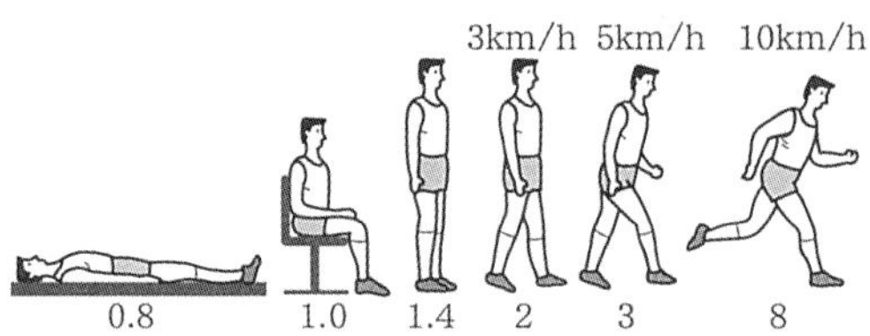

그림 3.6 작업상태별 대사량(단위 : met)

(3) 착의량

의복의 열저항을 나타내는 것으로 기온 21℃, 상대습도 50%, 기류 0.1m/s인 실내에서 자리에 앉아 휴식을 취하고 있는 상태에 있는 사람이 쾌적하다고 느낄 수 있는 착의의 열저항(단열력) 0.155(㎡ · K)/W를 **1clo**로 한다. 이는 성인 남자가 의자에 앉아 안정을 이룬 상태에서 덥지도 않고 춥지도 않은 착의상태이다. 그림 3.7에 나타낸 것처럼 남성의 경우 겨울 양복 상하의를 입고 있는 상태가 거의 1clo, 나체 상태가 0clo, 가벼운 여름옷이 0.5clo이다.

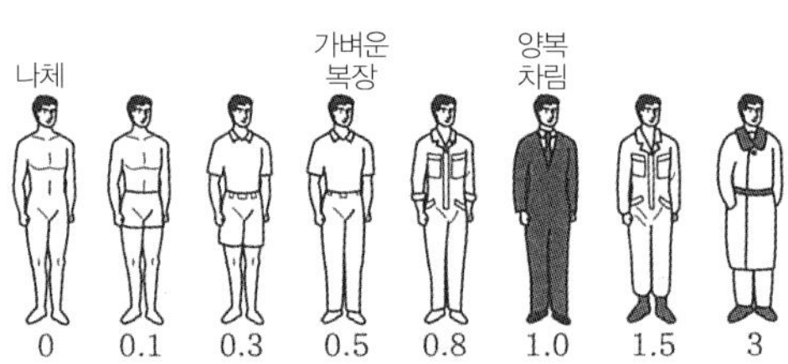

그림 3.7 대표적인 착의상태와 착의량(단위 : clo)

3.2.3 온냉감지표

실내 환경에서 덥거나 춥다고 느끼는 느낌을 **온냉감**이라 한다. 이를 온열환경의 6대 요소 중에서 편의상 각 요소를 조합시켜 평가하는 지표로 표 3.2와 같은 것이 있다.

(1) 불쾌지수[1)]

DI(Discomfort Index)라고도 표기하며 기온(건구온도)과 습구온도로 식 (3.2)와 같이 구한다.[2)]

$$DI = 0.72(건구온도 [℃]) + 습구온도 [℃]) + 40.6 \quad \cdots\cdots (3.2)$$

DI값이 75 이상이면 약간 덥다고 느끼고, 80 이상이면 더워서 땀이 나는 정도이며, 85 이상이면 더워서 모두 불쾌감을 느끼는 상태이다.

표 3.2 온열환경 평가지표로 고려되는 요소(○표시는 고려한다는 것을 의미)

평가지표	온 도	습 도	풍 속	복 사	대 사	착의량
불쾌지수(DI)	○	○				
작용온도(OT)	○		○	○		
유효온도(ET)	○	○	○			
신유효온도(ET*)	○	○	○	○	○	○
표준유효온도(SET*)	○	○	○	○	○	○
PMV	○	○	○	○	○	○

(2) 작용온도[3)]

OT 효과라고도 하며 인체 주변의 실온, 기류, 평균주벽온도가 인체에 주는 영향을 평가하는 지표이다. 건구온도와 식 (3.1)로 계산한 평균복사온도(MRT)의 평균으로 보통 식 (3.3)으로 나타낸다. 작용온도는 기온 t_a와 복사의 영향을 고려한 평가지표이다. 기류속도가 낮으면 글로브온도 t_g와 가깝다고 한다. 또한 OT=18.3~24℃가 쾌적한 범위로 알려져 있다.

$$OT = (t_a + MRT)/2 \quad \cdots\cdots (3.3)$$

(2) 유효온도[4)], 신유효온도(ET*)

ET는 야글루(C.P. Yaglou)와 혝튼(F.C. Houghton)에 의해 제안되었으며 온도, 습도, 기류의 영향을 종합적으로 고려한 지표이다. 그림 3.8에 보통 착의 · 가벼운 작업상태의 선도를 나타낸다.

1) DI : Discomfort Index

2) 건구온도, 습구온도는 3.3.1(1)을 참조

3) OT : Operative Temperature

4) ET : Effective Temperature

또한 ET*(이티스타라고 부름)는 다시 가벼운 옷차림(0.6clo)의 성인이 근육노동 없이 풍속 0.25m/s 이하의 실내에 장시간 체류할 때의 온(냉)열감각을 나타내는 것이다.

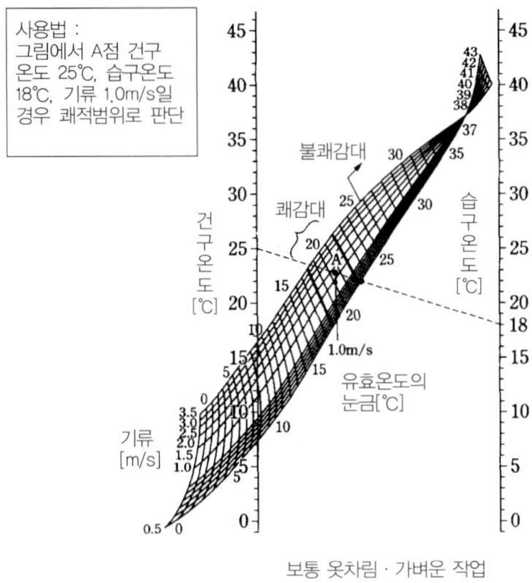

그림 3.8 유효온도 ET선도

(3) 표준유효온도(SET*)

ET*에 풍속 0.1m/s, 대사량 1.0met, 착의량 0.6clo, MRT=실온 t_a로 하고 주위로부터 복사의 영향을 받지 않는 표준상태와 같은 정도의 온도를 상대습도 50%로 나타낸 것이 표준유효온도 SET*이다. 그림 3.9는 ASHRAE[1)](미국 공기조화냉동공학회)의 SET*선도와 여름철 · 겨울철의 쾌적온도범위(사선부)를 나타내고 있다.

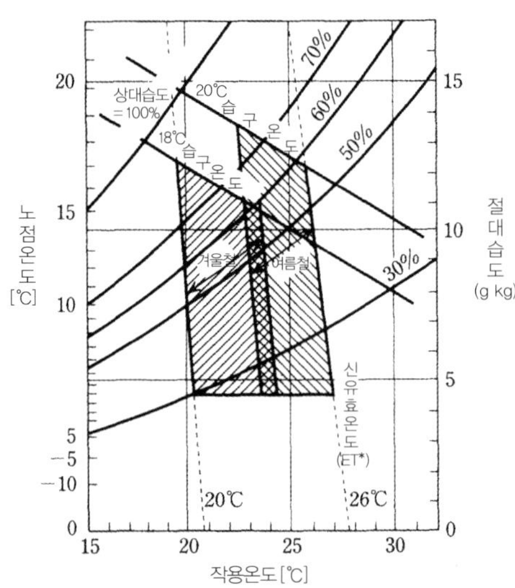

그림 3.9 ASHRAE55-92에 의한 SET*선도와 쾌적온도범위

1) American Society of Heating Refrigerating and Air-conditioning Engineers

(4) PMV[1](예측온냉감신고)

덴마크공과대학의 P. O. Fanger가 발표한 온열환경지표로, 온열환경의 6대 요소를 포함한 종합적 쾌적평가지표이다. PMV값은 추위와 더위를 −3부터 +3까지의 수치로 평가하여 −0.5부터 +0.5에 있는 경우를 쾌적범위라고 한다.

또한 그림 3.10처럼 PMV에 대응하여 그 온열환경에 불만족(불쾌감을 느끼는) 사람의 비율(예측불만족률, PPD[2])이 어느 정도인지를 나타낸 PMV-PPD 차트도 제시하였다. PPD값을 10% 미만으로 할 것을 권장하고 있다. PMV, PPD는 국제규격 ISO 7730에서 표준적 온열지표로 채용되어 ET*, SET*와 함께 현재 가장 많이 사용되고 있다.

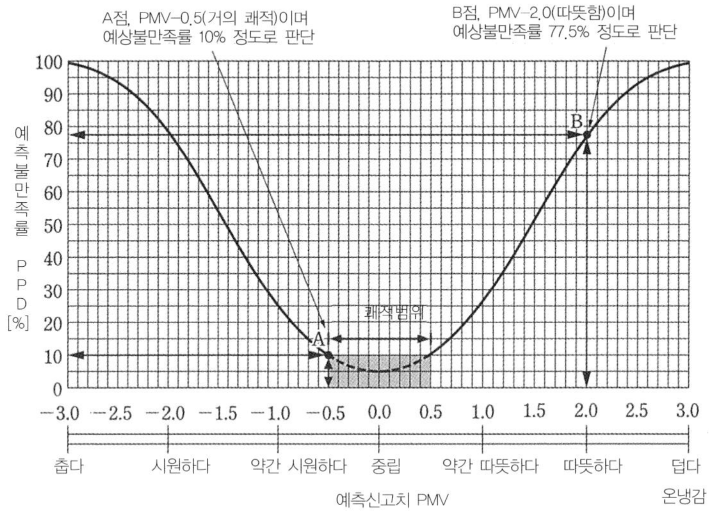

그림 3.10 PMV와 PPD

1) Predicted Mean Vote

2) Predicted Percentage of Dissatisfied

[칼럼10] 서멀 마네킹

열적인 쾌적성은 인체의 열손실 상태를 파악하면 어느 정도 예측할 수 있다고 한다. 그러나 인체 각 부위의 형태가 다양하기 때문에 이를 측정하는 것이 쉽지 않다. 그래서 인체와 온열환경과의 열수지를 모의하기 위해 실제 인간이 아닌 전용 마네킹을 사용하는 경우가 있는데 이것이 서멀 마네킹(Thermal Mannequin)이다. 서멀 마네킹은 몸의 부위별로 주변의 온열환경에 맞게 발열량을 제어할 수 있고 열교환상태로 쾌적성을 평가할 수 있다.

또한 종래의 공조제어는 실온과 습도를 지표로 하여 제어할 수 있었지만 최근에는 PMV를 제어지표로 하는 공기조화시스템이 채용되기 시작했다. PMV도 그림 2에 나타낸 어메니티 미터(Amenity Meter, 실내체감온열환경측정기) 같은 계측기기로 측정할 수 있으며, 그 외에도 여러 소프트웨어가 시판되고 있다.

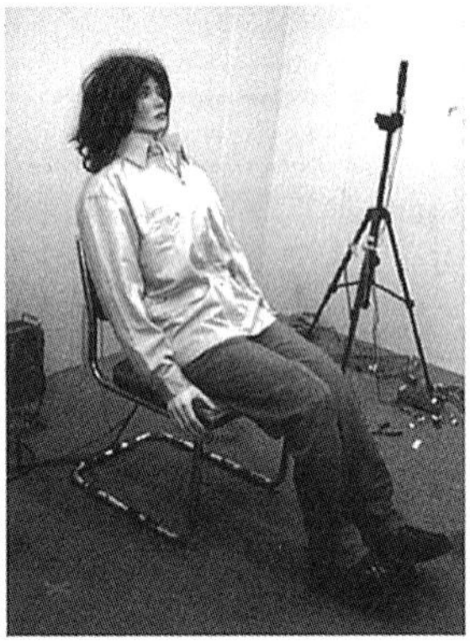
그림 1 서멀 마네킹의 예

그림 2 어메니티 미터

3.3 공기의 상태 알기

실내 공기를 쾌적한 상태로 조정하는 것이 공기조화의 목적이다. 실제로 공기에는 소량의 수증기가 포함되어 있는데, 이 수증기가 공기의 성질을 파악하는 데 중요한 요소가 된다.

수증기를 전혀 포함하지 않은 공기를 **건공기**라 하고, 수증기를 포함한 공기를 **습공기**라고 한다. 그리고 공기가 더 이상 수증기를 포함할 수 없는 상태를 **포화공기**라고 한다.

공기의 상태를 한눈에 알 수 있도록 한 그림을 **습공기선도**(공기선도)라고 한다.

이 책 부록에 자주 사용되는 습공기선도를 수록하였다. 습공기의 상태는 다음에서 설명하는 온도(건구온도 t, 습구온도 t'), 습도(절대습도 x, 상대습도 ϕ), 엔탈피 h[1], 비용적 v 등으로 나타내며, 이 중 2개의 요소가 결정되면 그 공기의 상태를 알 수 있다.

3.3.1 공기선도에서 쓰이는 용어

그림 3.11에 나타낸 공기선도는 $h-x$ 선도[2]라고 하며 가장 많이 쓰이는 것이다. 엔탈피 h와 절대습도 x를 좌표로 나타낸 것이다. 그림에서 A점을 어떤 실내의 상태로 보고, 각 요소에 대해 다음과 같이 설명한다.

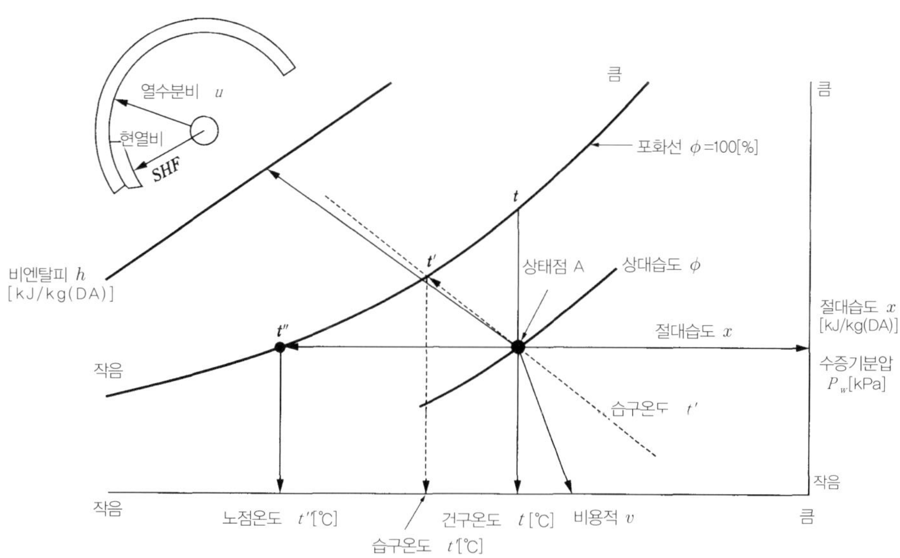

그림 3.11 습공기선도($h-x$ 선도)(부록 p.284 참조)

1) 엔탈피는 기호 h, 시간은 h로 표시한다.

2) $i-x$ 선도, 몰리에르 선도(Molier Chart)라고도 함

(1) 건구온도 t 와 습구온도 t'

그림 3.12(a)에 나타낸 것처럼 보통 온도계의 감열부를 마른 상태에서 잰 온도를 **건구온도**라고 한다. 이에 반해 감열부를 젖은 천으로 감싸고 잰 온도를 **습구온도**라고 한다. 습구온도는 감열부에서의 물의 증발잠열[1]과 주위 공기로부터의 열전달에 의한 현열[2]이 평형을 이룬 상태의 온도를 나타내며, 일반적으로 물의 증발량이 있기 때문에 건구온도보다 낮아진다. 측정은 주위공기의 유속에 영향을 받기 때문에 일정한 풍속으로 한다.

이를 측정하는 데 사용되는 것이 그림 3.12 (b)에 나타낸 아스만온습도계이다. 건구온도만으로는 공기의 습도상태를 알 수 없고 인간이 느끼는 쾌적함을 판단하기 어렵다는 이유에서 두 온도를 모두 표시한다.

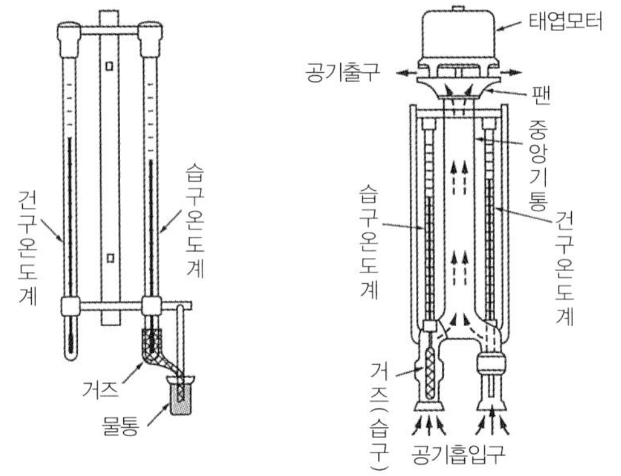

(a) 건습구온도계(오거스트식)　　(b) 아스만온습도계(통풍온습도계)

그림 3.12 건습구온도계

(2) 습공기전압 P_o 와 수증기분압 P_w

습공기의 조성을 그림 3.13에 나타낸다. 습공기의 전압 P_o는 건공기분압 P_a와 수증기분압 P_w의 합으로 식 (3.4)와 같이 나타낸다.

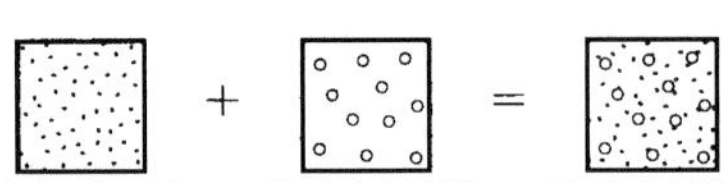

압력	P_a	+	P_w	=	P_0	······························ (3.4)
체적	V	+	V	=	V	
질량	1kg	+	x	=	$x+1$	

그림 3.13 습공기의 조성

---

1), 2) [칼럼 11] 참조

(3) 절대습도 x와 상대습도 ϕ

건공기 1kg에 대해 x[kg]의 수증기량이 포함될 경우 x[kg/kg(DA)]를 **절대습도** x라고 한다. 여기서 (DA)는 건공기(dry air)라는 의미이다.

또한 습공기 내의 수증기분압과 그 온도에서 포화공기의 수증기분압의 비를 **상대습도** ϕ[%]라고 하며 식 (3.5)와 같이 나타낸다.

$$\phi = (P_w / P_S) \times 100 \quad \cdots\cdots (3.5)$$

P_w : 습공기 내의 수증기분압[kPa]

P_S : 동일한 온도에서 포화공기의 수증기분압[kPa]

(4) 노점온도 t''

습공기는 온도가 높을수록 많은 수증기를 포함할 수 있다. 만일 임의상태의 공기온도를 낮추면 어느 일정 온도에서 포화상태가 되고 이때 과포화된 수증기가 응축되어 물방울이 되는데 이를 결로라 하고 이때의 온도를 **노점온도** t''[℃]라고 한다.

(5) 엔탈피 h

엔탈피란 공기가 가진 내부에너지와 그 일을 열량으로 환산한 값이다.

(6) 비용적 v

건공기 1kg을 포함하는 습공기의 체적을 비용적 v[m³/kg(DA)]이라 한다. 비용적은 밀도의 역수이다.

(7) 현열비 SHF[1)]

그림 3.14에서 A점이 B점의 상태가 되었을 때 전열변화(현열변화 q_S+잠열변화 q_L)에 대한 현열변화 q_S로, 식 (3.6)과 같이 나타낸다.

$$\text{SHF} = \frac{q_S}{q_S + q_L} \quad \cdots\cdots (3.6)$$

습공기선도 상에서는 그림 3.14와 같이 된다.

1) Sensible Heat Factor

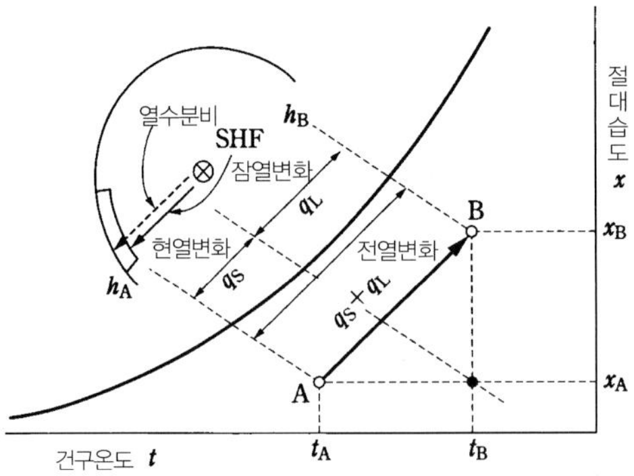

그림 3.14 현열비 SHF 및 열수분비 u

(8) 열수분비 u

습공기의 상태변화로 공기의 온도 · 습도가 변화될 때 절대습도의 변화 Δx에 대한 엔탈피의 변화량 $u = \Delta h / \Delta x$[kJ/kg]을 나타낸다. (7)의 현열비와 열수분비는 공기선도상에서는 그림 3.14와 같이 변화 전후의 공기의 상태점 간의 기울기를 나타낸다.

[칼럼11] 현열과 잠열

공조설비의 공기 상태 조절이나 공조기기의 능력을 결정하기 위해서는 '현열'과 '잠열'이라는 두 가지 개념이 중요하다.

현열은 온도변화에 사용되는 열이다. 그 개념을 예로 들어보면 그림 1(a)처럼 히터를 틀어서 가열하는 경우 실내온도는 상승한다. 그러나 공기중의 수증기는 증가하지 않기 때문에 습도변화는 없다. 이러한 변화를 현열변화라고 하며 습공기선도상에서 가로축의 변화를 나타낸다.

이에 반해 잠열은 상태 변화에 사용되는 열이다. 그림 1(b)처럼 그림 1(a)의 히터 대신 온수가 든 용기를 전기버너에 놓았을 경우 실내의 온도변화보다 공기중의 수분이 증가하여 절대습도는 증가한다. 이러한 변화를 잠열변화라고 하며 습공기선도상에서 세로축의 변화를 나타낸다. 잠열변화는 습도의 변화에 의한 것이다. 예를 들면 그림 2처럼 여름철 더운 지면이나 지붕에 물을 뿌려 표면과 주변을 시원하게 하는 것도 잠열의 변화이다.

이 두 가지 열의 변화를 전열변화라고 하며, 그림 3.14에서 상태점 A→B로 변화되기 위해서는 그림 1처럼 A→A'(현열변화)와 A'→B(잠열변화)의 두 가지 열 변화가 있었다는 것을 알 수 있다.

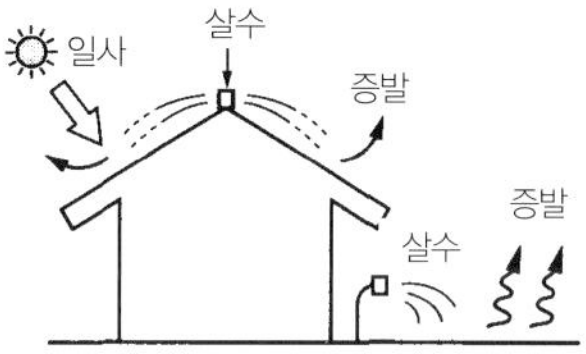

그림 2 지붕, 지면에 살수(잠열의 예)

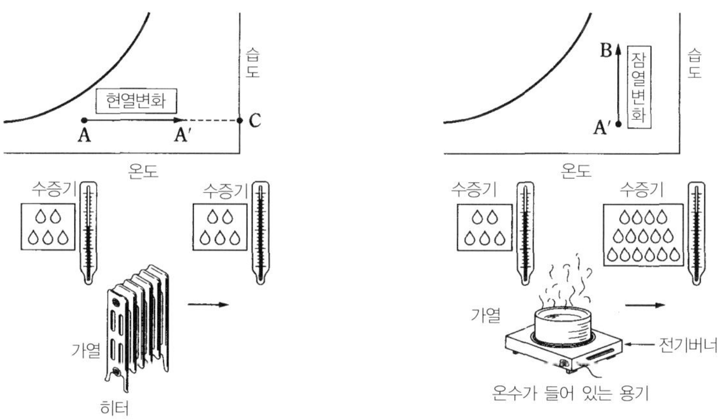

(a) 현열변화(가열)(수평방향)

(b) 잠열변화(가습)(수직방향)

그림 1 현열변화와 잠열변화

3.3.2 공기선도의 사용법

❙ 예제 7 ❙

건구온도 t=28℃, 상대습도 ϕ=50%일 때 공기의 습구온도 t', 노점온도 t'', 절대습도 x, 비용적 v, 엔탈피 h를 공기선도상에서 구하시오.

[해설]

t=28[℃], ϕ=50[%]인 점을 그림 3.15에 나타낸다. 여기에서 습구온도 t'=20.5[℃], 노점온도 t''=16.7[℃], 절대습도 x=0.0118[kg/kg(DA)], 비용적 v=0.87[㎥/kg(DA)], 엔탈피 h=58.6[kJ/kg(DA)], 수증기분압 P_w=1.9[kPa]라는 것을 읽을 수 있다.

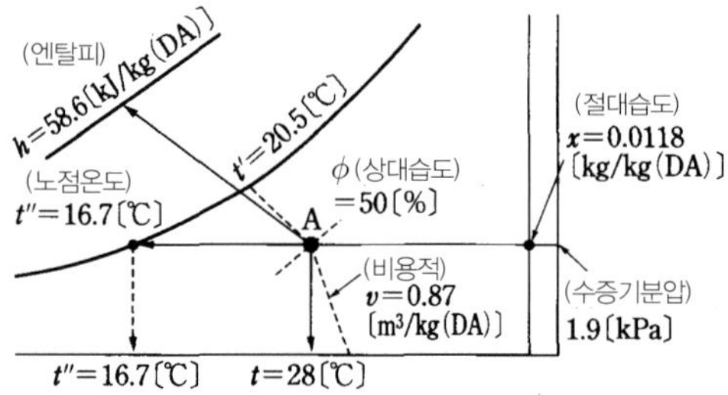

그림 3.15 습공기선도의 상태값

3.3.3 공조에 응용

다음은 실제로 공기를 가열 · 냉각 · 혼합했을 경우 상태점의 변화에 대해 설명한다.

(1) 가열과 냉각

공기는 가열기 등에 의해 가열된다. 예를 들면 t_1=10[℃], h_1=20.0[kJ/kg(DA)]인 공기 100kg(DA)/h를 가열하여 t_2=25[℃], h_2=35.15[kJ/kg(DA)]가 되었을 때 변화 열량 q_h[kJ]는 공기비열 C_p를 1.01kJ/[kg(DA) · K]로 하여 식 (3.7), (3.8)로 구할 수 있다.

$$q_h = 1.01G(t_2 - t_1) \quad \cdots\cdots (3.7)$$

$$= G(h_2 - h_1) \quad \cdots\cdots (3.8)$$

G : 건공기유량[kg(DA/h]

이 두 식에서

$$q_h = 1.01 \times 100 \times (25-10) = 1,515[kJ]$$

또는 $q_h = 100 \times (35.15 - 20) = 1,515[kJ]$

이때 공기의 상태 변화는 그림 3.16과 같이 된다.

냉각시의 변화는 그림 3.17의 ①→②'가 되며, 변화 열량 q_c[kJ]는 식 (3.9), (3.10)으로 구한다.

$$q_c = 1.01G(t_1 - t_2) \quad \cdots\cdots (3.9)$$

$$= G(h_1 - h_2) \quad \cdots\cdots (3.10)$$

하지만 코일로 냉각할 경우 코일 표면온도가 습공기의 노점온도 이하일 때에는 수증기 일부가 응축되면서 결로수가 되어 제거되기 때문에 절대습도가 낮아진다. 즉 냉각감습이 되기 때문에 상태는 그림 3.17의 ①→②와 같이 변화된다. 이때의 변화 열량 q_c'와 제거되는 수증기 L [kg/h]은 식(3.10)', (3.11)로 구한다.

$$q_c' = G(h_1 - h_3) \quad \cdots\cdots (3.10)'$$

$$L = G(x_1 - x_2) \quad \cdots\cdots (3.11)$$

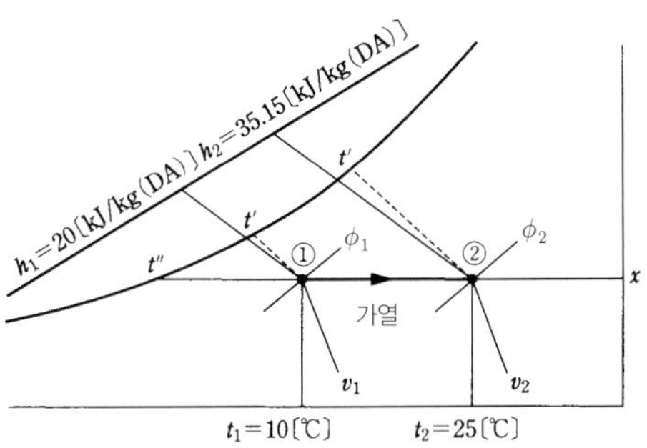

그림 3.16 가열 프로세스

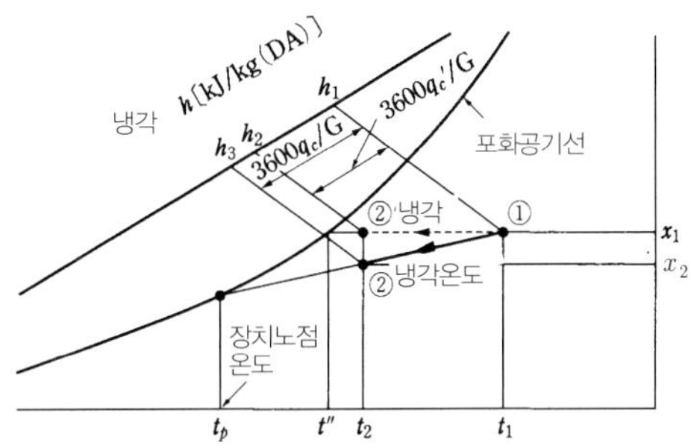

그림 3.17 냉각 · 감습

(2) 가습

겨울철 난방시에는 일반적으로 외기의 절대습도가 저하되기 때문에 공조시 외기를 도입하면 실내의 습도도 낮아진다. 이를 방지하기 위해 가습을 하는데, 가습 방법에는 물을 안개처럼 미립자상태로 공기에 증발시켜서 가습하는 **수분무가습**과, 수증기를 불어넣어 가습하는 **증기분무가습** 등이 있다.[1)]

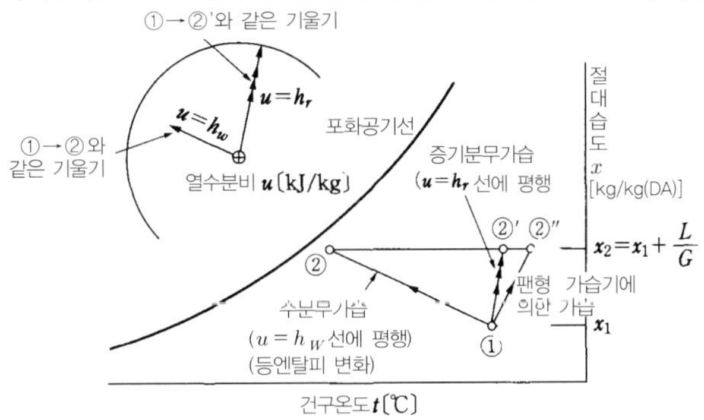

그림 3.18 가습

가습시 공기선도상의 변화는 그림 3.18과 같이 된다. 그 외에 가습팬 내의 물을 전기히터로 가열하여 물 표면에서 증기를 발생시키는 **팬형 가습** 등의 방법이 있다.

1) 각종 가습 방법은 3.6.4(1)(c)를 참조한다.

가습하기 전 공기의 상태점 ①에서 각 가습방식에 의한 가습 후의 상태 ②, ②', ②''에 이르는 공기상태의 기울기는 열수분비 u와 같은 기울기 방향이 되어 식 (3.12)로 구해지는 등절대습도선의 교점이 된다.

$$x_2 = x_1 + \frac{L}{G} \quad \cdots\cdots (3.12)$$

L : 가습량[kg/h]

G : 실내로 보내는 공급풍량[kg(DA)/h]

(3) 혼합

그림 3.19의 ①과 ②처럼 두 상태의 공기 각각 G_1, G_2[kg(DA)/h]를 단열혼합하면 상태 ③의 건구온도 t_3, 절대습도 x_3, 엔탈피 h_3은 식 (3.13)~식 (3.15)로 나타낼 수 있다. 공기선도상에서는 그림 3.19와 같이 된다. ①, ②의 공기 상태를 각각 건구온도(t_1), (t_2), 절대습도(x_1), (x_2), 엔탈피 (h_1), (h_2), 건공기질량(G_1), (G_2)라 한다.

$$t_3 = (G_1 t_1 + G_2 t_2)/G \quad \cdots\cdots (3.13)$$

$$x_3 = (G_1 x_1 + G_2 x_2)/G \quad \cdots\cdots (3.14)$$

$$h_3 = (G_1 h_1 + G_2 h_2)/G \quad \cdots\cdots (3.15)$$

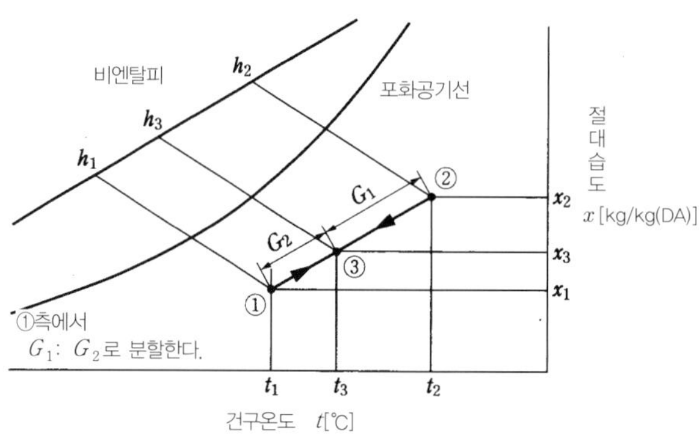

그림 3.19 단열혼합 과정

▌예제 2 ▌

①의 건구온도 t_1=28[℃], 상대습도 ϕ=50[%]인 공기 80kg(DA)와 ②의 건구온도 t_1=32[℃], 상대습도 ϕ=65[%]인 공기 20kg(DA)를 단열혼합했을 때 ③ 혼합공기의 건구온도 t_3, 절대습도 x_3, 엔탈피 h_3을 구하시오.

[해설]

습공기선도는 그림 3.20과 같이 된다. 계산은 식(3.13)~(3.15)에서 G_1=80kg(DA), G_2=20kg(DA)로 구해지는데 선도상에서는 ①은 공기량 80kg(DA), ②는 20kg(DA)이므로 G_2:G_1=1:4로 내분하는 점이 ③의 혼합점이 된다.

$t_3 = (4\times28+1\times32)/5 = 28.8$[℃]

$x_3 = (4\times0.0118+1\times0.0196)/5 = 0.0134$[kg/kg(DA)]

$h_3 = (4\times58.6+1\times82.2)/5 = 63.3$[kJ/kg(DA)]

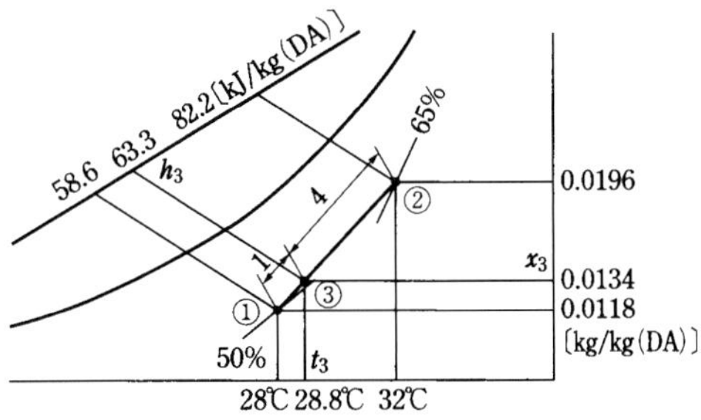

그림 3.20 단열혼합의 예

3.3.4 냉방 · 난방시 습공기선도상의 변화

실제 공조부하가 걸린 상태에서의 공기선도상의 변화를 다음과 같이 나타낸다.

(1) 냉방

그림 3.21에 냉방시 공기의 흐름을 순서대로 나타낸다.

① ; 외기 도입, ② ; 실내로부터의 환기 도입, ③ ; ①과 ②를 공조기로 혼합시켜 냉각기 입구 공기의 상태, ④ ; 냉각기 출구 공기의 상태(이것이 냉방대상실 입구 공기)라 한다. 각각의 상태점 변화를 공기선도상에 나타내면 그림 3.22와 같이 된다.

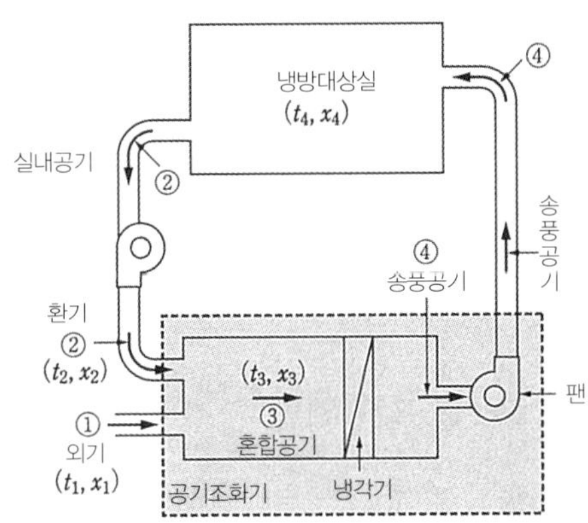

그림 3.21 냉방시 운전(혼합 · 냉각 · 감습)

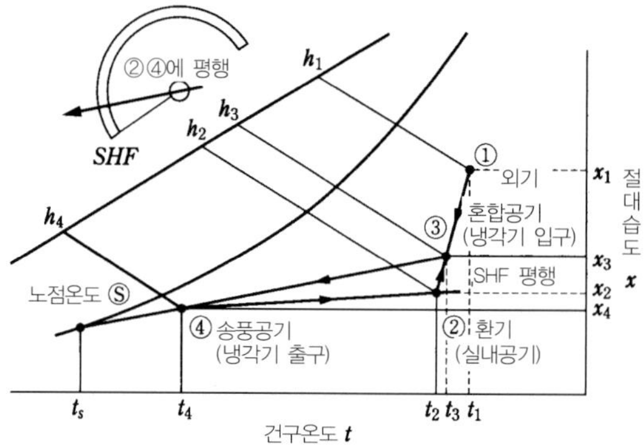

그림 3.22 냉방의 공기선도 과정

(2) 난방

그림 3.23에 난방시 공기의 흐름을 나타낸다.

① ; 외기 도입, ② ; 실내로부터의 환기 도입, ③ ; ①과 ②를 공조기로 혼합(가열기 입구), ④ ; 가습기 입구의 상태, ⑤ ; 가습가열 상태(이것이 난방대상실 입구 공기)라 한다. 각각의 상태점 변화를 공기선도상에 나타내면 그림 3.24와 같이 된다.

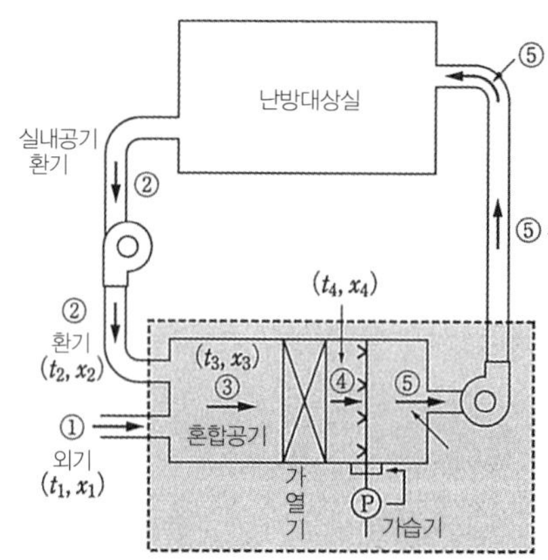

그림 3.23 난방시 운전(혼합 · 가열 · 단열 · 가습)

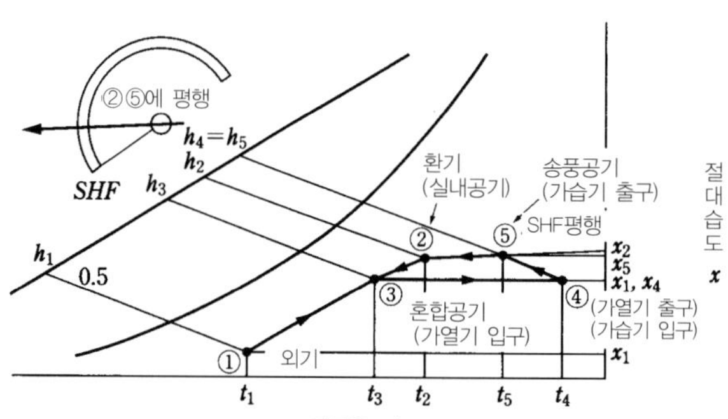

그림 3.24 난방의 공기선도 과정

3.4 공조부하에 대하여

3.4.1 공조부하의 개요와 조건

(1) 공조부하와 종류

여름철에는 외기에서 실내로 열이나 습기가 들어오거나 실내의 조명 또는 사람에게서 나오는 열과 수증기가 방출되어 실내의 온습도가 높아진다. 반면 겨울철에는 실내의 열이 실외로 방출되거나 저온의 건조한 외기가 실내로 들어와 실내의 온습도가 낮아진다. 또한 실내에서 활동하는 사람이나 실내 방열기기 등에 의해 실내의 공기가 건조해진다.

이러한 현상에 대하여 실내 공기의 온습도와 공기청정도를 적절한 상태로 유지시키기 위해서는 공조설비를 이용하여 열을 제거하거나 공급해야 한다. 그림 3.25(a)와 같이 열이 유입되기 때문에 냉방시 제거해야 할 열량을 **냉방부하**, 그림 3.25(b)와 같이 열이 유출되기 때문에 난방시 보급해야 할 열량을 **난방부하**라고 한다.

실내공기의 온도를 일정하게 유지하기 위해서는 그 실이 취득하는 열량을 제거하거나 또는 손실되는 열량을 보충해야 한다. 이처럼 온도를 상승·하강시키는 취득·손실 열량을 **현열부하**[1]라고 한다. 이에 반해 실내공기의 습도를 일정하게 유지하기 위해서는 필요에 따라 수증기를 제거하거나 또는 보충해야 한다. 이처럼 습도를 상승·하강시키는 취득·손실 수증기량을 열량으로 환산한 것을 **잠열부하**[2]라고 한다.

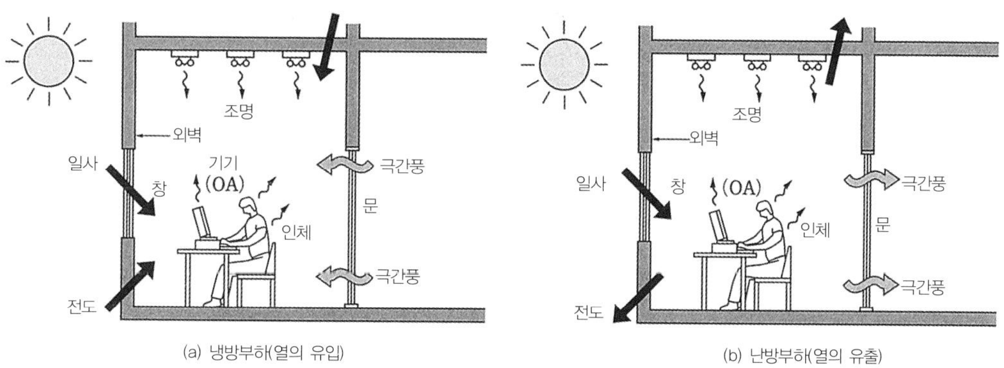

그림 3.25 공조의 실내부하 개념

1), 2) [칼럼 11] 참조

(2) 공조부하조건

냉방부하나 난방부하를 계산하는 데 쓰이는 외기의 건구온도 t_o', 노점온도 t_o'', 상대습도 ϕ_o를 표 3.3에 나타낸다. 이는 냉방부하용으로는 여름철 6~9월, 난방부하용으로는 겨울철 12~3월의 각각 4개월 동안의 외기관측치를 이용하여 설계용 온도보다 높은 외기의 시간수를 전체 시간수의 2.5% 미만으로 유지하도록 했을 경우의 온도이다.

공기조화가 필요한 시간대는 건물의 용도에 따라 다르지만 연속사용되는 건물일 경우 0~24시, 사용시간이 주간인 건물일 경우 8~17시가 이용된다. 설정 목표로 하는 실내의 환경기준은 표 3.1에 나타낸 바와 같다.

표 3.3 냉난방장치의 용량계산을 위한 설계 외기온도

구분 / 도시명	건구온도 [℃]	습구온도 [℃]	구분 / 도시명	건구온도 [℃]	습구온도 [℃]
서울	31.2	25.5	서울	−11.3	63
인천	30.1	25.0	인천	−10.4	58
수원	31.2	25.5	수원	−12.4	70
춘천	31.6	25.2	춘천	−14.7	77
강릉	31.6	25.1	강릉	−7.9	42
대전	32.3	25.5	대전	−10.3	71
청주	32.5	25.8	청주	−12.1	76
전주	32.4	25.8	전주	−8.7	72
서산	31.1	25.8	서산	−9.6	78
광주	31.8	26.0	광주	−6.6	70
대구	33.3	25.8	대구	−7.6	61
부산	30.7	26.2	부산	−5.3	46
진주	31.6	26.3	진주	−8.4	76
울산	32.2	26.8	울산	−7.0	70
포항	32.5	26.0	포항	−6.4	41
목포	31.1	26.3	목포	−4.7	75
제주	30.9	26.3	제주	0.1	70

※건축물의 에너지절약 설계기준(건설교통부 고시 제2003-314호, 2003.1.7) 제6조에 의함

3.4.2 냉방부하

냉방부하는 냉동기·송풍기 등의 기기용량을 결정하기 위한 기초가 된다. 냉방부하의 요인을 표 3.4에 나타내며 그 요인의 관계도를 그림 3.26에 나타낸다. 각 부하는 현열부하와 잠열부하로 나누어 고려하며, 냉방부하는 이들의 합계치이다.

표 3.4 냉방부하의 구성요소

종 류	내 용		현 열	잠 열
실내취득부하	(1) 벽체	외벽 · 지붕	q_{WO}	–
		내벽 · 바닥 · 새시	q_{WI}	–
	(2) 유리창	전도	q_{GC}	–
		일사	q_{GR}	–
	(3) 극간풍		q_{IS}	q_{IL}
	(4) 인체		q_{HS}	q_{HL}
	(5) 기기(조명 등)		q_{ES}	q_{EL}
외기부하	(6) 도입외기		q_{OS}	q_{OL}

주) 그 밖에 송풍기나 덕트 등에서 나오는 발열 등에 의한 장치부하가 있다.

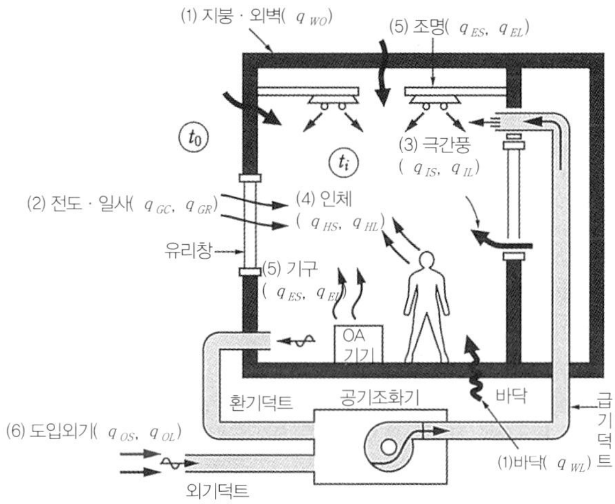

주) 그림 내의 번호는 표 3.4와 일치시켰다.

그림 3.26 냉방부하의 주요 구성요인

다음은 냉방부하의 각 인자에 대한 설명이다.

(1) 벽체로부터의 취득부하(현열)

① 외벽 · 지붕면으로부터의 취득부하 q_{WO} [W]

일사의 영향을 받는 외벽이나 지붕면에서 들어오는 열량으로 식 (3.16)을 이용하여 구할 수 있다.

$$q_{WO} = A \cdot K \cdot ETD \qquad (3.16)$$

A : 외벽 또는 지붕의 면적 [m²]

외벽면적을 계산할 경우 벽면 높이는 층고를 이용한다.

K : 외벽 또는 지붕의 열관류율 [W/(m² · K)]

ETD[1] : 유효온도차 [K]

1) Effective Temperature Difference

ETD는 일사의 영향을 받아 외벽, 벽체의 축열에 의한 열적 지연을 고려한 온도차를 말한다. 표 3.6은 도표의 예이다.

$$K = \frac{1}{(\frac{1}{\alpha_o}) + \Sigma(\frac{1}{\lambda}) + (\frac{1}{C}) + (\frac{1}{\alpha_i})} \quad \cdots\cdots (3.17)$$

α_o, α_i : 벽면 외측, 내측의 표면열전달률 [W/(㎡ · K)] ($\alpha_o = 23$, $\alpha_i = 9$를 사용)

C : 공기층의 열전달률 [W/(㎡ · K)](6.5~7.3[W/(㎡ · K)])

l : 벽의 두께 [m]

λ: 벽체의 열전도율 [W/(m · K)] (표 3.5)

*온도차는 [℃]와 [K] 모두 같은 값이 된다.

표 3.5 건축재료의 열전도율 λ[W/(m · K)]

재 료	λ	재 료	λ
동(순)	386	석고판 · 라스보드	0.17
알루미늄(순)	228	펄라이트보드	0.20
철(강)	52	목모시멘트판	0.15
대리석	1.57	타일	1.28
화강암	2.17	보통벽돌	0.62
대곡석	1.34	내화벽돌	1.16
흙	0.62	유리	0.78
모래(건조)	0.49		
자갈	0.62		
보통콘크리트	1.40	아스팔트방수층	0.28
경량콘크리트	0.78	아스팔트타일	0.33
발포콘크리트(ALC)	0.17	리놀륨	0.19
신더콘크리트	0.80	고무타일	0.40
PC콘크리트	1.51	섬유강화(FRP) 플라스틱	0.26
모르타르	1.08	다다미	0.15
회반죽	0.73	모직포	0.13
플라스터	0.62		
삼나무	0.09	암면 성형판	0.06
히노키	0.10	유리면 성형판	0.03
라왕	0.16	발포폴리스티렌	0.06
합판	0.13	발포경질폴리우레탄	0.02
텍스(연질섬유판)	0.06	규조토	0.09
하드텍스(경질섬유판)	0.22	탄산마그네슘	0.08

■ 표시된 숫자는 예제 4에서 사용.

표 3.6 외벽 · 지붕의 실효온도차 ETD[K] t_{ic}=26℃, t_{oc}=29.5℃(도쿄)

외벽 · 지붕	방위 / 시각	수평	N · 그림자	NE	E	SE	S	SW	W	NW
보통콘크리트	10	17.5	4.8	13.8	18.3	14.5	5.4	4.1	4.1	4.1
두께 70~110mm	12	27.6	6.8	11.4	16.6	16.4	10.8	7.1	6.6	6.6
경량콘크리트	14	32.3	8.1	9.7	11.8	12.9	13.6	13.1	11.1	8.5
두께 60~80mm	16	30.3	8.6	9.1	9.8	10.2	12.5	18.5	19.1	13.9
보통콘크리트	10	12.8	3.9	10.9	14.2	11.0	4.0	3.2	3.3	3.2
두께 110~160mm	12	21.4	5.6	10.6	14.9	13.8	8.1	5.6	5.3	5.2
경량콘크리트	14	27.2	7.0	9.8	12.4	12.6	11.2	10.2	8.7	7.0
두께 80~150mm	16	28.2	7.8	9.4	10.9	11.0	11.6	15.0	15.0	11.2

주) 시각은 태양시. 중앙표준시=태양시−[지방의 경도(°)−135] / 15−균시차
■ 표시된 숫자는 예제 3에서 사용.

표 3.6은 지역이 도쿄이므로 실내온도 t_{ic} =26℃, 여름철 일평균 외기온도 t_{oc} =29.5℃일 때이며 그 외에는 식 (3.18)로 구한 ETD_c를 식 (3.16)의 ETD 대신에 사용한다.

$$ETD_c = ETD + (26 - t_{ic}) + (t_{oc} - 29.5) \quad \cdots\cdots (3.18)$$

t_{ic} : 실내온도[℃]

t_{oc} : 여름철 일평균 외기온도[℃] (표 3.7)

표 3.7 여름철 일평균 외기온도 t_{oc}[℃]

지 명	t_{oc}	지 명	t_{oc}
삿포로	25.4	나고야	29.6
센다이	27.4	오사카	30.3
도 쿄	29.5	가고시마	30.0

▌예제 3▐

두께 150mm 보통콘크리트 외벽의 오사카 지역에서의 14시 실효온도차 ETD_c를 실내온도 27℃로 구하시오.

[해설]

표 3.6에서 14시의 N면 ETD는 7.0K이며, 표 3.7에서 오사카의 t_{oc}는 30.3℃이므로 식 (3.18)을 이용하여 구하면

$$ETD_c = 7.0 + (26-27) + (30.3-29.5) = 6.8[K]$$

같은 방식으로 계산하여 E면 12.2K, S면 11.0K, E면 8.5K가 된다.

② 내벽 · 바닥면으로부터의 취득부하 q_{WI}[W]

실내의 내벽, 바닥면, 새시 등에서 받는 열량으로 식(3.19)로 구할 수 있다.

$$q_{WI} = A \cdot K \cdot \Delta t \quad \cdots\cdots (3.19)$$

A : 내벽, 바닥면의 면적[㎡], 내벽의 면적을 구할 때 벽면의 높이는 천장높이를 사용한다.

K : 내벽, 바닥면의 열관류율[W/(㎡ · K)]

Δt : 내외온도차[K]

▌예제 4▐

그림 3.27과 같은 단면구조를 가진 외벽의 열관류율 K[W/(㎡ · K)], 이 벽(면적 10㎡)의 유효온도차 ETD가 10K였을 때의 취득부하 q_{WO}를 구하시오.

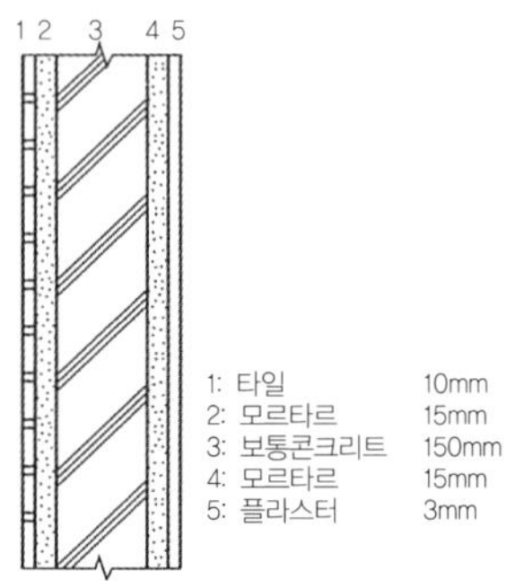

그림 3.27

[해설]

식 (3.17)에서 α_i=9, α_o=23이라 하고 각 부재의 열전도율 λ은 표 3.5에서 선택한다. 따라서 이 식에서

$$K = \frac{1}{(\frac{1}{23}) + (\frac{0.01}{1.28}) + (\frac{0.015}{1.08}) + (\frac{0.15}{1.40}) + (\frac{0.015}{1.08}) + (\frac{0.003}{0.62}) + (\frac{1}{9})}$$

$= 3.31$[W/(㎡ · K)]

$q_{WO} = 10 \times 3.31 \times 10 = 331$[W]

(2) 유리창으로부터의 취득부하(현열)

유리창으로부터의 취득부하에는 그림 3.28과 같이 온도차에 의한 전도열부하 ①과 일사의 투과, 흡수, 방열에 의한 일사열부하 ②가 있으며 식 (3.20)과 식 (3.21)로 구할 수 있다.

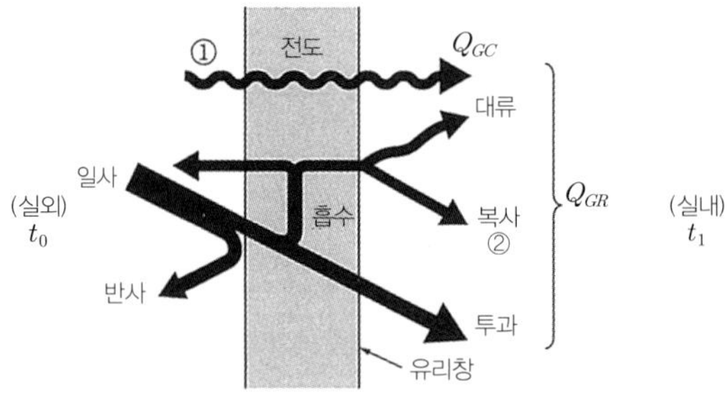

그림 3.28 유리창의 열취득

① 전도에 의한 취득부하 q_{GC} [W]

$$q_{GC} = A_G \cdot K \cdot (t_o - t_i) \qquad (3.20)$$

A_G : 유리의 면적 [m²]

K : 유리의 열관류율 [W/(m² · K)] (표 3.8)

t_o : 외기온도 [K]

t_i : 실내온도 [K]

② 일사에 의한 취득부하 q_{GR} [W]

$$q_{GR} = A_G \cdot S \cdot SC \qquad (3.21)$$

A_G : 유리의 면적 [m²]

S : 유리창으로부터의 표준일사열취득 [W/m²] (표 3.9)

SC : 차폐계수 (표 3.8)

표 3.8 대표적인 유리창의 성능치

유리창의 종류	두께[mm]	열관류율 K W/(m² · K)	차폐계수 SC	직사일광투광률
투명	3	6.2	1.0	0.90
투명	6	6.2	0.95	0.88
열선흡수 · 브론즈계	6	6.2	0.72	0.53
열선반사 · 브론즈계	6	5.6	0.29	0.10
투명+베네시안블라인드	3	5.3	0.58	0.23

■ 표시된 숫자는 예제 5에서 사용.

표 3.9 유리창으로부터의 일사열량 S (투명유리 및 열선흡수유리용)

시각 \ 방위	수평	일영	N	NE	E	SE	S	SW	W	NW
10	765	43	43	92	319	341	131	43	43	43
12	843	43	43	43	43	93	180	147	50	43
14	723	43	43	43	43	43	108	377	400	152
16	419	38	38	36	36	36	36	402	609	441

주) 1. 단위는 [W/m²]　　2. 도쿄 : 여름철(7월 23일)의 수치

■ 표시된 숫자는 예제 5에서 사용

(3) 침기에 의한 취득부하(현열 · 잠열)

창 또는 새시의 틈이나 문을 통해 외기가 실내로 들어올 경우의 부하로, 현열부하와 잠열부하가 있다.

① 현열부하 q_{IS}[W]

$$q_{IS} = 0.34 \cdot \Delta t \cdot Q_i \qquad (3.22)$$

② 잠열부하 q_{IL}[W]

$$q_{IL} = 834 \cdot \Delta x \cdot Q_i \qquad (3.23)$$

Q_i : 극간풍량[m³/h]

Δt : 실내외공기의 건구온도차[K]

Δx : 실내외공기의 절대습도차[kg/kg(DA)]

Q_i는 환기횟수 n을 식 (3.24)로 구한다.

$$Q_i = n \cdot V \qquad (3.24)$$

n : 환기횟수[회/h], 일반 사무소빌딩의 경우 0.5~1.0회/h

V : 실의 용적[m³]

[보충 설명] 식 (3.22), (3.23)의 보충 설명

$$q_{IS} = \frac{C_p \cdot \rho \cdot \Delta t \cdot Q_i}{3,600} = \left(\frac{C_p \cdot \rho}{3,600}\right) \cdot \Delta t \cdot Q_i = 0.34 \cdot \Delta t \cdot Q_i \qquad (3.22)$$

$$q_{IL} = \frac{r \cdot \rho \cdot \Delta x \cdot Q_i}{3,600} = \left(\frac{r \cdot \rho}{3,600}\right) \cdot \Delta x \cdot Q_i = 834 \cdot \Delta x \cdot Q_i \qquad (3.23)$$

C_p : 건공기의 정압비열=1.0×10^3[kJ/kg(DA) · K]

1/3,600 : [J/h]를 [J/s]=[W]로 환산하기 위한 계수

ρ : 공기밀도=1.2[kg(DA)/m³]　　r : 물의 증발잠열=2.5×10^3[kJ/kg]

(4) 인체로부터의 취득부하(현열 · 잠열)

인체에 의한 부하에는 인체 표면의 대류 및 복사에 의한 현열과 발한 · 호흡에 의한 잠열이 있다. 재실자 1인당 방열량은 표 3.10이며, 표 3.11의 단위면적당 인원 N[인/m²], 바닥면적 A[m²]를 여기에 곱해서 구한다.

표 3.10 인체로부터 나오는 발열량의 설계치[W/인]

작업상태	실 온		28℃		26℃	
	예	전체발열량 ($H_s + H_L$)	현열 H_s	잠열 H_L	현열 H_s	잠열 H_L
편하게 앉아 있음	극 장	92	44	48	51	41
가벼운 작업	학 교	106	48	58	55	51
사무소의무, 가벼운 보행	사무소 · 호텔 · 백화점	119	47	72	55	64
앉았다 섰다 하는 일, 보행	은 행	131	48	84	56	76
앉아서 식사	레스토랑	145	51	94	59	86
앉아서 작업	공장에서의 가벼운 작업	198	50	148	63	135

표 3.11 거실의 용도별 재실인원 (인/m², 인/실)

건축 용도	실용도	공조단위면적당 인원수	비고	건축 용도	실용도	공조단위면적당 인원수	비고
사무소	사무실	0.17~0.2인/m²		백화점	매장	0.1~0.15인/m²	매장 점원 및 고객 포함
	식당(전용)	0.7~1.0인/m²			점원	0.8~1.0인/m²	
	회의실	0.5~0.7인/m²			1층	0.7~1.0인/m²	
은행	영업실	0.2~0.5인/m²			지하	0.4~0.6인/m²	
	본부사무실	0.2인/m²			기준층	1.0~2.0인/m²	
	응접실	2~5인/실			특매장	0.6 · 0.9인/m²	
	전화교환실	0.1인/m²			일반식당	0.6~0.9인/m²	
	식당	07~1.0인/m²			특별식당	0.6~0.9인/m²	
슈퍼 마켓	1층 식료품매장	0.55인/m²			다방	0.6~0.9인/m²	
	일용품 매장	0.3인/m²			스낵바	0.6~0.9인/m²	
병원	관리부		병실의 수에 따라 변함 보통의 수술실 5인 뇌수술 7인 (환자포함)		미용실	0.2~0.4인/m²	
	현관로비	0.25인/m²		호텔	대연회장	1.0~1.2인/m²	종업원 포함
	전화교환실	0.1인/m²			중연회장	0.7~0.9인/m²	
	원장실	1~2인/실			연회장용 로비	0.15인/m²	
	비서실	1~2인/실			라운지	0.4~0.5인/m²	
	사무실	0.2인/m²			커피숍	0.6인/m²	
	수간호원실	1~2인/실			양식그릴	0.5~0.7인/m²	
	회의실	0.4~0.5인/m²			중국식그릴	0.6인/m²	
	외래진료실				일식그릴	0.6인/m²	
	대기실	4~5인/실			스카이라운지	0.4~0.5인/m²	
	각과진료실	5~6인/진찰대			엘리베이터홀	0.1인/m²	
	중앙진료시설				점포	0.3인/m²	
	약국	0.1인/m²			종업원식당	1.0인/m²	
	대기실	0.6~1.0인/m²			종업원휴게실	0.25인/m²	
	병동				인쇄 · 목공실	0.25인/m²	
	병실 특실	0.15인/m²			종업원 이 · 미용실	0.3인/m²	
	병실 2인 이상	0.2인/m²			회의실	0.7인/m²	

병원	수술부		병실의 수에 따라 변함 보통의 수술실 5인 뇌수술 7인 (환자포함)	호텔	종업원 탈의실	0.25인/㎡	종업원 포함
	수술실	5~7인/실			전화교환실	0.25인/㎡	
	서프라이 센터	3~5인/실			사무실	0.25인/㎡	
	분만실				예식장	20~30인/실	
	분만실	2~3인/실			소연회장	0.5인/㎡	
	진통실	2~3인/실			사진실	0.6인/㎡	
	서비스부						
	식당	0.7~1.0인/㎡					
	종업원 탈의실	1.0인/㎡					

① 현열부하 q_{HS} [W]

$$q_{HS} = N \cdot A \cdot H_s \quad \cdots\cdots (3.25)$$

② 잠열부하 q_{HL} [W]

$$q_{HL} = N \cdot A \cdot H_L \quad \cdots\cdots (3.26)$$

N : 재실인원밀도 [인/㎡]

H_s : 재실자 1인당 현열량 [W/인]

H_L : 재실자 1인당 잠열량 [W/인]

(5) 조명 및 동력기기로부터의 취득부하(현열)

조명기구나 전동기 등의 대류 및 복사에 의한 현열이 방열된다.

① 조명으로부터의 취득부하 q_{ES} [W]

형광등 $q_{ES} = 1.16\,W \cdot A$ ······ (3.27)

백열등 $q_{ES} = W \cdot A$ ······ (3.28)

W : 조명기구 1㎡당 발열량 [W/㎡]　　A : 실면적 [㎡]

표 3.12 단위바닥면적당 조명용 전력 W [W/㎡]과 실내조도[lx]

건물 종류	용 도	조명용 전력		실내조도	
		일 반	고 급	일 반	고 급
사무소빌딩	사무실 은행영업실	20~30 60~70	50~55 70~100	300~350 750~850	700~800 1000~1500
극 장	객실 로비	10~15 10~15	15~20 20~25	100~150 150~200	150~200 200~250
상 점	점내	25~35	55~70	300~400	800~1000
학 교	교실	10~15	25~35	150~200	250~350

주) 호텔만 백열등간접조명이며 그 외는 형광등, 일반은 반직접조명, 고급은 반간접조명

② 동력기기로부터의 취득부하 q_{ES} [W]

$$q_{ES} = W_A \cdot n \cdot f \quad \cdots\cdots (3.29)$$

W_A : 사무기기의 발열량[W/대] (표 3.13)

n : [대]　　　　　f : 사용률

표 3.13 OA기기에서 발생하는 현열량 W_A [W/대]

기기 · 기구명	발생열량
워드프로세서	100
개인용 컴퓨터 · 사무용 컴퓨터	200
CAD 단말기	500~800
복사기	300 정도

주) 현열부하만 표시함.

(6) 외기부하

(3)의 침기와 같은 방법으로 구한다.

① 현열부하 q_{OS} [W]

$$q_{OS} = 0.34 \cdot \Delta t \cdot Q_O \quad \cdots\cdots (3.30)$$

② 잠열부하 q_{OL} [W]

$$q_{OL} = 834 \cdot \nabla TAx \cdot Q_O \quad \cdots\cdots (3.31)$$

Q_O : 도입외기량[m³/h]

(7) 냉방부하의 집계

(1)~(6)까지의 취득부하 계산으로 구한 현열부하의 합계 q_{CS}와 잠열부하의 합계 q_{CL}을 더한 전체 냉방부하 q_c는 식 (3.32)로 구한다.

$$q_{CS} = (q_{WO} + q_{WI} + q_{GC} + q_{GR} + q_{IS} + q_{HS} + q_{ES}) \times (1.1 \sim 1.2)^{*} + q_{OS}$$

$$q_{CL} = (q_{IL} + q_{HL} + q_{EL}) \times 1.05 + q_{OL}$$

$$q_c = (q_{CS} + q_{CL}) \quad \cdots\cdots (3.32)$$

(1.1~1.2)*는 송풍기, 덕트 등으로부터의 열취득을 고려한 안전율이다. 벽체나 유리창으로부터의 취득부하는 2개 이상의 시각(예를 들면 12시, 14시, 16시) 중에서 집계치로 하여 가장 큰 부하를 구한다.

| 예제 5 |

사무실 A를 공조할 경우의 냉방부하를 구하시오. 설계조건은 다음과 같다.

1) 지역 : 도쿄

2) 최상층의 방이며 옆방, 복도, 아래층 방(그림에서 음영처리한 곳)은 공조되어 있다.

3) 냉방조건

여름철	건구온도[℃]	습구온도[℃]	상대습도[%]	절대습도[kg/kg(DA)]
외기조건	32.6	26.8	64.0	0.0200
실내조건	28.0	20.5	50.0	0.0118

4) 열관류율

부재	사양	열관류율 K[W/(㎡ · K)]
외벽	보통콘크리트 두께 150mm	3.31
지붕	보통콘크리트 두께 100mm	1.46
유리창	두께 3mm	5.30

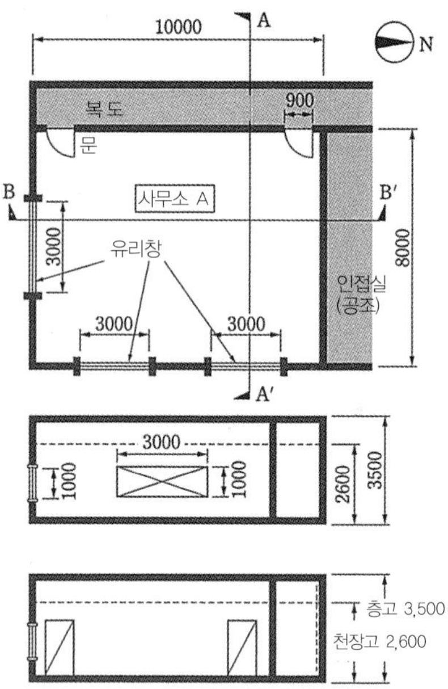

그림 3.29

5) 유리창 안쪽에 크림색 베네시안 블라인드를 설치(차폐계수 0.58 : 표 3.8)

6) 조명은 형광등으로 하루종일 점등되어 있다.(조명용 전력 20W/㎡ : 표 3.12)

7) 실내에는 총 1.2kW의 현열량을 발생하는 사무기기가 있으며 사용률은 0.5로 한다.

8) 외기도입량은 30㎥/(h · 인)으로 한다.

9) 재실자는 0.2인/㎡로 한다.(표 3.11)

[해설]

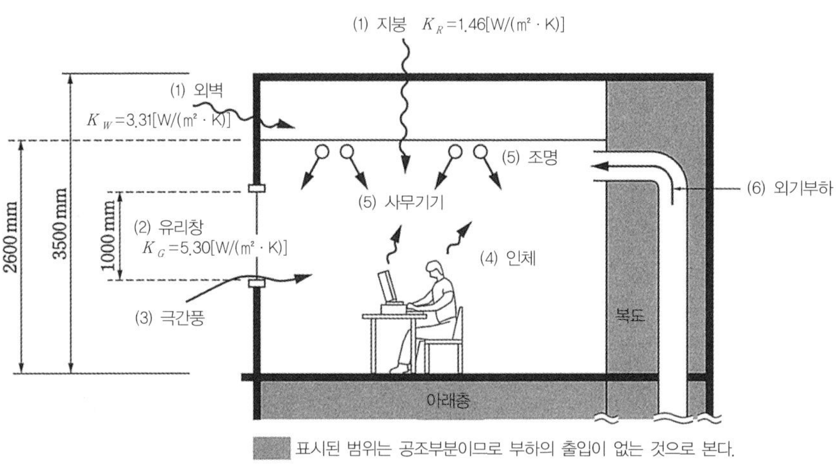

그림 3.30

(1) 벽체로부터의 취득부하 q_{WO}

지붕, 외벽(S, E면)의 면적 A, 열관류율 K, 보정 유효온도차 ETD_c(표 3.6, 식(3.18) 사용)으로 식(3.16)에서 구한 각 벽체의 q_{WO}를 표 1에 나타낸다.

표 1 벽체로부터의 취득부하 산출결과

방위	구조 종별	면적 A [m²]	열관류율 K [W/(m²·K)]	시각 12시 ETD [K]	ETD_c [K]	q_{WO} [W]	14시 ETD [K]	ETD_c [K]	q_{WO} [W]	16시 ETD [K]	ETD_c [K]	q_{WO} [W]
S	외벽	25.00	3.31	8.1	6.1	505	11.2	9.2	762	11.6	9.6	795
E	외벽	29.00	3.31	14.9	12.9	1239	12.4	10.4	999	10.9	8.9	855
수평	지붕	80.00	1.46	27.6	25.6	2991	32.3	30.3	3540	30.3	28.3	3306
① 소계						4735			5301			4956

(2) 유리창으로부터의 열취득부하(전도 q_{GC}, 복사 q_{GR})

유리창(S, W면)의 면적 A, 열관류율 K, 실내외온도차 Δt(32.6℃−28.0℃=4.6℃)로 식 (3.20)에서 q_{GC}를, 표 3.8에서 차폐계수 SC를 0.58이라 하고, 표 3.9에서 일사열취득량을 구해 표 2, 3에 나타낸다.

표 2 유리창으로부터의 열취득부하(전도, q_{GC}) 산출결과

방위	구조종별	면적 A [m²]	열관류율 K [W/(m²·K)]	시각 12시 온도차 Δt[k]	q_{GC} [w]	14시 온도차 Δt[k]	q_{GC} [w]	16시 온도차 Δt[k]	q_{GC} [w]
S	유리창	3.00	5.3	4.6	74	4.6	74	4.6	74
E	유리창	6.00	5.3	4.6	147	4.6	147	4.6	147
② 소계					221		221		221

표 3 유리창으로부터의 열취득부하(복사 q_{GR}) 산출결과

방위	구조종별	면적 A [m²]	차폐계수 SC	시각 12시 일사열취득 S [W/m²]	q_{GR} [w]	14시 일사열취득 S [W/m²]	q_{GR} [w]	16시 일사열취득 S [W/m²]	q_{GR} [w]
S	유리창	3	0.58	180	314	108	188	36	63
E	유리창	6	0.58	43	148	43	150	36	126
③ 소계					464		338		189

	12시		14시		16시	
(①소계+②소계+③소계)의 합계		5420		5860		5366

- 가장 큰 부하로 5860W를 선정한다.

(3) 침기로부터의 취득부하 q_{IS}, q_{IH}

- 침기량 Q_i 산정

  실용적=8m×10m×2.6m=208[m³]

  인원=80m²×0.2인/m²=16[인]

  환기횟수 1회/h로 하면, Q_i=208m³×1회/h=208[m³/h]

- q_{IS} 산정(현열) : 식 (3.22)에서
  0.34W · h(㎥ · K)×(32.6−28.0) K×208㎥/h=326[W] ······················· ④
- q_{IH} 산정(잠열) : 식 (3.23)에서
  834W · kg(DA) · h/(㎥ · kg)×208㎥/h×(0.020−0.0118)=1,423[W] ·· ⑤

(4) 인체로부터의 취득부하 q_{HS}, q_{HL}

인체로부터의 발열량은 표 3.10에 의한다.

q_{HS} = 16인×47W/인=752[W] ··· ⑥

q_{HL} = 16인×72W/인=1,152[W] ·· ⑦

(5) 조명, 사무기기로부터의 취득부하 q_{ES}

식 (3.27) 및 식 (3.29)에서

q_{ES}=1.16×20W/㎡×80㎡+1,200W×0.5=2,456[W] ··························· ⑧

(6) 외기부하로부터의 취득부하 q_{OS}, q_{OL}

식 (3.30) 및 식 (3.31)에서

q_{OS}=0.34×30㎥/(인 · h)×16인×(32.6−28.0)=751[W] ······················ ⑨

q_{OL}=834×30㎥/(인 · h)×16인×(0.020−0.0118)=3,283[W] ·············· ⑩

(7) 냉방부하 집계

q_{CS}=(①+②+③+④+⑥+⑧)×1.1+⑨

=(5,860+326+752+2,456)×1.1+751=11,085[W]

q_{CL}=(⑤+⑦)×1.05+⑩=(1,423+1,152)×1.05×3,283=5,987[W]

q_{CS}+ q_{CL}=17,072[W]

따라서 면적당 부하는 17,072W÷80㎡≒214W/㎡

[칼럼12] 일사차폐

공조부하를 줄이고 에너지를 절약할 수 있는 공조설비시스템을 계획하기 위해서는 유리창을 통해 들어오는 일사취득부하를 억제하는 것이 효과적이다.

일사량을 100%라 했을 때, 창에 투명단층유리를 사용한 경우(①), ①의 상태에서 내부에 블라인드를 설치한 경우(②), 마찬가지로 외부에 블라인드를 설치한 경우(③)의 일사차폐효과를 각각 비교하여 그림 1에 나타냈다.

①번의 단층유리를 사용한 경우에는 약 80%가 투과되는데 반해, 내부에 블라인드를 설치한 경우는 약 50%까지 차폐한다. 가장 효과가 높은 것은 외부에 블라인드를 설치한 경우로 20% 정도까지 억제할 수 있다.

이처럼 유리창 바깥쪽에서 일사를 차단하는 방법은 우리 주변에서도 흔히 볼 수 있는데 여름철에 햇볕을 막기 위해 사용하는 발이나 햇빛가리개(그림 2), 벽면 녹화(그림 3)를 들 수 있고 유럽에서는 어닝(그림 4)이라 불리는 차양을 들 수 있다. 또한 오피스빌딩 등에서는 외부 블라인드나 수평 · 수직 루버(그림 5)를 사용하기도 한다. 그러나 먼지가 끼거나 오염되었을 경우 청소하기가 어렵기 때문에 유지관리에 유의해야 한다.

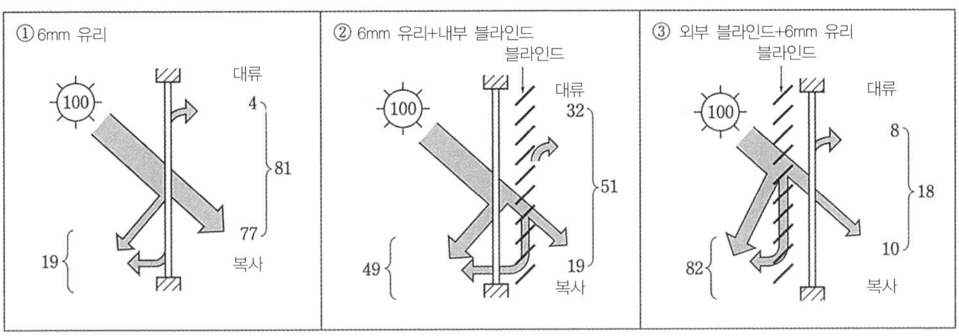

그림 1 일사차폐효과 비교

그림 2 발

그림 3 벽면 녹화의 예

그림 4 어닝의 예(네덜란드 · 암스테르담)

그림 5 수평루버의 예

3.4.3 난방부하

난방부하는 보일러나 공조가열기기 등의 용량을 결정하는 기초가 되는 것이다. 난방부하의 요인을 표 3.14에 나타내며 각 요인의 관계도를 그림 3.31에 나타낸다. 난방부하는 냉방부하 계산에 비해 다음과 같은 점이 다르므로 유의하도록 한다.

① 겨울철에는 일반적으로 실내온도가 외부온도보다 높아지기 때문에 여름철에는 냉방부하로 실내에 향하던 열의 흐름(실내에서는 열취득)이 실외로 방출(실내에서는 열손실)되는 것으로 본다.

② 냉방부하의 큰 요인이 되었던 유리창에서 들어오는 일사에 의한 부하 q_{GC}, q_{GR}은 난방부하에서는 안전측에 작용한다. 하지만 날씨가 좋지 않은 날에는 기대할 수 없기 때문에 0으로 본다.

③ 조명기구 q_{ES}, q_{EL}, 재실자 q_{HS}, q_{HL} 등에서 발생하는 발열량은 안전측으로 카운트할 수 있기 때문에 무시한다. 단 발열량이 많을 경우(PC나 OA기기 등에서 나오는 발열이 많을 경우)에는 이를 빼지 않으면 기기용량이 너무 커지기 때문에 주의해야 한다.

표 3.14 난방부하의 구성요소

종 류	내 용		현 열	잠 열
실내손실부하	(1)	외벽 · 지붕 · 유리창	q_{WO}	–
		바닥	q_{WL}	–
	(3) 침기		q_{IS}	q_{IL}
외기부하	(6) 환기에 의한 손실		q_{OS}	q_{OL}

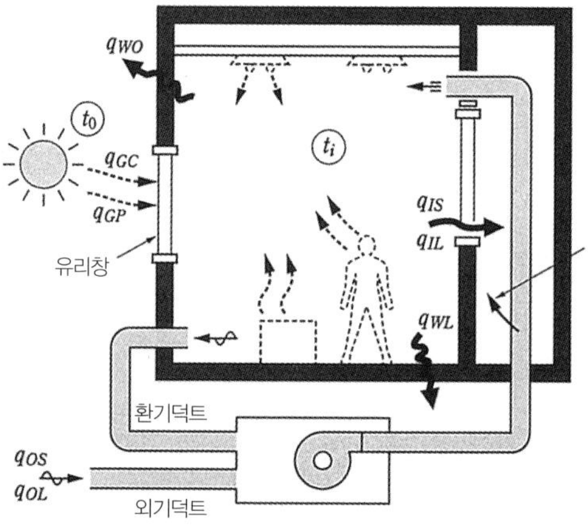

(그림에서 점선부분의 부하는 표 3.4의 (2), (4), (5)가 되며 난방부하에서는 안전측으로 보아 무시한다.)

그림 3.31 난방부하의 구성요인

(1) 벽체 등으로부터의 손실부하(현열)

① 외벽 · 지붕 · 유리창으로부터의 손실부하 q_{WO} [W]

$$q_{WO} = A \cdot K \cdot \Delta t \quad \cdots\cdots (3.33)$$

A : 외벽의 면적 [m²]

K : 외벽 등의 열관류율 [W/(m² · K)]

Δt : 실내외의 온도차 [K]

② 내벽 · 바닥면으로부터의 손실부하 q_{WI} [W]

$$q_{WI} = A \cdot K \cdot \Delta t \quad \cdots\cdots (3.34)$$

A : 내벽, 바닥면의 면적 [m²]

K : 내벽, 바닥면의 열관류율 [W/(m² · K)]

Δt : 실내외의 온도차 [K]

Δt는 옆방, 위층, 아래층이 난방을 하고 있을 경우는 열의 출입이 없기 때문에 부하를 계산할 필요가 없다. 난방을 하고 있을 경우 Δt는 실내온도 t_i와 외기온도 t_o의 평균치를 고려하여 식(3.35)에 의해 계산한다.

$$\Delta t = (t_i - t_o)/2 \quad \cdots\cdots (3.35)$$

냉방시에도 마찬가지이다.

냉방부하에서 지면에 접하는 벽이나 바닥의 경우는 계산을 할 필요가 없지만 난방부하의 경우는 계산을 해야 한다. 표 3.15에 나타낸 지중온도를 이용해 식 (3.36)으로 구한다.

$$K = \frac{1}{\left(\frac{1}{\alpha_i}\right) + \Sigma\frac{l}{\lambda} + \frac{l_e}{\lambda_e}} \quad \cdots\cdots (3.36)$$

α_i : 내벽의 표면열전달률 [W/(m² · K)]

λ : 벽체의 열전도율 [W/(m · K)]

λ_e : 흙의 열전도율 [W/(m · K)] (표 3.5)

l : 벽체 두께 [m]

l_e : 흙의 두께 (일반적으로 1m로 한다.)

표 3.15 난방설계용 지역별 지중온도(단위 ℃)

지 명	월평균 지표면 온도		동결심도 (cm)	깊이에 따른 지중온도(1월)		
	최저	최고		0.5m	2m	3m
속초	-0.4	25.9	47	0.19	6.5	8.6
춘천	-2.9	26.7	157	-5.3	2.8	5.5
강릉	-0.1	26.4	44	0.4	3.9	9.4
서울	-2.5	27.0	77	-0.2	5.6	8.1
인천	-1.3	27.0	65	-1.0	6.0	8.3
울릉도	1.4	26.1	14	2.2	8.1	10.1
수원	-1.5	26.7	117	-4.3	3.7	6.4
서산	-0.6	27.3	75	-1.7	5.8	8.3
청주	-1.7	27.8	98	-3.2	4.7	7.4
대전	-0.7	27.2	87	-2.1	5.6	8.2
추풍령	-1.2	27.1	79	1.9	5.5	2.0
포항	0.8	28.3	37	0.9	7.8	13.0
군산	0.7	28.6	43	0.5	7.5	9.9
대구	-0.1	28.9	59	-0.7	6.9	9.4
전주	0.6	28.7	58	-0.6	6.7	9.2
울산	2.4	28.4	37	0.9	7.9	11.0
광주	1.3	28.7	42	0.6	7.8	10.2
부산	3.0	28.4	7	2.8	9.1	11.2
충무	2.3	27.4	22	1.9	8.5	10.7
목포	2.1	28.0	15	3.5	9.4	11.5
여수	1.6	26.8	11	2.7	9.0	11.1
제주	4.9	30.1		5.9	11.6	13.5
서귀포	6.5	29.3		5.8	11.5	13.4
진주	0.8	27.1	59	-0.6	6.9	9.4

※ 1970년부터 1979년의 10년간 통계치임

(2) 침기에 의한 손실부하(현열 · 잠열)

새시 틈이나 문을 통해 냉기가 들어와 난방부하가 된다. 계산식은 식 (3.22), 식 (3.23)에 의한다.

(3) 외기부하

계산식은 (2)의 침기와 마찬가지로 식 (3.22), 식 (3.23)으로 계산한다.

(4) 난방부하 집계

(1)~(3)까지의 손실부하를 계산해서 구한 현열부하의 합계 q_{HS}와 잠열부하의 합계 q_{HL}을 가산한 난방부하 q_H는 식 (3.37)로 구한다. 안전율도 냉방부하와 마찬가지이다.

$$q_{HS} = (q_{WO} + q_{WI} + q_{IS}) \times (1.05 \sim 1.1) + q_{OS}$$

$$q_{HL} = q_{IL} \times 1.02 + q_{OL}$$

$$q_H = q_{HS} + q_{HL} \quad \cdots\cdots (3.37)$$

3.4.4 열부하의 약산치

3.4.2~3.4.3에서는 냉방부하와 난방부하의 계산방법에 대해 설명했다.

공조설비를 계획할 때의 기준으로는 건물의 용도에 따라 단위바닥면적당 부하를 파악해두는 것이 중요하다. 표 3.16에 건물의 종류 · 용도별 냉방부하, 난방부하의 약산치를 나타낸다.

최근에는 다양한 컴퓨터 프로그램이 개발되어 공조부하 계산을 편리하게 할 수 있게 되었다. 프로그램 사용자에 따라 다양한 목적 · 용도(오브젝트), 요구가 있으므로 앞으로는 그에 맞는 오브젝트 지향형의 공조부하 시뮬레이션 프로그램이 개발될 필요가 있다.

표 3.16 냉난방부하의 개산치[W/㎡]

건물의 종류	용도 등	냉방부하	난방부하
사무소 건물	저층 고층	80~160(연) 110~200(연)	80~130(연) 110~170(연)
주택 · 집합주택	남향 북향	220~300 170~240	110~180(일반) 160~210(한랭지)
극장 · 공회당	객석 무대	520~640 110~180	450~520 230~200
백화점	1층 매장 일반 매장	400~470 300~410	50~110 50~110
호 텔	객실 · 로비	80~190(연)	110~170(연)
병 원	병실 진료실 수술실 검사실	90~110 170~260 340~770 170~390	110~170 120~170 470~940 150~280

주) (연)은 연바닥면적당을 의미하며, 일반적으로 공조면적은 연면적의 60~65%이다.

3.5 공기조화방식의 종류 · 특징과 설비계획

3.5.1 공기조화방식의 종류

(1) 공기조화방식의 분류

공기조화방식(이하, 공조방식)은 표 3.17과 같이 공조기의 설치방법, 열(냉)매의 종류에 따라 크게 나눌 수 있으며 여기서 다시 각각 세분화된다.

(a) 공조기의 설치방법에 따른 분류

공조기와 열원기를 그림 3.32(a)와 같이 중앙기계실에 설치하고 일괄적으로 공조를 하는 방식을 **중앙식 공조방식**이라 하고, 그림 3.32(b)와 같이 각층 또는 각존마다 공조기를 분산시켜서 공조를 하는 방식을 **개별식 공조방식**이라 한다. 전자는 중·대규모의 건물을 공조하는데 적합하며 각 실의 온도설정이나 개인의 쾌적성을 실현하기 위해서는 풍량조절 등의 여러 가지 제어가 필요하다. 후자는 각 실이나 존마다 단독운전이 가능하기 때문에 공조가 필요한 공간에서 필요할 때 운전할 수 있어 개별 제어나 경제성이 뛰어난 장점이 있는 반면 유지관리에 신경 써야 한다.

대규모 건물에서는 공간의 용도에 따라 중앙식과 개별식을 병용해서 사용하는 경우가 많다.

표 3.17 공조방식의 분류

공조기의 설치방법	열(냉)매	대표적인 공조방식
중앙식	전공기방식	정풍량단일덕트방식 변풍량단일덕트방식 이중덕트방식 각층유닛방식
	물-공기방식	팬코일유닛방식(덕트 병용) 복사냉난방방식(덕트 병용)
	전수방식	팬코일유닛방식
개별식	냉매방식	패키지유닛방식(수랭식·공랭식)

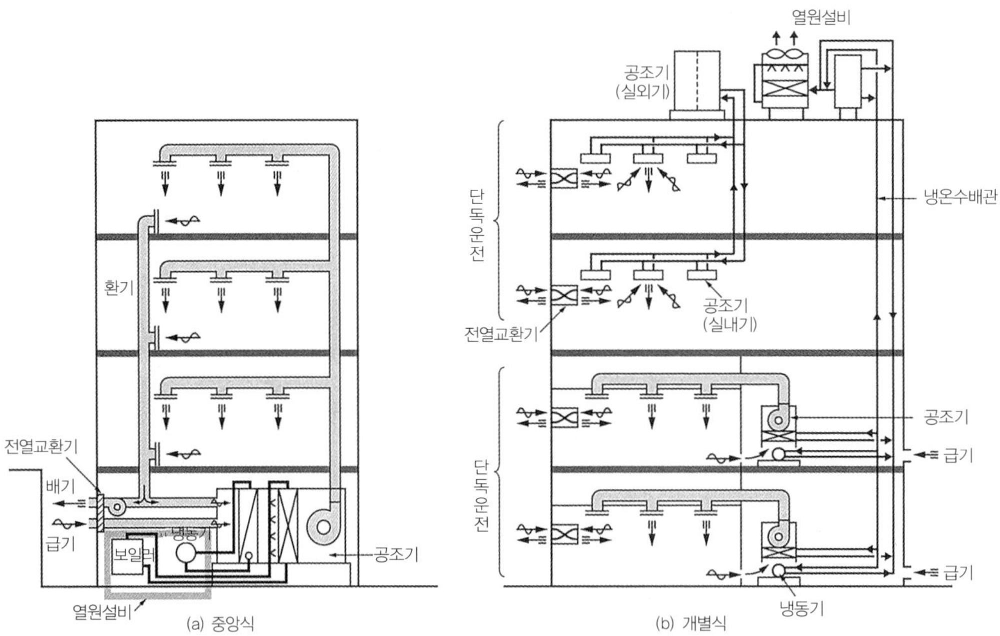

그림 3.32 공조기의 설치방법에 따른 공조방식의 분류

(b) 반송 열(냉)매에 따른 분류

공조설비는 반송하는 열(냉)매체가 공기인지, 물(공기와 물의 병용도 포함)인지, 냉매가스[1]

1) 냉동기에서의 열교환에 쓰이는 유체로 증발기로 열을 빼앗고 응축기로 열을 방출한다.

인지에 따라 그림 3.33과 같이 분류할 수 있다.

공기방식은 열매체를 공기로 하여 공조기에서 덕트를 통해 실내로 보내는 방식이며, 기기설치 스페이스나 덕트 스페이스가 커지는 경우가 있다.

물방식은 실내에 냉온수를 공급하여 팬코일 유닛 등으로 냉난방을 하는 방식이다. 비교적 용이하게 개별운전을 할 수 있지만 습도 부족이나 실내 공기를 순환시켜서 사용하기 때문에 환기가 부족해질 우려가 있다.

물-공기 병용방식은 기계실의 공조기로 처리한 공기를 실내로 보내는 경로와 냉수나 온수를 각 실의 팬코일유닛 등으로 보내 실온을 조절하는 두 가지 경로를 가진 방식이다.

냉매방식은 물이나 공기가 아닌 냉동 사이클[1]을 이용해 특수한 냉매로 외기와 실내공기 사이의 열반송을 하는 방식이다.

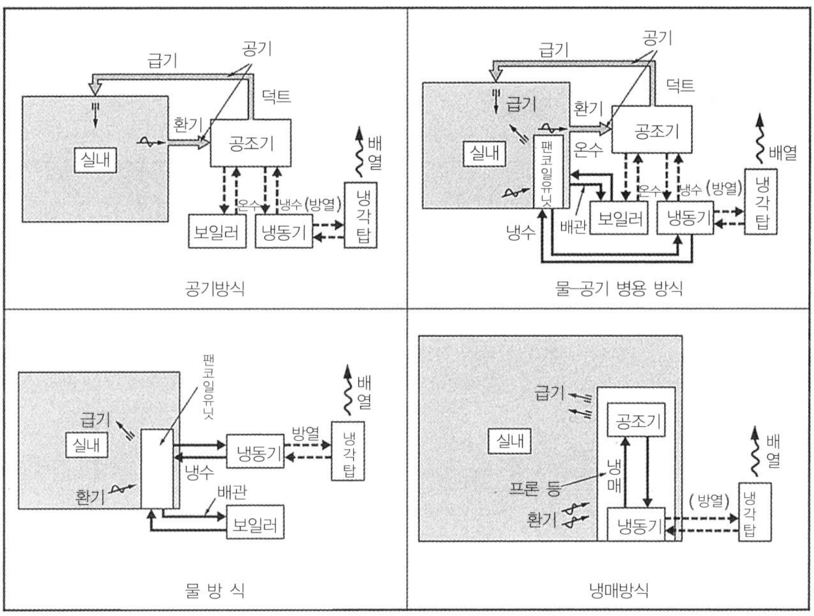

그림 3.33 열매의 차이에 따른 공조방식의 분류

(2) 각종 공조방식의 특징

중앙식 공조방식과 개별식 공조방식은 다음과 같은 각 방식으로 분류할 수 있다.

(a) 중앙식 공조방식(Central System)

① 정풍량 단일덕트방식(CAV[2] 방식)

1) 3.6.1(1)(b)를 참조

2) CAV : Constant Air Volume의 줄임말

공조기로 만들어낸 공기를 덕트를 통해 각 실로 송풍하는 방식이며, 공조방식의 가장 기본이 되는 시스템이다. 그림 3.34처럼 건물 전체 또는 공조구역(존)별로 1대의 공조기를 설치하여 송풍하는 방식이다. 실내로부터의 환기와 실내공기의 청정도를 유지하기 위해 외기를 유입하여 공조기 내에서 온도·습도·청정도를 종합적으로 조절한 후 송풍기에 의해 일정 풍량의 공기를 실내로 보내는 것이다. 각 실에 동일한 온습도의 공기를 송풍하기 때문에 건물의 층별, 실별 온도 제어와 부분적인 운전이나 정지를 할 수 없다.

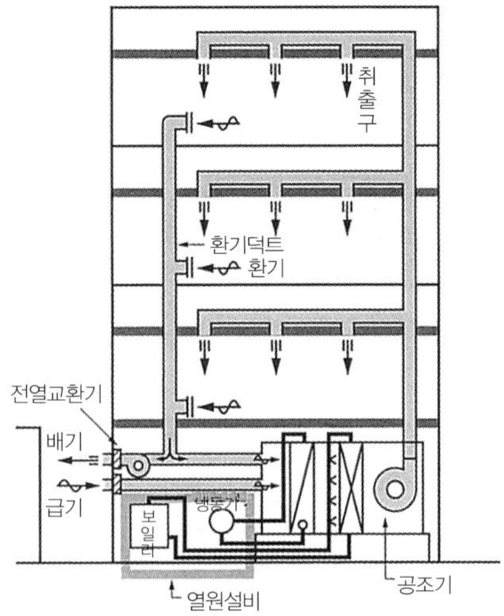

그림 3.34 정풍량 단일덕트방식

사무소빌딩의 인테리어 존[1]이나 극장처럼 큰 공간에 채용되는 경우가 많다.

② 가변풍량 단일덕트방식(VAV[2] 방식)

정풍량 단일덕트방식에 비해 각 존이나 각 실의 부하 변동에 따라 취출풍량을 변화시킬 수 있는 방식이다. 그림 3.35에 나타낸 것처럼 VAV 장치유닛을 각 존마다 설치하고 그 존의 실온을 측정하여 냉방시 실온이 높아지면 풍량을 많이 하거나 낮아지면 풍량을 줄일 수 있다.

풍량을 공조부하 변동에 맞게 변화시킬 수 있기 때문에 송풍기(팬) 동력을 절약할 수 있다.

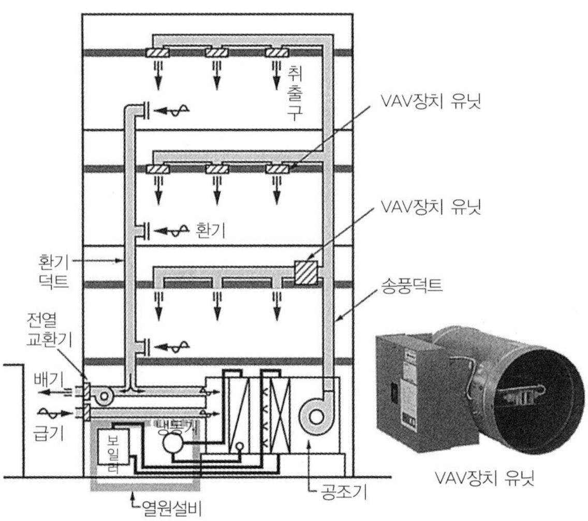

그림 3.35 변풍량 단일덕트방식

1) 그림 3.38 참조

2) VAV : Variable Air Volume의 줄임말

표 3.18 VAV 장치유닛의 형식과 특징

	교축형 유닛	유인형 유닛	바이패스형 유닛
구조도	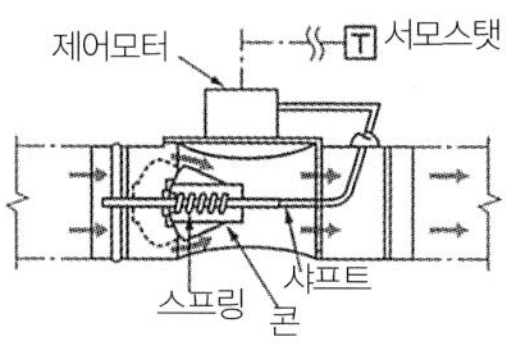	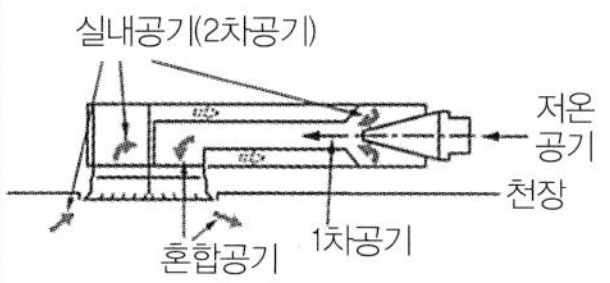	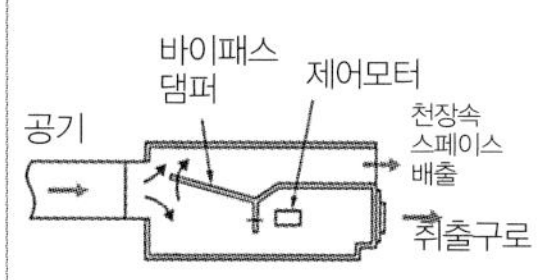
기구	• 부하 감소에 따라 교축기구에 의해 풍량을 조절한다.	• 공조기로 처리한 1차 공기의 분출에 의해 실내의 2차 공기를 유인하여 취출한다.	• 가벼운 부하시의 잉여공기를 천장내 환기덕트에 바이패스시켜서 풍량조절을 한다.
특징	① 덕트의 설계 · 시공이 용이하다. ② 송풍기 동력을 절감할 수 있다. ③ 덕트의 정압변동에 대응할 수 있는 제압제어가 필요하다. ④ 유닛에서 발생하는 소음이 크다.	① 다른 방식에 비해 덕트의 치수를 작게 할 수 있다. ② 1차 공기의 송풍동력이 크다. ③ 고압의 송풍기가 필요하다. ④ 실내의 오염제거 성능이 떨어진다.	① 덕트계의 증개설에 대해 유연성이 적다. ② 송풍기 동력을 절감할 수 없다. ③ 천장 내 조명 발열 제거에 배기를 이용할 수 있다. ④ 송풍공기량 · 덕트의 정압 제어가 불필요하다.

VAV 유닛에는 구조상의 특징에 따라 표 3.18과 같은 종류로 나눌 수 있다. 교축형은 부하의 증감에 대해 스프링기구 등으로 급기풍량을 조절한다.

유인형은 공조된 공기를 1차 공기로 분출시키고 그 풍량변화에 의해 실내에서 유인되는 공기 풍량을 변화시킨다.

바이패스형은 부하의 감소에 대해 잉여공기를 바이패스시켜서 천장속 스페이스로 배출한다.

③ 각층 유닛방식

단일덕트방식의 변형으로 각층 유닛방식이 있다. 이 방식은 공조기를 각층에 분산시켜서 설치하는 것으로, 각층이나 존별로 사용상황이나 공조부하의 발생 상황에 맞게 운전할 수 있다.

각층 유닛방식에는 그림 3.36(a)처럼 외기부하를 처리하는 1차 공조기와 각층의 공조부하를 처리하는 2차 공조기를 조합시킨 방식이 기본이 된다.

그림 3.36(b)는 각층의 공조기만으로 처리하는 방식이다. 또한 외기를 도입하는 급기구와 배기하는 배기구가 필요하다. 일반적으로 기계실의 면적은 다른 공조방식에 비해 큰 편이다.

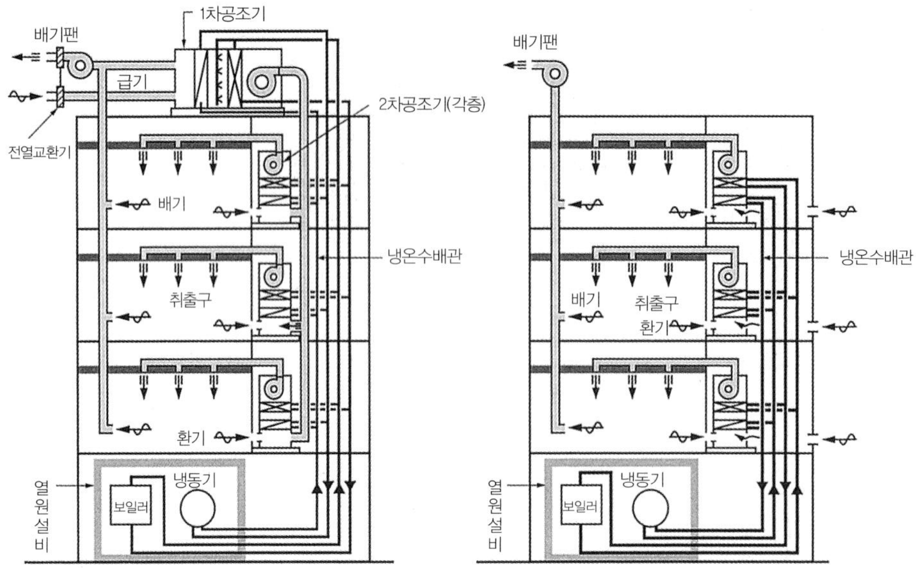

(a) 1차 · 2차 공조기가 있는 경우 (b) 각층 유닛방식

그림 3.36 각층 유닛 방식

④ 이중덕트방식

그림 3.37과 같이 냉풍과 온풍을 2계통의 덕트에 설치하여 실내로 취출하고, 냉풍과 온풍을 적당한 비율로 혼합하는 혼합유닛을 설치하여 혼합유닛에서 설정온도를 일정하게 유지시켜 실내로 송풍한다.

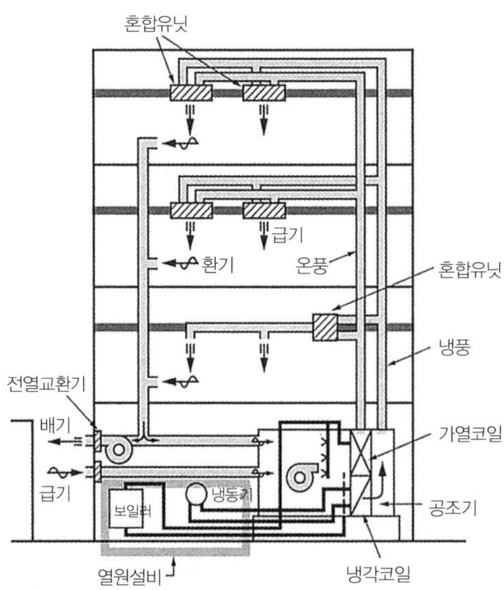

그림 3.37 이중덕트방식

혼합유닛별로 개별 제어가 가능하지만 냉풍과 온풍을 혼합할 때의 소비에너지가 크고, 덕트가 2계통 필요하며, 단일덕트방식에 비해 공간을 많이 차지하는 것이 단점이다. 수술실이나 실험실 등에 사용되는 경우가 많으며, 일반 사무소빌딩에는 사용되지 않는다.

⑤ 팬코일유닛방식

냉각과 가열을 겸한 코일, 필터, 소형 송풍기(팬)를 내장시킨 팬코일유닛(FCU)[1]이라 불리는 실내용 소형 공조기를 각 실에 설치한다. 그림 3.38과 같이 중앙기계실에서 냉수 또는 온수를 공급하고 이를 열원으로 하여 공조를 하는 방식이다. 사무소빌딩 등에서는 단일덕트방식과 병용하는(팬코일유닛 · 덕트 병용방식) 경우가 많으며, 단일덕트에서 인테리어존 부하 및 신선한 공기를 공조기로 처리하고 팬코일유닛에서 페리미터 존의 열부하를 처리한다. 단일덕트방식으로만 하는 경우에 비해 병용을 하면 개별 제어를 하기 쉽다.

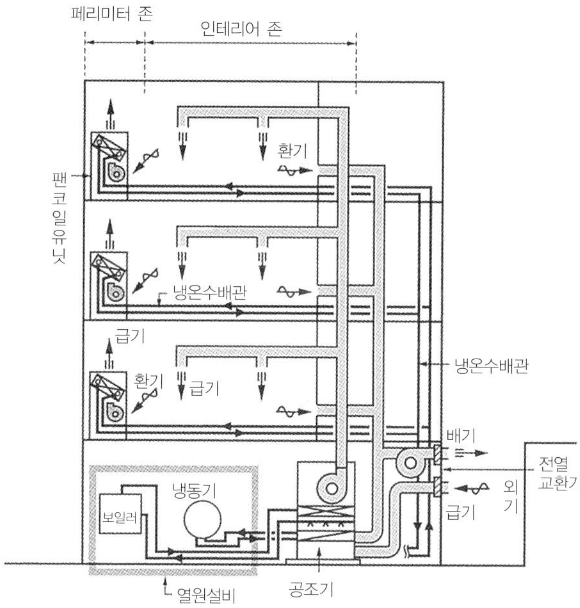

그림 3.38 팬코일유닛방식(덕트 병용)

⑥ 복사냉난방방식

바닥 · 천장 · 벽 등에 매설한 파이프에 냉수나 온수를 통과시켜 복사패널로 하고 패널 표면으로부터의 복사열을 이용하여 냉난방을 하는 방식이다. 사람의 쾌적감에 미치는 영향이 큰 천장 · 벽 · 바닥의 각 면으로부터의 복사열을 이용하기 때문에 쾌적도가 뛰어난 방식이라 할 수 있다. 특히 바닥난방방식은 다른 방식에 비해 송풍에 의한 드래프트의 영향이 적어 쾌적성이

1) FCU : Fan Coil Unit의 줄임말

높다. 일본의 경우 그림 3.39(a)처럼 겨울철을 대상으로 한 바닥난방이나 패널히팅이 일반적이며 은행 등의 영업실이나 아트리움, 천장이 높은 홀을 대상으로 채용되고 있다. 또한 그림 3.39(b)와 같이 복사냉방을 하는 경우는 패널면의 결로에 유의해야 한다.

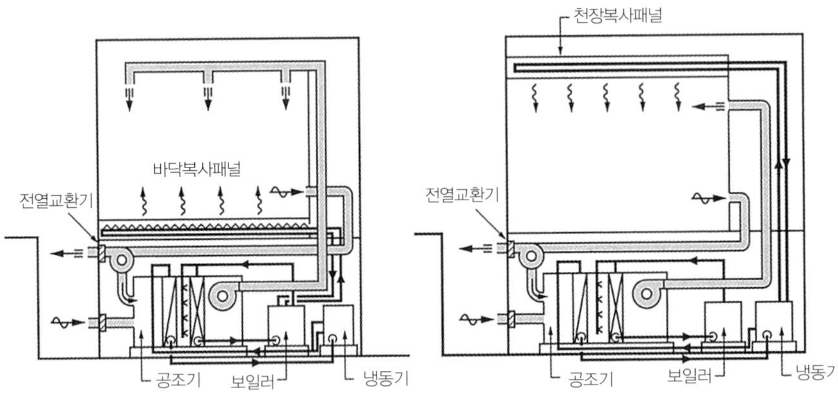

(a) 복사난방방식(단일덕트방식 병용)　　(b) 복사냉방방식(단일덕트방식 병용)

그림 3.39　복사냉난방방식

(b) **개별공조방식** (Individual System)

일반적으로 패키지방식이라 불리는 것으로 압축기 · 응축기 · 증발기 등의 냉동사이클계 기기 및 송풍기 · 에어필터 · 자동제어기기 등을 케이싱에 수납한 패키지유닛형 공조기를 사용한 방식이다.

실내기와 실외기의 수납형태에 따라 둘 다 함께 수납한 일체형과 각각 따로 만든 스플릿형으로 구분된다. 스플릿형은 실외기 1대에 실내기 1대를 조합시킨 것과 여러 개의 실내기를 1대의 실외기와 조합시킨 멀티시스템이라 불리는 것이 있다.

① 룸 에어컨

그림 3.40처럼 룸 에어컨에는 일체형과 스플릿형이 있다. 최대 능력은 1.5kW 정도의 압축기 출력으로 보통 50m² 이하의 실에 사용한다. 일체형(그림 3.40(a))은 모든 기기를 하나의 케이싱에 수납한 것으로 창틀에 끼워 넣는 창문형과 벽 관통형이 있다. 스플릿형(그림 3.40(b))은 한 쌍의 실외기와 실내기로 구성되는 것과 멀티타입이라 불리는 1대의 실외기와 여러 대의 실내기를 조합시킨 것이 있는데 압축기 출력은 최대 1.5kW 정도로 작다.

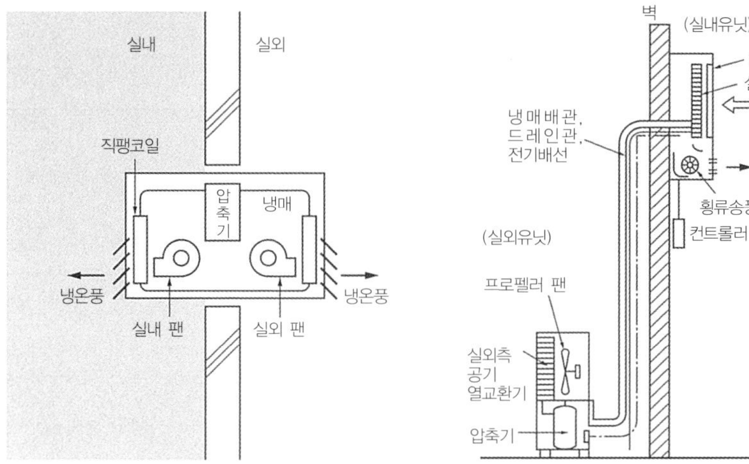

(a) 일체형 룸에어컨(윈드타입)　　(b) 스플릿형 룸 에어컨

그림 3.40　룸 에어컨

② 멀티시스템

그림 3.41에 나타낸 것처럼 멀티시스템에는 공랭식과 수랭식이 있다. 패키지유닛을 설치하고, 1대 내지 여러 대의 실내 유닛을 설치하는 시스템이 일반적이며, 보통 중소규모의 사무소빌딩이나 상업빌딩 등에 사용된다. 패키지시스템이라고도 한다.

그림 3.41(a)에 공랭식의 예를 나타낸 것처럼 실외기(공기열원히트펌프)를 건물의 옥상 등에 설치하고 실외기와 실내기는 냉매를 통과하는 냉매관에서 접속시킨다. 펌프, 공조기, 덕트 설비가 필요하지 않으며 설비비도 비교적 저렴하여 급속히 보급되고 있는 공조방식이다. 전력을 사용하는 공기열원히트펌프 부분에 가스엔진을 이용하는 가스히트펌프시스템도 있다.

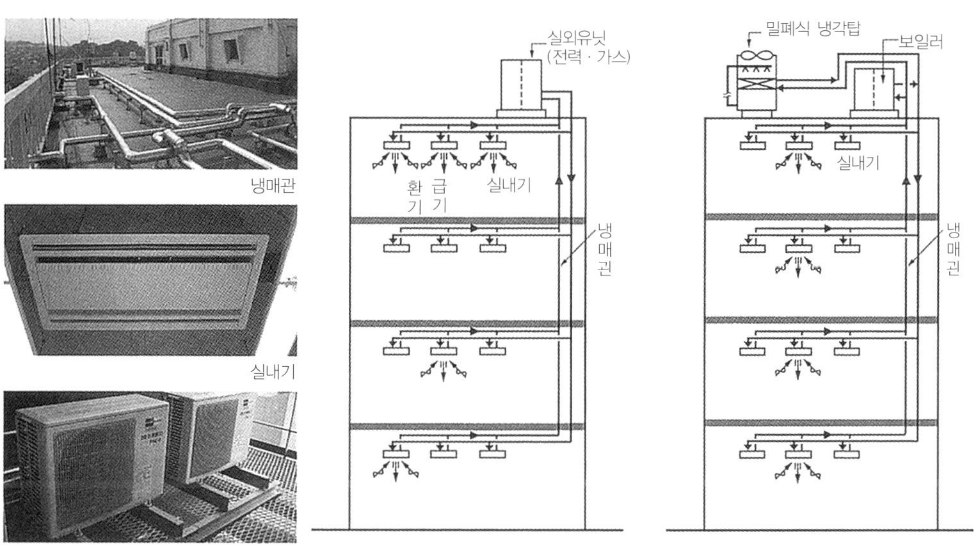

(a) 공기열원 히트펌프　　(b) 수랭식 히트펌프

그림 3.41　패키지유닛방식(멀티시스템)

그림 3.41(b)의 수랭식은 실외기에서 열교환하는 매체가 물이기 때문에 물배관이 필요하다. 냉방용 방열에는 냉각탑을, 난방용에는 보일러를 설치하므로 보통 옥상 등에 공간을 준비한다.

(3) 건물의 용도와 공조방식

건물의 용도에 맞는 여러 가지 공조방식이 있는데 그 예를 표 3.19에 나타낸다.

표 3.19 건물의 용도와 공조방식

건물의 용도	공조방식과 유의점	
사무소빌딩	소규모 2,000~5,000m²	개별방식 공조방식 중에서도 멀티시스템
	대규모 1,0000m² 이상	인테리어 존은 중앙방식 공조방식 중에서 각층 유닛방식(VAV), 페리미터 존은 팬코일유닛방식
호 텔	소규모 (객실 30 이하)	팬코일유닛방식이나 패키지시스템(욕실 근처의 천장 내에 설치)
	대규모 (객실 100 이상)	객실은 팬코일유닛 · 덕트 병용방식, 공공부분(로비, 식당)은 조닝을 하고 VAV 단일덕트방식
상업시설	매장의 리뉴얼에 대응하여 각층유닛방식, 멀티시스템	
공 장	단층 건물은 단일덕트방식, 다층건물은 각층 유닛방식, 이중덕트방식 공기청정도가 요구되는 클린룸은 전용 방식을 이용한다.	
극장 · 영화관	관객석, 사무실은 단일덕트방식을 사용하며 별도의 계통으로 한다.	
병 원	수술실	전용개별방식으로 하고 실 앞에 재열기, HEPA 필터를 설치한다.
	병동	페리미터 부분은 팬코일유닛방식, 인테리어 부분은 각층 유닛방식
	외래	페리미터 부분은 팬코일유닛방식 또는 VAV방식, 인테리어 부분은 단일덕트정풍량방식
주 택	전용 부분은 각 실에 스플릿형 룸에어컨을 달거나 멀티타입으로 한다.	

(4) 공조부하 절감을 위한 공조방식

(a) 에어플로 윈도 시스템

공조부하 계산에서도 설명했듯이 건물 외부(페리미터 존)의 유리면에서 받는 외기나 일사 부하(스킨 로드)를 처리하는 것은 공조부하를 절감하는 데 효과적인 방법이다. 이를 위해 사용하는 것을 **페리미터리스 공조**라 하며, 대표적인 것이 **에어플로 윈도 시스템**이다.

그림 3.42와 같이 이중유리로 하고 그 중공층에 블라인드를 내장하여 블라인드의 창 하부로부터 실내공기를 흡입시키고 상부의 천장 내로 배기하여 창면 부근의 열부하를 줄이는 방식이다.

(b) 더블 스킨 시스템

더블 스킨 시스템은 건물 외벽의 일부 또는 전부를 유리로 하여 페리미터 존에서의 열부하를 줄이는 방식이다. 그림 3.43과 같이 외벽과 유리 사이에 생긴 공간의 개구부를 여름, 겨울, 중간기 등에 맞춰 제어하여 열부하를 조절하는 시스템이다.

그림 3.44는 더블 스킨을 사용한 건물의 외관 및 내부를 나타내고 있다.

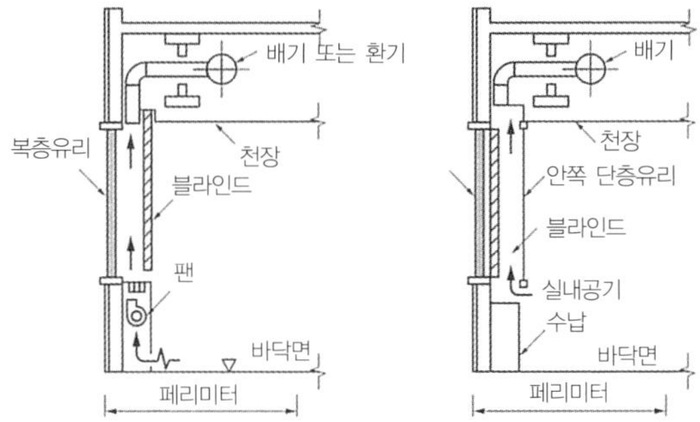

(a) 창틀 취출 천장흡입방식(예) (b) 더블스킨 환기방식(예)

그림 3.42 에어플로 윈도 시스템

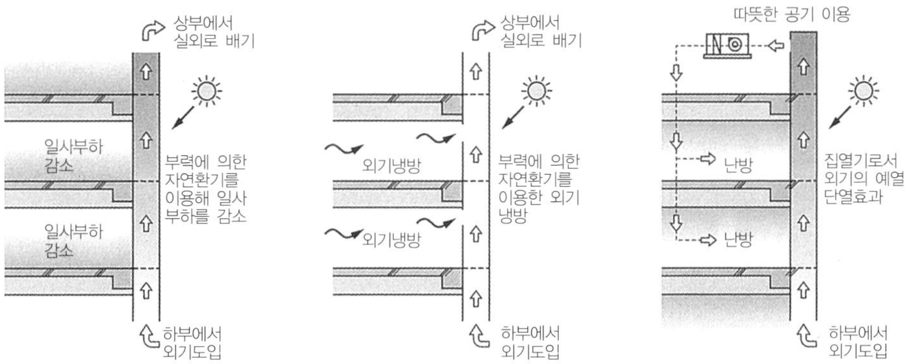

〈여름 자연환기〉
일사에 의해 더워진 더블스킨 내의 공기 온도차(부력)를 이용한 자연환기에 의해 냉방부하를 감소시킨다.

〈간절기(봄 · 가을) 외기냉방〉
더블스킨의 자연환기를 이용하여 시원한 외기를 실내로 도입하는 외기냉방을 한다.

〈겨울 단열과 열회수〉
더블스킨 내에 집열하여 그 단열효과를 증가시키고 공조기로 온풍환기를 이용하여 난방을 한다.

그림 3.43 더블 스킨 시스템의 개요

(a) 외관 (b) 내부

그림 3.44 더블스킨 시스템의 외관과 내부(일본 관동학원대학 환경공생기술 프런티어센터)

(c) 패시브 축열과 나이트 퍼지

건물의 구조체에 축열하는 것을 **패시브 축열**(일반적으로 구조체 축열)이라 한다. 이는 구조체를 그대로 사용하는 것으로 뒤에 설명할 축열조 같은 기계시스템에 의한 액티브 장치를 설치하지 않고 축열함으로써 건물의 유효 공간을 확대하고 공사비도 저렴하게 할 수 있다. 패시브 축열에 의해 부족한 만큼을 액티브 시스템으로 보완하면 합리적인 계획을 할 수 있다.

또한 **나이트 퍼지**란 그림 3.45에 나타낸 것처럼 건물 내의 온도가 22~26℃라 하면 그 이하의 외기온도일 때에는 개구부에서 실내로 외기를 도입하여 구조체를 냉각시킬 수 있다. 구조체가 시원해지는 만큼 공조기에 의해 냉방을 시작하는 시간을 연장할 수 있어 특히 여름이나 중간기에는 냉방부하를 줄일 수 있고 에너지절감도 꾀할 수 있다.

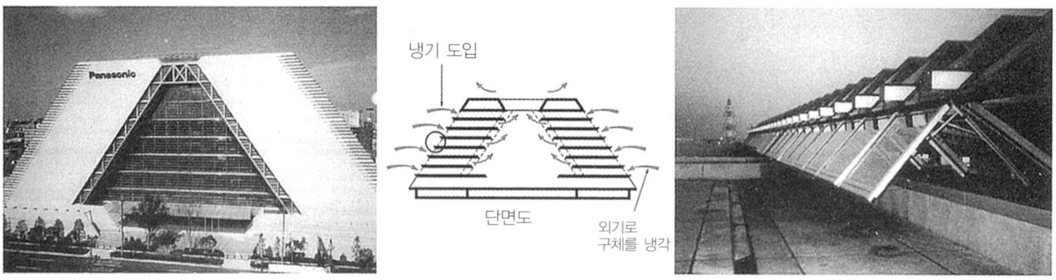

(a) 외관　(b) 나이트 퍼지의 개념　(c) 아트리움의 상부 톱라이트

그림 3.45 나이트 퍼지의 예

(d) 태스크 앰비언트 공조시스템

실 전체를 균일하게 쾌적한 공간이 되도록 공조하려고 하면 에너지소비량이 크지만 적절한 환경으로 유지해야 하는 범위가 제한되어 있으면 효율적으로 에너지를 절약할 수 있는 공간이 생긴다. 이것이 태스크 앰비언트 공조시스템이다.

오피스빌딩을 예로 들면 그림 3.46처럼 거주자의 작업 영역(책상이나 OA기기 주위)을 태스크 영역으로, 복도나 오픈스페이스처럼 사람들의 통행이나 잠재시간이 짧은 공간을 앰비언트 영역으로 나누어 공조를 한다.

이 시스템은 실내발열부하가 국지적이고 개인차가 큰 태스크 영역에서 주위에 영향을 받지 않고 국소환경을 제어할 수 있는 것이 장점이다.

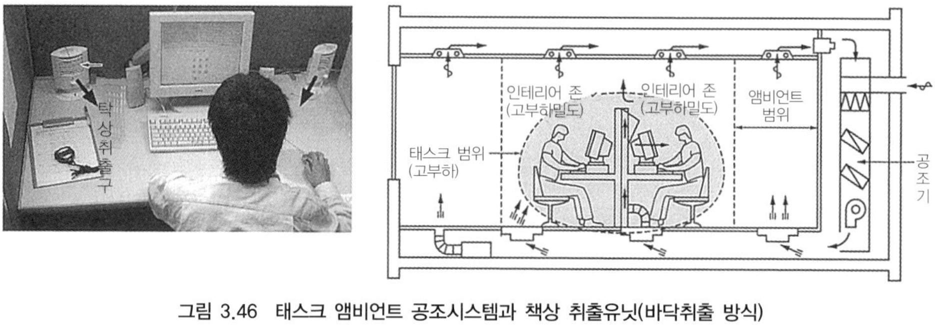

그림 3.46 태스크 앰비언트 공조시스템과 책상 취출유닛(바닥취출 방식)

[칼럼13] 각종 난방방식과 쾌적성

난방방식에는 그림 1과 같이 실내의 열 이동 형식에 따라 대류난방과 복사난방이 있다. 대류난방에는 증기나 온수가 공급된 방열기 표면의 자연대류를 이용한 방식(자연대류방식)과 송풍기에 의해 강제대류를 일으켜 실내로 열을 보내는 방식(강제대류방식)이 있다. 또한 복사난방은 실내의 천장, 바닥, 벽 등에 배관을 매설하여 온수를 통하거나 배선을 통해 전기에 의한 발열을 일으켜 복사열로 난방하는 방식이다.

특히 복사난방은 그림 2처럼 다른 난방방식에 비해 실내에서의 상하온도변화가 적어 쾌적한 난방효과를 얻을 수 있는 특징이 있다. 쾌적한 환경을 얻기 위해서는 복숭아뼈(바닥으로부터 0.1m)와 머리(바닥으로부터 1.8m)의 온도차를 3℃ 이내로 하는 것이 바람직하다. 그림 3에 복사난방의 일종인 패널히터의 외관을 나타낸다.

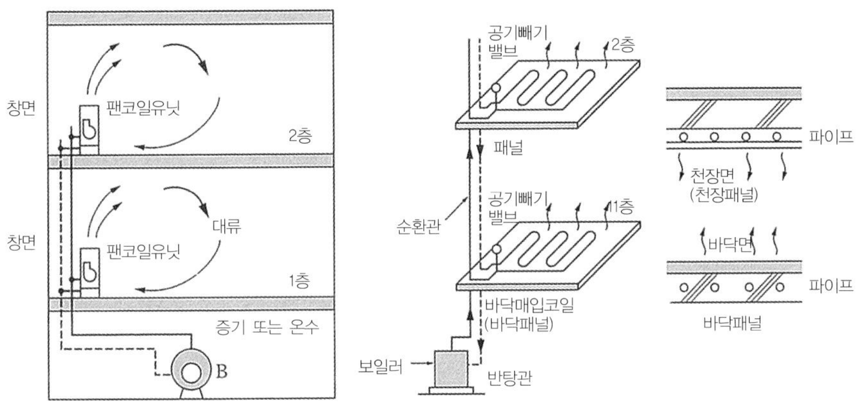

(a) 대류난방 (b) 복사난방

그림 1 대류난방과 복사난방

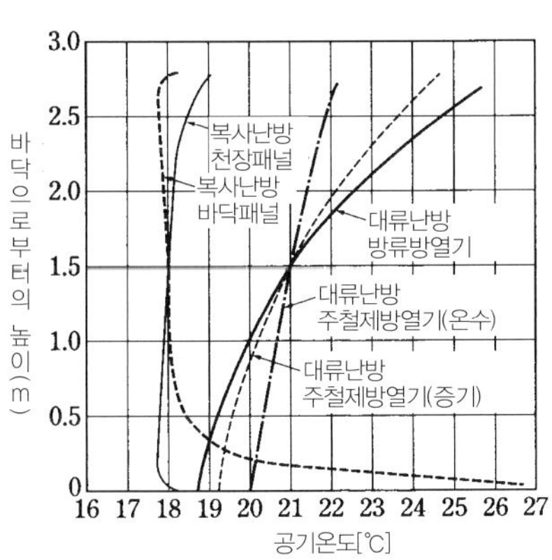

그림 2 바닥난방의 수직온도분포

그림 3 패널 히터

3.5.2 열원방식의 종류

(1) 열원방식의 종류와 특징

공조기에 냉수 · 온수 · 증기 · 냉매를 공급하는 열원방식을 선정할 때에는 설비비 · 운전비 · 환경부하 영향(대기 · 수질 · 소음), 열원에 설치되는 공조시스템의 적합성, 운전보수 관리의 용이성, 에너지 절감성, 설치 공간의 크기 등 다양한 각도에서 검토할 필요가 있다. 이러한 각각의 열원을 조합시켜 효율적인 열원시스템을 구성하는 경우가 있는데, 이를 열원의 **베스트 믹스**라고 한다.

다음은 각종 열원방식에서 열원에너지, 열원기기, 온 · 냉열을 공급하는 매체, 용도의 조합에 대하여 설명한다.

공조설비의 경우 지금까지는 주요 열원 에너지로 전력 · 가스 · 석유가 사용되어 왔다. 그러나 최근에는 지구온난화와 대기오염 등 지구환경을 배려하여 자연에너지에 대한 관심이 높아지고 있다. 또한 태양열, 하천수, 하수의 수온, 지하수온, 지중열 및 쓰레기소각열 등을 효율적으로 이용할 수 있는 범위가 넓어지고 있다. 이를 일컬어 **미이용 에너지**라고 한다.

(a) 냉동기(전동식) + 보일러방식

그림 3.47과 같이 냉열원으로 전동식 냉동기를, 온열원으로 가스나 기름보일러를 사용하는 방식이다. 특히 냉동기의 경우는 레시프로식(왕복동식) 냉동기, 터보식 냉동기가 이용되어 냉수를 만들고, 보일러의 경우는 온수나 증기를 만든다.[1)]

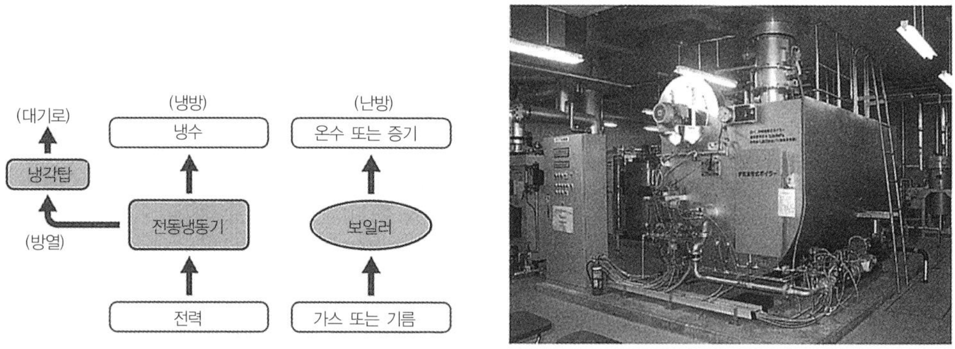

(a) 원리　　(b) 보일러

그림 3.47 냉동기(전동식)+보일러방식

(b) 냉동기(흡수식)+보일러방식

그림 3.48과 같이 보일러의 증기를 이용해 냉매를 증발 · 흡수하여 냉수를 발생시키는 흡수식 냉동기와 증기를 발생시키는 증기보일러를 조합시킨 방식이다.

---

1) 레시프로식(왕복동식) · 터보식 · 흡수식 각 냉동기의 구조 · 원리는 3.6.1(1)(a), (b), (c)를 참조

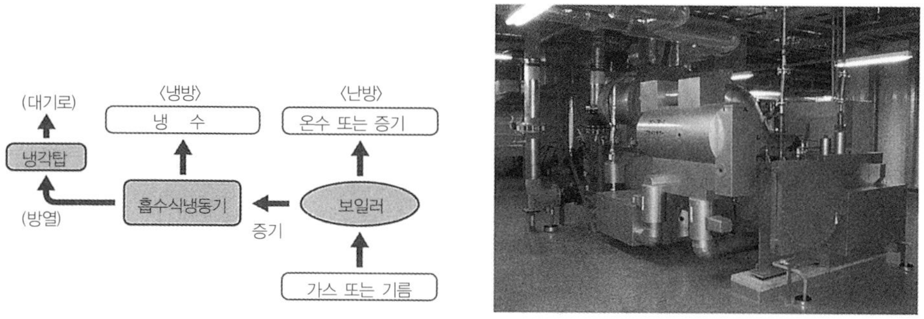

(a) 원리 (b) 보일러

그림 3. 48 냉동기(흡수식)+보일러방식

(c) 흡수식 냉온수발생기방식

그림 3.49와 같이 흡수식 냉동기와 보일러를 일체화하여 1대로 냉방과 난방을 모두 할 수 있는 열원장치로 콤팩트화시킨 것이다. 열원으로는 도시가스나 기름이 사용된다. 프레온계 냉매를 사용하지 않기 때문에 지구환경 문제에도 대응할 수 있어 현재 수요가 확대되고 있다.

(a) 원리 (b) 냉온수발생기

그림 3.49 흡수식 냉온수기 방식과 냉온수기의 외관

(d) 히트펌프방식

그림 3.50과 같이 히트펌프만으로 냉방 · 난방을 하는 방식이다. 기본적으로는 냉동사이클의 원리를 이용하기 때문에 냉동기와 비슷하지만 증발기의 흡열작용을 이용하여 냉방을 하고 응축기의 방열작용을 이용하여 난방을 할 수 있다.

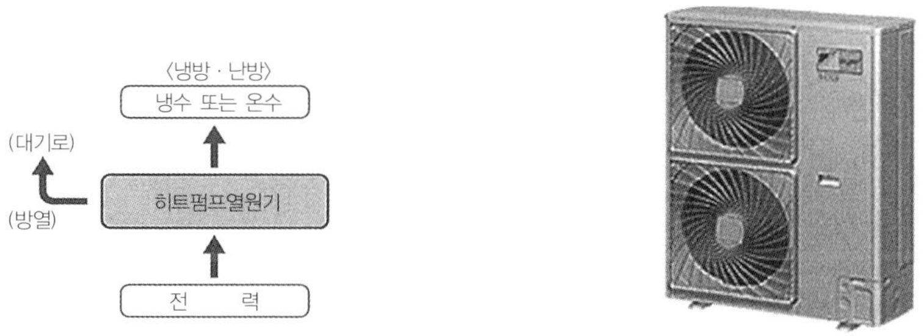

(a) 원리 (b) 히트펌프열원기의 외관

그림 3.50 히트펌프방식과 히트펌프열원기의 외관

(2) 기타 열원방식

(a) 수 · 빙축열방식

열원으로 만들어진 온 · 냉열을 더욱 효율성 있게 열원기기 등을 이용하는 방법으로 수 · 빙축열방식, 지역냉난방방식, 코제네레이션방식 등의 설비가 있다.

사무소빌딩의 경우 냉방부하는 하루 종일 일정한 것이 아니라 오후 2~4시경에 최대 피크를 이루며, 난방은 아침에 운전을 시작할 때가 최대를 이룬다. 이 부하에 맞춰서 열원기기를 선택하게 되면 용량이 커지는데 최대부하 외의 시간대에는 저부하운전이 되기 때문에 비효율적인 운전을 하게 된다.

축열방식은 그림 3.51과 같이 주간 냉방시에 열원기기는 일정 패턴으로 운전하고 최대부하는 야간 축열량으로 보충하는 피크 시프트와 주간 최대부하 시간대에 열원기기를 정지하고 야간축열량으로 보충하는 피크 커트가 있다. 축열운전에는 값이 저렴한 심야전력을 사용한다. 축열하는 매체가 물일 경우에는 수축열방식, 그리고 얼음일 경우에는 빙축열방식이라 한다.

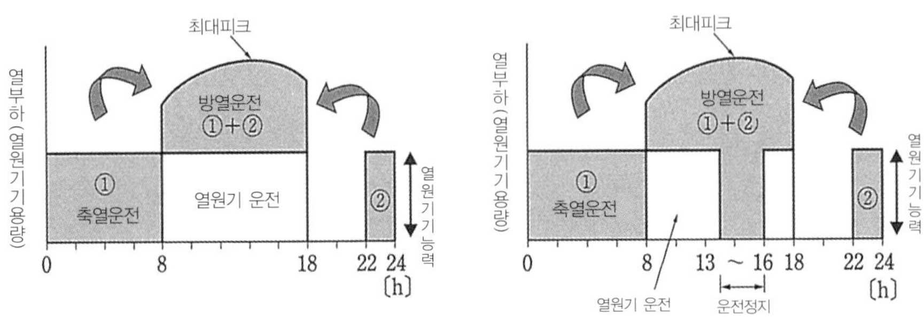

(a) 피크시프트 (b) 피크커트

그림 3.51 축열 · 방열운전 패턴(여름철)

① 수축열방식

수축열방식의 기본형을 그림 3.52에 나타낸다. 1차 냉수펌프로 고온측의 냉수를 끌어올려 냉동기로 냉각하고, 저온측 축열조를 거쳐 공조기로 송수하고 열교환 후 고온측으로 되돌아오게 하는 방법이다. 축열조는 그림 3.53처럼 개방식이며 건물 지하의 이중슬래브를 이용하는 예가 많다.

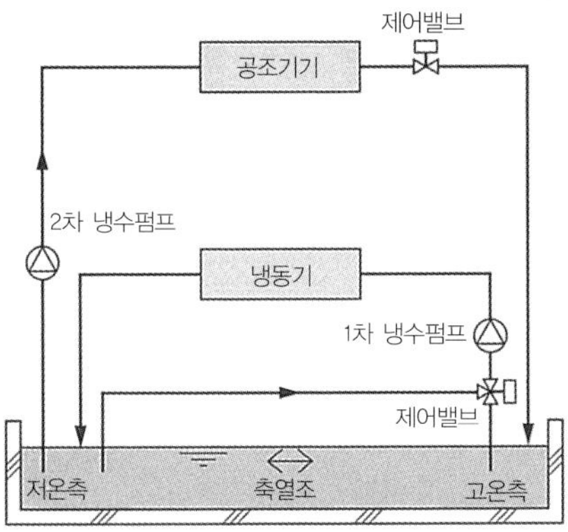

그림 3.52 수축열방식의 기본 흐름

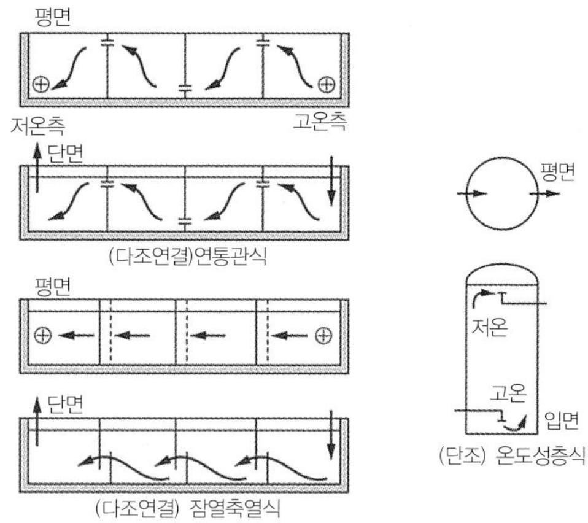

그림 3.53 축열조(물)의 종류

② 빙축열방식

수축열방식은 물의 온도차인 현열차를 이용하지만 빙축열방식은 물에서 얼음으로 변할 때의 잠열을 이용한다. 따라서 빙축열방식은 수축열방식에 비해 얼음 상태로 열을 축적하기 때문에 축열조의 용량이 작아도 된다.

빙축열에는 제빙하는 방식에 따라 스태틱형과 다이내믹형이 있다. 스태틱(Static)형의 예는 그림 3.54에, 다이내믹(Dynamic)형의 예는 그림 3.55에 나타낸다. 스태틱형은 제빙코일 바깥쪽에 얼음을 생성시키고, 다이내믹형은 작은 얼음조각이나 수용액형(셔벳모양)으로 생성시킨다.

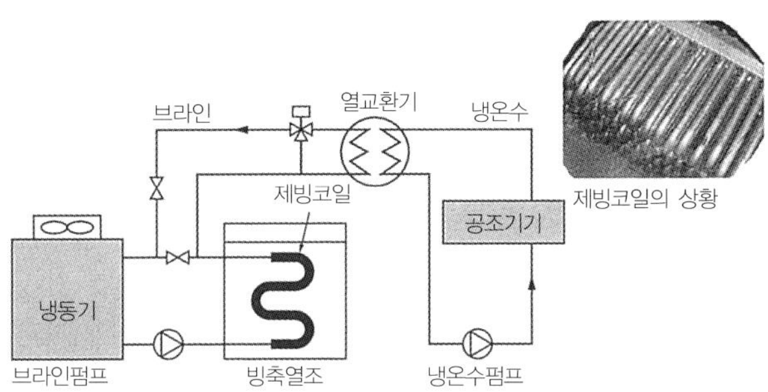

그림 3.54 스태틱형 빙축열방식의 예

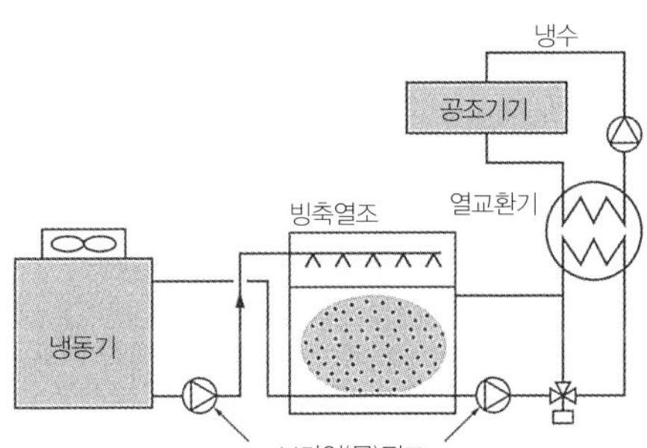

그림 3.55 다이내믹형 빙축열방식의 예

(b) 지역냉난방

그림 3.56의 (a)와 같이 일반 건물에서는 건물별로 열원설비를 설치한다. 이에 반해 그림 3.56의 (b)와 같이 1개의 도시, 지역 내에 있는 수많은 다양한 건물에 한 곳 또는 몇몇 곳에 집중설치한 열원플랜트에서 배관을 통해 증기 · 온수 · 냉수 등의 열매를 공급하여 냉방이나 급탕 등을 하는 방식을 **지역냉난방**이라 한다. 지역냉난방의 구성은 그림 3.56과 같이 보일러, 냉동기 등의 열원을 포함한 열원 플랜트, 열원 플랜트와 각종 건물을 연결하는 열매수송배관, **공동구** 등의 지역배관으로 이루어진다. 지역냉난방은 에너지절감과 공해 방지 등을 목적으로 한 것으로 도시의 인프라 스트럭처로서의 가치도 있다.

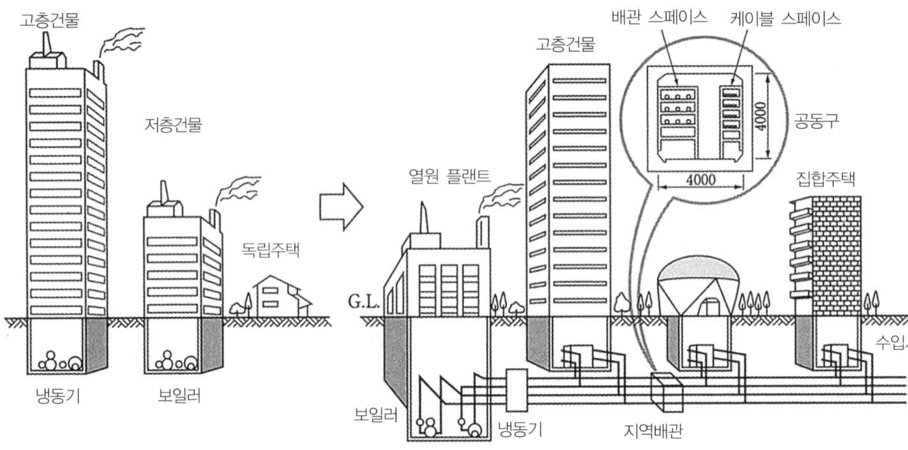

(a) 종래의 냉난방방식　　(b) 지역냉난방 방식

그림 3.56 종래의 냉난방과 지역냉난방

3) 코제네레이션 시스템

석유나 가스 등을 1차 에너지로 하여 엔진이나 가스터빈 등의 원동기를 구동시켜서 발전기를 돌리고 전기를 발생시킨다. 그러나 그림 3.57의 (a)처럼 전기에너지로 취출시키는 것은 약 40%에 불과하며, 나머지 에너지는 배열 등으로 버려져왔다. 코제네레이션 시스템은 그림 (b)와 같이 배열이나 냉각수로부터의 열을 회수하여 공조나 급탕 등에 이용하며, 나아가서는 전기기기의 전기동력 등으로도 이용하여 1차 에너지 효율을 70~80%까지 효과적으로 활용할 수 있도록 한 시스템이다.

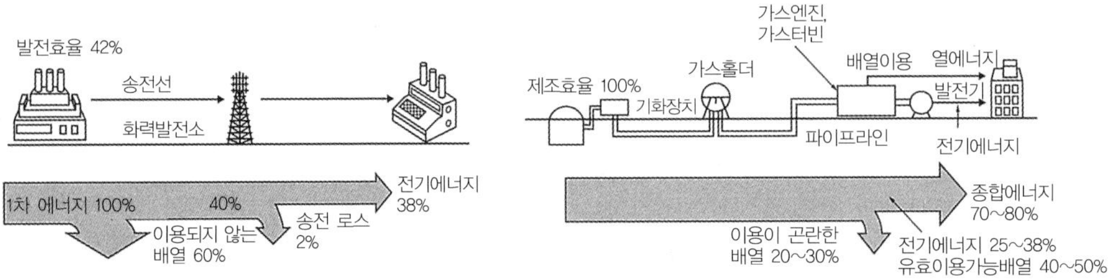

(a) 종래의 방식에 의한 발전 시스템　　(b) 코제네레이션 시스템

그림 3.57 코제네레이션 시스템

[칼럼14] 연료전지

연료전지는 그림 1과 같이 물의 전기분해와는 반대의 반응을 일으키며 수소와 산소를 전해질을 매개로 반응시켜 직류 전류를 취출하는 장치로, 공조나 급탕의 에너지로 이용하는 것이다. 종래의 발전기와는 달리 연료에서 직접 화학적 반응에 의해 전기를 취출하기 때문에 소형이며 높은 발전 효율을 얻을 수 있고 소음이 적은 것이 특징이다. 또한 연소부분이 없기 때문에 유해가스가 발생하지 않는 깨끗한 발전기이다.

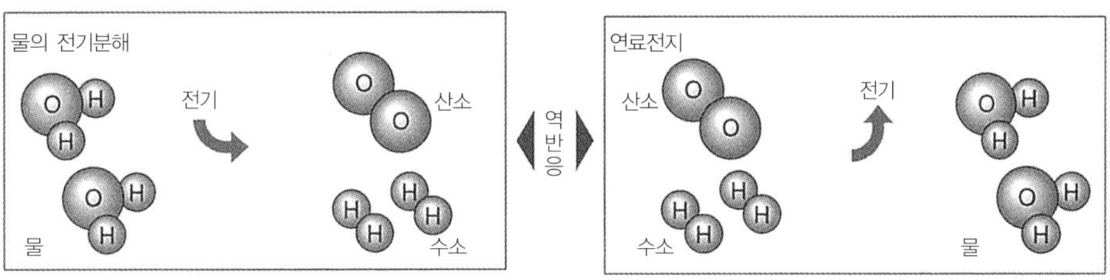

그림 1 연료전지의 원리

가가정용 연료전지의 구성은 그림 2와 같이 도시가스 등의 연료로부터 수소를 취출하는 연료개질(改質)장치(Reformer), 수소와 공기중의 산소로 발전하는 셀스택, 발전된 직류전력을 교류전력으로 변환하는 인버터, 발전시나 개질(改質)시 발생하는 열을 회수하는 배열회수부로 이루어진다.

주택에서의 에너지 용도는 그림 3에 나타낸 것처럼 전기에너지 용도(냉장고, 조명, 에어컨, TV 등), 열에너지 용도(욕실 · 세면소 등의 급탕)이다. 이러한 전기에너지와 열에너지 모두 어느 정도 공급시키려고 하는 것이 가정용 연료전지이다. 그림 4는 실제로 주택에 설치된 연료전지의 외관을 나타낸 사진이다.

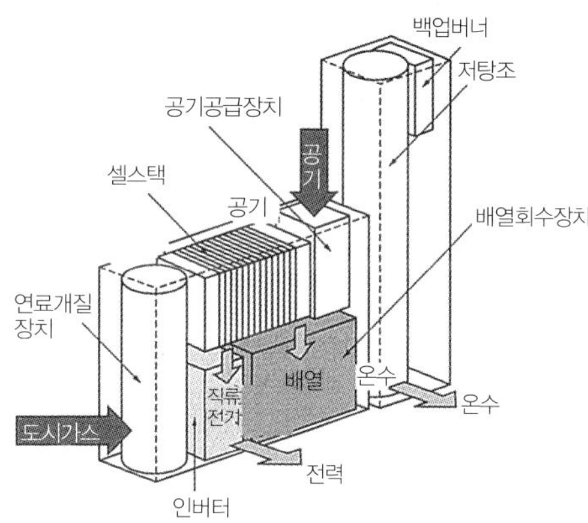

그림 2 가정용 연료전지의 구성

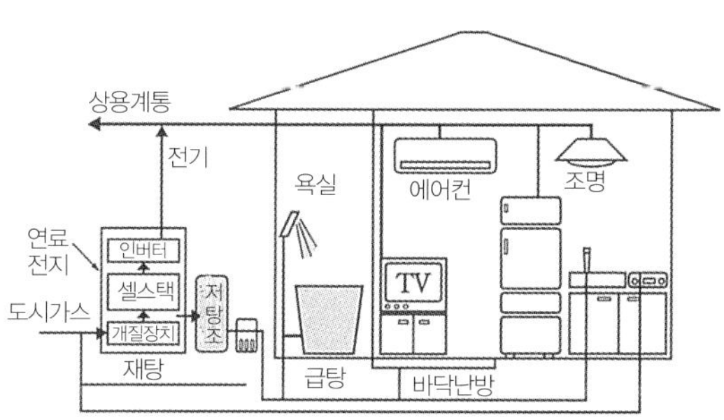

그림 3 가정용 연료전지 시스템의 용도

그림 4 주택에 설치된 연료전지

3.5.3 공조설비계획

(1) 공조계획의 요점과 작업순서

공조계획의 주요 목적은 다음과 같다.

① 대상 건물에 가장 적합한 공조방식, 열원방식, 기계스페이스 등을 선정한다.

② 덕트, 배관설비, 장치 등으로부터의 방음·방진 등 쾌적성을 방해하는 요인에 대한 대책을 강구한다.

③ 에너지절감을 고려하여 유지관리하기 쉬운 시스템을 만든다.

④ 라이프사이클 코스트를 고려한 설비시스템을 계획한다.

⑤ 건축계획과의 조정을 꾀하여 건축과의 조화를 고려한 시스템을 계획한다.

구체적으로는 그림 3.58과 같은 순서에 따라 기본계획, 기본설계, 실시설계의 순서로 작업을 진행시켜나간다. 기본계획에서는 선정할 공조방식을 검토하고 기계실의 위치 등을 확인한다. 공조방식을 결정하고 나면 공조부하를 계산하여 그 약산치 등을 결정하고 기본계획서를 작성한다.

실시설계에서는 부하계산을 상세히 하여 열원기기나 공조기기 등을 결정하며 실시도면을 작성한다.

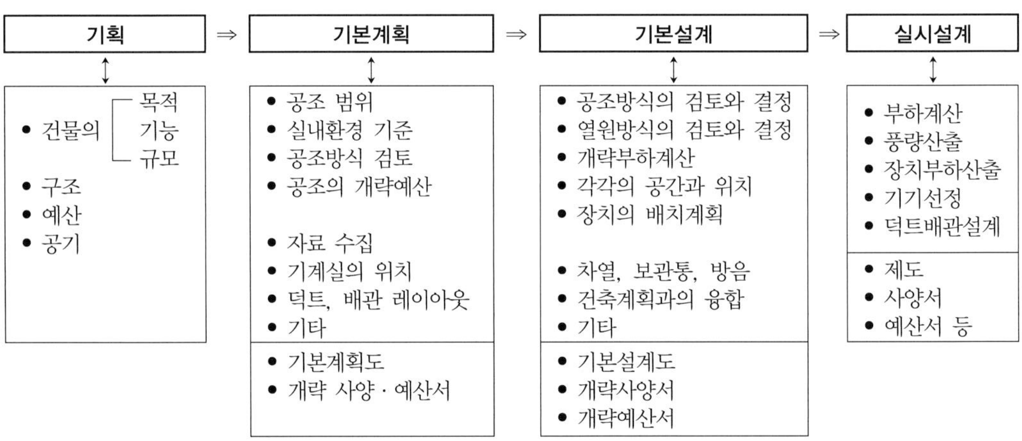

그림 3.58 공조계획의 순서

(2) 열원방식과 공조방식의 선정

각종 공조방식과 각종 열원방식의 종류와 특징에 대해서는 3.5.2에서 설명했다.

일반 사무소빌딩에서의 열원방식을 결정할 때 열원기기의 설치위치와 단면상의 레이아웃이 표 3.20에 나타나 있다. 이것으로 예를 들면 지하기기실에 설치한 냉동기나 냉각탑 등의 열원기기와 그 위치관계 등을 확인할 수 있다. 또한 각종 공조방식에 대해서도 같은 방법으로 조정을 하면 표 3.21과 같이 된다. 각종 공조방식에서 사용하는 공조기기(에어핸들링유닛, 팬코일유닛)의 설치위치와 냉온수, 냉매배관이나 덕트의 루트를 확인할 수 있다. 이와 같이 열원기기와 공조기기를 레이아웃할 경우에는 공조기계실이나 덕트 · 배관 공간의 크기를 파악해 둘 필요가 있으며, 1.1.3에서 설명했던 내용을 참고로 하여 검토한다.

표 3.20 열원방식과 열원기기의 레이아웃

	I	II	III	IV
대표적인 열원의 조합	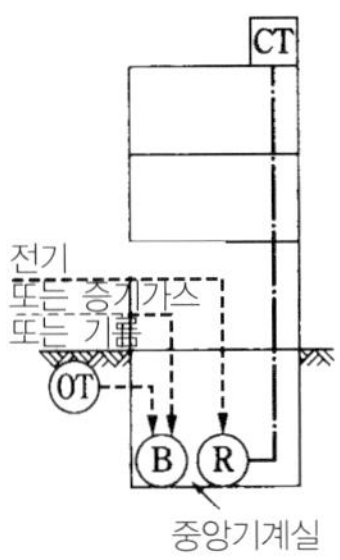	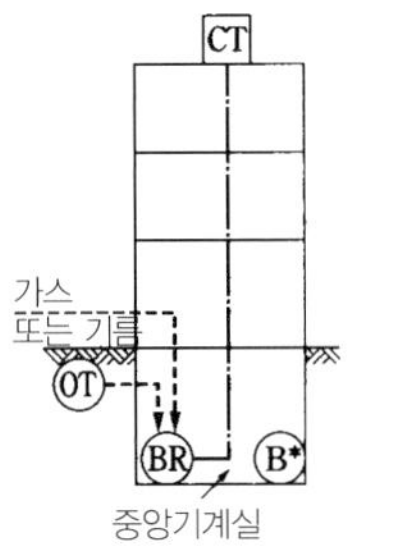	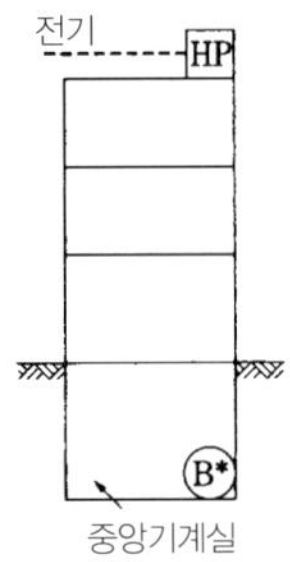	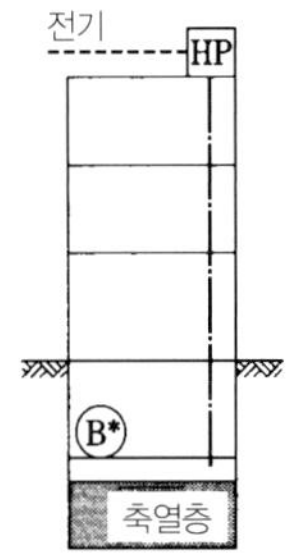
특징	• 증기가 필요한 건물에 많음 (병원 · 호텔).	• 냉열원과 온열원이 일체화되어 있어 공간이 절약됨 • 운전관리가 간편 • 급탕용 또는 증기가 필요한 경우는 별도로 보일러가 필요함(병원 · 호텔)	• 전전기방식 • 운전관리는 가장 간단 • 옥상에 기기를 방치하기 때문에 지하실 등을 효과적으로 이용할 수 있음 • 중소규모의 건물에 많음. • 급탕용 또는 증기가 필요한 경우는 별도로 보일러가 필요함(병원 · 호텔).	• 심야전력을 이용한 전전기방식 • 대규모 건물에 많음. • 급탕용 또는 증기가 필요한 경우는 별도로 보일러가 필요함(병원 · 호텔).

OT : 오일탱크, B : 보일러, R : 냉동기, BR : 냉온수발생기, CT : 냉각탑
HP: : 히트펌프(공냉), B* : 난방부족용 및 급탕위생용 보일러

표 3.21 각종 공조방식과 공조기기의 레이아웃

	중앙식 공조방식				개별식 공조방식(패키지방식)	
	A.단일덕트방식	B.각층 유닛방식	C.(단일덕트+팬코일)방식	D.(각층유닛+팬코일) 방식	E.각층 유닛 방식	F.멀티방식
공조방식의 조합	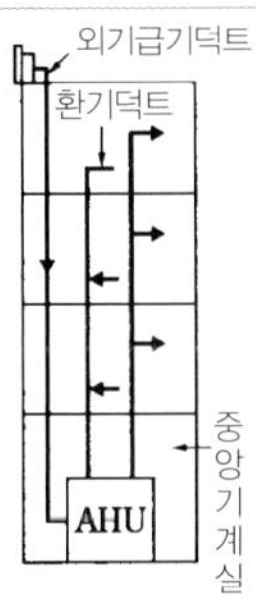	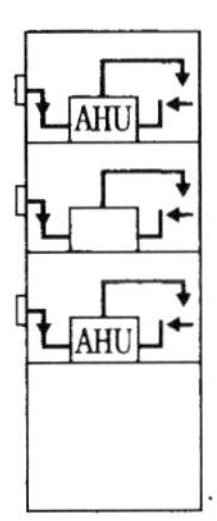	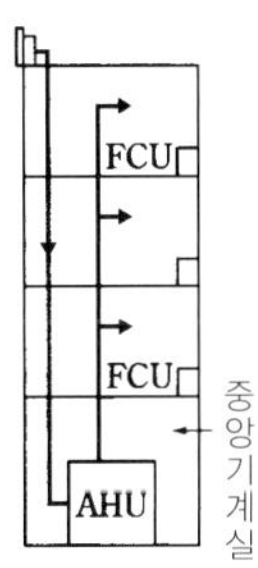	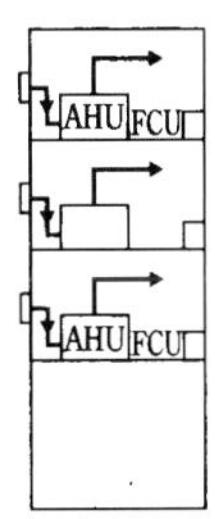	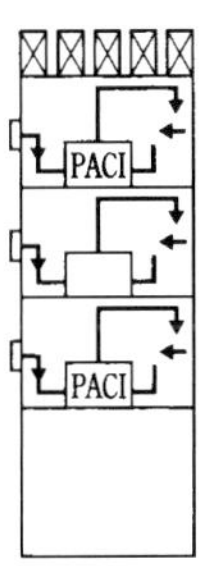	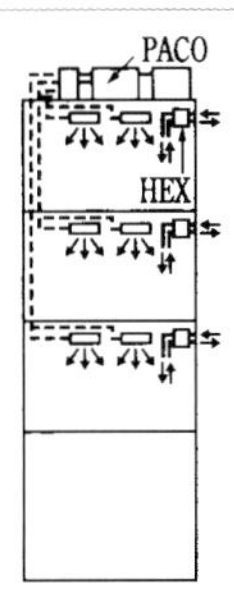
특징	• 공조기는 중앙기계실에 설치됨. • 각층에 기계실을 둘 필요는 없지만 덕트공간이 커짐.	• 공조기는 각층에 1대에서 여러 대까지 설치됨. • 각층에 기계실이 필요하지만 바닥 관통덕트가 적어짐.	• A방식과 같지만 팬코일을 사용하기 때문에 공조기가 작아짐.	• B방식과 같지만 팬코일을 사용하기 때문에 공조기가 작아짐.	• 열원과 일체화되어 있기 때문에 중앙 열원설비는 필요치 않음. • 외부유닛이 옥상 등에 설치됨.	• E와 기본적인 시스템은 같지만 실내유닛이 소형 분산화됨. • 천장 내에 유닛이 들어가 각층의 기계실공간이 필요치 않음.

— 선 : 덕트배관, ··· 선 : 냉매배관
AHU : 에어핸들링유닛, FCU : 팬코일유닛, HEX : 전열교환기
PACI : 패키지형 공조기(실내기), PACO : 패키지형 공조기(실외기)

3.6 열원 · 열반송설비와 기기부재

3.6.1 열원장치

(1) 냉동기

냉동기에는 압축식과 흡수식의 2종류가 있다.

(a) 냉동능력

냉동기 용량의 크기(냉동능력)는 **냉동톤**으로 표시한다.

냉동톤에는 제빙 · 냉동냉장 분야에서 쓰이는 냉동톤(RT[1]))과 공조분야에서 쓰이는 미국냉동톤(USRT[2]))이 있다. 1RT=3.861kW이며, 1USRT=3.517kW이다. 둘 사이에는 약 10% 정도의 차이가 있으며 보통은 USRT가 쓰인다.

(b) 압축식 냉동기

냉동기는 그림 3.59에 그 원리를 나타낸 것처럼 압축기, 응축기, 팽창밸브, 증발기, 배관으로 구성된다. 내부에서 냉매가 압력 · 온도의 변화에 의해 증발 · 응축을 반복하는데, 이를 **냉동사이클**이라 한다. 냉동사이클의 원리는 가로축에 엔탈피[3]), 세로축에 압력을 나타내며 그림 3.60을 이용하여 다음과 같이 설명할 수 있다.

① 압축과정(Ⓐ→Ⓑ) : 저압의 증기냉매를 압축기로 단열압축하여 고온고압의 증기냉매로 만든다.

② 응축과정(Ⓑ→Ⓒ) : 증기냉매를 일정 압력으로 냉각하면 포화온도에 달하고 응축되면서 액체가 되어 포화온도보다 낮아지면 응축잠열을 방출하여 액체냉매가 된다.

③ 팽창과정(Ⓒ→Ⓓ) : 고압에서 포화상태에 있는 액체를 팽창밸브(작은 구멍)를 통해 저압측으로 흐르면 저압측에서 증발이 일어나 온도가 낮아진다.

④ 증발과정(Ⓓ→Ⓐ) : 팽창밸브를 나온 저온의 증기와 액체가 증발기로 들어가 일정한 압력으로 열을 흡수하여 액체가 모두 증발한다.

압축기 구조의 차이에 따라 그림 3.61과 같이 피스톤식 왕복운동을 하는 레시프로(왕복동)형 압축기를 가진 것을 **레시프로(왕복동)식 냉동기**, 그림 3.62와 같이 원심력식 회전운동에 의한 것을 **터보식 냉동기**라고 한다.

---

1), 2) RT : Ton of Refrigeration의 줄임말, 일본에서 사용하는 RT임. USRT : US Ton of Refrigeration의 줄임말
2) 엔탈피란 공기가 가진 내부 에너지와 일을 열량으로 환산한 것. 3.3.1(5) 참조

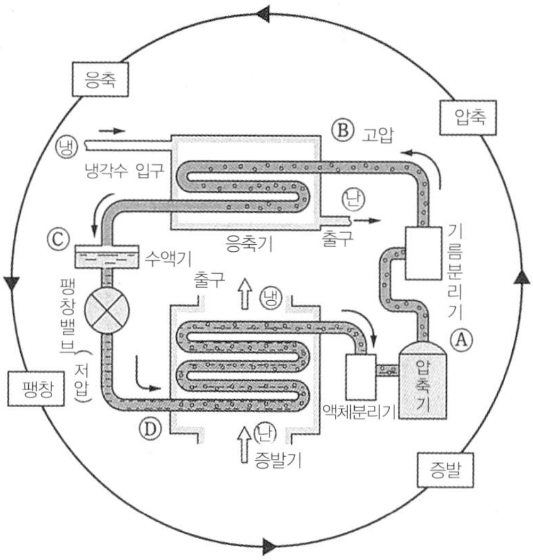

그림 3.59 압축식 냉동기의 원리

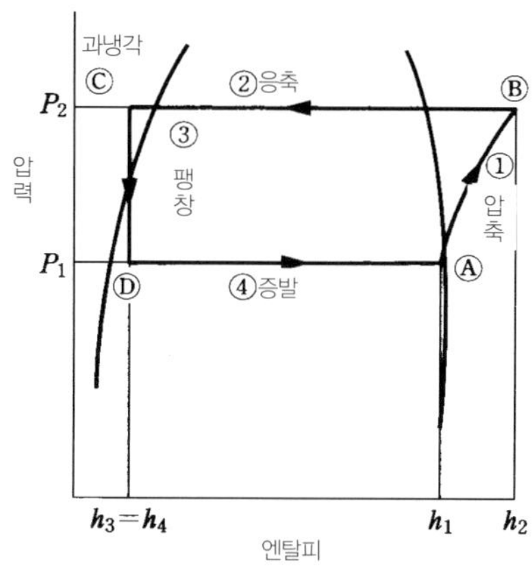

그림 3.60 냉동 사이클

(c) 흡수식 냉동기

흡수식 냉동기는 냉동사이클 중에서 가스의 압축에 해당하는 과정으로 압축기라는 기계적인 에너지를 사용하지 않고 그림 3.63처럼 흡수기와 재생기를 이용하며 재생기 가열에 보일러에서 나오는 증기나 고온수 또는 연소가스 같은 열에너지를 사용하는 냉동기이다. 냉매에는 물과 흡습성이 큰 **리듐브로마이드**(LiBr : 취화리튬)라는 흡수액을 사용하며 화학반응에 의한 냉각작용을 이용하기 때문에 진동이나 소음이 적고 조용하다.

흡수식의 원리는 흡수냉동사이클이라 불리는 다음과 같은 과정을 반복하며 냉수를 공급한다.

① **증발 과정** : 냉매(물)는 증발기에서 냉방용 냉수로부터 증발잠열을 빼앗아 증발시킴으로써 냉수를 냉각한다.

② **흡수 과정** : 증발된 냉매(수증기)는 흡수기에서 취화리튬용액에 흡수되고 묽은 흡수액이 되어 재생기로 보내진다.

③ **재생 과정** : 재생기에서 적당한 가열원으로 농축되고 열교환기에서 냉각되어 다시 흡수기로 돌아간다. 가열원으로는 도시가스나 기름 외에 배열이나 태양 등을 이용하는 것이 효율적이다.

④ **응축 과정** : 증발된 냉매(수증기)는 응축기로 보내지며 냉각되어서 냉매액으로 돌아온다.

또한 연료를 직화하는 흡수식 냉동기에서 냉수와 온수를 단독 또는 동시에 공급할 수 있다. 그림 3.48과 같은 직화 흡수냉온수기도 빌딩 공조에 많이 쓰이고 있다.

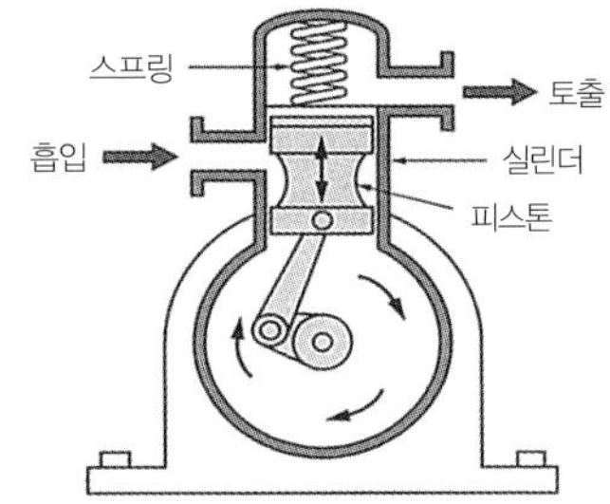

(a) 레시프로 압축기
(왕복운동압축기)

((b) 외관

그림 3.61 레시프로(왕복동)식 압축기와 외관

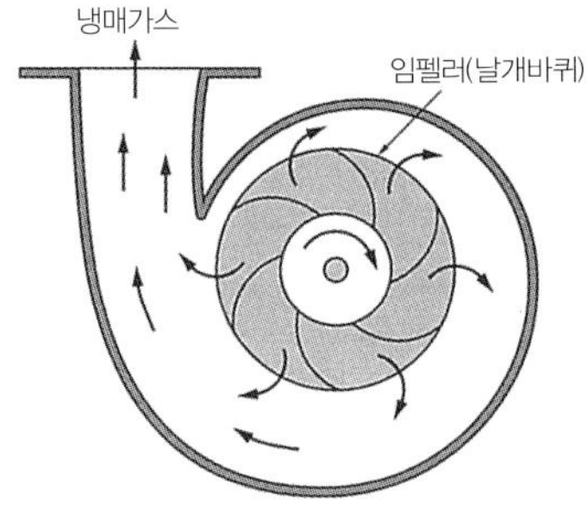

(a) 터보식 압축기
(원심력식 압축기)

(b) 터보냉동기 외관

그림 3.62 터보식 압축기와 터보식 냉동기의 외관

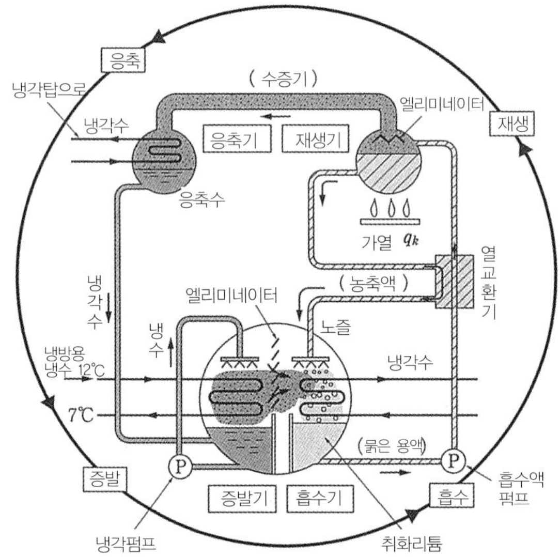

그림 3.63 흡수식 냉동기의 원리

(d) 냉각탑

그림 3.64에 나타낸 것처럼 냉동기나 히트펌프의 응축기에서 냉매로부터 열을 빼앗은 냉각수를 대기중에 살수하고 냉각수의 일부를 증발시킴으로써 냉각수 자체도 차가워지는 장치이다.

냉각탑에는 그림 3.65와 같이 대향류식 냉각탑, 직교류식 냉각탑, 밀폐식 냉각탑 등이 있다. 그림 3.66에 향류식과 직류식 냉각탑의 외관을 나타낸다.

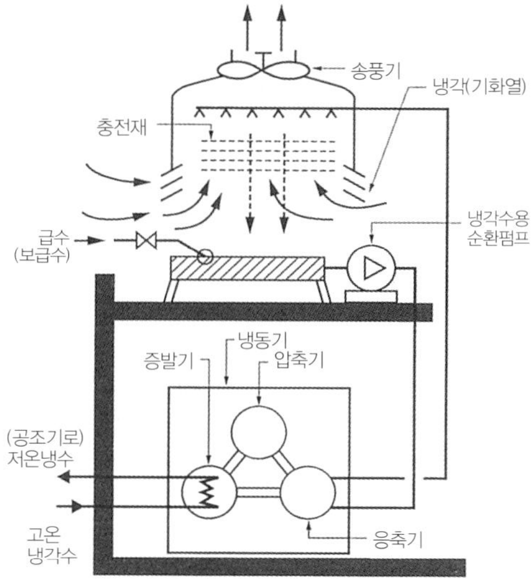

그림 3.64 냉각탑의 역할

대향류식(카운터플로식)	직교류식(크로스플로식)	밀폐식
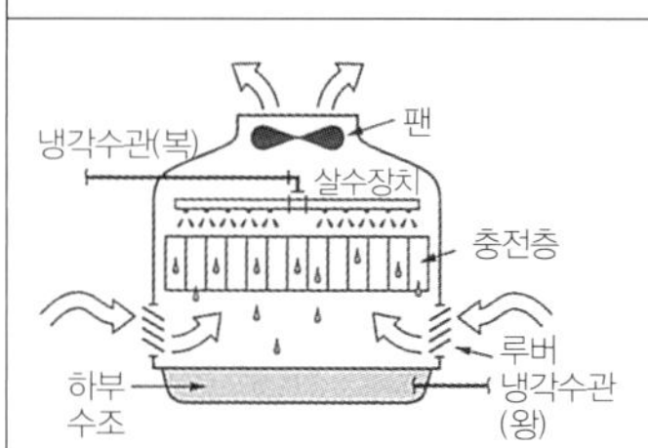	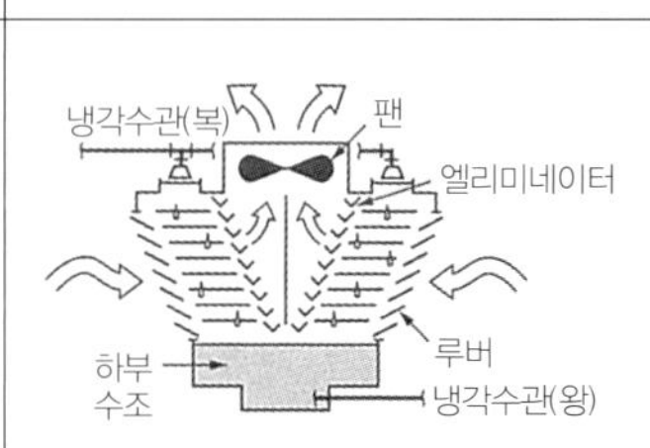	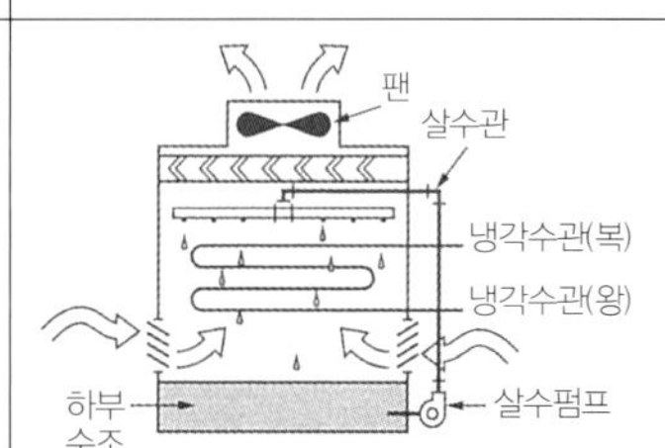
• 냉각수를 위에서 살수하고 이 방향과 반대가 되도록 측면에서 외기를 흡입하며 외기로 냉각한 후 냉각탑 상단부터 송풍기로 강제 배기하는 방식이다. • 술병 모양이며 설치면적은 작지만 높이가 높다.	• 유하하는 냉각수에 대해 옆쪽에서 공기를 보내 유하하는 물방울과 송풍이 교차하는 방식이다. • 각진 형태이며 설치면적은 크지만 높이가 낮다.	• 충진재 대신에 냉각코일을 설치하고 흡인하는 공기와 살수하는 물로 냉동기의 냉각수를 냉각하는 방식이다. • 외기가 냉각수와 직접 접촉하지 않기 때문에 오염공기에 의한 수질의 저하가 없다.

그림 3.65 냉각탑의 종류와 구조

(a) 대향류식

(b) 직교류식

그림 3.66 대향류식과 직교류식 냉각탑

(2) 보일러

보일러는 로(爐) 내에서 연료를 연소시켜 증기 또는 온수를 만드는 장치이다. 보일러는 일반적으로 가열장치, 보일러 본체, 통풍장치, 급수장치, 안전장치, 그 외 부속품, 제어장치로 구성된다. 본체의 구성 재료에 따라 주철제 보일러와 강제 보일러, 열매에 따라 증기 보일러와 온수보일러, 사용압력에 따라 고압 보일러와 저압 보일러로 분류된다.

보일러는 고온 · 고압의 증기를 사용하기 때문에 '보일러 및 압력용기 안전규칙' 에 의해 자격을 가진 자가 다룬다.

공조용에 주로 사용되는 것은 그림 3.67에 나타낸 주철제 보일러, 노통연관보일러, 진공식 온수보일러 등이다. 그림 3.68은 주철제 보일러의 외관 사진을 나타낸 것이다.

주철제 보일러	노통연관보일러	진공식 온수보일러
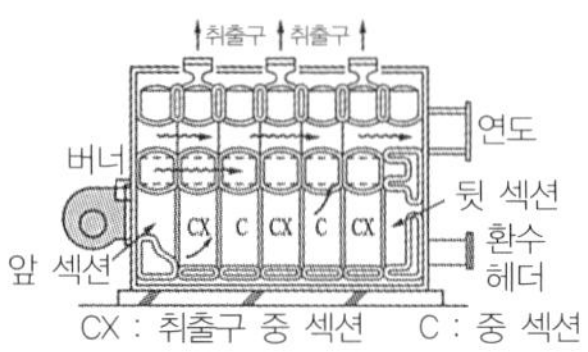	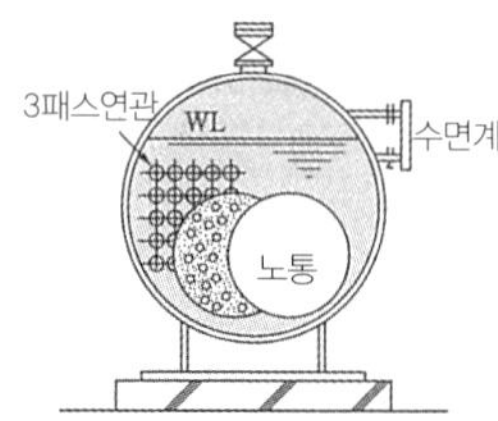	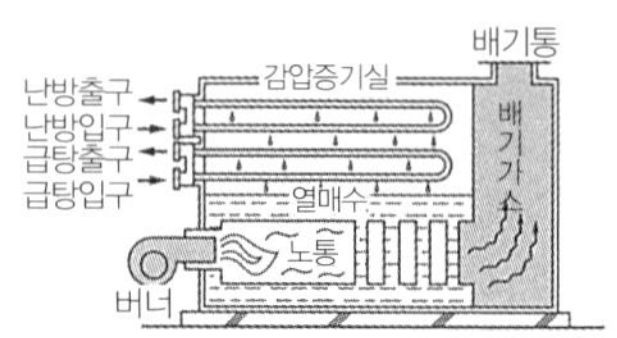
• 용량에 따라 주철제의 편평한 박스형 섹션을 증감하여 조립한 보일러로 섹션 보일러라고도 함 • 값이 싸며 취급도 용이하여 중소용량의 난방보일러로 많이 사용되고 있다. 재질도 무른 편.	• 보일러통 내에서 연소실이 되는 파형 또는 스파이럴형 노탑과 연소가스의 통로가 되는 연관들을 조합시킨 보일러이다. • 전열면적이 크고 강도가 높다.	• 증기실 내 압력을 대기압 이하로 내리고 상부에 온수 · 급탕코일을 설치해 감압증기에 의해 가열하는 보일러이다. • 증기압은 대기압 이하이기 때문에 법규칙에 의한 설치 신고나 취급 자격자가 필요치 않다.

그림 3.67 주요 공조용 보일러의 종류와 특징

그림 3.68 주철제 보일러의 예

(3) 히트펌프

압축식 냉동기에서 설명했듯이 증발기에서 물이나 공기로부터 열을 빼앗아 냉방을 한다. 한편 응축기에서는 냉각수나 공기로 열을 방출한다. 응축기에서의 방열을 난방용으로 쓰는 것이 히트펌프이다.

그림 3.69에 나타낸 것처럼 여름에는 냉매액의 기화열을 냉각용(냉방)으로 이용하고, 겨울에는 냉매회로를 교체하여 응축기의 방열을 가열용(난방)으로 이용한다. 일반적으로 가정용 에어컨 같은 경우는 외기로부터 열을 빼앗아 난방을 하기 때문에 겨울철 추운 날에는 외기온이 낮아져서 효율적이지 못하다.

이러한 효율을 **성적계수** COP(Coefficient of Perfromance)로 나타낸다. COP는 냉방시에는 압축일에 대한 냉매의 증발잠열량(냉방열량), 난방시에는 압축일에 대한 냉매의 응축잠열량(난방열량)의 각각의 일의 비를 나타낸다. COP가 높을수록 적은 전력으로 많은 냉열을 얻을 수 있는 기기가 된다. 히트펌프의 COP는 일반적으로 3~4 정도이다. 최근에는 더 효율이 높은 것도 개발되었다.

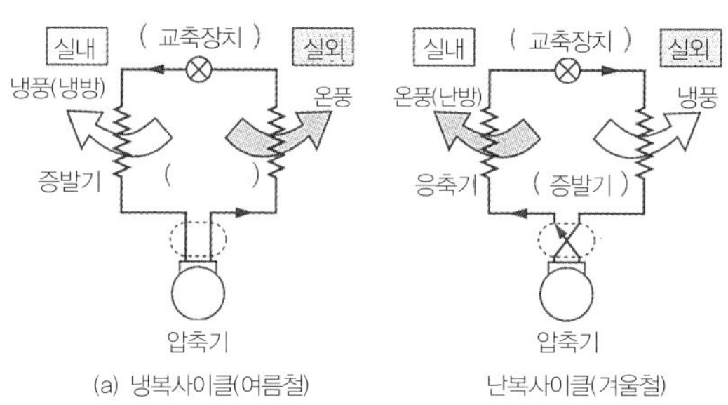

그림 3.69 히트펌프의 원리

3.6.2 열반송설비 · 실내 유닛

(1) 송풍기 · 펌프

송풍기(팬)는 공기를 덕트 내 또는 실내에 강제적으로 보내기 위한 기기로, 종류에는 원심식과 축류식이 있다.

원심식은 날개바퀴의 회전축에서 공기를 흡입하여 원주방향으로 취출하는 형식이다. 또한 축류식은 날개바퀴의 회전축과 평행하게 공기가 흐르는 형식이다. 그림 3.70은 대표적인 송풍기의 종류와 특징을 나타내고 있다. 특성곡선과 운전점은 펌프와 동일하다. 송풍기의 특성은 송풍시의 압력, 풍량, 축동력으로 나타낸다.

1) **압력** : 그림 3.71처럼 송풍기에 덕트를 설치하여 바람을 보낼 때에는 관내의 압력상태를 정압, 동압, 전압의 3개 압력으로 나타낼 수 있다.

정압은 덕트의 측면에 구멍을 뚫어 흐름에 직각이 되게 취출하는 U자관 마노미터로 대기압과의 차이를 뺀 것이며 p_s로 나타낸다(①). 또한 송풍 방향으로 향하게 삽입한 U자관 마노미터에 접속시켜 얻어지는 압력을 **동압** p_d(②)이라 하고, 풍속 v와 공기의 밀도 ρ를 이용해 $p_d = (\rho/2)v^2$로 나타낸다. 정압과 동압의 합을 전압 p_t(③)이라 하며, 식 (3.38)과 같이 나타낸다.

$$p_t = p_s + \frac{\rho}{2}v^2 \quad \cdots\cdots (3.38)$$

v : 풍속[m/s], ρ : 공기의 밀도≒1.2kg/m³

2) 풍량

$$Q = 60 \cdot A \cdot v \quad \cdots\cdots (3.39)$$

Q : 풍량[m³/min], A : 덕트 단면적[m²]

3) 축동력

$$L = \frac{Q \times p_t}{1,000 \times 60} \quad \cdots\cdots (3.40)$$

L : 공기동력[W]

송풍기의 전압효율 η을 고려하면 축동력 W는 식 (3.41)로 나타낸다.

$$W = \frac{Q \times p_t}{1,000 \times 60\eta} \quad \cdots\cdots (3.41)$$

W : 축동력[kW]

η : 전압효율(그림 3.70 ③의 수치)

그림 3.72에 송풍기의 특성곡선과 운전점의 관계가 나타나 있다. 송풍기의 회전수에 대한 풍량 Q, 압력 P, 축동력 W에는 식 (3.42)~식 (3.44)와 같은 관계가 성립된다.

$$Q_2 = (N_2/N_1)Q_1 \quad \cdots\cdots (3.42)$$

$$P_2 = (N_2/N_1)^2 P_1 \quad \cdots\cdots (3.43)$$

$$W_2 = (N_2/N_1)^3 W_1 \quad \cdots\cdots (3.44)$$

Q_1, Q_2 : 변경 전후의 풍량[m³/min]

N_1, N_2 : 변경 전후의 회전수[rpm[1)]]

P_1, P_2 : 변경 전후의 압력(전압, 정압) [Pa]

W_1, W_2 : 변경 전후의 축동력[kW]

1) rpm : revolution per minute의 줄임말로 1분 동안의 회전수를 나타냄

종 류		원심식 송풍기			축류식 송풍기		
		다익식 송풍기(시로코팬)	후향 송풍기 (리미트로드팬)	날개식송풍기 (터보팬)	환기팬 (프로펠러)	축류송풍기	
① 형상		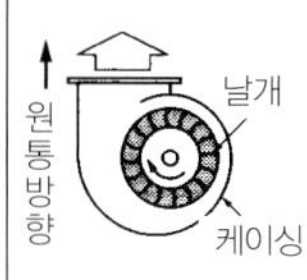	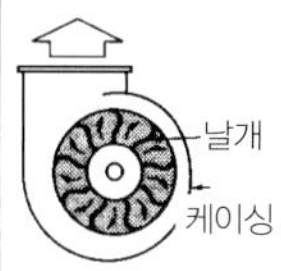		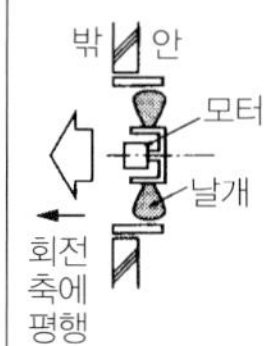	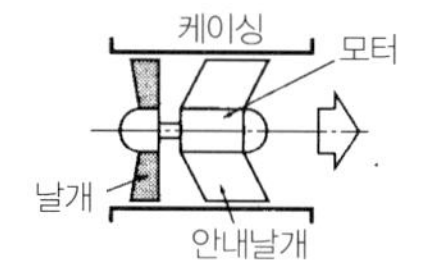	
②	풍량 [㎥/min]	10~2000	30~2500	30~2500	20~500	500~5000	40~2000
	정압 [Pa]	100~1230	1230~2450	1230~2450	0~100	50~150	100~790
③ 효율[%]		35~70	65~80	70~85	10~50	55~65	75~85
④ 비소음[dB]		40	40	35	40	45	45
⑤ 특성상의 특징		• 풍압변화에 의한 풍량과 동력의 변화는 비교적 크다. • 풍량이 증가하면서 축동력도 증가한다.	• 풍압변화에 의한 풍량의 변화는 비교적 크다. • 축동력 리미트 특성이 있다.		• 최고효율점은 자유토출하여 근처에 있다. • 압력변화에 골이 없다.	• 토출공기는 환형이며 회전성분을 가진다.	• 압력에 골이 있으며 좌측에서의 운전이 불가능 • 토출공기의 회전성분이 적다.
⑥ 용도		• 저속덕트 공조용, 각종 공조용, 급배기용	• 고속덕트 공조용	 팬 외관	• 환기팬, 소형 냉각탑, 유닛 히터, 저압, 대풍량	• 국소통풍, 대형 냉각탑, 중압, 대풍량	• 국소통풍, 터널환기, 일반 공조(특별), 고압, 저풍량

그림 3.70 송풍기의 종류와 특징

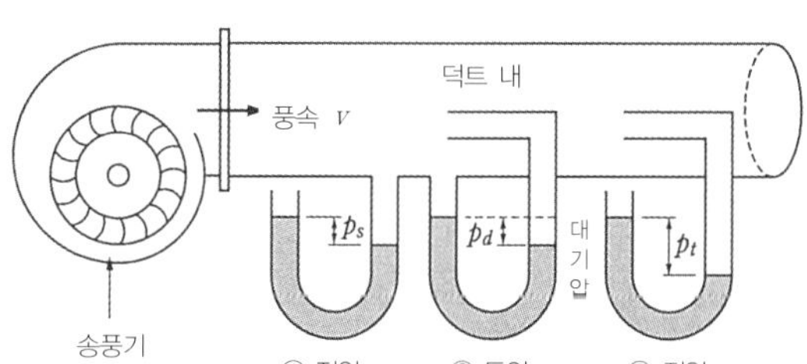

① 정압 p_s ② 동압 p_d ③ 전압 p_t

p_t : 전압[Pa], p_s : 정압[Pa]

p_d : 동압[Pa], v : 풍속[m/s]

그림 3.71 송풍기의 압력

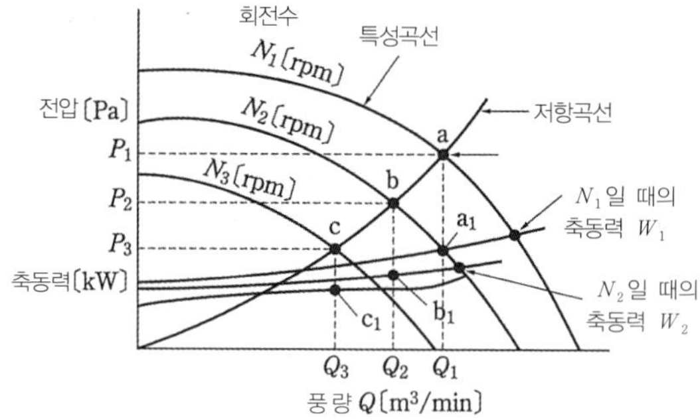

그림 3.72 특성곡선과 운전점

▌ 예제 6 ▌

송풍량이 400㎥/min인데 운전중 송풍기의 풍량을 550㎥/min으로 변경했을 경우 회전수, 전압, 축동력은 몇 배가 되는가?

[해설]

식 (3.42)~(3.44)로부터

$N_2/N_1 = Q_2/Q_1$ =550/400=1.375배(회전수)

$P_2/P_1 = (N_2/N_1)^2 = (Q_2/Q_1)^2$ =(550/400)2=1.891배(전압)

$W_2/W_1 = (N_2/N_1)^3 = (Q_2/Q_1)^3$ =(550/400)3=2.600배(축동력)

(2) 덕트

덕트는 공조된 공기를 대상 공간에 보내기 위해 쓰이고 환기설비의 급기 · 배기용, 배연설비의 배연용으로도 쓰인다. 덕트 시스템의 기본 구성은 그림 3.74에 나타나 있다. 덕트의 재질은 일반적으로 아연도금강판, 스테인리스강판, 염화비닐라이닝강판, 경질염화비닐판, 글라스울 등이다.

또한 덕트의 모양은 각형 덕트, 원형 덕트, 스파이럴 덕트 등이 있다. 덕트의 이음은 그림 3.73과 같은 방법으로 접합된다. 원형 덕트는 강판을 둥글게 만드는 원형 덕트와 띠 모양의 강판을 나선형으로 감은 스파이럴 덕트가 있다.

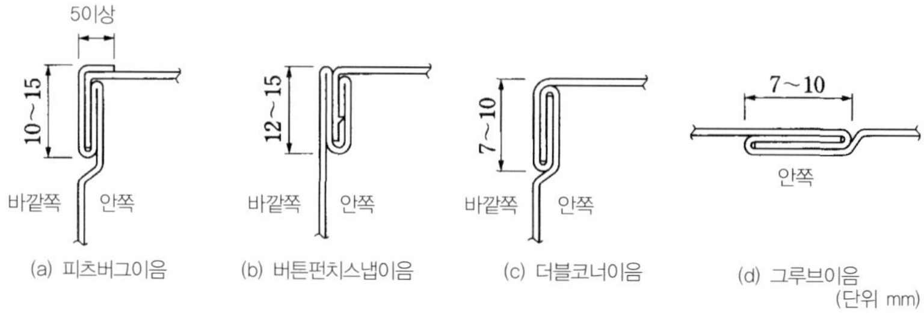

그림 3.73 공조덕트의 접속부(이음의 종류)

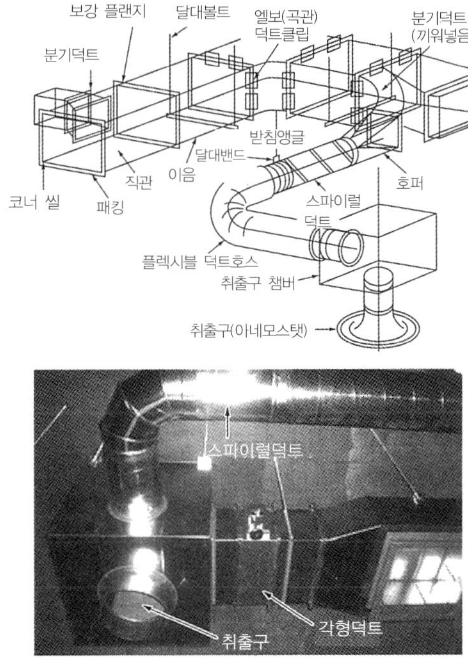

그림 3.74 공조덕트의 기본구성과 외관

(3) 배관

배관공사에 사용하는 관 · 이음 및 밸브류 등은 계획도서(설계도 · 사양서 등)에 기재되어 있는 조건을 충분히 이해한 다음 재질 · 사용압력 · 접합방법 등을 검토하여 그 설비에 가장 적합한 재료 및 시공방법을 선정해야 한다.

(a) 관의 종류와 사용 구분

일반 공조설비에 사용되는 관재는 **강관 · 스테인리스관 · 동관** 같은 금속관 외에 각종 **플라스틱관**이 있다. 이러한 관재는 대부분 KS 규격으로 재질 · 치수 · 사용압력 · 사용온도 등이 정해져 있다.

강관(철관)이 가장 널리 사용되고 있지만 최근에는 강관의 부식 문제가 클로즈업되면서 그동안 값이 비싸고 시공방법의 제약 등으로 인해 별로 사용하지 않았던 스테인리스강관과 플라스틱관류도 사용하게 되었다.

(b) 배관부속품(밸브류)

밸브는 관내의 유체를 정지시키거나 유량 · 압력을 조정하거나 역류를 방지하거나 또는 관내의 유체를 제어하는 데 사용된다. 공조설비에서 주로 사용되는 밸브류에는 슬루스 밸브 · 글로브(구슬형) 밸브 · 버터플라이 밸브 · 볼 밸브 · 체크(역지) 밸브 등이 있으며, KS 규격이 중심이 되어 재질 · 내압 · 치수 등이 정해져 있다.

① **슬루스(Sluice) 밸브** : 게이트 밸브라고도 하며 밸브 자체가 수직으로 관로를 개폐하는 것으로, 원칙적으로 전부 개방하거나 전부 폐쇄하며 사용유량을 조정하는 데에는 쓰이지 않는다(그림 3.75(a)).

② **글로브(Globe) 밸브** : 스톱 밸브 또는 구슬형 밸브라고도 하며 개폐는 밸브 자체와 밸브 받침간의 틈을 변화시키기 때문에 중간 정도의 유량 조정에 적합하다(그림 3.75(b)).

③ **버터플라이 밸브** : 밸브 내에서 밸브봉을 축으로 원판 모양의 밸브가 회전하면서 개폐되는 밸브로, 개폐시간이 짧고 구조가 단순하며 소형 경량, 전폐시의 압력손실이 적어 유량 조정에도 비교적 적합하다. 최근에는 대구경을 중심으로 폭넓게 사용되고 있다(그림 3.75(c),(d)).

④ **볼 밸브** : 구멍이 뚫린 구(볼) 모양의 밸브를 90도 회전시켜서 관로를 개폐하는 밸브로, 조작이 쉽고 개폐시간이 짧으며 수밀성이 뛰어나고 개폐시의 압력손실도 적어 소구경 밸브에 널리 사용되고 있다(그림 3.75(e)).

⑤ **체크 밸브** : 역지 밸브라고도 하며 역류를 방지하는 밸브이다. 그림 3.76에 나타낸 것처럼 스윙식과 리프트식으로 대별된다. 흐름방향이 있기 때문에 역방향으로 설치하지 않도록 주의해야 한다. 양수펌프의 흡입관 선단에 설치하는 푸트 밸브도 역지 밸브의 일종이다.

⑥ **스트레이너** : 배관 내의 토사 · 철조각 · 쓰레기 등의 이물을 내장 철망(스크린)으로 제거하는 기구가 스트레이너이며, 형식에는 Y형, U형(바구니형) 등이 있다(그림 3.77).

(a) 슬루스 밸브의 예 (b) 글로브 밸브의 예 (c) 버터플라이 밸브(레버형) (d) 버터플라이 밸브(핸들형) (e) 볼 밸브의 예

그림 3.75 밸브류

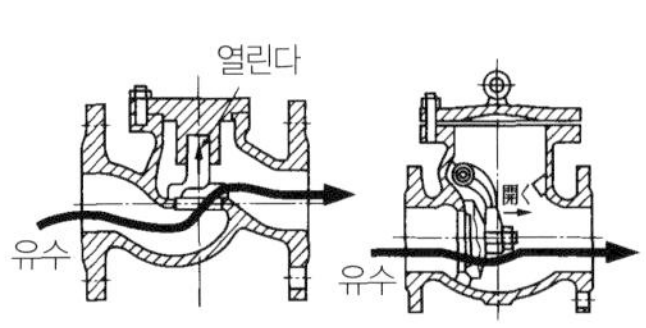

(a) 리프트식 (b) 스윙식 (c) 푸트 밸브

➡ : 유수의 흐름

그림 3.76 체크 밸브의 종류

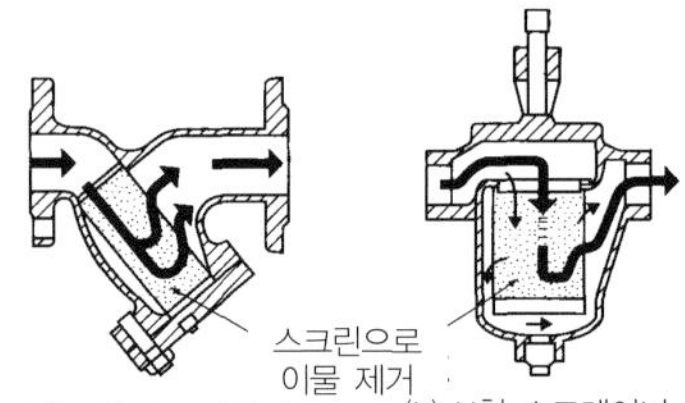

(a) Y형 스트레이너 (b) U형 스트레이너 (바구니형)

➡ : 유수의 흐름

그림 3.77 스트레이너의 종류

3.6.3 취출구 · 흡입구 등

취출구 · 흡입구는 공조용 공기를 필요한 공간에 취출하거나 되돌아온 공기를 흡입하기 위한 기구이다. 실내에서 눈에 띄는 곳에 설치하는 경우도 많아 디자인에 신경을 쓴 것도 많이 이용되고 있다. 표 3.22에 취출구 · 흡입구의 종류와 개요를 나타내고, 그림 3.78에는 실내에서의 설치위치를 나타낸다.

또한 댐퍼는 덕트 내의 풍량을 제어하거나 방화구획에 설치하여 방화용으로 연소확산방지를 하는 것도 있다. 표 3.23에 댐퍼의 종류와 개요를 나타내며, 그림 3.79에는 방화댐퍼의 구조를 나타낸다. 화재가 발생하여 댐퍼 내에 침입했을 때 화재의 고온에 의해 퓨즈(가용편)가 녹으면서 자동으로 봉쇄하여 화재의 침입을 막아 연소가 확산되는 것을 방지한다.

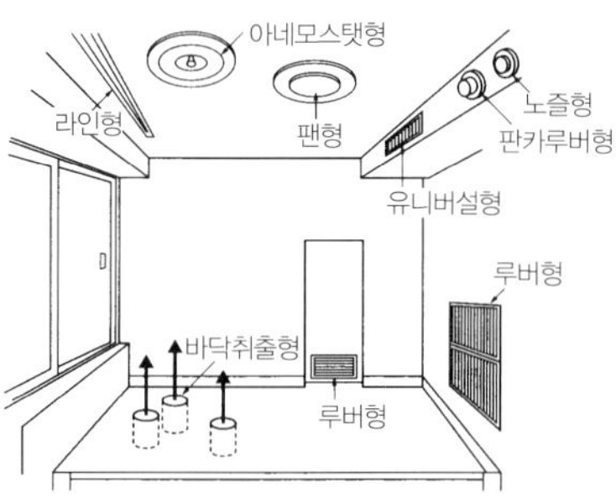

그림 3.78 취출구와 설치 위치

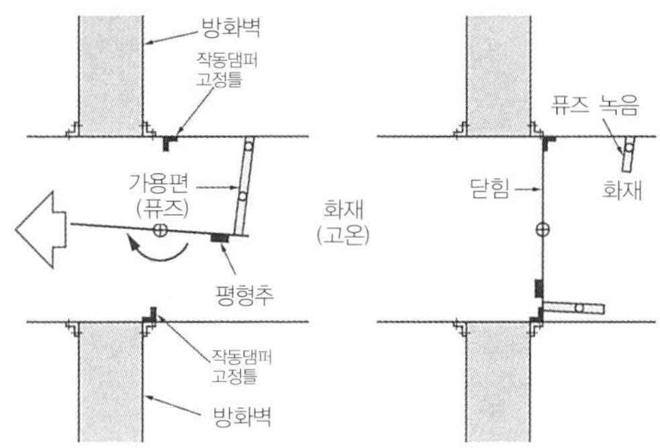

그림 3.79 방화댐퍼의 구조

표 3.22 취출구 · 흡입구의 종류와 개요(概要)ddd

종 류	특 징
아네모스탯형 	• 여러 층에 나누어진 콘이 복사형으로 취출한다. • 천장의 일반적인 취출구로 우수한 유도확산성능을 가진다. • 천장높이가 낮은 경우에 적합하다.
유니버설형 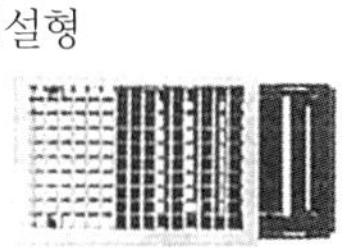	• 스프링 각도의 변경을 자유롭게 조절할 수 있다. • 일반적으로 취출용에 쓰인다.
노즐형 	• 기류의 도달거리가 크기 때문에 홀이나 극장 같은 대규모 공간에 쓰인다.
판카루버형 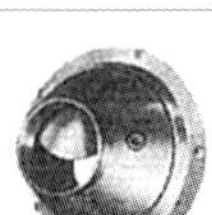	• 취출기류의 성상은 노즐과 같지만 머리가 흔들리게 되어 있어서 기류의 방향을 바꿀 수 있다. • 주방, 공장 등의 스폿공조에 쓰인다.
라인형 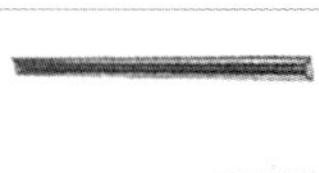	• 브리즈형이라고도 하며 페리미터 존이나 시스템 천장용 취출구 · 흡입구에 쓰인다. • 취출구의 위치를 자유롭게 변경할 수 있다.

표 3.22 취출구·흡입구의 종류와 개요(계속)

종 류	특 징
다공판형 	• 펀칭형이라고도 하며 덕트의 흡입구나 클린룸의 취출구에 쓰인다.
바닥설치형 	• 이중바닥을 사용한 바닥취출공조인 경우에는 바닥설치형이 쓰인다.
루버형 	• 외벽에 설치하며 환기의 흡기구·배기구에 쓰인다.

표 3.23 댐퍼의 종류와 개요

댐퍼의 종류	주요 사용 목적	주요 설치 위치
풍량조정댐퍼(VD) 	• 풍량조정용, 교체운전용, 정압조정용	• 송풍기, 공조기의 토출측 및 흡입측 • 분기덕트에서 풍량 조정을 필요로 하는 곳 • 덕트계에서 교체하여 사용하는 곳
모터댐퍼(MD) 	• 풍량 자동조정용, 교체운전의 자동화 역류방지용	• 외기량 제한을 하는 공조기 등의 외기덕트 • 자동으로 교체하여 사용하는 덕트
체크댐퍼(CD) 	• 역류방지용	• 공통샤프트 등에서 역류방지를 할 필요가 있는 곳 • 대구경일 때에는 압력손실을 체크한다.
방화댐퍼(FD) 방화 겸 풍량 조절댐퍼(FVD) 	• 화재가 덕트를 통해 다른 방까지 연소되는 것을 방지	• 방화구획을 관통하는 덕트 • 연소의 우려가 있는 부분에 있는 외벽개구부 • 주방용 배기덕트에서 불을 사용하는 곳의 후드 부근

VD : Volume Damper, MD : Motor Damper, CD : Check Damper,
FD : Fire Damper, FVD : Fire Volume Damper

3.6.4 공조기

(1) 중앙식 공조기

1) 에어핸들링유닛

공조기는 에어필터, 공기가열·냉각코일, 가습·감습기, 송풍기, 전동기를 담는 케이싱 등으로 구성되어 있다. 중앙식 공조기는 주로 대규모 공조용으로 설계제작되며 **에어핸들링유닛**(그림 3.80, 3.81)을 덕트에 접속하여 각 실에 송풍된다.

개별식 공조기는 주로 소규모 빌딩이나 주택용으로 설계제작되며 팬코일유닛, 패키지형 공조기, 룸에어컨 등이 있다.

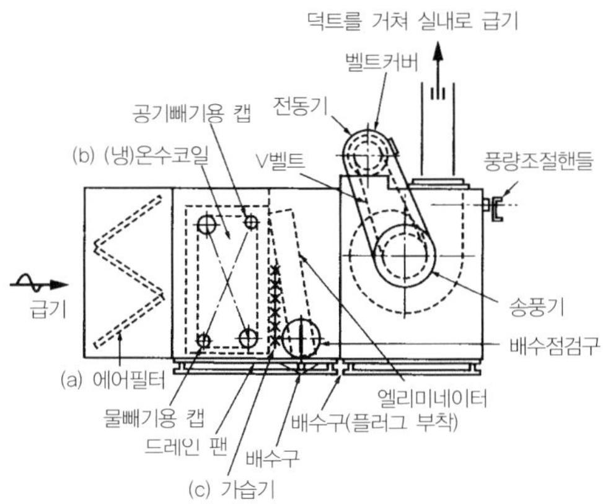

그림 3.80 에어핸들링유닛

그림 3.81 에어핸들링유닛의 예

주요 부재에 대해 설명하면 다음과 같다.

(a) 에어필터

에어필터는 면 · 유리섬유 · 부직포 · 플라스틱 스펀지 등의 여재에 의해 공기중의 분진을 포집하는 것이다.

그림 3.82처럼 틀 안에 수납되는 유닛필터, 그림 3.83처럼 여재를 자동으로 권상하는 자동식 공기여과필터, 그림 3.84처럼 포집률이 높은 전기집진필터, 복사성 물질을 다루는 시설이나 클린룸 등의 미립자를 다루는 **고성능미립자필터**(HEPA[1]) **필터**) 등이 있다.

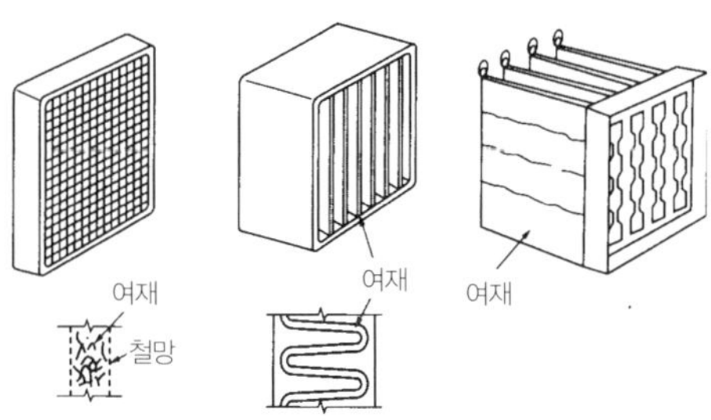

(a) 평형 필터 (b) U형 필터 (c) W형 필터

그림 3.82 건식 유닛형 필터

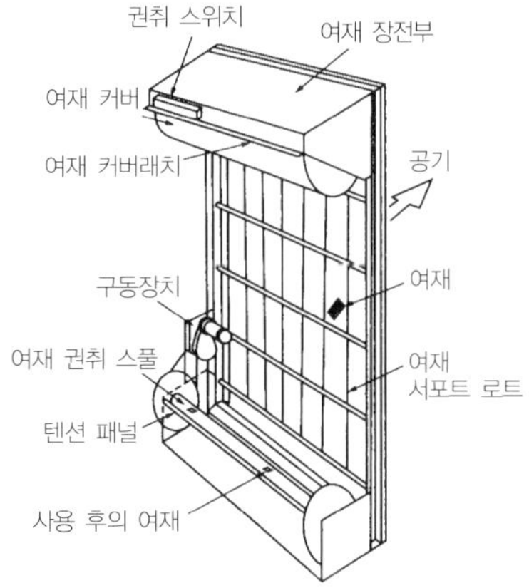

그림 3.83 자동식 공기여과필터

1) HEPA : High Efficiency Particulate Air의 줄임말

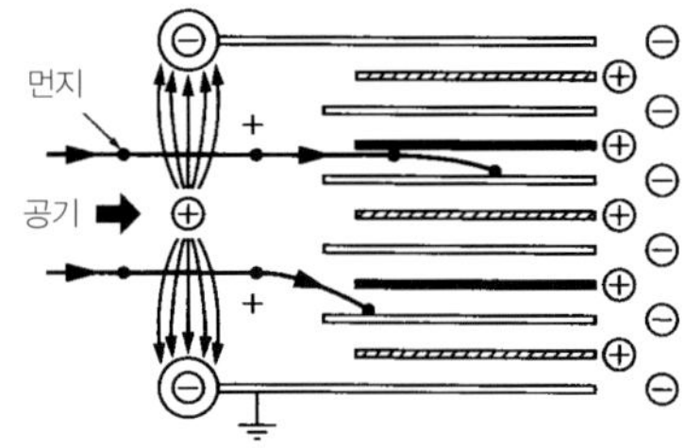

그림 3.84 2단계식 전기집진기의 원리

(b) 가열 · 냉각코일

그림 3.85와 같이 가열(온수)코일 내를 온수나 증기가, 냉각(냉수)코일 내를 냉수나 냉매가 통하고 이것과 공기가 열교환되어 실내로 보내진다. 그림 3.86처럼 핀이라 불리는 지느러미모양의 판이 코일에 설치되기 때문에 전열면적이 증가하며 공기의 가열 · 냉각이 촉진된다.

(c) 가습기

공기에 수분을 주어 습도를 높이기 위한 장치가 가습기이며, 그림 3.87처럼 분무노즐에서 미세한 물방울을 가열코일에 취부하여 증발시키는 수분무식, 보일러에서 발생한 난방증기를 분사하는 증기분무식, 물이 들어 있는 용기(팬)에 전기히터를 넣어 증발시키는 팬형 가습 등이 있다. 분무된 물방울이 송풍기나 급기덕트로 운반되는 것을 막기 위해 물방울에 비산방지장치가 되는 엘리미네이터를 설치한다.

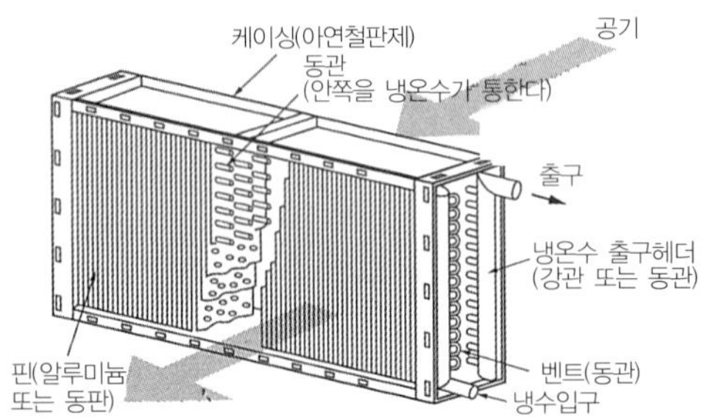

그림 3.85 플레이트 핀 코일

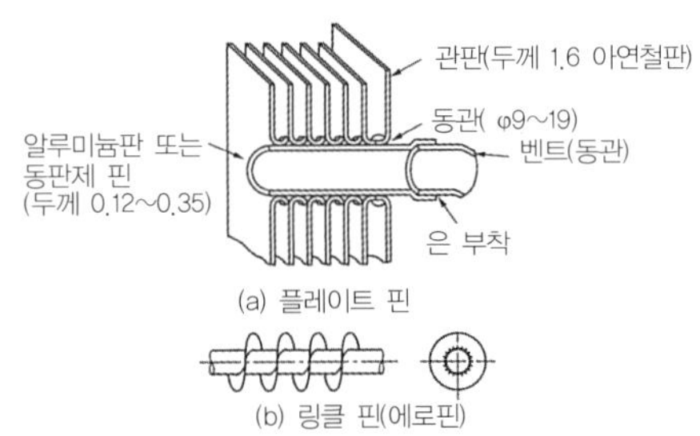

그림 3.86 핀의 모양

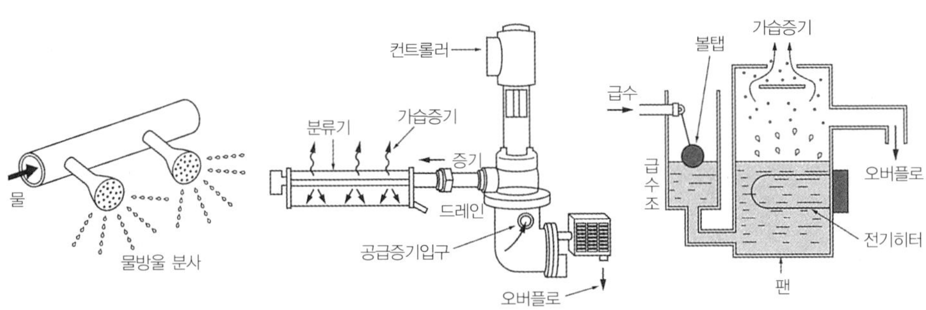

(a) 수분무식 가습 (b) 증기분무가습 (c) 팬형 가습

그림 3.87 가습방식

2) 중앙식 패키지형 공조기

그림 3.88과 같이 공조기 내부에 공기열원식 히트펌프를 내장한 것으로 압축기 · 응축기(가열용) · 증발기(냉각용) 등의 냉동용 기기와 송풍기 · 가습기 · 에어필터 · 자동제어기기를 하나의 케이스에 수납한 것이다.

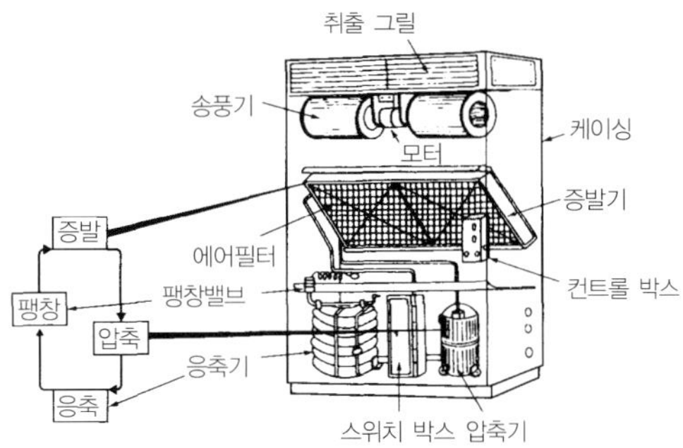

그림 3.88 패키지형 공조기

(2) 개별분산형 공조기

(a) 천장매입형 · 천장노출형 · 바닥설치형

실외 유닛과 실내 유닛으로 구분되며 이들 사이를 냉매관과 전기배선으로 연결하는 방식이다. 그림 3.89와 같이 실내 유닛의 설치방법에 따라 천장매입형, 천장노출형, 바닥설치형으로 분류된다. 천장매입형은 인테리어를 중시한 타입으로 천장 내에 설치된다.

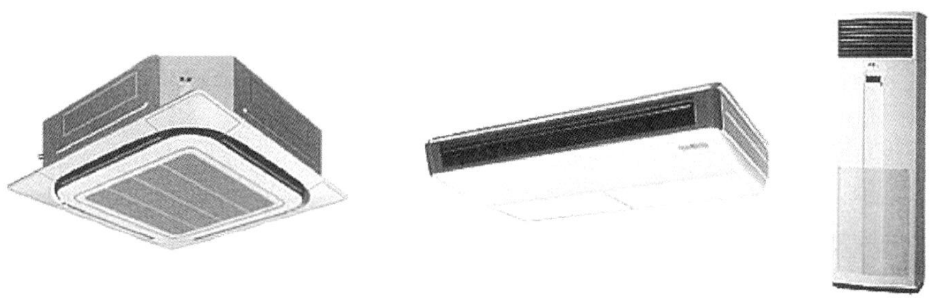

(a) 4방향 카셋 (b) 천장노출형 (c) 바닥설치형

그림 3.89 개별분산형 공조기

(b) 팬코일유닛

그림 3.90에 나타낸 송풍기, 냉온수코일, 필터를 케이싱에 넣은 것으로 바닥설치형, 천장노출형, 천장매입형 등이 있다. 사무소 빌딩의 부하변동이 심한 페리미터 존에 이용되는 경우가 많다.

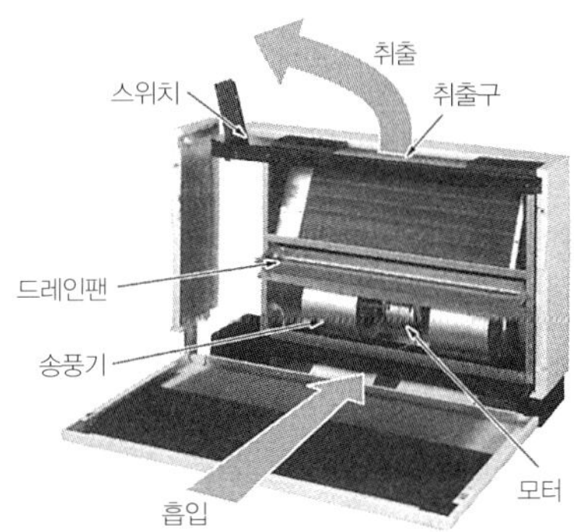

그림 3.90 팬코일유닛

(3) 전열교환기

전열교환기는 도입외기와 실내공기가 열교환을 함으로써 환기에 의한 냉난방부하를 줄이고 에너지 절감에 효율적인 장치이다.

그림 3.91에 나타낸 것처럼 전열교환기에는 고정형과 회전형이 있다. 고정형은 급기와 배기의 유동경로를 구분짓는 특수가공지를 통한 열전달과 투습을 이용하는 것으로 70% 정도의 효

율을 얻을 수 있다(그림 3.92).

회전형은 여름에는 도입외기를 냉각·감습하고 배기는 가열·가습시키게 된다. 효율은 75% 정도이다.

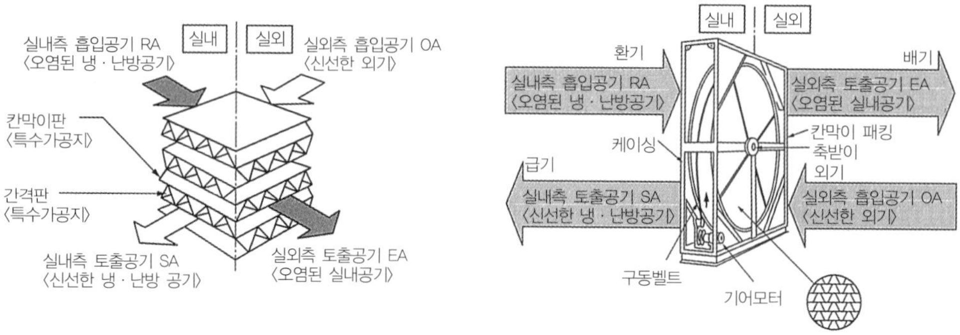

(a) 고정형 (b) 회전형

그림 3.91 전열교환기

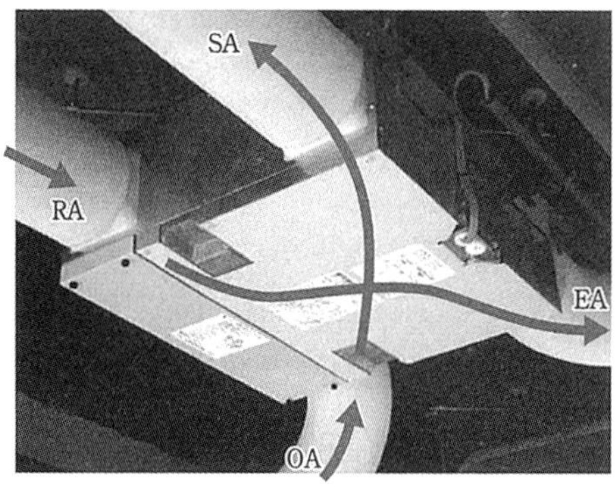

OA : 실외의 신선한 공기 : Outdoor air
SA : OA가 열교환되어 실내로 : Supply air
RA : 실내의 오염된 공기 : Return air
EA : RA가 열교환되어 실외로 : Exhaust air

그림 3.92 고정형 전열교환기의 예(일본 관동학원대학 브랭크환경공생기술 프런티어센터)

[칼럼15] 건축 디자인과 공조덕트

공조용 덕트는 강판 재료로 된 것이 일반적이며 천장 마감에 가려져서 설치되었기 때문에 건축 디자인과는 거리가 먼 감이 있었다.

하지만 최근의 경향을 보면 신축이나 리뉴얼 건물에서 공조의 플렉시빌리티가 중시되면서 천장을 넓히지 않고 설비배관이나 공조덕트가 그대로 노출된 공간이 늘고 있다. 그 중에서도 덕트는 종래의 냉난방용 반송설비로서의 역할 뿐만 아니라 거주공간의 디자인이나 거주환경 연출을 위한 요소로 다루어지고 있다.

그림 1(a)에 나타낸 프랑스의 샤를르 드골 공항 내 덕트는 마치 '순록의 뿔' 같은 느낌이다. 그리고 그림 1(b)는 경량의 발포재로 만든 덕트로 커터로 절단할 수 있어 수공예적 느낌의 가공을 할 수 있고 고정용 달대 볼트, U 밴드도 외면으로 나오지 않는 디자인으로 되어 있는 것이 특징이다. 또한 그림 1(c)는 프랑스의 퐁피두센터 내에 있는 전시실의 덕트로 아네모스탯형, 라인형 등의 취출구, 흡입구가 아름답게 노출되어 있다. 또한 소크(Soak) 덕트라 불리는 천 소재로 만든 것으로 한쪽에서 송풍하여 가압되며 섬유의 작은 구멍을 미풍이 균일하게 취출하기 때문에 드래프트를 느끼지 않고 깨끗한 바람을 송출하는 것도 있다.

(a) 샤를르 드골 공항(프랑스 파리)

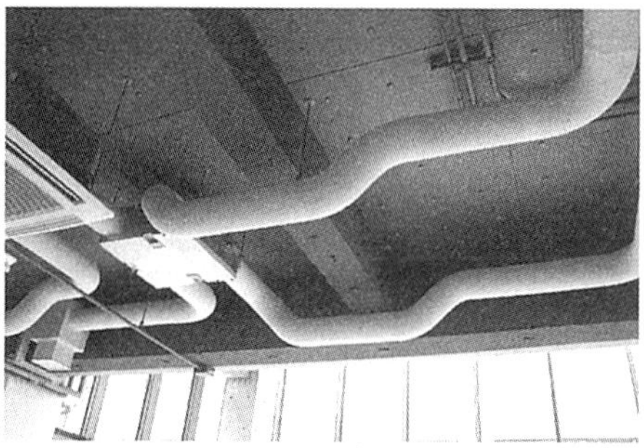

(b) 관동학원대학 환경공생기술 프런티어센터(크래프트 덕트)

(c) 퐁피두센터(프랑스 파리)

그림 1 각종 공조덕트

3.7 환기 · 배연설비

3.7.1 환기설비의 목적

환기설비의 목적은 신선한 외기를 도입하고 오염된 공기를 내보내 오염된 실내 공기의 질을 개선하는 것이다. 충분한 환기가 확보되지 않으면 실내공기는 거주자의 호흡, 기기의 연소 등에 의해 이산화탄소 농도가 증가하며 의류에 붙어 있는 먼지나 흡연, 냄새 또는 CO, NOx 등의 유해가스농도가 높아져 불쾌함을 느끼게 될 뿐만 아니라 건강에도 좋지 않은 영향을 일으키게 된다.

또한 최근 신축 주택이나 리폼을 한 주택에 들어가면 눈이 따갑거나 현기증 또는 구토, 두통 등을 일으키는 증상이 속출하면서 **새집증후군**에 관한 문제가 대두되고 있다. 그 원인은 새 건축자재나 가구로부터 발산되는 포름알데히드 등의 휘발성 유기화합물 VOC[1]에 의해 일으키는 것으로 알려졌다. 새로 개정된 건축기준법(2003년 7월 시행)에서는 원칙적으로 건물에는 기계환기를 설치하도록 의무화하였다.

3.7.2 필요환기량과 환기횟수

환기에 의해 교체되는 공기의 양을 **환기량**이라 한다. 어떤 오염물질의 농도를 허용치 이하의 양호한 상태로 유지하기 위해 필요한 양을 **필요환기량**이라 한다.

(1) 설계기준농도(허용농도)에 의한 계산

그림 3.93과 같은 단독 실에서 이산화탄소 등의 오염공기 발생이 있는 경우 실내를 허용오염물질농도 이하로 유지하기 위한 필요환기량은 식 (3.45)로 나타낸다.

$Q \cdot C_O + M = Q \cdot C$에서

$$Q = M/(C - C_o) \quad \cdots\cdots (3.45)$$

Q : 필요환기량 [m³/h]

M : 오염물질 발생량 [m³/h]

C : 오염물질의 허용농도 [mg/m³]

C_o : 외기의 오염물질농도 [mg/m³]

실제로 급기구 주변의 공간에는 신선한 공기가 공급되며 배기구 근처는 오염물질이 모이는 등 환기상태는 일정하지 않다.

1) Volatile Organic Compounds

실내의 환기상황에 대해 실제 실내기류분포를 고려한 지표로 '환기효율'이 있다. 그리고 그 구체적인 지표로 **공기연령**[1]이 있다. 공기연령이란 건축물에 들어온 일정량의 외기가 실내의 어느 지점에 도달하기까지 경과되는 평균시간을 말한다. 공기연령이 클수록 그 지점에 공급되는 공기가 오염되어 있을 가능성이 높다.

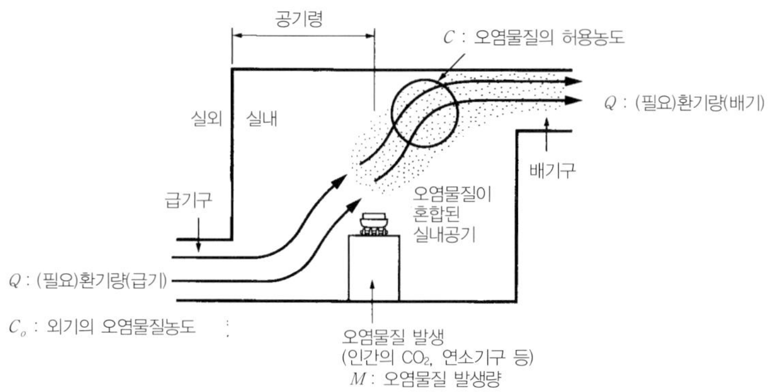

그림 3.93 환기량 계산의 개념

▎예제 7 ▎

재실자가 모두 20명이고 1인당 0.02㎥/h의 이산화탄소를 배출한다고 했을 때 이 실내의 허용농도를 1000ppm, 환기용 외기의 이산화탄소 농도를 300ppm으로 할 경우 필요환기량을 구하시오. 주) ppm : 백만분의 일

[해설]

식(3.45)에서

$$Q = \frac{0.02\,\text{m}^3/\text{h} \times 20\text{명}}{\frac{1000}{1000000} - \frac{300}{1000000}} = \frac{0.02 \times 20}{0.001 - 0.0003} = \frac{0.4}{0.0007} \fallingdotseq 571.5\,[\text{m}^3/\text{h}]$$

따라서 구하려는 필요환기량은 572㎥/h이다.

(2) 환기횟수에 의한 계산

허용농도나 오염원의 상태를 파악할 수 없는 경우와 개산치로서 필요환기량 Q를 구할 경우에는 식 (3.46)을 이용하여 구한다.

$$Q = n \cdot V \quad \cdots\cdots (3.46)$$

n : 환기횟수[회/h]

V : 실의 용적[㎥]

환기의 효과는 실내의 공기가 1시간에 몇 번 외기와 교체되는지로 나타내는 경우가 많으며 이 횟수를 **환기횟수**[회/h]라고 한다. 환기횟수는 실의 용적으로 환기량을 나눈 값이다.

---

1) Age of Air

표 3.24에 거주공간의 필요환기량을 나타내고, 표 3.25에 일반건물의 환기횟수를 나타낸다.

표 3.24 실의 종류별 환기회수 n(회/h)

실의 종류	환기회수(n)
1면이 외기에 접하고 창 또는 문이 있는 경우	1
2면이 외기에 접하고 창 또는 문이 있는 경우	1.5
3면이 외기에 접하고 창 또는 문이 있는 경우	2
4면이 외기에 접하고 창 또는 문이 있는 경우	2
외기에 접하는 창문이 없는 경우	$\frac{1}{2} \sim \frac{3}{4}$
현관	2~3
응접실	2
욕실	2
일반공장, 콘크리트조	0.5~1.5
간단한 프레임조, 목조	1.5~3
1층조 자동차 차고	0.5~2.5
램프식 자동차 차고	0.5~3

※ 기밀창일 경우에는 이 표의 $\frac{1}{2}$을 취한다. 단 n은 $\frac{1}{2}$회보다 적게는 취하지 말 것.

표 3.25 용적기준 및 건축구조에 따른 환기회수 n(회/h)

실용적(m^3)	500 미만	500~1,000	1,000~1,500	1,500~2,000	2,000~2,500	2,500~3,000	3,000 이상
환기회수	0.7	0.6	0.55	0.5	0.42	0.4	0.35

건축구조[1)]	환기회수	
	난방	냉방
콘크리트(대형건물)	0~0.2	0
콘크리트(소형건물)	0.2~0.6	0.1~0.2
목조(서양식)	0.3~0.6	0.1~0.3
목조(동양식)	0.5~1	0.2~0.6

※ 1) 창 새시는 모두 알루미늄 새시로 한다.

표 3.26 환기에 관한 규정

	환기를 필요로 하는 실	환기설비의 종류	기계환기설비에 의한 환기량
(1)	• 창이 없는 거실(환기에 유효한 창 또는 개구부의 면적이 그 실의 바닥면적의 1/20 미만인 실)	• 자연환기설비 • 기계환기설비 • 중앙관리방식의 공조	$Q \geq 20A_f/N$ [m^3/h] Q : 필요환기량 [m^3/h] A_f : 바닥면적−환기상 유효한 개구면적 [m^2] × 20 N : 1인당 점유면적 ≦ 10 [m^2/인]
(2)	• 집회실, 극장 · 영화관 · 연회장 · 관람장 · 공회당 및 집회장	• 기계환기설비 • 중앙관리방식의 공조설비	$Q \geq 20A_f/N$ [m^3/h] A_f : 바닥면적 [m^2] N : 1인당 점유면적 ≦ 3 [m^2/인]
(3)	• 조리실 · 욕실 · 탕비실 등에서 조리기구 및 불을 사용하는 기구를 설치한 실	• 자연환기설비 • 기계환기설비	$Q \geq Kq$ [m^3/h] K : 단위연소량당 이론폐가스량 × 40* q : 연료소비량 * 배기후드가 있는 경우: 20 연돌을 설치한 경우 : 2

(3) 건축법에 의한 계산

건축법에서는 필요 환기량을 환기대상으로 하는 실, 환기설비의 종류, 산정식 등과 관련하여 표 3.26과 같이 규정하고 있다.

▌예제 8 ▌

(1) 바닥면적 20㎡, 천장높이 2.3m인 화장실을 환기횟수 10회/h로 환기할 경우 필요환기량을 구하시오.

(2) 사무소빌딩의 사무실에서 기계환기를 할 경우 다음과 같은 조건의 필요환기량을 구하시오. 사무실의 바닥면적은 250㎡, 환기를 위한 개구부 면적은 5㎡, 재실인원은 50명으로 한다.

[해설]

(1) 화장실의 용적 $V = 20 \times 2.3 = 46$ [㎥]

필요환기량 $Q = 10 \times 46 = 460$ [㎥/h]

(2) 환기에 유효한 개구부 면적이 실의 바닥면적의 1/20 미만이기 때문에 표 3.26(1)의 식에 의해

$A_f = 250 - 5 \times 20 = 150$[㎡], $N = \dfrac{250}{50} = 5 \leq 10$ [㎡/인]

이 되어 필요환기량 Q는

$$Q = \frac{20 \times 150}{5} = 600 [㎥/h]$$

따라서 구하려는 필요환기량은 600㎥/h

3.7.3 환기방법

환기방법에는 온도차나 외부 풍속을 이용한 **자연환기방식**과, 송풍기나 환기팬 등을 이용하여 강제적으로 환기를 하는 **기계환기방식**이 있다. 기계환기방식에는 세 가지 방식이 있다.

(1) 자연환기방식

건축기준법에서 말하는 자연환기설비는 그림 3.94와 같이 급기구·배기구 및 이에 접속된 배기통에 의해 실내의 공기를 실외로 배출하는 것이다. 송풍기가 설치되지 않기 때문에 기온이나 바람의 영향을 받는다. 새집증후군에 대한 대책으로 기계환기설비와 병용할 경우는 송풍기에 의해 급기되고 배기통에서 공기가 흡인되었을 경우에는 역류의 우려가 있으므로 유의해야 한다.

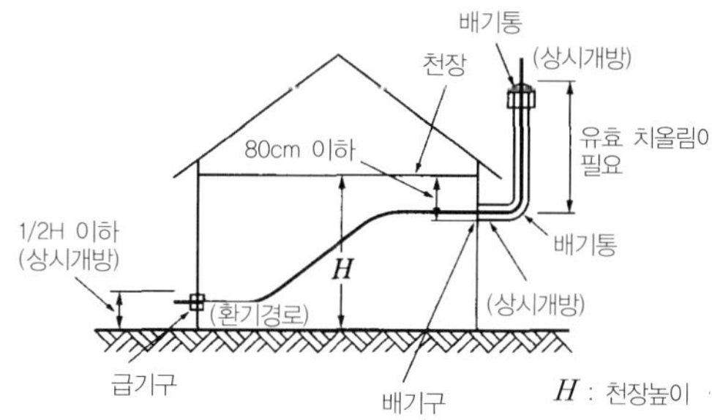

그림 3.94 자연환기설비

(2) 기계환기방식

1) 제1종 환기방식(그림 3.95)

급기와 배기 모두 송풍기를 이용하여 하는 방식으로 확실한 환기효과를 얻을 수 있다. 실내를 외기보다 높은 압력(정압)으로 할 것인지, 외기보다 낮은 압력(부압)으로 할 것인지는 송풍기의 상호 능력 밸런스에 의해 결정한다.

창이 없는 공간이나 공조설비실, 실험실처럼 확실한 환기를 필요로 하는 실에 적용한다. 실내 발열이 외부로 불필요하게 배출되지 않도록 하기 위해 전열교환기를 설치할 경우는 제1종 환기방식이 된다.

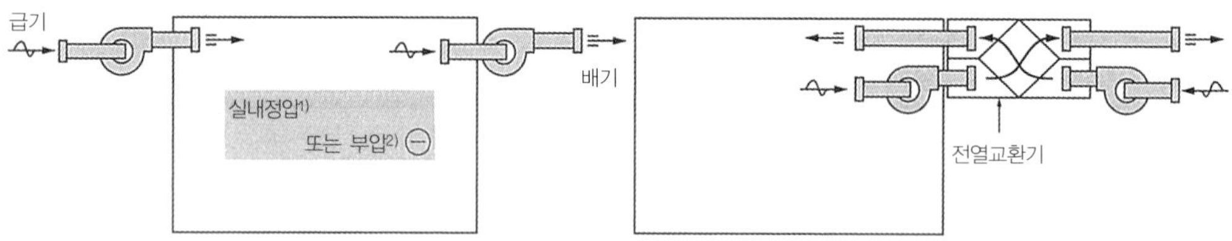

그림 3.95 급기기 및 배기기를 둘다 설치하는 방식(제1종 환기방식)

2) 제2종 환기방식(그림 3.96)

송풍기를 이용하여 급기만 하는 방식으로 실내는 정압으로 유지된다. 외부로부터 오염된 공기가 들어오면 안 되는 청정실이나 연소용 공기가 필요한 기계실 등에 적합하다.

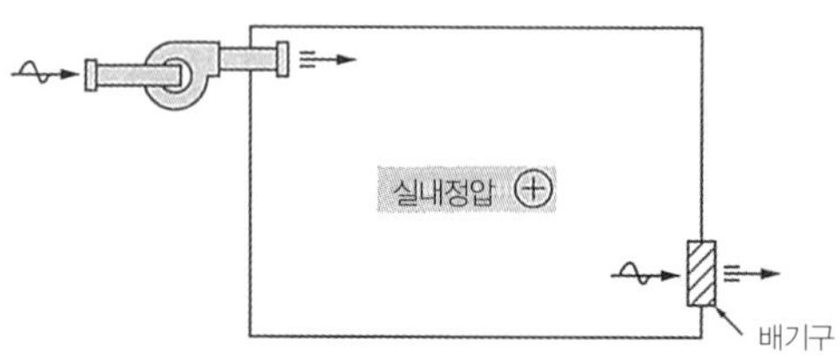

그림 3.96 급기기만 설치하는 가지는 방식(제2종 환기방식)

3) 제3종 환기방식(그림 3.97)

배기팬(송풍기)을 이용하여 배기만 하는 방식으로, 실내는 부압으로 유지된다. 실내의 오염된 공기나 냄새를 확산시키는 것이 목적이므로 화장실 · 욕실 · 주방 등의 환기에 이용된다.

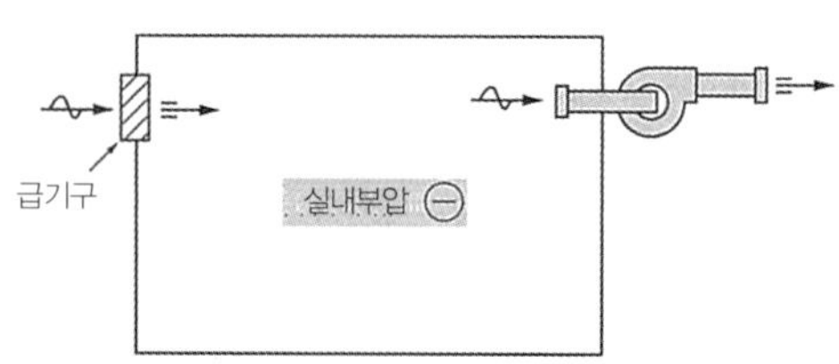

그림 3.97 배기기만 설치하는 가지는 방식(제3종 환기방식)

1) 정압 : Positive Pressure 대기압보다 큰 압력

2) 부압 : Negative Pressure 대기압보다 작은 압력

3.7.4 배연설비

배연설비는 화재시 발생한 연기를 신속히 내보내고 재실자의 피난경로를 확보하며 소방대의 소화활동을 돕기 위한 설비이다.

(1) 배연설비의 종류와 특징

배연설비에는 **자연배연방식**과 **기계배연방식**이 있다.

자연배연방식은 그림 3.98처럼 연기의 부력을 이용하여 실의 천장이나 외벽면에 설치한 개구부에서 연기를 직접 외부로 내보내는 방식이다.

자연배연설비는 대공간이나 저층 건축에서 각층의 층고가 높은 건물에 적합한데, 일반 사무소빌딩처럼 천장고도 낮고 급기경로도 명확하지 않은 경우에는 그다지 유효하다고 할 수 없다.

기계배연방식은 그림 3.99처럼 발생한 연기를 배연기의 기계력으로 강제 배출하는 방식이다. 배연기 작동중에는 실내 압력이 부압이 되기 때문에 일정량의 연기를 확실하게 배출시킬 수 있다.

기계배연설비는 배연기 · 덕트 · 배연구 · 전원 등으로 구성되어 있으며 화재시 화재경보기와 연동하여 배연기가 운전되는 자동식과, 배연구와 배연기의 수동개폐장치에 의해 작동되는 수동식이 있다.

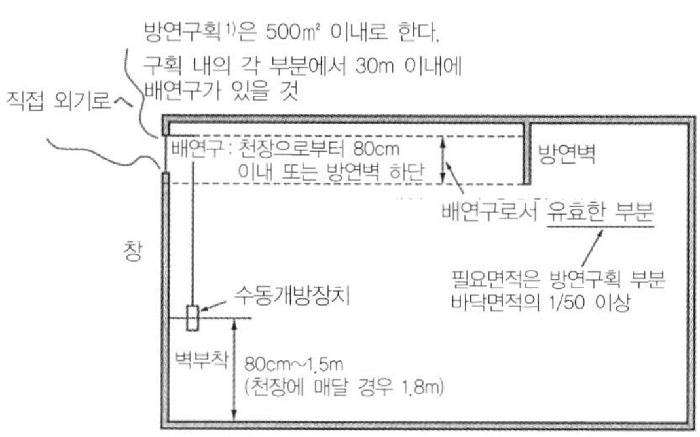

그림 3.98 자연배연설비

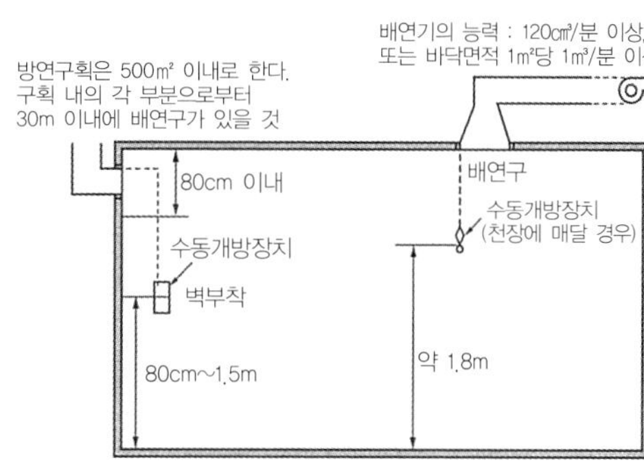

그림 3.99 기계배연설비

(2) 특수한 배연설비

초고층빌딩이나 아트리움 같은 대공간을 가진 대규모 건물이 증가하고 있다. 이들에 이용되는 배연설비로는 다음과 같은 것이 있다.

1) 방연구획 : 화재 초기에 연기가 확산되는 것을 방지하고 피난 · 소화 · 구조 활동을 용이하게 하기 위해 건축물을 일정 면적별로 구획한 것

(a) **가압방연방식**

청정한 공기를 강제 급기함으로써 특별계단 같은 주변의 방호해야 할 공간과 인접한 복도나 거실에 압력차를 주어 연기가 확산되는 것을 방지하는 방식이다(그림 3.100).

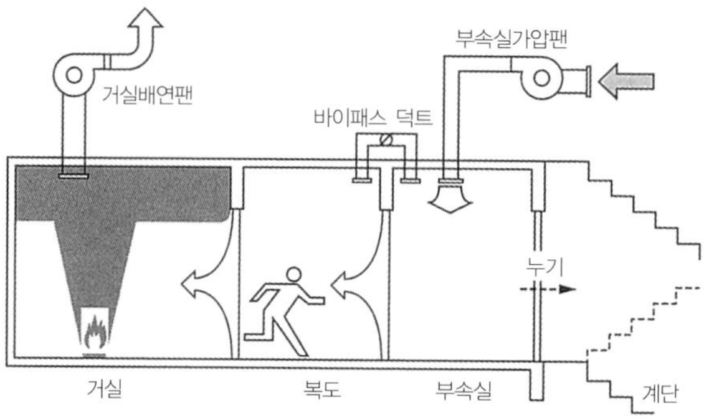

그림 3.100 가압방연 시스템

(b) **아트리움의 배연**

아트리움이란 건물 내에서 천장이 시원하게 뚫려 있는 대공간을 말한다. 피난상 또는 소방활동상 아트리움 내의 연기가 인접한 방으로 확산되지 않도록 한다.

도쿄돔이나 사이타마 슈퍼 아리나 같은 아트리움 공간에서는 공간도 넓고 천장 높이도 충분히 높기 때문에 상부에서 연기를 모아 그림 3.101처럼 피난이 종료될 때까지 거주범위에 대한 연기의 확산을 차단하는 **축연효과**도 있다.

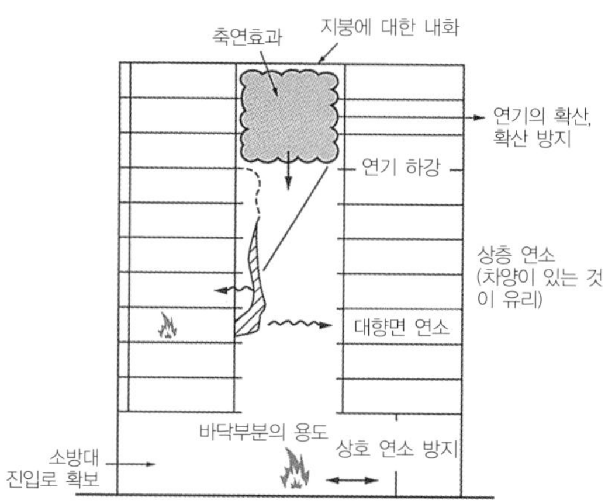

그림 3.101 아트리움의 방연대책

[칼럼16] 새집증후군과 주택환기

건축기준법에서는 새집증후군에 대한 대책으로 포름알데히드, 유기인계의 흰개미 살충제에 포함된 **클로르피리호스** 같은 화학물질에 대한 대책을 제시하고 있다.

포름알데히드에 대해서는 다음과 같은 세 가지 대책이 필요하며, 클로르피리호스는 거실이 있는 건물에서는 전면 사용을 금지하도록 되어 있다(그림1).

(1) 내장마감 제한

목재, 벽지, 접착제 등의 규제가 되는 건축자재에는 등급에 따라 사용면적과 사용이 제한된다.

등급은 F☆☆☆처럼 별의 수로 표시하며 별의 수가 많을수록 화학물질 발산량이 적다.

(2) 환기설비설치의 의무화

포름알데히드를 사용하지 않은 건축자재라도 가구로부터 유해물질이 발산되기 때문에 원칙적으로 기계환기를 의무화하고 있다. 예를 들면 주택의 거실에는 환기횟수 0.5회/h 이상의 기계환기설비, 이른바 24시간 환기시스템 등의 설치가 필요하다.

(3) 천장 속 등의 제한

천장 속, 바닥 밑, 벽 내부, 수납 스페이스 등에서 거실로 포름알데히드가 유출되지 않도록 하기 위한 조치를 마련한다.

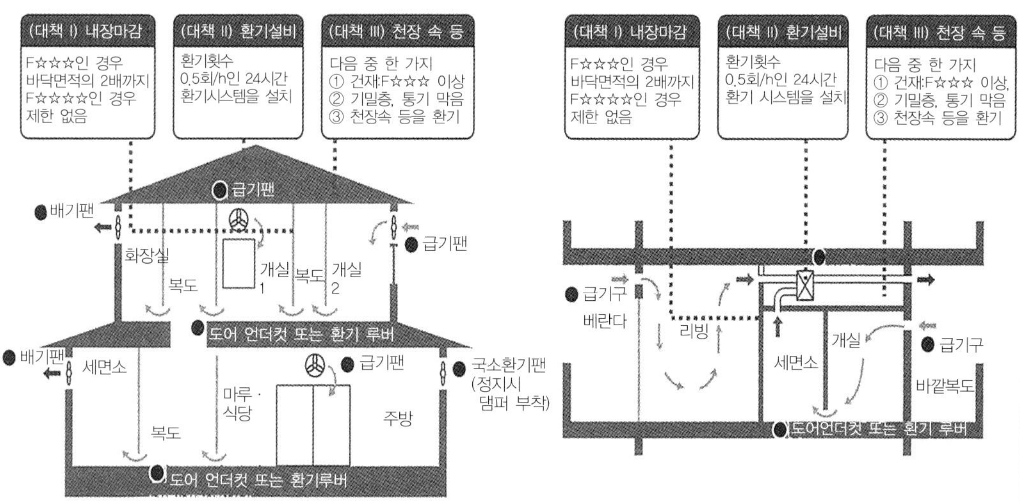

(a) 단독주택　　(b) 집합주택

그림 I 새집증후군 대책

3.8 자동제어설비

공조를 하는 실의 실온을 제어할 경우 냉각용 또는 가열용 공조밸브를 사람이 항상 열고 닫는 것을 **수동제어**라고 한다. 이에 반해 제어설비가 실온을 자동으로 검지하여 그 변화량에 따라 밸브를 자동 조정하는 방법을 **자동제어**라고 한다.

3.8.1 자동제어 방법

자동제어 방법으로는 피드백 제어와 시퀀스 제어가 주로 쓰인다. 피드백 제어는 신호에 따라 제어량을 목표치와 비교해서 이들을 일치시키도록 정정동작을 하는 제어방법이다. 또한 시퀀스 제어는 미리 정해놓은 순서에 따라 제어 단계를 순차적으로 진행시켜 나가는 제어이다.

(1) 피드백 제어

그림 3.102에 공조설비의 개념도를 나타낸다. 공조대상실에는 실온측정용인 ① 온도센서, 냉동기로부터의 냉수량을 조절하는 ③자동제어밸브가 작동한다. 온도센서는 실온을 항상 측정하여 ② 컨트롤러에 정보를 보내고 컨트롤러는 설정온도(예를 들면 26℃)를 기억하며 이와 비교해서 실온이 설정온도에 가깝도록 자동제어밸브의 개도를 조절하는 신호를 보낸다. 이러한 일련의 흐름이 피드백 제어이다.

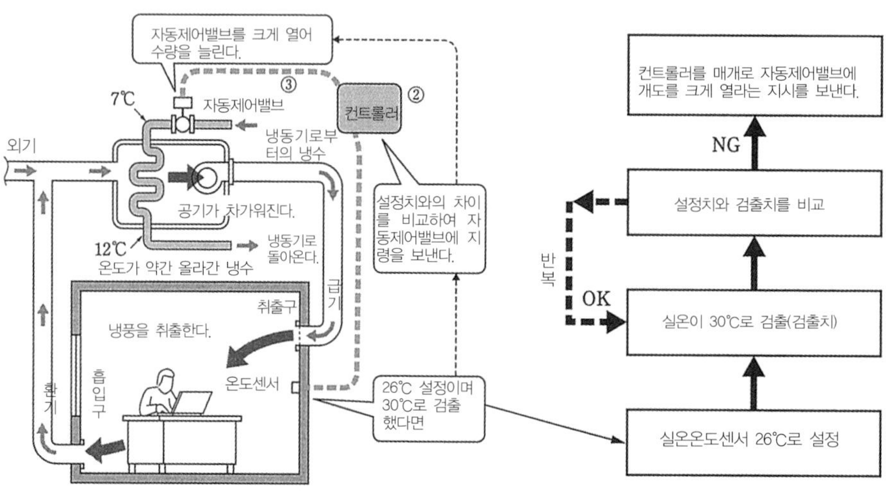

그림 3.102 피드백 제어(공조설비)

(2) 시퀀스 제어

그림 3.103에 개념도를 나타낸 것처럼 급배수설비의 양수펌프 제어가 대표적인 예이다. ① 고가수조의 수위(A 만수선)에 대해 각층에서 물이 사용되면 수위가 낮아지고, B 최저선에 도달하면 고가수조 내에 있는 ② 수위센서(전극봉)가 이를 감지하여, ③ 양수펌프에 물을 보내라는 신호를 보낸다. 신호를 받은 양수펌프는 만수선까지 급수를 계속한다. 이렇게 정해진 순서의 흐름에 따른 제어를 시퀀스 제어라 한다.

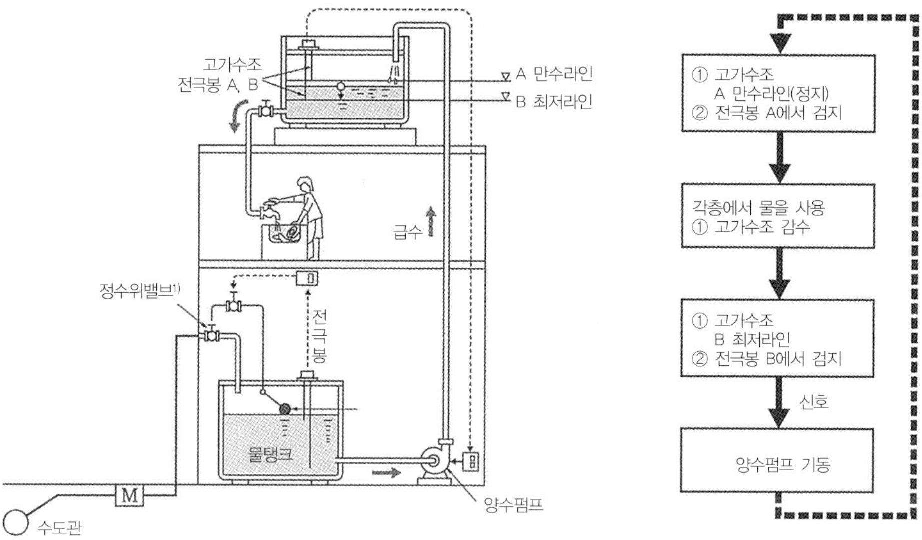

그림 3.103 시퀀스 제어(급수설비)

3.8.2 자동제어기기

(1) 검출기

온도 · 습도 · 압력 · 유량 등을 검출하는 기기로 일반적으로 센서라고 말한다. 계측하는 용도가 같아도 설치장소에 따라 그림 3.104처럼 모양이 다르다.

실내형 온도검출기 덕트삽입형 온도검출기 배관삽입형 온도검출기 유량계

그림 3.104 검출기의 종류

---

1) 물탱크 등에 급수를 할 때 탱크 내의 수위를 일정하게 하기 위한 밸브로, 폐지시에 생기는 워터해머링을 방지하기 위해 볼탭과의 조화에 따라 서서히 폐쇄한다.

(2) 조절기

검출기의 검출치와 목표치를 비교하여 조정량을 결정하는 기기로, 일반적으로 컨트롤러라고 부른다. 그림 3.105처럼 전기식 · 전자식 · DDC[1]식 등이 있다.

전기식 조절기　　전자식 지시조절기　　DDC식 조절기

그림 3.105　조절기의 종류

(3) 조작기

조절기로부터 제어신호를 받아 조정량에 맞는 만큼 유량 · 풍량 등을 공급하기 위한 구동기기로, 그림 3.106처럼 밸브나 댐퍼 등을 실제 구동시키는 기기이다.

전동2방밸브　　버터플라이밸브　　댐퍼조작부

그림 3.106　조작기의 종류

3.8.3 관리시스템

(1) 빌딩관리시스템(BEMS[2])

BEMS는 건물의 실내 환경과 에너지성능의 최적화를 꾀하기 위한 빌딩관리시스템이다. 공조 · 위생설비, 전기 · 조명설비, 방재 · 시큐리티설비 등을 대상으로 각종 센서와 미터를 사용하여 계량 · 검침하면서 설비 전체를 적절히 운전 및 자동제어할 수 있는 시스템이다.

(2) 커미셔닝(성능검증)

시공한 건물이 설계단계에서 의도했던 성능을 확보하고 있는지 검증하기 위한 일련의 시운전 · 조정 · 검사 실시와 기록 작성, 운전 지도, 각종 보고서를 제출하는 등의 행위를 커미셔닝이라 하며, 이를 원활하게 하기 위해 각종 자동제어기기가 도입되고 있다.

---

1) DDC : Direct Digital Control의 줄임말 : 제어의 고도화와 제품기술의 진보에 따라 여러 루프의 프로그램 연산이 가능한 통신기능을 가진 기기

2) BEMS : Building and Energy Management System의 줄임말

제3장 확인문제

[문제 1] 공조설비에 관한 용어의 조합으로 잘못된 것은 어느 것인가?

(1) PMV-이산화탄소 농도　　(2) 나이트퍼지-구조체축열

(3) 코제네레이션-지역냉난방　　(4) VOC-새집증후군

(5) BEMS-빌딩관리시스템

[문제 2] 실내환경에 관한 내용 중 잘못 설명된 것은 어느 것인가?

(1) 온열환경의 6요소란 온도, 습도, 평균복사온도, 기류속도, 착의량, 대사량이다.

(2) 쾌적성을 평가하는 지표인 PMV는 -1.0~+1.0 범위가 쾌적범위로 되어 있다.

(3) 착의상태의 평가지표인 clo값은 남성용 슈트차림일 경우 일반적으로 1.0clo 정도이다.

(4) 실내공기의 온도변화는 현열과 잠열로 나타내며 습도변화는 잠열의 변화이다.

(5) 작용온도는 공기온도와 평균복사온도로 결정된다.

[문제 3] 공조방식에 관한 내용 중 잘못 설명된 것은 어느 것인가?

(1) 팬코일유닛 · 덕트병용 방식은 팬코일유닛으로 인테리어 존을 단일덕트로 페리미터 존을 공조하는 경우가 많다.

(2) 바닥난방 등의 복사난방방식은 일반적으로 대류형 난방방식에 비해 실내 상하온도차가 작아진다.

(3) 나이트퍼지란 외기를 도입하여 구조체를 냉각하고 여름철 냉방 등의 부하를 감소시키는 수법이다.

(4) VAV 방식은 풍량을 공조부하 변동에 따라 변화시킬 수 있기 때문에 CAV 방식에 비해 송풍기 동력을 절약할 수 있다.

(5) 에어플로 윈도 시스템은 건물 외부의 페리미터 존의 공조부하를 줄이는데 효과가 있다.

[문제 4] [예제 5]에서 나온 사무실을 공조할 경우 난방부하를 구하시오. 난방조건은 다음 표와 같으며 다른 조건은 [예제 5]와 동일한 조건으로 한다.

여름철	건구온도[℃]	습구온도[℃]	상대습도[%]	절대습도[kg/kg(DA)]
외기조건	0.6	-	34	0.0013
실내조건	22.0	-	50	0.0081

[문제 5] 공조기기설비에 관한 내용 중 잘못 설명된 것은 어느 것인가?

(1) 직접연소 냉온수발생기는 여름과 겨울 모두 연료를 연소시켜 냉수 또는 온수를 1대로 만들 수 있다.

(2) 패키지형 공조시스템(멀티시스템)은 1대의 패키지유닛(실외기)에 여러 개의 실내유닛을 설치할 수 있다.

(3) 히트펌프는 여름철에 비해 겨울철에는 외기로부터 열을 빼앗아 난방하기 때문에 효율이 높다.

(4) 냉각탑은 공조용 냉각수의 일부를 외기에 증발시킴으로써 냉각하는 장치이다.

(5) 에어핸들링유닛이란 공조기로 에어필터, 가열 · 냉각코일, 가습 · 감습기, 송풍기, 전동기 등으로 구성된다.

제 4 장

전기설비

4.1 전기설비란

4.1.1 전기설비의 역할

쾌적한 환경을 만드는 것이 건축설비이며, 이들의 주요 에너지원이 되는 전기에너지의 공급, 유지, 제어를 하기 위한 시스템을 제공하는 것이 **전기설비**이다. 전기설비의 목적은 전기에너지를 빛, 열, 힘, 정보신호 등으로 변환하여 인간의 활동에 도움이 되도록 하는 것이다.

4.1.2 전기설비의 구성

그림 4.1에 일반 건물의 전기설비 구성도를 나타낸다. 개요는 1장에서 설명한 바와 같다. 또한 표 4.1에 전기설비의 종류와 항목을 나타낸다.

건물에서 사용되는 전기에너지는 전력회사의 변전소에서 전주(또는 캐비닛)로 보내어져서 건물의 **수변전설비**를 거친다. 이는 다시 급배수펌프와 공조용 기기를 작동시키기 위한 동력을 다루는 **동력설비**, 조명 · 콘센트 부하를 다루는 **조명 · 콘센트설비**에 공급된다. 그 외 방재시나 정전시에 대한 전원 확보대책으로 자가발전설비와 축전지설비가 있다.

표 4.1 건축전기설비의 종류와 취급 항목

종 류		취급 항목
수변전설비		수전 · 변전기기 및 그 배선
동력설비		제어반, 개폐기함, 실험반, 전력용 콘센트 및 그 배선, 전동기까지의 배선
조명 · 콘센트설비		조명, 콘센트, 분전반 및 그 배선
축전지설비		축전지, 충전기 및 그 배선
자가발전설비		발전기, 원동기, 배전반, 보조기기 부속장치 및 그 배선 · 배관
간선설비		배전반에서 분전반 · 제어반 등에 이르는 에너지공급용 배선
정보통신설비	전화설비	교환기, 본배선반, 전원장치, 단자함 및 그 상호간의 배선, 전화기 및 전화기 단자함 간의 배관 · 배선
	인터폰설비	인터폰 및 그 배선
	TV공동수신설비	TV공동수신용 안테나, 증폭기, 분배기, 직렬유닛 및 그 배선
	LAN설비	LAN 설비, 광파이버 등
방범 · 방화설비	화재경보기	화재경보설비(수신기, 감지기 및 그 배선) 자동폐쇄설비(방화문, 방연댐퍼 등의 연기감지기, 연동제어기 및 그 배선(또한 자동개방설비(배연구, 방연벽 및 그 배선)를 포함) 비상경보설비(비상벨 및 그 배선) 가스누설경보설비(수신기, 검지기 및 그 배선)
	방범설비	침입방지용 기기, 침입발견설비기기, 비상통보침입자 배제기기 및 그 배선
	피뢰설비	수신부, 피뢰도선, 접지극 및 그 배선

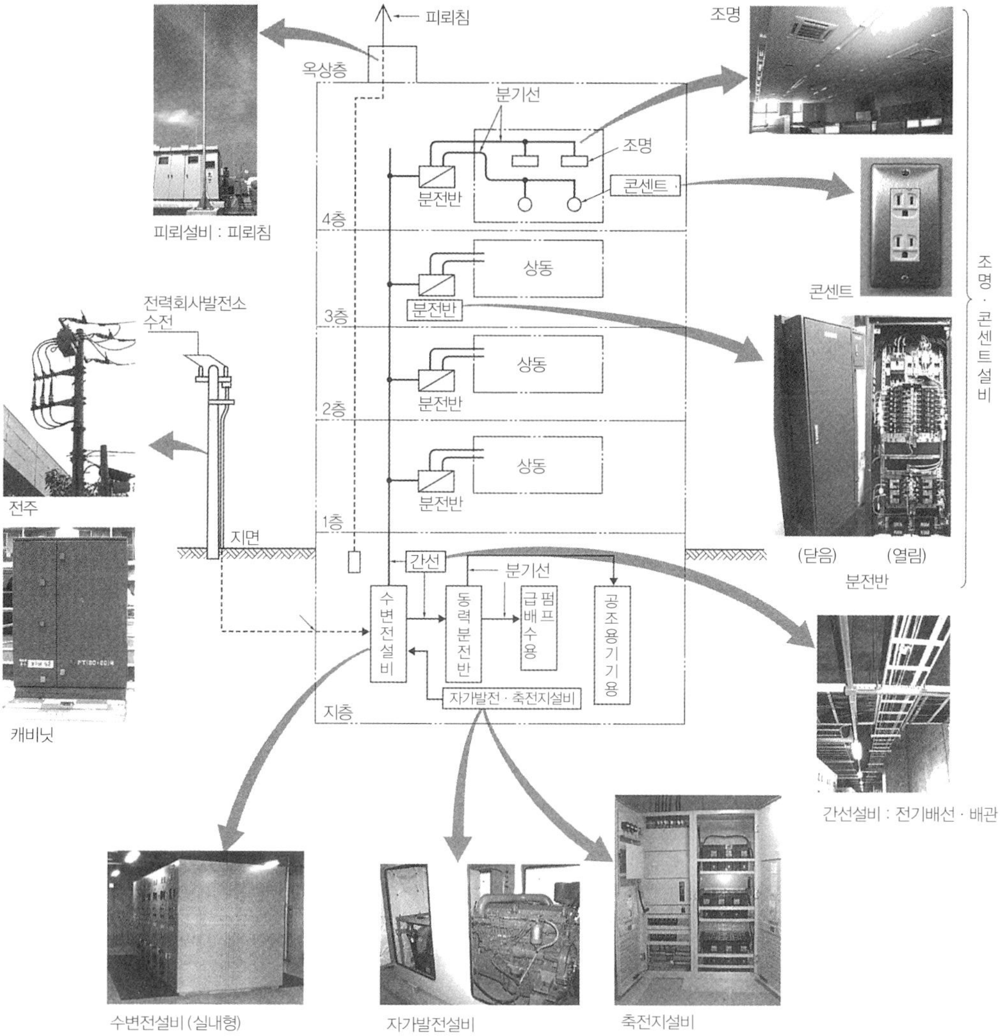

그림 4.1 건축물 내의 전기설비 구성 예

그 밖에 전화설비(그림 4.20), 인터폰설비(그림 4.25), LAN 설비(그림 4.21), TV공동수신설비(그림 4.22) 등 정보의 교신에 사용하는 정보 · 통신설비가 있고 화재를 감지하여 알리는 화재경보기(그림 4.26), 도난이나 침입을 방지하기 위한 방범설비(그림 4.24), 낙뢰에 의한 재해를 방지하는 피뢰설비(그림 4.27) 등의 방범 · 방화설비가 있다.

4.1.3 용어의 정의

① 수전방식 : 특고변전소의 수전방식은 신뢰도, 경제성에 대한 평가에 의하여 결정한다.

② 수전반 : 수전에 필요한 기기류(차단기, 계전기, 계기 등)를 부착하고 있는 배전반

③ 동력설비 : 건축전기설비 중에서 건물에 설치되어 있는 각종 전동기의 전원, 제어용 배전반 및 배선 등의 설비

④ 간선(main line) : 변전실의 배전반에서 분전반, 제어반가지의 대전류 배선

⑤ 축전지 : 2개의 전극과 전해액으로 구성되고, 전지 내의 화학반응이 가역성이 있고, 충전을 반복하는 전지

⑥ 제어반 : 전동기 등의 제어에 필요한 각종 개폐기, 계전기, 계기, 기타의 기구를 강판제의 상자에 장착한 것

⑦ 분전반 : 강판제의 상자 안에 모선, 분기회로용 과전류보호기 등을 장착한 것. 간선에서 배선을 분기하는 개소에 설치한다. 용도에 따라 전등용, 동력용 등이 있다.

⑧ 발전기 : 구동장치에 직결하여 구동장치의 회전력에 의하여 발전하는 장치

⑨ 와트 : 전기에너지가 1초 동안에 할 수 있는 일의 양을 전력이라 하고, 전력은 P로 부호하고, 그 단위는 W로 나타낸다. 1W는 1V 전압 사이를 1A의 전류가 흐를 때 하는 일의 양. 1W≒1V×1A

⑩ 전기수용설비 : 수전설비와 구내 배전설비

⑪ 수전설비 : 타인의 전기설비 또는 구내 발전설비로부터 전기를 공급받아 구내 배전설비로 전기를 공급하기 위한 전기설비로서 수전지점으로부터 배전반(구내 배전설비로 전기를 배전하는 전기설비를 말한다)까지의 설비

⑫ 구내 배전설비 : 수전설비의 배전반 이후에서부터 전기사용기기에 이르는 전선로 · 개폐기 · 차단기 · 분전함 · 콘센트 · 제어반 · 스위치, 그 밖의 부속설비

⑬ 저압 : 직류에서는 750V 이하의 전압을 말하고, 교류에서는 600V 이하의 전압

⑭ 고압 : 직류에서는 750V를 초과하고, 7,000V 이하인 전압을 말하고, 교류에서는 600V를 초과하고 7,000V 이하인 전압

⑮ 특고압 : 7,000V를 초과하는 전압

⑯ 전기통신 : 유선 · 무선 · 광선 및 기타의 전자적 방식에 의하여 부호 · 음향 또는 영상을 송신하거나 수신하는 것

⑰ 전기통신설비 : 전기통신을 하기 위한 기계 · 기구 · 선로, 기타 전기통신에 필요한 설비

⑱ 국선 : 사업자의 교환설비로부터 이용자전기통신설비의 최초 단자에 이르기까지의 사이에 구성되는 회선

⑲ 긍장(亘長 : Line Length) : 송배전 선로나 통신 선로에서 일정한 구간의 수평거리

⑳ 강전류전선 : 전기도체, 절연물로 싼 전기도체 또는 절연물로 싼 것의 위를 보호피막으로 보호한 전기도체 등으로서 300V 이상의 전력을 송전하거나 배전하는 전선

㉑ 교환설비 : 다수의 전기통신회선을 제어 · 접속하여 회선 상호간의 전기통신을 가능하게

하는 교환기구와 그 부대설비

㉒ 전송설비 : 교환설비 · 단말장치 등으로부터 수신된 전기통신부호 · 문헌 · 음향 또는 영상을 변혼 · 재생 또는 증폭하여 유선 또는 무선으로 송신하거나 수신하는 설비로서 전송단국장치 · 중계장치 · 다중화장치 · 분배장치 등과 그 부대설비

㉓ 선로설비 : 일정한 형태의 전기통신신호를 전송하기 위하여 사용하는 동선 · 광섬유 등의 전송매체로 제작된 선조 · 케이블 등과 이를 수용 또는 접속하기 위하여 제작된 전주 · 관로 · 통신터널 · 배관 · 맨홀 · 핸드홀 · 배선반 등과 그 부대설비

㉔ 전력유도 : 전기공작물 또는 전철시설 등이 그 주위에 있는 전기통신설비에 대하여 정전유도 및 전자유도 등에 의한 전압이 발생되게 하는 현상

㉕ 전원설비 : 수변장치, 정류기, 축전기, 전원반, 예비용 발동발전기 및 배선 등 통신용 전원을 공급하기 위한 설비

㉖ 단말장치 : 전기통신망에 접속되는 단말기기 및 그 부속설비

㉗ 구내통신선로설비 : 국선접속설비를 제외한 구내 상호간 및 구내 · 외간의 통신을 위하여 구내에 설치하는 케이블, 선조, 이상전압전류에 대한 보호장치 및 전주와 이를 수용하는 관로, 통신터널, 배관, 배선반, 단자 등과 그 부대설비

㉘ 이동통신구내선로설비 : 전기통신사업자로부터 이동전화 역무 및 무선호출역무 등을 제공받기 위하여 지하건축물에 건축주가 설치 · 운용 또는 관리하는 설비로서 관로 · 전원단자 · 케이블 · 안테나 · 통신용접지설비와 그 부대시설

㉙ 중간배선반(intermediate distribution frame) : 전화배선수가 많은 단자함에서는 수용할 수 없는 경우에 사용하는 것을 배선반이라고 한다. 또한 빌딩 내에서 중간에 설치하는 배선반을 중간배선반이라고 한다.

㉚ 본배선반(main distribution frame) : 국선의 인입 및 구내교호나기에서 구내선로에 이르는 최초의 배전반, 인입케이블의 종단, 교환기회로, 구내선로, 시험탄기, 피뢰기탄기 등을 수용하고 벽걸이형과 자립형이 있다.

㉛ 광케이블 : 전기신호를 빛의 강약에 의하여 전송하는 것으로 모발보다 가느다란 섬유 또는 플라스딕으로 만들어지고 있다. 광파이버는 도신에 비하여 고속 또는 대량의 데이터를 적은 손실로 전송할 수 있고, 전자유도를 받지 않는 장점이 있다. 디지털 통신의 주역으로 널리 이용되고 있다.

4.1.4 주파수와 전류 · 전압 · 전력

전압을 주어 전류를 일으키면 전력이 되고 이는 동력원이 되어 전기설비기기를 움직인다. 전류에는 그림 4.2와 같이 일정 방향으로 접속하여 전류를 흐르는 **직류**와 시간이 경과되면서 주기적으로 전류방향이 변하는 **교류**가 있다. 각각의 전압을 직류전압, 교류전압이라 한다. 일반 건물에 공급되는 것은 교류이고 전력도 주기를 가지고 변화한다.

실제로 전기설비를 움직이기 위한 전기에너지가 전력이며, 직류전력 P_{DC}는 식 (4.1)로 나타낸다. 전력의 단위는 W(와트)로 나타내며, 1W의 전력은 1J/sec의 에너지에 해당한다.

$$P_{DC} = V \cdot I \quad \cdots\cdots (4.1)$$

단, V : 전압(볼트), I : 전류(암페어)

교류회로에서는 전압과 전류의 실효치의 곱을 **피상전력** P_{AC}라 하며 단위는 VA(볼트암페어)이다. 전기기기의 용량을 나타내는데 쓰인다.

교류의 경우에는 그림 4.3처럼 전압과 전류의 파형에 위상차가 있는데 이를 ϕ라 하고 $\cos\phi$를 그 회로의 **역률**이라 한다. 위상차가 없으면 식 (4.1)과 같이 역률은 1(100%)이 되지만 이는 자연상태에서는 거의 불가능한 것이다. 전기기기에 의한 모터 등의 경우는 역률이 0.8(80%) 전후가 된다.

위의 모터의 경우와 같이 전원에서 공급되어 부하로 실제 소비되는 전력을 **유효전력** P' 이라하는데 식 (4.2)와 같다.

$$P' = V \cdot I \cdot \cos\phi \quad \cdots\cdots (4.2)$$

전력은 단위시간당 전기에너지를 나타내는데 이 값에 시간 t[h]를 곱한 것을 전력량 W라고 하며, 교류의 전력량은 식 (4.3)으로 나타낸다.

$$W = P' \cdot t = V \cdot I \cdot \cos\phi \cdot t \quad \cdots\cdots (4.3)$$

단위는 와트시[Wh] 또는 킬로와트시[kWh]를 사용한다. 전력회사와 수요자간의 전력요금을 구할 때 산정기준이 된다.

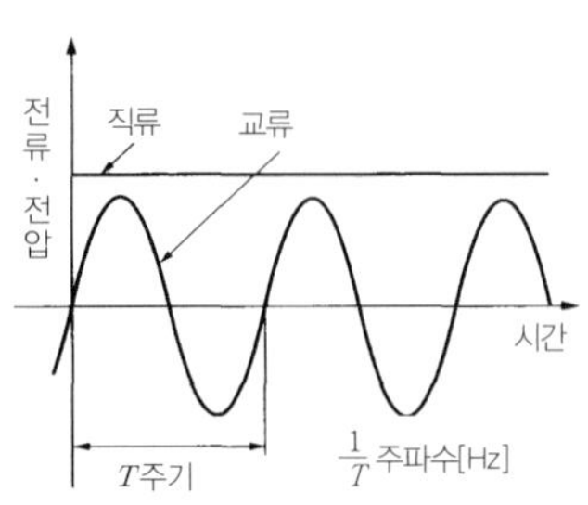

그림 4.2 전류 · 전압(직류 · 교류)

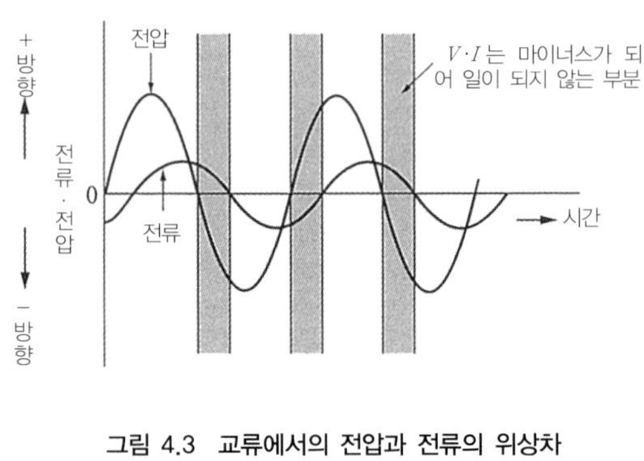

그림 4.3 교류에서의 전압과 전류의 위상차

4.2 수변전 · 간선설비

4.2.1 수변전설비

건물의 소유자는 전력회사와 전기 사용에 관해 계약을 맺고 전기를 받는다. 그림 4.4에 나타낸 것처럼 수전방식에는 고압(또는 특별고압)인 1개의 배전선으로 수전하는 1회선 수전방식, 2개의 배전선으로 수전하는 2회선 수전방식, 각 배선을 루프형으로 배전하는 루프 수전방식이 있다. 또한 전력회사로부터 2~4회선의 특별고압을 배전하여 분기에 의해 수전하는 스폿 네트워크 수전방식이 있다. 수전하는 전압(수전전압)은 건물의 용도, 규모, 부하내용 등으로 결정한 계약전력에 따라 바뀐다. 표 4.2에 계약전력과 수전전압을 나타낸다.

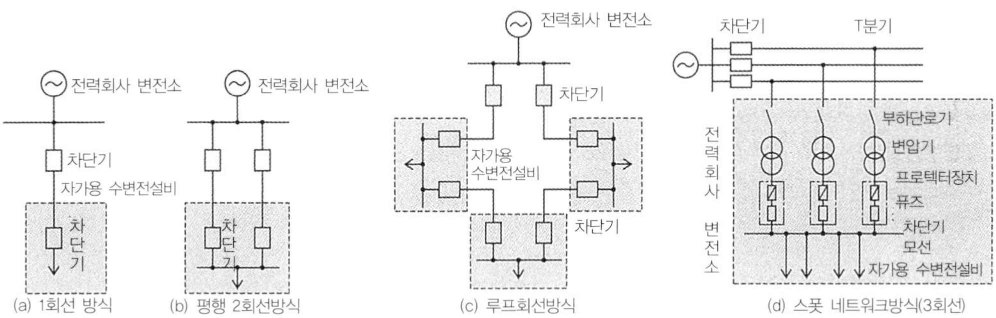

그림 4.4 수전방식의 종류

표 4.2 계약전력과 수전전압

구 분	직 류	교 류	수전전압(공급규정)의 예	계약전력
저압	750V 이하	600V 이하	100, 200V	50kW 미만
고압	750V 초과 7,000V 이하	600V 초과 7,000V 이하	6,600V	50kW 이상 2,000kW 미만
특별고압	7,000V를 초과하는 것		2,200, 7,700, 154,000V	2,000kW 이상

(1) 저압수전

저압수전은 일반적으로 그림 4.5와 같이 전주에서 배전선로(전선케이블)를 거쳐 건물 내로 들어온다. 일반 가정을 대상으로 계약전력이 50kW 미만이고 사용전압 100V, 200V인 기기에 그대로 대응할 수 있다.

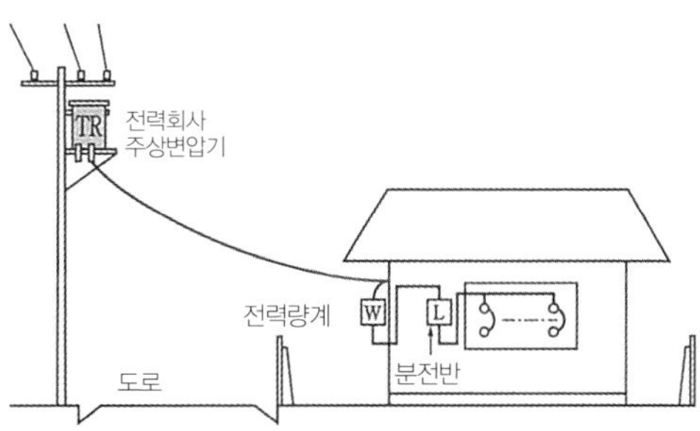

그림 4.5 저압수전방식에 의한 전기의 도입방법

(2) 고압수전

고압수전은 전기용량이 커져 계약전력이 50kW 이상이 되면 교류전압이 600V를 넘는다. 하지만 범용기기의 사용전압은 100V, 200V이며 전압을 낮게 하기 위해서는 변전설비가 필요하다.

건물로 끌어들이는 방법은 그림 4.1에 나타낸 것처럼 전주 또는 캐비닛을 거쳐 들여온다. 수전용에는 큐비클형 수전설비를 사용하는 경우가 많은데, 그 설치위치에 따라 지하의 전기실이라면 그림 4.1에 나타낸 실내형을, 공간이 없을 경우에는 그림 4.7에 나타낸 옥외형을 옥상 등에 설치한다. 지중에서 끌어들이는 경우는 배선분기부에 핸드홀이라고 하는 점검박스를 설치한다.

그림 4.8에 수전설비의 구성 예를 나타낸다. 전력회사로부터 6600V의 인입선으로 수전한다. 전력회사와의 책임분기점은 일반적으로 수전주의 구분개폐기가 된다. 그 고압케이블은 전력수급용 계기용 변성기(VCT), 전력계(W)로 접속된다.

VCT에서 나온 고압선은 고압수전반의 진공차단기(VCB)와 과전류사고, 지락사고보호를 위한 단로기(DS), 피뢰기(LA)에 접속된다. 이후 각 부하개폐기(LBS)를 매개로 조명 · 콘센트용, 동력용의 각 변압기(T)에서 변압시켜 각 계통으로 배전한다.

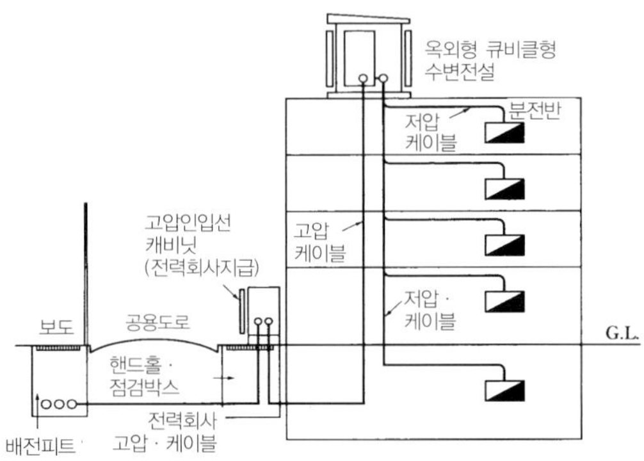

그림 4.6 고압수전방식에 의한 수전방법의 예

그림 4.7 큐비클형 수변전설비(옥외형)

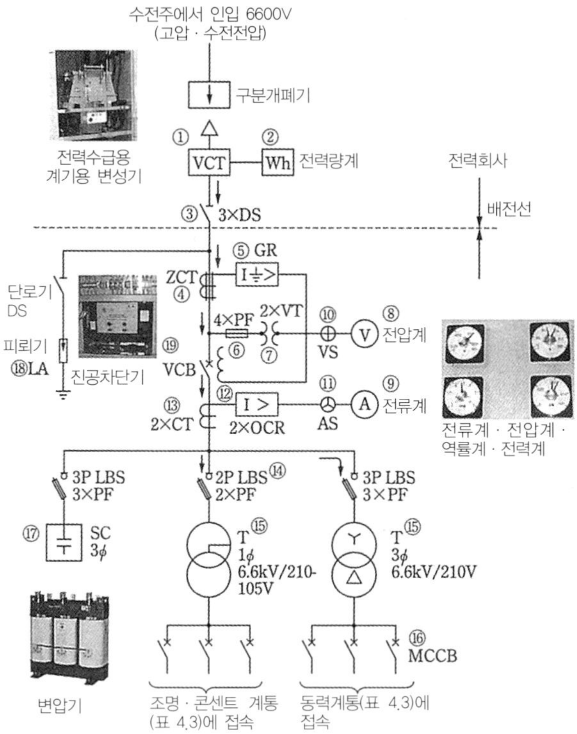

	문자 기호	용어	기호	기능
①	VCT	전압전류 변성기	VCT	계기동작을 위한 필요전압, 전류를 취출하는 장치
②	W	전력계	Wh	1시간당 전력량을 계량, 적산전력계
③	DS	단로기		회로를 전원에서 끊는 기능
④	ZCT	영상변류기	ZCT	지로계전기를 동작시키기 위해 영상분의 전류를 취출하는 장치
⑤	GR	지락단전기	I⏚>	지락사고를 검출하여 차단기를 동작시키는 장치
⑥	PF	퓨즈		과전류나 단락시의 보호
⑦	VT	계기용 변압기		고압의 전압변성
⑧	V	전압계	Ⓥ	전압 측정
⑨	A	전류계	Ⓐ	전류 측정
⑩	VS	전압교체 개폐기	⊕	전압회로의 상 교체
⑪	AS	전류교체 개폐기		전류회로의 상 교체
⑫	OCR	과전류계 전기	I >	과전류를 검출하여 차단기를 동작시키는 장치
⑬	CT	정류기		고전압을 저압으로 변성
⑭	LBS	고압교류 부하개폐기		전로의 개폐
⑮	T	변압기		고압전력을 저압전력으로 변성
⑯	MCCB	배선용 차단기		정격 이상의 전류가 흘렀을 때 차단하는 장치
⑰	SC	진상콘덴서		역률을 개선하기 위한 장치
⑱	LA	피뢰기		번개에 의한 이상전압 억제
⑲	VCB	진공 차단기		전로의 개폐(부하전류나 단락전류 차단), 절연성이 좋아 대용량 수전에 대응

그림 4.8 수전설비의 구성 예

(3) 특별고압수전

특별고압수전은 계약전력 2,000kW 이상, 수전 전압 7,000V 이상이며 지중인입이 일반적이다. 인입케이블의 지름, 휨반경이 크고 케이블수도 많기 때문에 인입을 위한 전용 샤프트를 설치할 필요가 있다.

(4) 배전방식

수변전설비로부터 조명 · 콘센트 계통과 동력 계통의 부하로 나누어 배전한다. 표 4.3에 용도별 전기배선방식을 나타낸다. 예를 들어 주택의 경우는 일반적으로 100V 단상2선식(표 4.3(1))이면 조명이나 콘센트에 대응할 수 있지만 에어컨 등을 접속할 경우에는 100/200V 단상3선식(표 4.3(2))을 사용한다. 또한 일반 빌딩의 경우는 펌프 · 팬 같은 동력용에 200V 삼상3선식(표 4.3(3)) 등을 사용한다. 그리고 삼상 4선식(표 4.3(4))은 대규모 건축물이나 공장에 쓰인다.

표 4.3 배전방식

전기방식		대지전압	변압기로부터의 배선	용 도
A 조명·콘센트 계통	(1) 단상2선식	100V	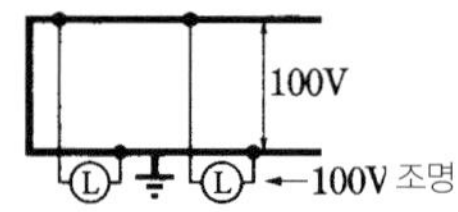	• 소규모주택 · 아파트 등에 쓰인다. 전등 · 콘센트 등에 사용한다.
	(2) 단상3선식 (100/200V 단상3선식)	100V	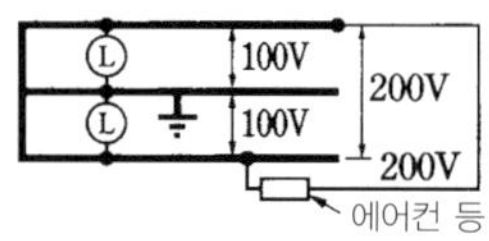	• 주택에서 쓰이는 일반적인 방식으로 100V는 전등 · 콘센트 등에, 200V는 전기용량이 큰 기기에 사용한다.
B 동력계통	(3) 삼상3선식 (200V 삼상3선식)	200V	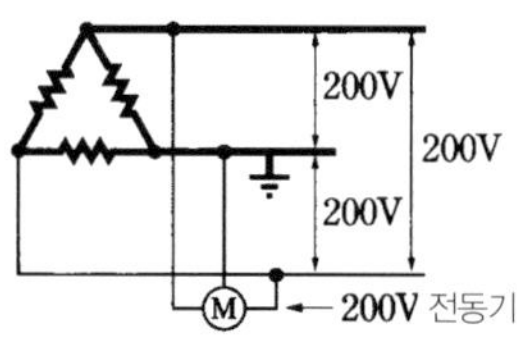	• 중규모 건축물에 쓰인다. 주로 동력용 유도전동기(펌프 · 팬 · 압축기)에 사용한다.
	(4) 삼상4선식 (240/415V 삼상4선식)	240V	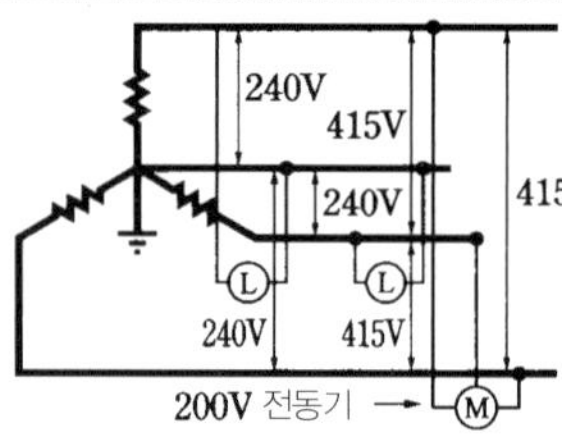	• 대규모 건축물에 쓰인다. 415V는 동력용, 240V는 40W 이상의 조명에 사용한다.

주) 대지전압 : 접지측선과 다른 선 사이의 전압을 말한다.
L : 조명, ▭ : 200V 에어컨(조리기, 전기온수기) 등, M : 전동기(펌프, 팬, 냉동기, 엘리베이터 등을 움직인다)

4.2.2 간선설비

건물의 전기계통 중 수변전설비 등에서 그림 4.9에 나타낸 분전반이나 동력제어반까지의 배선을 **간선**이라 한다. 건물 내에 다수 설치되는 분전반이나 기기에 전력을 공급하는 간선의 배선방식은 표 4.4와 같이 나눌 수 있다.

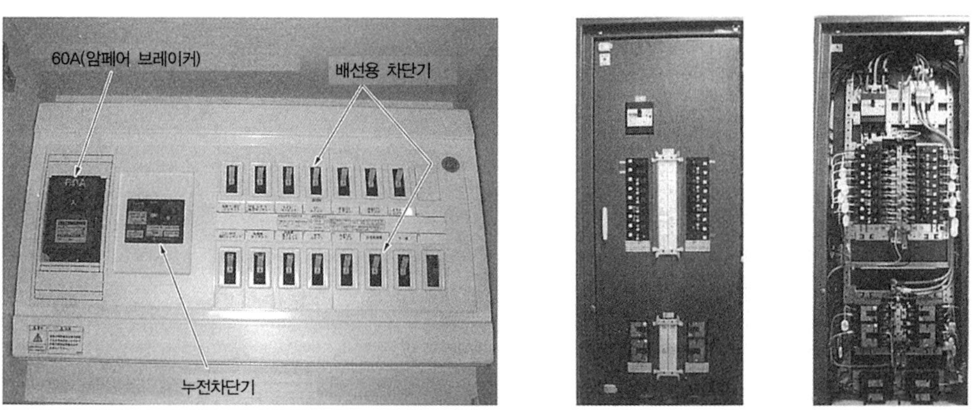

(a) 집합주택용 (b) 분전반 중간문의 상태, 전부 연 상태(일반빌딩용)

그림 4.9 분전반

옥내배선은 과부하 등에 의해 전선 및 전기기계기구 등에 과대한 전류가 흘러 화재 등이 발생하는 것을 막기 위해 과전류차단기가 설치된다. 그 외에 전로의 절연이 부서져 기기 등을 통해 대지에 전류가 흐르는 것을 막기 위해 필요한 곳에 누전차단기를 설치한다.

표 4.4 간선의 배선방식

단독방식	분기방식		
배선형태(a)	배선형태(b)	배선형태(c)	배선형태(d)
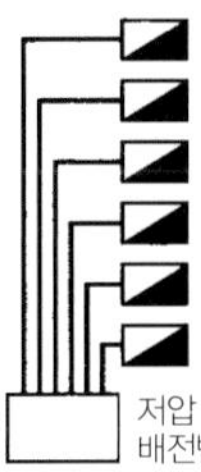	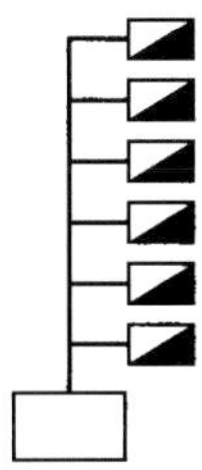	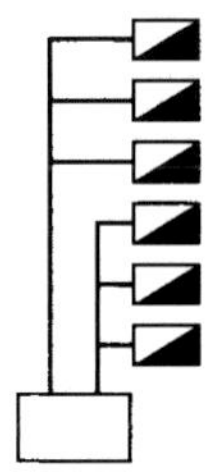	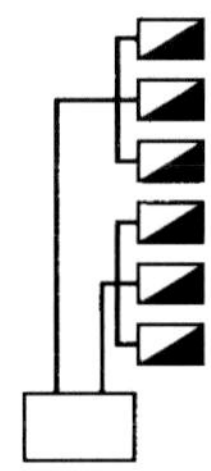
• 각 분전반이 어느 정도의 용량을 갖고 있는 경우의 일반적인 배전방법	• 소규모 빌딩, 공동주택의 간선으로 사용	• 간선크기가 너무 커지지 않는 범위에서 경제성을 고려하여 분전반 그룹별로 간선을 모으는 방법	• (c)와 동일한데 분기측의 분전반 용량이 작을 때 또는 400V급 배전용 변압기를 중간층에 설치할 때에 채용되는 방법

표 4.5 대표적인 옥내배선용 도시기호

기 호	명 칭	기 호	명 칭
	벽등	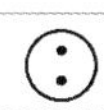	벽 외에 설치
	유도등		조명용 분전반
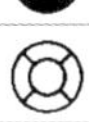	옥외등		동력용 분전반
	벽 콘센트		전력 또는 전열용 분전반

4.3 동력설비

4.3.1 동력설비의 개요

동력설비의 역할은 그림 4.10과 같이 일반적으로 전력회사의 전선에서 수변전설비를 거쳐 들어온 전력에너지를 기계에너지로 변환하는 것이며, 전동기 및 그 부속기기, 장치(제어장치 · 보호장치 · 배선 등)가 이에 해당한다.

일반 사무소빌딩에서의 동력설비와 그와 관련된 부하설비의 분류가 표 4.6에 나타나 있다.

또한 각종 건물에서의 조명 · 콘센트 부하와 동력부하(공조일반, 기타)의 약산치는 건물용도별로 표 4.7에 나타낸 바와 같다.

설비용량을 결정하는 방법에 대해서는 일반적으로 부하가 불분명하기 때문에 보통 단위바닥면적당의 소요전력, 즉 **부하밀도**[VA/m²][1)]를 이용하여 추정한다. 사무소빌딩을 예로 들면 조명 · 콘센트설비의 경우 일반적으로 500lx 정도의 조명부하밀도는 15VA/m² 정도이고, OA기기의 경우 30~50VA/m² 정도이다. 대략 조명 · 콘센트 설비의 합계부하밀도는 30~50VA/m² 정도이다.

일반동력부하가 되는 급배수펌프, 엘리베이터 등의 설비는 30~50VA/m² 정도, 공조동력부하가 되는 냉난방열원기기 · 반송동력 · 공조용송풍기 등의 경우 전기방식은 40~50VA/m², 가스방식은 20~30VA/m²가 된다.

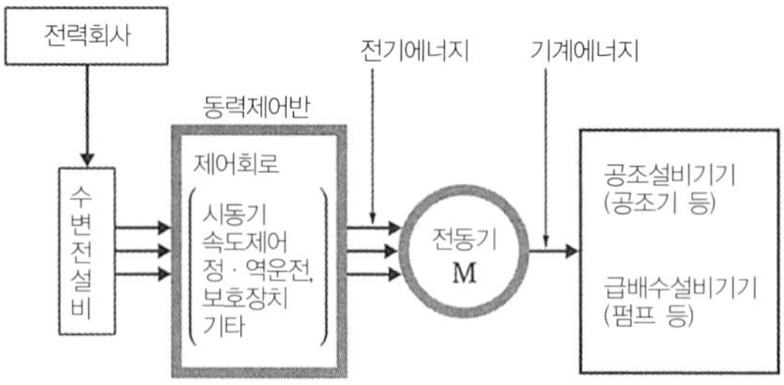

그림 4.10 동력설비의 역할

표 4.6 빌딩의 주요 동력설비 부하

용도별 분류	부하의 종류
공조용 동력	냉동기, 냉각수펌프, 냉수펌프, 쿨링타워팬, 공조기팬, 급배기팬
급배수위생용 동력	양수펌프, 오수펌프
반송용 동력	엘리베이터, 에스컬레이터, 리프트, 덤웨이터, 컨베이어
방화용 동력	소화펌프, 스프링클러펌프, 배연팬, 비상용 엘리베이터
사무기기용 동력	전자계산기, 각종 OA기기
통신기기용 동력	인버터, 직류발전기
주방용 동력	고속 믹서, 베이킹 오븐, 케이크 믹서, 냉동고, 냉장고
의료기기용 동력	뢴트겐, 치과용 모터, 전동수술대, CT, 각종 재활용기기

표 4.7 각종 건물의 전력설비용량 약산치

	조명 · 콘센트부하 [W/m²]	공조동력 부하 [W/m²]	일반동력 부하 [W/m²]	기타 부하 [W/m²]	합계부하 [W/m²]
사무소빌딩	61(43.3%)	50(35.5%)	24(17.0%)	6(4.2%)	141
호 텔	53(46.9%)	37(32.7%)	13(11.5%)	10(8.9%)	113
병 원	62(40.0%)	44(28.4%)	42(27.1%)	7(4.5%)	155
쇼핑센터	61(51.7%)	31(26.3%)	12(10.2%)	14(11.8%)	118
백화점	59(40.4%)	40(27.4%)	23(15.7%)	24(16.5%)	146

주) 일반동력부하 중 급배수위생설비의 동력용량은 약 5~9W/m²이다.

1) VA/m²는 피상전력의 표시. W/m²(표 4.7)는 여기에 역률을 곱해서 표시한 값이다.

4.4 자가발전 · 축전지설비

4.4.1 자가발전설비

자가발전에는 두 가지 용도가 있다.

하나는 전력회사로부터 받는 전기가 중단되어 정전이 되는 비상시에 스스로 설치한 발전기로 발생시킨 전기에너지를 사용하는 경우이며, 다른 하나는 상용이지만 전력회사가 공급하는 전기와 자가발전 전기를 공존시켜서 사용하는 경우이다. 후자의 경우 자가발전설비에서 나온 열에너지를 회수하여 이용하는 시스템을 코제네레이션 시스템[1]이라 한다.

비상용 자가발전설비는 그림 4.11에 나타낸 것처럼 시동장치에 의해 발전기(그림 4.12)를 작동시켜서 발전한다. 이를 위한 연료로 중유나 등유를 사용하는 경우는 연료조(그림 4.13)에 일단 비축하고 발전기에 급유한다. 또한 엔진을 냉각하기 위한 냉각장치(라디에이터)(그림 4.14)를 설치하는 경우가 있다. 가스터빈에 의한 발전기를 지하실에 설치하여 사용하는 경우에는 급기와 배기에 주의한다.

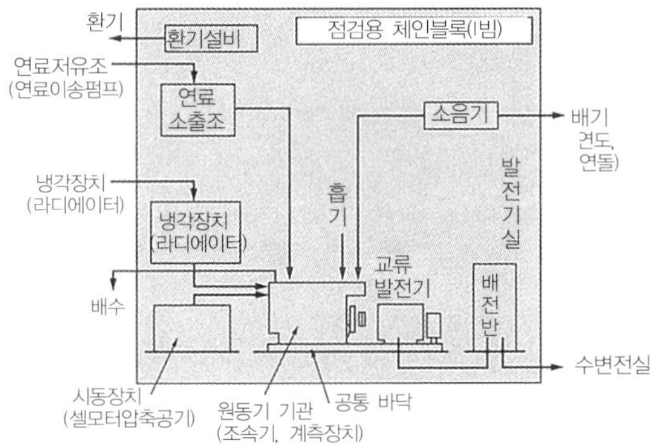

그림 4.11 설비계통도

그림 4.12 발전기

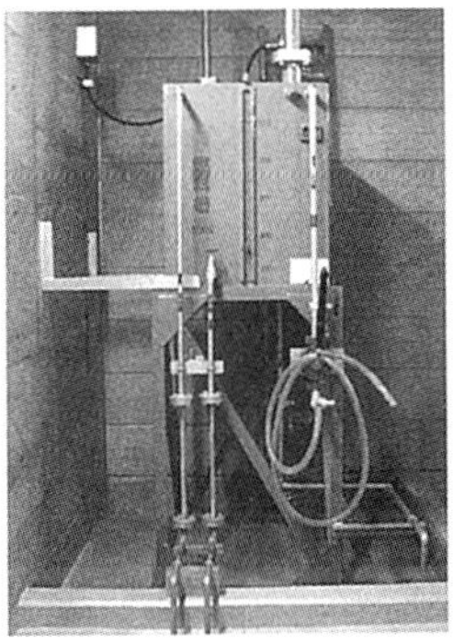

그림 4.13 연료소출조

그림 4.14 냉각장치(라디에이터)

1) 3장 3.5.2의 내용 참조

4.4.2 축전지설비

그림 4.15 큐비클형 축전지

축전지설비는 정전시에 대한 대책으로 미리 축전지에 충전시켜 놓고 몇 십분 동안 사용할 수 있는 전원이다. 축전지에는 납축전지와 알칼리축전지가 있으며, 설치방법에는 개방형과 큐비클형(그림 4.15)이 있다. 현재는 큐비클형이 많이 사용되고 있다.

4.4.3 무정전 전원장치(UPS)

비상시 컴퓨터 등의 정보기술에 대한 대응으로 낙뢰시의 이상전압 침입, 정전 등의 사고 대책이 필요하다. 이러한 경우에 무정전으로 안정된 전원을 공급할 수 있는 시스템으로 **무정전 전원장치**(UPS[1])가 있다.

4.5 조명 · 콘센트설비

4.5.1 조명설비

(1) 조명의 요소

조명에 쓰이는 용어와 단위에는 다음과 같은 것이 있다.

① **광속** : 복사속(광원으로부터 발하는 빛의 양)을 시각으로 측정한 양이다. 단위는 루멘[lm]이다.

② **광도** : 광원이 가지고 있는 힘의 강도, 조명능력을 말한다. 단위는 칸델라[cd]이며 1cd의 광원으로부터 1m 떨어진 곳의 조도가 1럭스이다.

③ **조도** : 빛이 면을 비출 때 비춰지는 면의 밝기를 나타내는 단위이다. 단위는 [lx]이며 $1m^2$당 입사하는 광속이 1lm인 경우의 조도를 1lx라고 한다.

④ **휘도** : 광원을 보았을 때의 '밝기'의 정도를 나타내는 것이다. 단위는 광도(칸델라)를 면적으로 나눈 값[cd/m^2]이며 스틸브[sb]라고 말한다.

⑤ **글레어** : 빛의 눈부심을 말한다.

⑥ **배광** : 조명기구에서 나오는 빛의 분포상태를 말한다. 배광은 상향과 하향에서 나오는 빛

1) UPS : Uninterruptible Power System의 줄임말

의 양의 비율이 다르다.

⑦ **연색성** : 광원으로 비췄을 때 그 자체의 색을 결정하는 광원의 성질을 말한다.

(2) 조명기구

조명기구는 사용광원의 종류에 따라 표 4.8에 그 특징을 나타낸 것처럼 백열전구 · 할로겐전구 · 형광램프 · 고압수은램프 · 메탈할라이드램프 · 나트륨램프로 분류된다. 또한 그림 4.16과 같이 설치 형태에 따라서도 천장부착형 · 천장매입형 · 펜던트형 · 브라켓형 등으로 분류된다.

(a) 천장직부형　(b) 천장매입형　(c) 펜던트형　(d) 브라켓형

그림 4.16 조명기구의 설치형태

표 4.8 각종 광원의 종류와 요점

항 목	백열전구	할로겐전구	형광램프	고압수은램프	메탈할라이드램프	나트륨램프
용 량[W]	5~1,000	75~1,000	4~220	40~2,000	100~2,000	150~1,000
광 질	• 고휘도 • 열복사가 많고, 붉은기가 풍부 • 배광제어용이	• 고휘도 지향 • 백열전구보다 고효율, 장수명	• 저휘도 • 광색조절은 비교적 양호 • 열복사가 적음	• 고휘도 • 광색은 특이성이 있음 • 배광제어 용이 • 대광속, 장수명	• 고휘도 • 광색은 자연색과 거의 동일 • 대광속, 장수명 • 연색성 좋음	• 고휘도 • 광색은 저압에서 등황색, 고압에서 황백색 • 효율 최고
효 율 [lm/W]	7~22	15.5~21	50~100	50~60	80~88	고압 130~160 저압 135~180
수 명[h]	1,000~2,000	2,000	3,000~10,000	6,000~12,000	6000~9,000	9,000~12,000
용 도	• 전반조명 · 국부조명용 • 주택 · 상점 • 사무소 등	• 투광용, 상점	• 전반조명 · 국부조명용 • 경제적으로 양질 • 주택 · 상점 · 사무소 · 학교 등	• 높은 천장, 도로조명에 적합 • 공장 · 체육관 등	• 높은 천장, 도로 조명에 적합	• 도로, 광장, 스포츠시설, 터널 등의 조명에 적합

(3) 조명방식

건물 실내의 조도기준은 방의 특징이나 생활행위에 따라 다르며, 표 4.9와 같다. 조명방식은 기구의 배치방식에 따라 전반조명 · 국부조명 · 전반국부조명으로 나뉜다.

전반조명방식은 조명하고자 하는 실 전체를 일정하게 조명하는 것으로 대표적인 방식이다. **국부조명방식**은 실내에서 하는 각각의 작업에 대해 조명을 국부적으로 소범위로 하는 방식이다. **국부적 전반조명방식**은 세밀한 작업을 하는 곳에는 조도가 높은 조명을, 그렇지 않은 일반 구역은 평균적인 조명을 하는 방식이다.

또한 조명기구의 배광에 따라 표 4.10처럼 직접조명 · 반직접조명 · 전반확산조명 · 반간접조명 · 간접조명으로 나뉜다.

그 외에 천장이나 벽과 일체화시킨 조명방식으로 표 4.11의 건축화조명방식이 있다. 또한 작업영역(태스크) 공간에는 전용 국부조명을 설치하고 태스크에는 필요한 조도를 확보하여 주변(앰비언트) 환경에 대해 간접조명 같은 비교적 조도가 낮은 조명으로 대응하는 **태스크앰비언트 조명**(TAL[1])이 있다.

표 4.9 조도기준

구분	분류	조도[lx]
학교	구내통로	3~4~6
	옥외운동장	15~20~30
	농구장, 테니스코트	30~40~60
	관리실, 라커룸, 복도, 계단, 화장실, 강당	60~100~150
	일반교실, 연구 및 실험실, 서고, 교직원실, 회의실, 실내운동장	150~200~300
	흑판면, 도서열람, 재봉, 미술, 공예조작, 정밀조작	300~400~600
	정밀제도, 정밀실험, 재봉	600~1,000~1,500
공장	건조작업	30~40~60
	거친 작업, 절연처리	60~100~150
	보통작업, 배선, 일반도장	150~200~300
	정밀작업, 권선, 조선, 검사	300~400~600
	초정밀작업	600~1,000~1,500
병원	심야의 병실, 복도	3~4~6
	문진실, 물리치료실, 소독실, 병실, 복도, 암실	60~100~150
	침대의 독서, 거즈 교환, 깁스포대, 진찰실, 처치실	150~200~300
	사진, 주사, 조제, 기공검사, 수술실, 세균검사	300~400~600
	부검, 구급처치, 분만실	600~1,000~1,500
주택	재봉	600~1,000~1,500
	공부, 독서, 재봉	300~400~600
	세탁, 조리, 화장, 식사, 오락	150~200~300
	거실, 서재, 응접실, 아동실, 식당, 욕실	60~100~150
	현관, 복도, 화장실	30~40~60
	침실, 차고	15~20~30
호텔, 여관	정원, 통로, 비상계단	30~40~60
	객실, 욕실, 오락실, 바, 로비, 복도, 화장실	60~100~150
	프런트, 사무실, 현관, 식당, 조리, 책상 위, 식탁, 거울	150~200~300
	회계사무실	300~400~600

1) Task Ambient Lighting의 줄임말

구분	분류	조도[lx]
경기장	관람석	30~40~60
	일반경기, 레크리에이션	150~200~300
	일반경기	300~400~600
	공식경기	30~40~60
설계 사무실	밝은 테이블	150~200~300
	고명도 대비소재, 세밀한 일, 그래픽, 사진, 청사진	300~400~600
	설계와 예술품제작, 암갈색물감인쇄, 저명도대비 소재, 색상선택, 해도, 지도제작	600~1,000~1,500
일반 사무실	로비, 응접실, 휴게실, 계단, 복도, 엘리베이터, 세면장, 화장실	60~100~150
	오프셋 인쇄와 복사, V30~40~60T가 있는 장소, 회의실, 시청각실	150~200~300
	키보드식별, 우편물분류, 금전출납부	300~400~600
간이음식점 레스토랑, 식당	세면장, 화장실, 객실, 대합실, 현관	150~200~300
	조리실, 식탁, 계산대, 화물접수대	300~400~600
	진열대	600~1,000~1,500
도서관	서가	30~40~60
	서가 일반, 시청각실, 음향실, 선실, 대출대, 목록제작실, 제책실	150~200~300
	카드목록대	300~400~600
박물관	영사전시부	15~20~30
	미술품진열실, 박제품, 표본	60~100~150
	교실, 소강당, 공예품, 동양화, 일반진열품	150~200~300
	서양화, 입구, 홀, 조각(나무, 종이, 플라스틱)	300~400~600
	조각(금속, 돌), 모형, 조형물	600~1,000~1,500
서비스공간	계단, 복도, 엘리베이터, 세면장, 화장실, 여객운송, 화물운송	60~100~150
가전제품 악기점	연출부전반	150~200~300
	상담코너, 점포내 진열, 진열상품 중점부, 장식창 전반, 점포내 전반	600~1,000~1,500
	장식창 중점, 점두진열	1,500~2,000~3,000
귀금속판매점, 예술품판매점	장식창 중점, 점포내 전반	150~200~300
	디자인코너, 상담코너, 접대코너	300~400~600
	일반진열, 점포내 중점진열	1,500~2,000~3,000
백화점 안경점	상담코너, 안내코너, 일반부 전반, 점포내 진열, 중점부 전반, 특매장전반	600~1,000~1,500
	장식창 중점, 점포내 중점진열, 전시	1,500~2,000~3,000
수예점 카메라판매점 화훼선눈섬	특별부전반	60~100~150
	상담코너, 점포내 전반, 점포내 진열	300~400~600
	장식창 전반, 점포내 진열중점	600~1,000~1,500
슈퍼마켓 편의점	교외상점	300~400~6000
	도심상점	600~1,000~1,500
	특별진열부	1,500~2,000~3,000
시계판매점 의류용장신구	특별부전반	150~200~300
	점포내 전반, 특별부진열	300~400~600
	디자인코너, 중점진열	600~1,000~1,500
	장식창 중점	1,500~2,000~3,000

구분	분류	조도[lx]
식품점 잡화점	점포내 전반	150~200~300
	점두, 중점부분	300~400~600
	중점진열	600~1,000~1,500
육아용품점 주방기구판매점	상담코너, 점포내 전반	300~400~600
	장식창 중점, 전시	600~1,000~1,500
의류판매점	점포내 전반	150~200~300
	갱의실, 디자인코너, 상담코너, 접대코너	300~400~600
	일반진열, 점포내 중점 진열	600~1,000~1,500
	장식창 중점	1,500~2,000~3,000
일반공통	휴게실	60~100~150
	상담실, 응접실	150~200~300
	세면장, 화장실	150~200~300
	에스컬레이터, 엘리베이터	150~200~300
	계단, 복도	150~200~300
	계산대, 포장대	600~1,000~1,500

표 4.10 조명기구의 배광에 의한 분류

	국제분류	직접조명	반직접조명	전반확산조명	반간접조명	간접조명
배 광	상반구광속	0	10 ~40	~ 60	~90	~100
	하반구광속	100	90 ~60	~ 40	~10	~0
	배광곡선	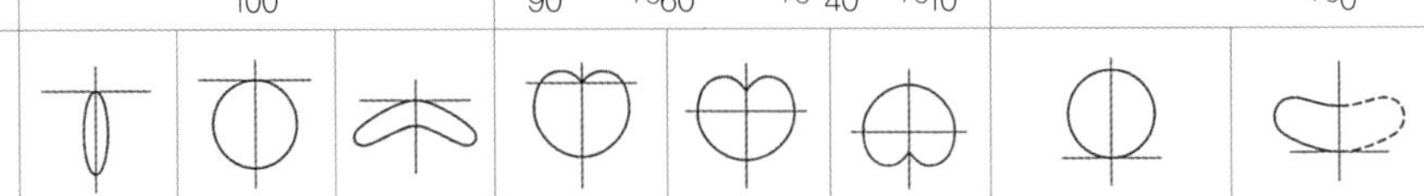				
조명기구의 예						
특 징		1. 조명률이 크다(주). 2. 실내면반사율의 영향이 적다. 3. 공장 조명에 적합하다.	1. 실 전체가 밝다. 2. 글레어가 비교적 적다. 3. 사무소, 학교 등에 적합하다.			1. 간접적으로 광원을 벽면 등에 비추어 부드러운 빛을 제공한다. 2. 실내반사율의 영향이 크다. 3. 그림자가 적고, 글레어가 적은 조명을 할 수 있다.

주) 조명률 : 작업면에 도달하는 전광속과 광원이 발하는 전광속의 비

표 4.11 건축화 조명

천장전면조명			벽면조명		
광천장조명	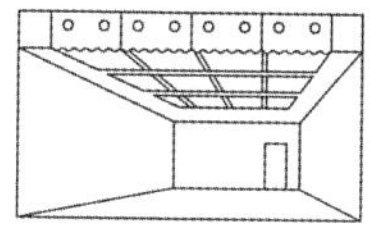	• 구름이 낀 날과 유사한 상태를 실내에 재현한다. 천장전면조명 중에서는 조명률이 가장 높고 보수도 용이하여 많이 채용되고 있다.	코니스조명	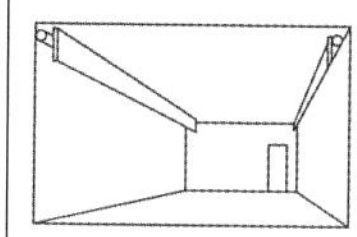	• 직접부착 형광등기구(트로퍼(Troffer))를 벽면 위쪽에 설치하고 목재나 금속판으로 광원을 가린다. 직접광이 벽면을 조명한다.
루버천장조명	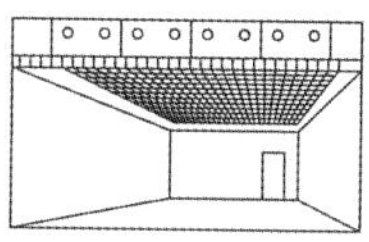	• 쾌청에 가까운 주광상태를 재현한다. 바로 아래에서 올려다보지 않으면 광원을 확인할 수 없다. 루버가 더러워지기 쉽고 보수에 손이 많이 간다.	밸런스조명	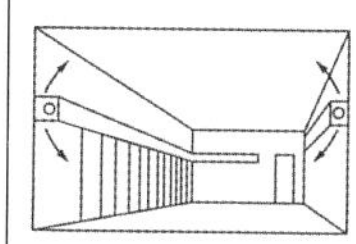	• 직접부착 형광등기구(트로퍼)를 설치하고 목재나 금속판의 투과율이 낮은 재료로 광원을 가린다. 직접광은 아래쪽 벽이나 커튼을, 위쪽은 천장을 비춘다. 분위기 있는 조명이다.
코브조명간접조명	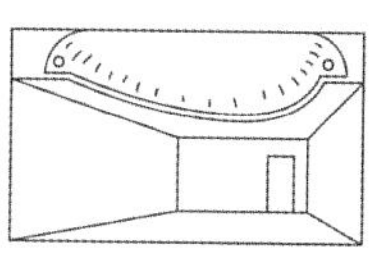	• 눈부심이 없고 조도분포가 일정하며 그림자가 없다. 단, 높은 조도는 얻기 어렵다.	라이트윈도광창	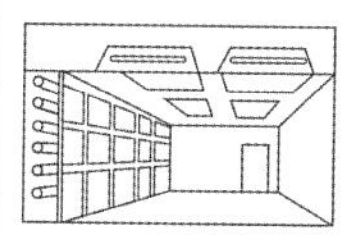	• 지하실이나 자연광이 들어오지 않는 방에서 낮에 창에서 채광되는 듯한 쾌청한 느낌을 준다.

(4) 방재조명

(a) 비상용 조명

비상용 조명설비는 사무실, 병원, 호텔, 상업시설처럼 많은 사람이 모이는 장소에서 화재나 예상치 못한 재해로 정전되었을 때 사람들을 신속하고 안전하게 피난시킬 수 있도록 실내나 통로에 비추는 조명설비이다.

(b) 유도등

유도등의 목적은 다음과 같은 두 가지이다.

① 재해시에는 건물 내에 있는 사람을 옥외의 안전한 장소로 피난시키기 위해 피난방향과 피난출구를 알리는 역할

② 평상시에는 유도등 설치에 의해 피난방향을 일상에서 인식시키는 학습효과

유도등의 분류는 설치장소에 따라 그림 4.17과 같이 설치한다. 유도등은 예비전원을 갖춰 정전시에도 예비전원으로 20분 이상 점등되도록 소방법으로 의무화하고 있다. 피난구의 장소나 방향을 알리는 표시판은 용도에 따라 그림 4.18에 나타낸 바와 같이 한다.

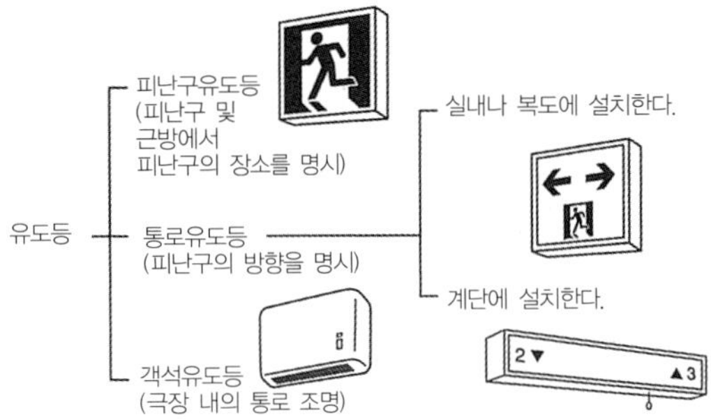

그림 4.17 유도등의 예

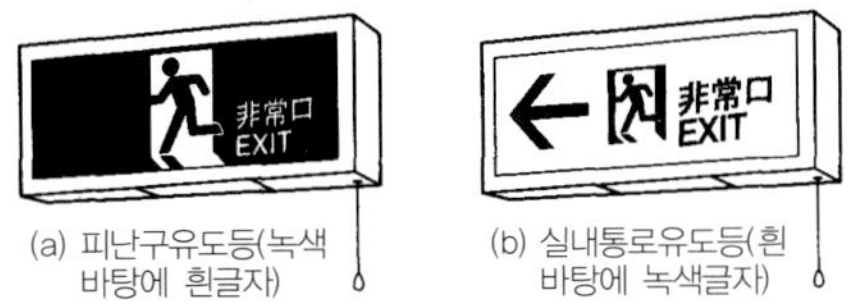

(a) 피난구유도등(녹색 바탕에 흰글자) (b) 실내통로유도등(흰 바탕에 녹색글자)

그림 4.18 표시판의 종류

(5) 조명계산

사무실처럼 넓은 실에 조도분포가 일정하도록 조명기구를 배치할 경우 필요한 조명기구 대수를 계산하는 방법을 **광속법**이라 하며 식 (4.4)로 나타낸다.

$$N = \frac{E \cdot A}{F \cdot U \cdot M} \qquad (4.4)$$

N : 조명의 개수 [개 또는 대]

E : 소요평균조도 [lx]

A : 실의 면적 [m^2]

F : 램프광속 [lm/개(또는 대)]

U : 조명률(광원에서 발산된 광속이 작업면에 도달하는 비율로, 조명기구의 형태, 실의 형태, 실내 마감면의 반사율에 따라 정하는 계수 ; 표 4.12)

M : 보수율(사용 후의 광속 저하, 기구의 오염 등에 의해 정해지는 수치로 그 만큼의 여유를 예상하기 위한 비율 ; 표 4.12)

표 4.12 조명률 표

조명기재	반사율 천장	80%				70%			
	벽	70	50	30	10	70	50	30	10
	바닥	10%							
	실지수	조명률[%]							
하면개방(매입형) 최대설치간격 배광곡선	0.6	44	35	29	25	43	35	29	25
	0.8	52	44	38	33	51	43	38	33
	1.0	58	50	44	40	57	49	44	40
	1.25	63	55	50	46	61	55	50	46
	1.5	66	59	54	50	65	59	54	50
	2.0	70	65	61	57	69	64	60	57
	2.5	73	68	65	61	72	68	64	61
보수율	3.0	75	71	67	65	74	70	67	64
좋음 0.74	4.0	77	74	71	69	76	73	71	68
중간 0.70 나쁨 0.62	5.0	78	76	74	71	77	75	73	71

표시한 수치는 [예제 1]에서 사용.

조명기구의 배치방법을 구하는 식은 식 (4.5)에 의한다.

$$L_1,\ L_2 \leqq L_m$$

$$L_{01},\ L_{02} \leqq \frac{2}{3} L_m \quad \cdots\cdots (4.5)$$

L_1, L_2 : 조명기구의 간격 [m]

L_m : 최대기구간격 [m](원칙적으로 3m)

L_{01}, L_{02} : 벽 또는 창과 기구의 간격 [m]

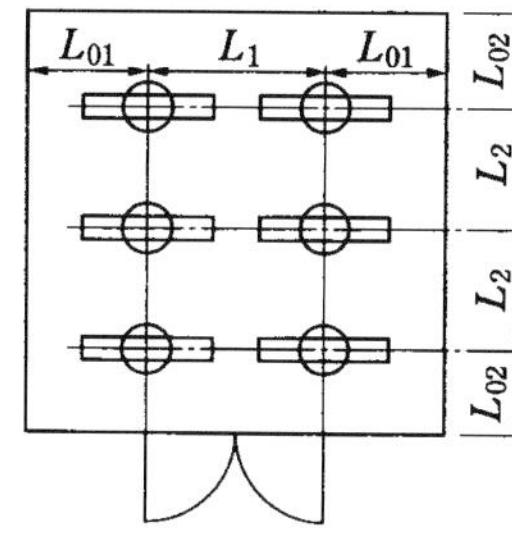

그림 4.19 조명기구의 배치

❙ 예제 1 ❙

폭 8m, 안길이 10m, 천장높이 3m(조명설치 위치)인 교실에서 평균조도 600lx가 되도록 조명설계를 한다. 단, 작업면 높이는 바닥 위 0.85m, 조명램프의 광속은 3000lm/개, 반사율은 천장 70%, 벽 50%, 바닥 10%, 보수율 0.70으로 한다.

[해설]

광원과 작업면의 거리 H=3.0−0.85=2.15m가 된다.

$$\text{실지수} = \frac{(\text{폭}\times\text{안길이})}{(\text{광원과 작업면의 거리})\times(\text{폭}+\text{안길이})}$$

$$= \frac{(8\times10)}{2.15\times(8+10)} \fallingdotseq 2.0$$

표 4.11에서 조명률 U=64[%], 보수율 M 중의 0.70(70%)이므로

$$N = \frac{E\cdot A}{F\cdot U\cdot M} = \frac{600\times80}{3000\times0.64\times0.70} = 35.7\text{개}$$

더블 매입 조명으로 하면 $\frac{35.7}{2}$=18대가 된다.

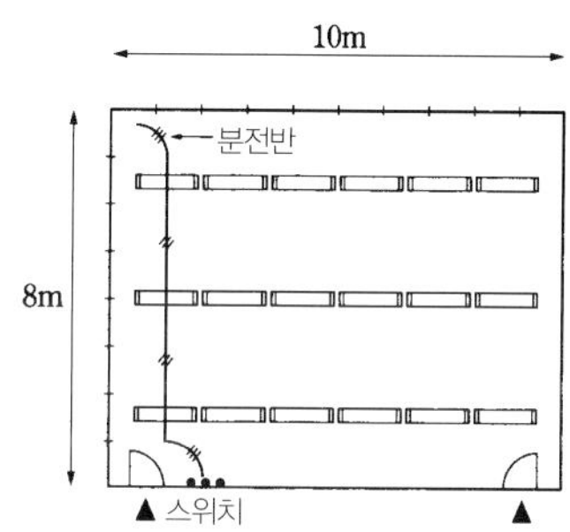

조명배치도

4.5.2 콘센트 설비

(1) 콘센트의 종류

콘센트의 종류는 접속되는 또는 예상되는 부하에 대응하는 용량 · 전압 · 전류 등에 의해 나뉜다. 콘센트의 정격용량에 따른 종류와 구멍의 모양에 따른 분류를 표 4.13에 나타낸다.

콘센트는 일반 거실뿐만 아니라 습기가 많은 옥외에도 설치되기 때문에 설치장소에 적합한 모양을 선택해서 사용한다. 특히 옥외나 습기가 많은 장소에 설치할 경우에는 방습형 · 방수형으로 된 것을 사용한다.

표 4.13 콘센트 구멍의 모양(내선규정)

용도 \ 분기회로		15A	비 고	기 타	
단상 100V	일반	 125V15A	① ○ 모양의 콘센트 구멍은 2개가 동일 치수이므로 접지측극을 구별할 때에는 주의할 것 ② 표에서 굵은 선으로 된 기호는 접지측극으로 사용하는 것을 의미함 ③ 기호에서 "–" 표식 이외의 표식은 접지극을 나타냄		노출 콘센트 2구 125V15A 발지형 방우입선커버 부착 접지단자 부착
	접지극 부착	 125V15A			
단상 200V	일반	 250V15A		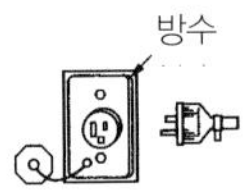	매입콘센트 1구 125V15A 방수형 접지극 부착
	접지극 부착	 250V15A			
삼상 200V	일반	 250V15A		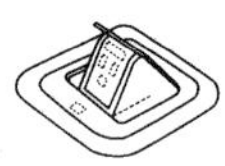	플로어콘센트 1구(바닥설치) 125V15A 접지극 부착
	접지극 부착	 250V15A			

(2) 콘센트의 설치개수

일반 건물의 표준적인 콘센트 설치수를 표 4.14에 나타낸다. 일반 사무실의 경우 15m²당 1개, OA화를 고려한 사무실의 경우 10m²당 1개를 기준으로 한다.

표 4.14 일반건물용 콘센트 수

사용장소 또는 사용기기	설치구분	콘센트 형식	
		정격전류[A]	구멍 수
일반사무실	15m²당 1개	15	2
OA화를 고려한 사무실	10m²당 1개	15	2
상급실, 숙직실	2개 이상	15	2
회의실	25m²당 1개	15	2
식 당	30m²당 1개	15	2
복도, 현관홀, 엘리베이터홀	보행거리 20m당 1개	15	1
창 고	필요에 따라 설치	15	1
탕비실	1개	15	2
차고, 전기실, 배선실, 기계실, 서고	1개 이상	15	1

[칼럼17] 광덕트 시스템

덕트는 공기조화설비로 보통 공기를 통하게 하는 부재라고 알고 있다. 하지만 광덕트 시스템은 그림 1처럼 채광부(거울)에서 자연광을 받아 건물 내에서 밝기를 확보할 수 없는 곳에 그림 2처럼 공기가 아닌 자연광을 알루미늄재 고반사거울로 받아들이는 시스템이다. 일반 건물에서 소비에너지의 1/4~1/3은 조명 에너지에 의존하는 것으로 알려져 있기 때문에 자연광의 이용은 에너지 절감에 크게 기여할 수 있는 시스템이다.

그림 1 광덕트 채광부(반사거울로 자연광을 아래쪽으로)

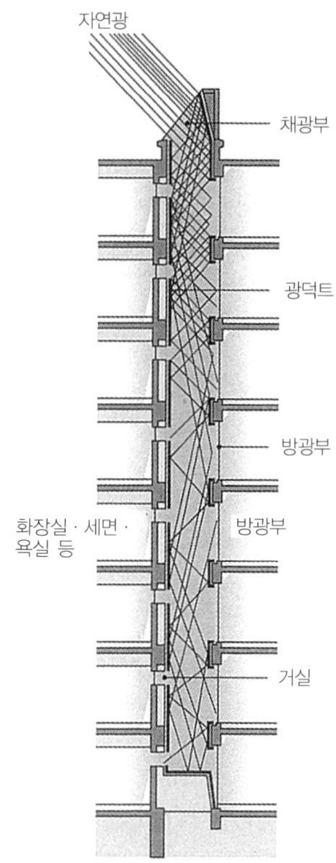

그림 2 광덕트 시스템

4.6 정보 · 통신설비

4.6.1 전화설비

(1) 전화설비의 구성

전화설비의 기본구성을 그림 4.20에 나타낸다. 전화설비는 전화기 · FAX 등의 단말기기, PBX(전화교환기) · 중계장비 등의 교환설비, 케이블 · 단자반 등의 배관배선설비로 나뉘는데 이는 PBX[1]를 중심으로 한 음성전용설비이다.

그러나 최근에는 건물 내나 건물간의 음성을 IP화하는 IP전화[2]가 도입되어 이후에 설명할 LAN에 직접 접속시켜서 종래의 PBX가 필요 없고 LAN상에서 직접 통화하는 IP-PBX도 사용되고 있다.

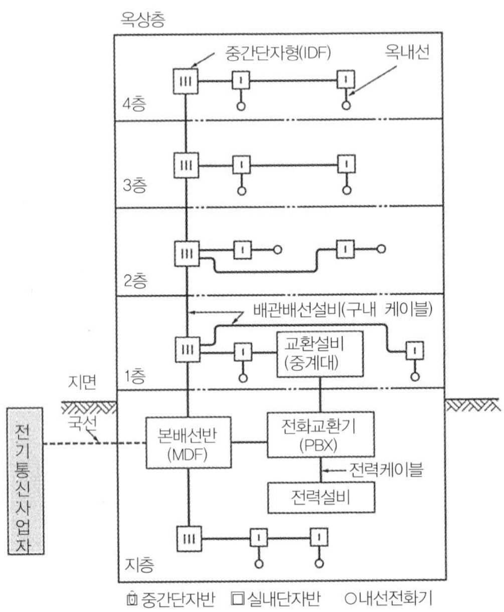

그림 4.20 건축내 전화설비의 흐름과 구성

(2) 전화간선과 회선수

전화간선은 전화교환기실에 설치된 주배전반(MDF[3])에서 각 층에 설치하는 중간단자반(IDF[4])까지의 배선을 말한다. 배선형식에는 단독식, 복식, 저감식, 병용식이 있으며 특징은 표 4.16에 나타낸 바와 같다.

1) PBX : Private Branch Exchange
2) IP전화 : Internet Protocol-Phone : 인터넷을 이용한 전화서비스
3) MDF : Main Distribution Frame
4) IDF : Intermediate Distribution Frame

표 4.16 전화간선의 배선형식과 특징

<table>
<tr><th>형식
항목</th><th>단독식</th><th>복 식</th><th>저감식</th><th>병용식</th></tr>
<tr><td>배선형식</td><td>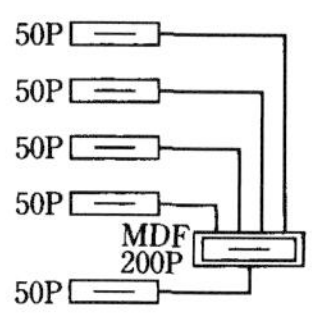
</td><td>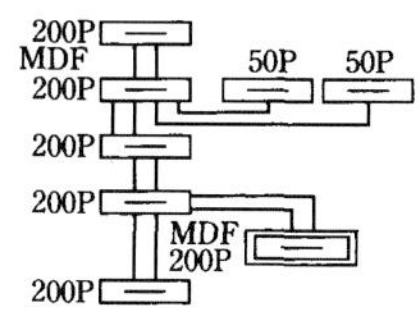
</td><td>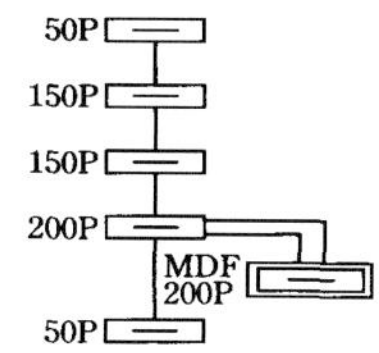
</td><td>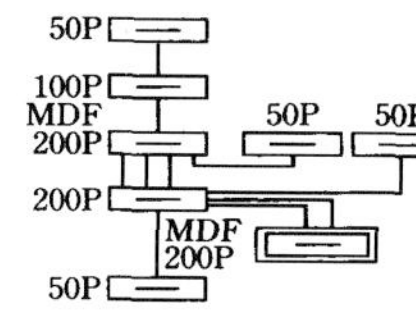
</td></tr>
<tr><td>특 징</td><td>• MDF에서 각 단자반마다 직접 배선한다.
• 층별로 필요 회선수가 많을 경우에 적합.</td><td>• 단자반 상호간을 배선하고 케이블을 이중으로 배선한다.
• 배선을 자주 변경하는 대규모 건물에 적합.</td><td>• 단자반 상호간을 배선하고 순차적으로 케이블 대수를 감소시켜 나간다.
• 배선의 변경이 적은 소규모 건물에 적합.</td><td>• 복식과 저감식을 병용한 방식이다.
• 복식과 저감식의 장점을 살린 방식으로 대규모 건물에 적합.</td></tr>
</table>

회선수(내선국선수)의 산정은 건물의 용도나 규모, 확장성 등을 고려해서 한다.

(3) 정보배선

정보통신에 쓰이는 케이블에는 표 4.17에 나타낸 바와 같이 동축케이블, 트위스트페어케이블, 광화이버케이블 등이 있다.

또한 이들 설비의 배선방식을 표 4.18에 나타낸다.

표 4.17 정보통신케이블의 종류와 특징

<table>
<tr><th></th><th>동축케이블</th><th>트위스트페어케이블</th><th>광파이버케이블</th></tr>
<tr><td>종 류</td><td>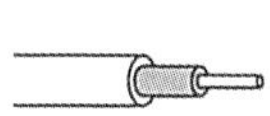</td><td>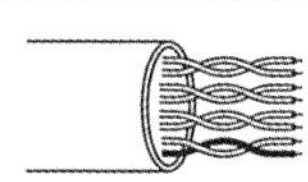
1 UTP 케이블

2 STP 케이블</td><td>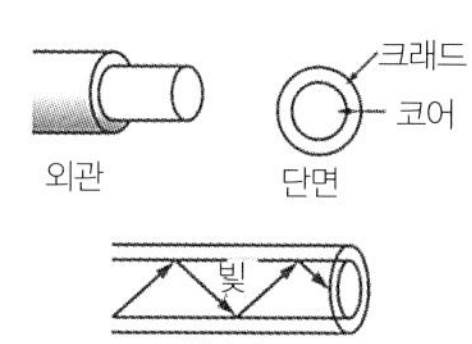
</td></tr>
<tr><td>특 징</td><td>• 심신 주위를 실드선으로 씌운 케이블로, 주파수특성이 우수하며 전기적 잡음을 잘 받지 않음</td><td>• 직경 0.5~0.65mm 정도의 2개의 선을 잘 조합시킨 전화용 케이블로, 동축케이블에 비해 전기적 잡음을 받기 쉬우나 가격이 저렴하다(UTP 케이블). 또한 케이블 주위를 실드로 씌워 잡음에 대한 대책을 한 것도 있다(STP 케이블)</td><td>• 식경 0.1mm 정도의 코어와 크래드라 불리는 굴절률이 다른 유리를 선모양으로 만들고 그 사이를 빛이 굴절·반사되면서 전하는 것이다. 빛을 매체로 하기 때문에 전기적인 잡음을 받지 않는다.</td></tr>
</table>

표 4.18 정보설비의 배선방식

종류	간이프리액세스방식	프리액세스방식	플로어덕트방식	언더카펫방식
개요	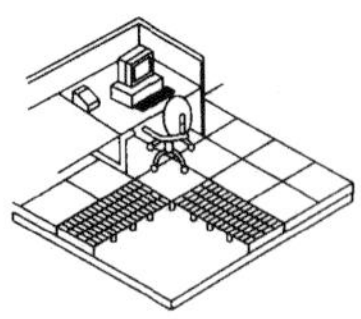 • 슬래브 위에 간이 이중바닥을 조립하여 배선로로 하는 방식	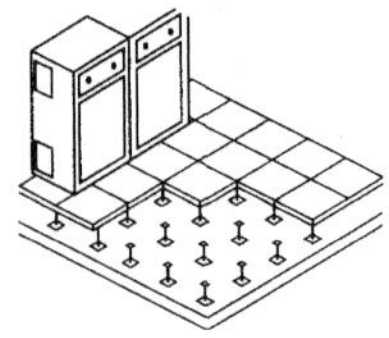 • 베이스플레이트, 지주 받침에 의해 구성되는 이중바닥 배선시스템 • 컴퓨터실 등에 자주 쓰인다.	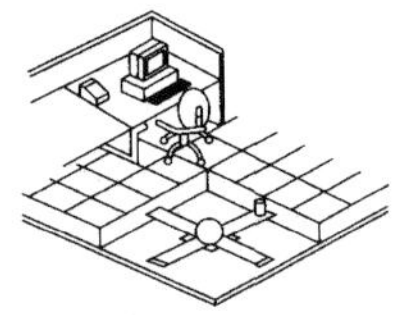 • 슬래브 내에 금속성 덕트를 매설하고 일정 간격으로 배선을 취출하는 방식	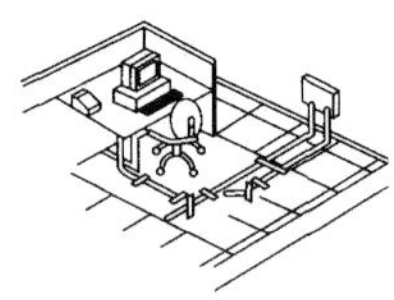 • 띠모양의 플랫 케이블을 타일 카펫 아래에 부설하는 방식
특징	• H=70, 100, 150mm가 일반적임 • 배선 수용능력이 크며 융통성이 있다.	• H=200mm가 일반적임 • 배선 수용능력이 크며 융통성이 있지만 경비가 많이 든다.	• 배선 수용능력이 작고 배선 관리를 하지 않으면 증설이 불가능 • 슬래브가 두꺼워진다.	• 기존 건축물에 적용한다.

4.6.2 LAN 설비

LAN[1] 설비란 건물 내 또는 구내에서 각 장소에 설치된 컴퓨터 등을 접속하여 문서나 데이터 공유, 전자메일 등의 서비스를 할 수 있게 하는 시스템이다. LAN 설비의 기본 구성은 그림 4.21에 나타낸 바와 같다.

단말 컴퓨터는 HUB(리피터(Repeater) HUB)라 불리는 전기신호를 중계하는 장치에 접속된다. 이는 전송거리를 연장할 경우나 케이블을 분기할 경우에 사용된다.

리피트 HUB는 다시 **스위칭 HUB(레이어 2스위치)**에 접속된다. 리피터 HUB가 단순한 신호를 중계하는 것에 비해 스위칭 HUB는 각 단말의 어드레스를 기억하여 소속된 포트에만 송신한다. 여기까지를 데이터링크 단계이라 한다.

인터넷 등의 네트워크 단계와의 중계처리를 하는 것으로 **라우터(Router)**와 **레이어 3스위치**가 있다. 라우터는 각각 다른 네트워크끼리 접속하는 네트워크기기이다. 레이어 3스위치는 라우터로는 처리속도가 늦어서 데이터 처리성능이 저하되는 상황이 생기기 때문에 처리를 고속으로 하기 위해 개발한 기기이다.

그 밖에 케이블 배선을 사용하지 않고 통신하는 LAN으로 무선 LAN이 있다.

1) 1.1.2 (1)(c)의 각주 내용을 참조.

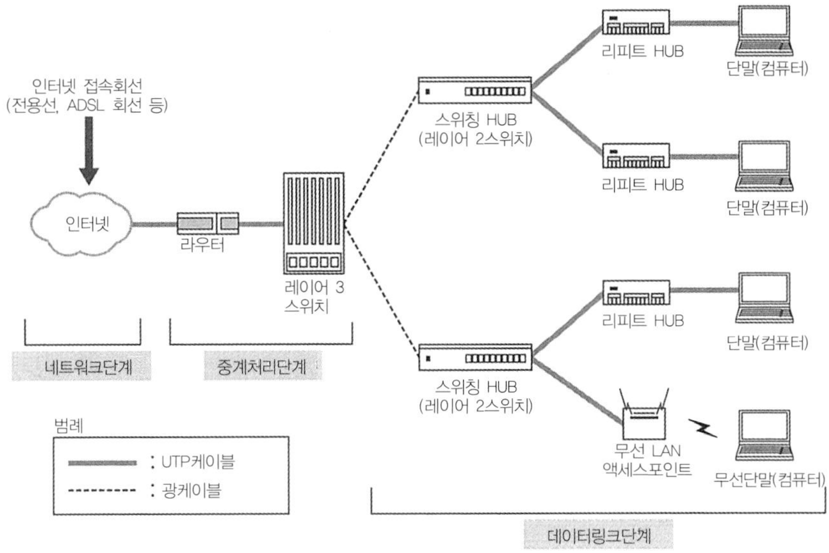

그림 4.21 LAN 설비의 기본 구성

4.6.3 TV공동수신설비

TV공동수신설비는 한쌍의 수신안테나로 양질의 TV전파를 수신하고, 직접 또는 증폭기를 거쳐 건물 내의 수신기로 배분하는 시스템이다.

영상용으로 수신할 수 있는 전파에는 지상에서 발하는 VHF대(초단파 90~222 MHz), UHF대(극초단파 470~770MHz), 통신위성에서 발하는 BS방송, CS방송(둘다 주파수는 11~12GHz)이 있다. 단독주택, 집합주택, 사무소빌딩 등에는 이러한 영상을 수신할 수 있는 수신시스템이 설치된다. 그림 4.22에 그 구성도를 나타내며 그림 4.23에 외관을 나타낸다.

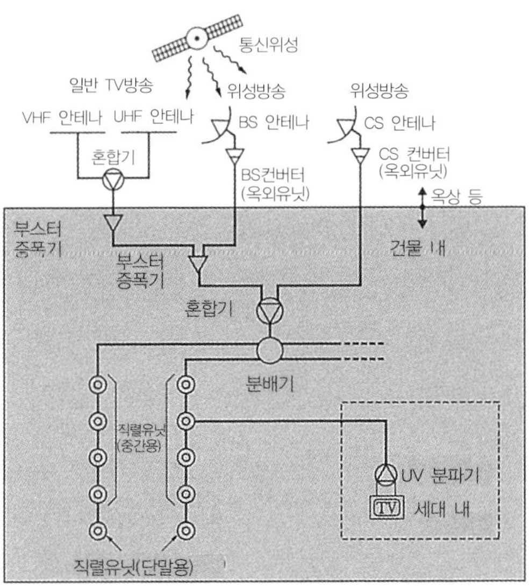

그림 4.22 TV공동수신설비의 계통도

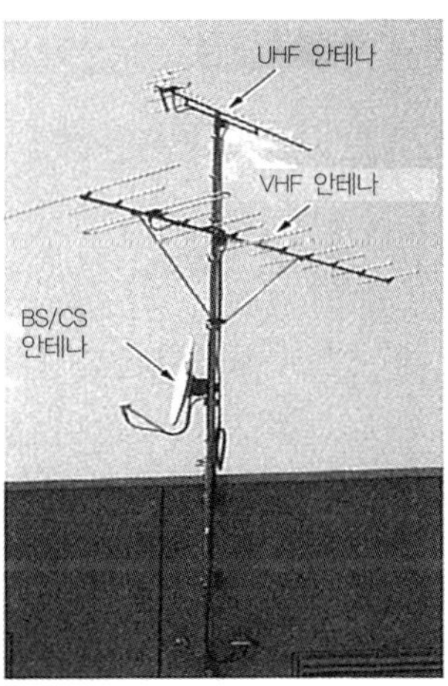

그림 4.23 UHF, VHF, BS/CS 안테나

수신하는 안테나에는 VHS대역, UHF대역, BS대역, CS대역의 각 대역용이 있다. 혼합기는 안테나에서 수신한 전파를 1개의 전송선으로 모으는 것이다. 증폭기는 수신점에서의 전계강도가 낮은 장소, 전송로 등에서 신호 레벨의 손실을 보상하는 기기이다.

4.6.4 방범설비

방범설비는 부지 · 건물 내에 허가 없이 침입하려는 자를 막고, 침입자를 발견하여 배제하는 것이 목적이다. 방범 시스템의 구성은 그림 4.24에 나타낸 바와 같다.

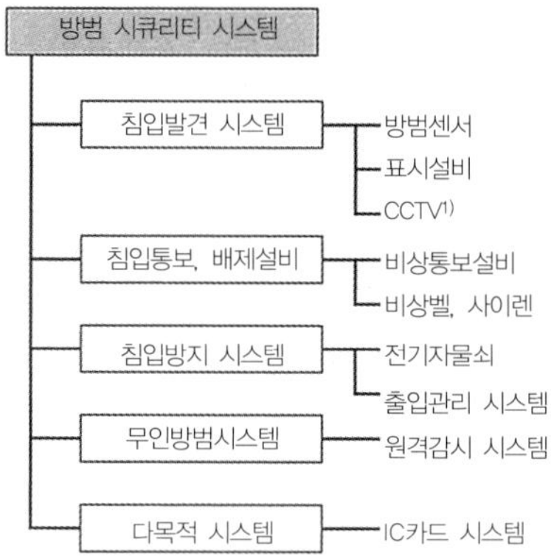

그림 4.24 방범설비의 시스템 구성

4.6.5 인터폰설비

인터폰설비는 구내 또는 주택 내를 대상으로 한 특정유선통화장치이다. 최근에는 홈오토메이션의 핵심으로서 방범방재감시, 전등선 집중제어 등의 제기능을 갖춘 것과 국선 접속도 가능하여 전화기로도 사용할 수 있게 되었다. 통화방식에는 그림 4.25에 나타낸 것처럼 모자식, 상호식, 복합식이 있다.

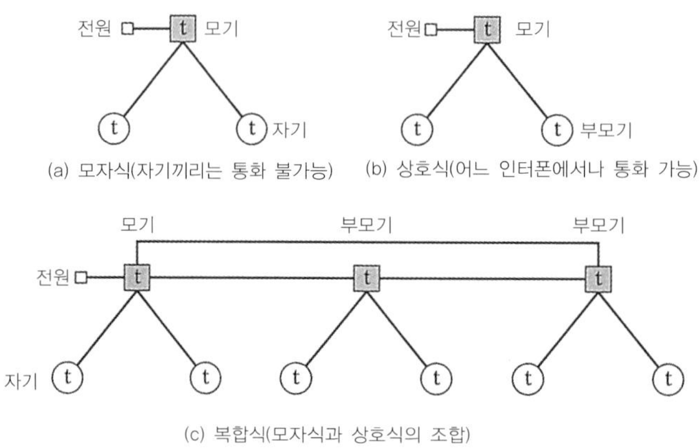

그림 4.25 인터폰설비의 통화망 방식별 시스템 구성

1) Closed Circuit Television System(폐쇄회로 TV시스템)의 줄임말. 카메라와 수상기를 동축케이블 등으로 연결하여 특정인에게만 영상을 보여주는 시스템

4.7 방재설비

4.7.1 자동화재경보설비

소방법시행령에 의해 화재의 조기발견 및 방지, 인명 구조를 위해 건물의 종류와 면적에 따라 자동화재경보설비의 설치가 의무화되어 있다.

그림 4.26에 자동화재경보설비의 계통도를 나타낸다. 화재에 의해 발생하는 열 · 연기 · 불꽃을 자동으로 감지하는 감지기, 화재를 발견한 자가 버튼을 눌러 발신하는 발신기(수평거리 25m 이내에 설치), 그 신호를 수신하여 화재경보벨, 화재발생지구표시등을 자동으로 표시하여 관계자에게 화재를 알리는 수신기로 구성된다.

감지기에는 그림 4.26에 나타낸 것처럼 화재에 의한 온도 상승률을 감지하는 차동식과 상승온도를 감지하는 정온식 열감지기, 화재시 발생하는 연기를 감지하는 연기감지기가 있다.

열감지방식인 차동식은 온도 변화가 적은 사무실 · 회의실 · 객실에 쓰이며, 정온식은 급격한 온도 상승이 있는 조리실 · 보일러실 등에 쓰인다. 또한 연기감지기는 지하, 복도, 엘리베이터 등에 쓰인다.

수신기에는 P형과 R형이 있다. P형은 감지기 등으로부터의 신호선을 개별로 인입한 것이며, R형은 감지기 등 신호를 중계기로 받아 중계기에서의 신호를 다중화하여 수신기로 전송한다. 대규모 건물인 경우에는 R형이 유리하다. P형에는 1급(회선수에 제한 없음), 2급(회선수가 5 이하), 3급(회선수가 1)이 있다. P형 2급은 화재발생지구표시 · 비상벨 울림 · 화재표시시험장치만 있지만, P형 1급은 그 외에도 발신기 · 감지기 · 배선도통시험장치 · 예비전원장치 등이 있다.

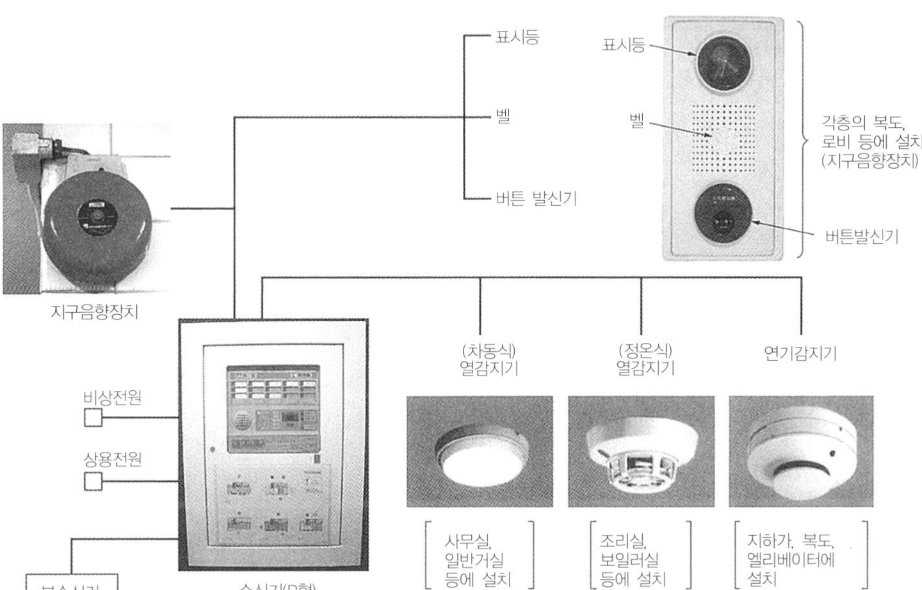

그림 4.26 자동화재경보설비의 계통도

4.7.2 피뢰설비와 항공장애등설비

(1) 피뢰설비

피뢰설비는 낙뢰에 의한 인체의 사상, 화재, 전기공작물의 절연파괴 등을 방지하기 위해 중고층 건물이나 위험물취급소 및 저장소 등에 설치된다. 건축기준법에 의해 일반 건축물에서는 높이 20m 이상의 것, 또는 위험물 규제에 관한 정령 등에 의해 위험물저장소 및 취급소에서의 설치를 의무화하고 있다.

피뢰설비에는 그림 4.27에 나타낸 것처럼 돌침방식과 수평도체방식이 일반적이다. **피뢰돌침**은 동 · 알루미늄 또는 용융아연도금을 씌운 철로 만든 직경 12mm 이상의 막대나 이와 동등 이상의 강도와 성능을 가진 것을 사용한다.

수평도체는 지붕마루, 파라펫, 지붕, 기타 낙뢰의 습격을 받기 쉬운 부분에 설치하며 박공지붕에 설치하는 경우는 주변을 루프형으로 한다. 피뢰돌침이 건축물을 보호할 수 있는 각도를 **보호각**이라 하는데, 일반 건물의 경우 60도 이하이고 위험물 창고의 경우 45도 이하로 하도록 정해져 있다. 돌침 또는 수평도체에서 피뢰도선을 인입하고 단말은 접지극(동판)에 접속한다. 접지극은 지면으로부터 0.5m 이상의 깊이에 매설한다.

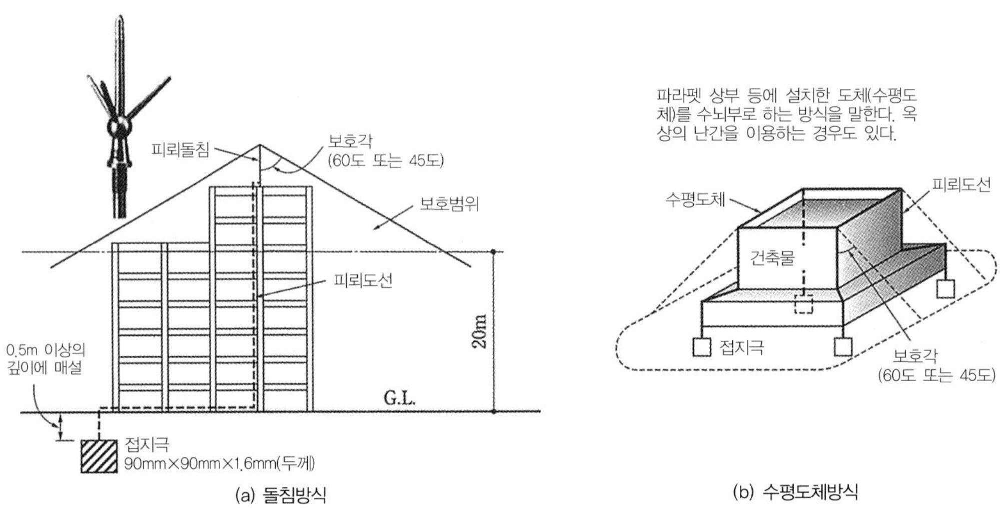

그림 4.27 피뢰설비(피뢰침의 보호범위)

(2) 항공장애등설비

항공장애등설비는 비행기 운항에 위험을 줄 수 있는 건축물 및 공작물에 설치를 하도록 의무화되어 있으며 항공법으로 규정하고 있다. 그림 4.28에 항공장애등과 설치 예를 나타낸다. 설치 기준은 다음과 같다.

① 지표 또는 수평으로부터 60m 이상이 되는 건축물

② 항공기의 비행 루트에 있는 45m 이상의 건축물

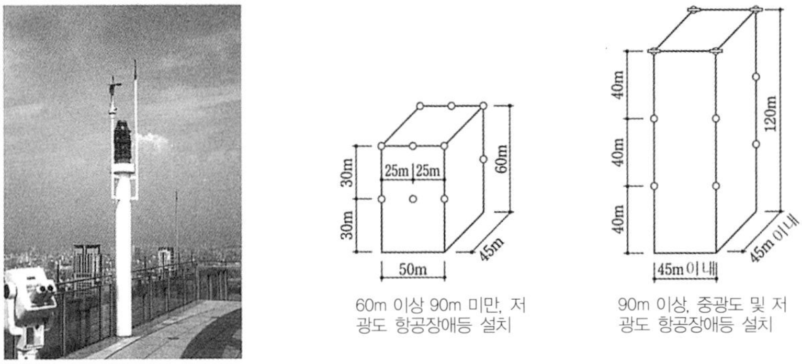

그림 4.28 항공장애등설비(항공장애등과 설치예)

[칼럼18] 요코하마 '아카렌카 창고'의 피뢰침

요코하마의 아카렌카 창고는 메이지(明治)시대 말기부터 다이쇼(大正)시대 초기에 걸쳐 건설된 일본 최대급의 역사적인 벽돌조 건조물이다(그림 3).

아카렌카 창고는 창고이기 때문에 기능을 우선시하여 단순명쾌한 외관으로 되어 있지만 그 중 피뢰침은 보기 드문 의장적 요소를 지닌 부재로서 건물의 매력을 한껏 살리고 있다. 피뢰침 본체는 주조로 된 받침과 주조로 된 장식봉으로 되어 있으며 장식봉 선단에서 받침 하단까지의 길이는 약 3m이다(그림 1).

최근에는 이상기후의 영향으로 낙뢰 발생이 증가하고 있다. 특히 도심의 빌딩에서는 건물 꼭대기 부분의 낙뢰뿐만 아니라 유리창 · 벽면 같은 건물면에 대한 낙뢰까지 포함하여 그 위험이 점차 높아지면서 피뢰설비의 역할이 더욱 중요해지고 있다. 그림 2는 돌침이 아닌 벽부분에 낙뢰가 떨어지는 모습을 찍은 귀한 사진이다.

그림 1 피뢰침

그림 2 도심 빌딩에서의 낙뢰 모습

그림 3 아카렌카 창고의 외관

제4장 확인문제

[문제 1] 전기설비에 관한 용어의 조합으로 잘못된 것은 어느 것인가?

(1) 정보통신설비-LAN (2) 피뢰설비-접지극
(3) 무정전 전원장치-UPS (4) 동력설비-조명 · 콘센트부하
(5) 전화설비-PBX

[문제 2] 사무소빌딩의 전기설비에 관한 내용 중 잘못 설명된 것은 어느 것인가?

(1) 사무실의 OA기기용 부하용량을 1㎡당 50VA로 잡았다.
(2) 급수펌프, 공조용 팬의 동력계통을 3상3선 200V로 했다.
(3) 사무실 조명의 조도를 1000lx로 설정했다.
(4) 콘센트 설치수는 일반사무실의 경우 30㎡당 1개로 했다.
(5) 건물 꼭대기에 설치하는 피뢰침의 보호각을 60도 이하로 했다.

[문제 3] 전기설비에서 쓰이는 옥내배선기호와 명칭의 조합으로 잘못된 것은 어느 것인가?

(1)  - 분전반 (2) Ⓐ - 벽부착 콘센트
(3)  - 형광등 (4) Ⓜ - 전류계
(5) 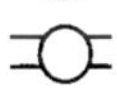 - 전동기

[문제 4] 소화 · 방재설비에 관한 내용 중 잘못 설명된 것은 어느 것인가?

(1) 화재의 종류에서 C 화재란 전기화재를 말한다.
(2) 호텔, 사회복지시설에는 1호 소화전을 설치한다.
(3) 폐쇄형 건식 스프링클러헤드는 소화수가 동결될 우려가 있는 한랭지의 건물에 적용하는 것이 적합하다.
(4) 드렌처설비는 외벽 등에 수막을 만들어 연소를 방지하는 설비이다.
(5) 컴퓨터실이나 통신기실에는 폐쇄형 예작동식 스프링클러헤드를 설치하는 것이 바람직하다.

[문제 5] 소화 · 방재설비에 관한 내용 중 잘못 설명된 것은 어느 것인가?

(1) 피뢰설비는 일반 건물의 경우 높이 20m 이상인 경우에 설치하도록 의무화되어 있다.
(2) 자동화재경보기설비의 감지기에는 열감지기(차동식 · 정온식)와 연기감지기가 있다.
(3) 1호 소화전은 소화전을 중심으로 반경 25m 이내의 바닥면을 덮게 한다.
(4) 비상용 엘리베이터는 화재시 재실자의 피난을 주목적으로 한 설비이다.
(5) 불활성가스 소화설비는 수변전실, 발전기실 등에 설치한다.

제 5 장

반송설비

반송설비는 사람, 물건, 차량 등을 운반하기 위해 이용되는 것으로 엘리베이터, 에스컬레이터, 기송관(Pneumatic Tube, 에어 슈트) 반송설비, 컨베이어(Conveyor)설비, 덤웨이터(Dumbwaiter)설비 등이 있다.

5.1.1 엘리베이터

엘리베이터는 용도 · 속도 · 구조에 의해 분류된다. 용도별로는 승용 · 사람과 화물 공용 · 침대용 · 자동차용 등으로 분류된다. 속도별로는 명확한 정의는 없지만 일반적으로 저속도(45m/min 이하), 중속도(60~105m/min), 고속도(120~300m/min), 초고속도(360m/min 이상)로 분류된다. 단독주택에 쓰이는 홈 엘리베이터는 거주자에 한해서만 이용할 수 있으며 케이지의 바닥면적은 1.1m² 이하이고, 승강행정은 10m 이하, 속도는 12m/min 이하로 한다.

구조별로는 그림 5.1에 나타낸 것처럼 로프식과 유압식으로 분류된다.

<table>
<tr><th rowspan="2"></th><th colspan="2">로프식 엘리베이터</th><th colspan="2">유압식 엘리베이터</th></tr>
<tr><th>트랙션 방식</th><th>권동식</th><th>직접식</th><th>간접식</th></tr>
<tr><td>종류</td>
<td>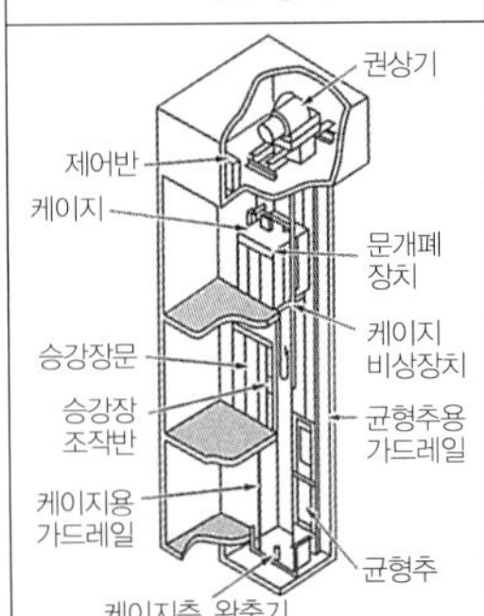</td>
<td>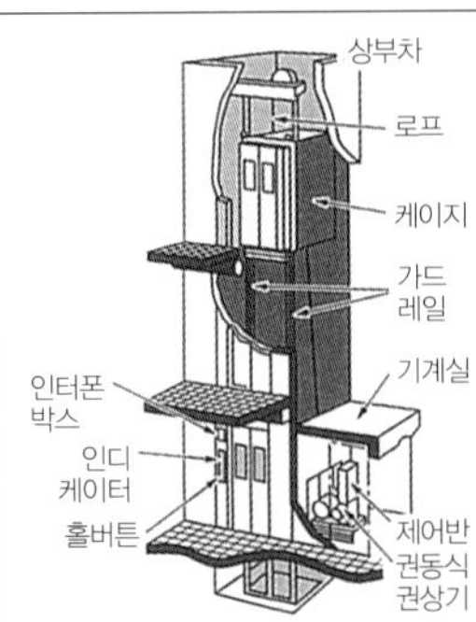</td>
<td>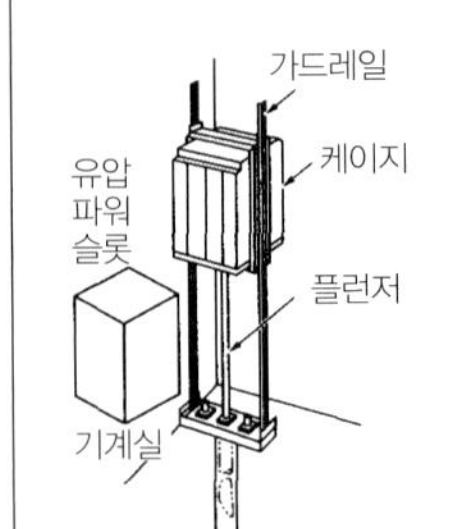</td>
<td>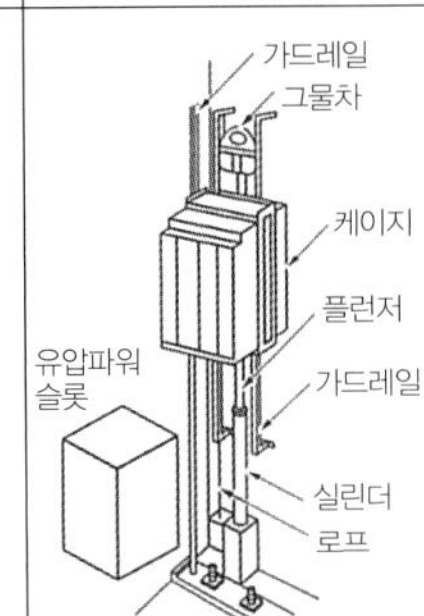</td></tr>
<tr><td>특징</td>
<td>•일반적인 구조로, 케이지와 균형추를 와이어로프로 연결하여 권상기의 시브에 건 와이어로프와 시브의 마찰력으로 구동하는 방식</td>
<td>•케이지에 연결된 로프를 권동식 권상기로 감고 이를 되감으면서 승강시키는 방식</td>
<td>•유압기구를 사용하여 엘리베이터의 케이지를 움직이는 것으로, 유압잭으로 직접 움직이는 방식</td>
<td>•로프 또는 체인을 사용해 간접적으로 케이지를 움직이는 방식</td></tr>
</table>

그림 5.1 엘리베이터의 구조별 종류와 특징

로프식 엘리베이터의 기계실 바닥면적은 원칙적으로 승강로의 수평투영면적의 2배 이상으로 하도록 정해져 있다. 또한 기계실에는 환기를 위한 개구부 또는 환기설비 등을 마련한다.

계획하는 건물의 높이가 31m를 넘는 경우에는 건축법 제64조에서 화재 등의 비상시에 대비하는 비상용 엘리베이터를 설치하도록 의무화하고 있다. 재해시에는 일반 사용을 금지하고 소방대가 소화 · 구조에 사용하기 위해 비상전원설비가 필요하다.

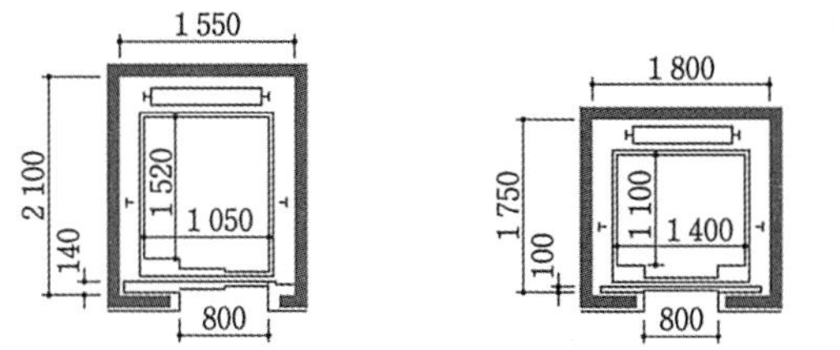

(a) 주택용 R-6-2S의 경우　　(b) 일반승객용 R-9-CO의 경우

(주) R : 로프식 주택용
숫자 : 6은 6인용, 9는 9인용
2S : 2짝의 한쪽만 열리는 도어방식
CO : 2짝의 양쪽 모두 열리는 도어방식

그림 5.2 엘리베이터(정원 6명 또는 9명)

표 5.1 승강로의 단면치수

케이지속도 [m/min]	상부의 틈 TC [cm]	피트의 깊이 P [cm]	기계실높이 [cm]
45 이하	120	120	200 이상
45 초과 60 이하	140	150	
60 초과 90 이하	160	180	220 이상
90 초과 120 이하	180	210	
120 초과 150 이하	200	240	250 이상
150 초과 180 이하	230	270	
180 초과 210 이하	270	320	280 이상
210 초과 240 이하	330	380	
240 초과	400	400	

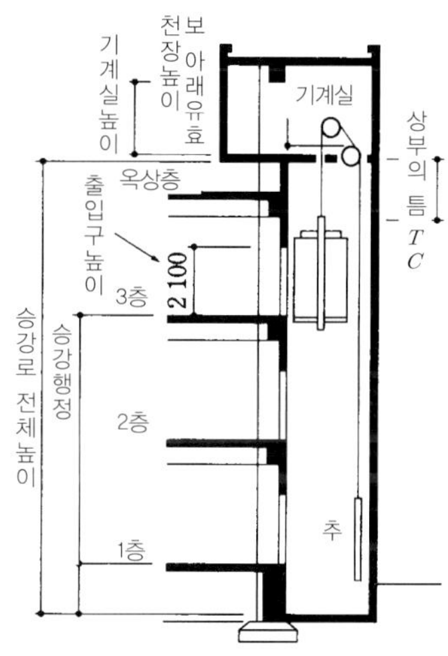

단면도(단위 mm)

5.1.2 에스컬레이터

에스컬레이터는 엘리베이터에 비해 반송능력이 커서 상업시설, 호텔, 공항빌딩 등에 적합하다. 에스컬레이터의 구조는 그림 5.3에 나타낸 바와 같다.

에스컬레이터의 종류는 난간유효폭에 따라 800형(폭 800mm)과 1,200형(폭 1,000~1,100mm)이 있다. 1시간당 반송능력은 800형이 6,000명, 1,200형이 9,000명이다. 에스컬레이터의 배치방식에는 표 5.2에 나타낸 것처럼 단열승계형 · 단열중복형 · 복열교차형 · 평행승계형이 있다. 속도는 50m/min 이하로 하고, 각도는 원칙적으로 수평각으로 하여 30° 이하로 한다.

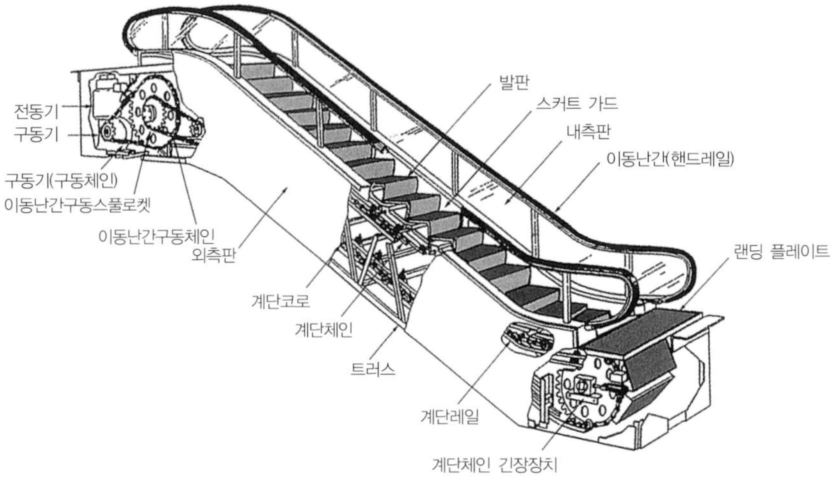

그림 5.3 에스컬레이터의 구조

표 5.2 에스컬레이터의 배열방식

종 류	배열 개요	특 징
단열승계형	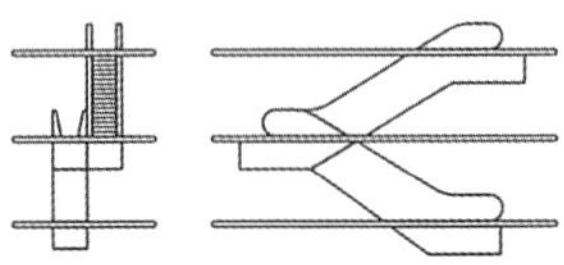	• 이어타기에 편리하고 시야도 좋지만, 점유면적이 단열중복형의 2배이다.
단열중복형	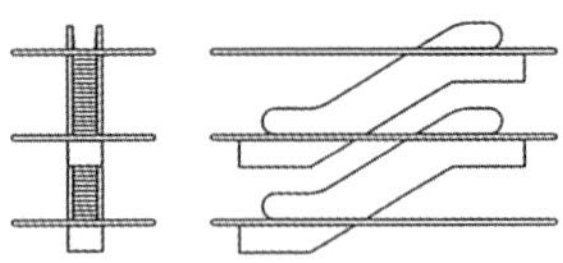	• 승객을 각층에 있는 매장으로 유도할 수 있도록 한 방식으로, 시야도 좋고 점유면적도 가장 적지만 이어타기에 불편하다.
복열교차형	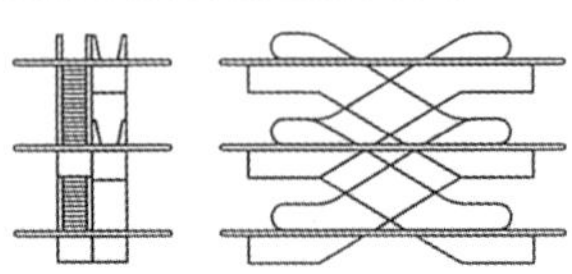	• 이어타기에 편리하며 점유면적이 작고 승강 교통이 분리되어 있기 때문에 승강구의 혼잡은 없지만 인접 에스컬레이터에 의해 시야가 막힌다.
평행승계형	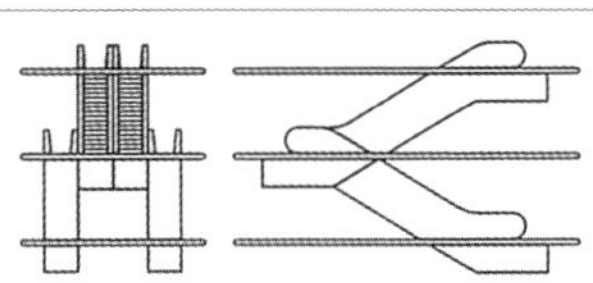	• 화려한 배열방식으로 시야도 좋고 이어타기에도 편리하지만 점유면적이 크다.

5.1.3 기타 반송설비

기송관설비(에어슈터)란 반송용 용기에 서류나 물품을 넣고 공기압을 이용하여 튜브 내를 이동시켜 운송하는 장치이다.

자동주행 반송설비는 자주용 컨테이너라고도 하는데, 박스형태의 반송용기 자체에 구동장치가 있어 레일 위를 주행한다.

덤웨이터는 소형 화물 전용 승강기로, 에스컬레이터와 마찬가지로 승강로 내의 가드레일을 따라 케이지를 승강시킨다. 덤웨이터의 케이지 크기는 건축기준법에서 바닥면적 1.0m^2 이하, 천장높이 1.2m 이하로 규정하고 있으며 조작은 외부에서 한다. 그 외에 건물의 외벽을 청소하는 청소용 곤돌라 등이 있다.

[칼럼19] 세계의 엘리베이터와 수송속도

수송속도가 일본에서 가장 빠른 엘리베이터는 1993년에 지어진 요코하마 랜드타워(그림 1)에 설치되어 있으며 750m/min의 초고속이다. 그리고 세계에서 가장 빠른 엘리베이터는 2004년 대만에 건설된 TAIPEI 101(그림 2)에 설치되어 있으며 1010m/min이다. 또한 파리에 있는 신개선문 전망용 엘리베이터(그림 3)는 시스루 스타일로 외벽에 샤프트가 설치되어 있으며 반송속도는 중속도인 96m/min이다.

그림 1 랜드마크타워(일본, 요코하마)

그림 2 TAIPEI 101(대만, 타이페이)

그림 3 신개선문(프랑스, 파리)

종합 확인문제

[문제 1] 건축설비에 관한 다음의 용어 조합 중 잘못 짝지어진 것은 어느 것인가?

(1) 급수설비-크로스커넥션
(2) 배수설비-인버트
(3) 공조설비-플로어덕트
(4) 위생기구설비-로우 탱크
(5) 조명설비-글레어

[문제 2] 건축설비에 관한 다음의 용어 조합 중 잘못 짝지어진 것은 어느 것인가?

(1) 공조설비-쿨링타워
(2) 소화설비-플래시밸브
(3) 위생기구설비-버큠브레이커
(4) 전기설비-큐비클
(5) 도시설비-인프라 스트럭처

[문제 3] 건축설비에 관한 내용 중 잘못 설명된 것은 어느 것인가?

(1) 배수트랩의 봉수가 유도사이펀 작용으로 파괴될 우려가 있을 때에는 트랩을 이중으로 설치한다.
(2) 밀폐형 자연급배기방식(BF방식)은 자연통기력으로 급배기를 하는 가스연소기기이다.
(3) 멀티패키지형(멀티시스템) 공조방식은 1개의 실외 유닛과 여러 개의 실내 유닛을 조합시킨 시스템이다.
(4) 바닥난방은 일반적으로 실내의 상하온도차가 적고 쾌적하다.
(5) 건물의 수전전압은 일반적으로 계약전력에 의해 결정된다.

[문제 4] 건축설비에 관한 내용 중 잘못 설명된 것은 어느 것인가?

(1) 일반 사무소빌딩의 냉방부하 약산치는 200W/m² 정도이다.
(2) 개구부에 설치하는 외측 블라인드는 내측 블라인드에 비해 일사차폐효과가 높다.
(3) 급수전에서 유지해야 할 유리잔류염소는 평상시 0.05mg/l 이상이다.
(4) 코제네레이션 시스템은 1차 에너지의 70~80%를 효율적으로 활용할 수 있다.
(5) 대변기 세정밸브의 필요급수압력은 70kPa이다.

[문제 5] 새로운 건축설비기술에 관한 내용 중 잘못 설명된 것은 어느 것인가?

(1) 연료전지는 수소와 이산화탄소를 전기분해시켜 전기를 취출하는 장치로 지구환경을 배려한 발전장치이다.
(2) 음식물쓰레기를 처리하는 디스포저 배수시스템은 디스포저 본체, 배수배관, 정화

조로 구성된다.

(3) 자연냉매 히트펌프는 냉매로 프레온계 가스를 사용하지 않고 환경부하가 적은 이산화탄소(CO_2) 가스를 이용한 열원장치이다.

(4) SI(Skeleton & Infill)) 주택은 주요 골조 변경에 대하여 유연하게 대응할 수 있도록 설비배관의 유지관리와 교체 편리성을 고려한 시스템이 채용된다.

(5) 광덕트 시스템이란 밝기를 확보할 수 없는 공간에 빛을 거울로 반사시키면서 도입하는 채광시스템이다.

확인문제 정답 및 해설

제1장

[문제 1]
(1) ○ p.30에 기재.
(2) ○ p.30에 기재.
(3) × p.35에 기재. $LCCO_2$: 건물의 수명기간중에 발생하는 탄산가스의 총량. 환기설비에서 다루는 CO_2 농도와는 직접적인 관계가 없다.
(4) ○ p.25에 기재.
(5) ○ p.31에 기재.

[문제 2]
(1) × 사무소빌딩의 조명에 사용되는 에너지의 비율은 전체의 약 30%를 조명설비, 공조설비(냉난방+공조동력)가 약 50%, 반송설비와 위생설비가 약 20%를 차지한다. p.29, [칼럼 16]에 기재.
(2) ○ p30~31에 기재
(3) ○ p.30, 그림 1.27에 기재
(4) ○ p.357에 기재. LCC, $LCCO_2$도 함께 기억한다.
(5) ○ p.27, p.35~36에 기재

[문제 3]
(1) ○ p.31에 기재.
(2) × 주택의 전체소비에너지 중에서 급탕용은 약 33%, 냉난방용은 약 30%, 조명 · 가전용은 약 35%로 급탕소비에너지의 비율이 가장 높다. p.29에 기재.
(3) ○ 24시간 연속환기 실시는 기준법으로 정해져 있다. p.20에 기재
(4) ○ 일반적으로 배수관의 수압으로 높이 10m, 2~3층 주택에는 공급가능. p.20에 기재.
(5) ○ 조명용과 전기온수기용은 전압이 다르다. p.21에 기재.

[문제 4]
(1) ○ p.22 및 [칼럼 3](p.70~71)에 상세한 내용을 기재.
(2) × p.26에 기재. 화장실이나 탕비실 근처에 계획하는 것이 바람직하다.
(3) ○ p.22에 기재. 그리고 p.103, 2.5.6(4)에 상세한 내용을 기재.
(4) ○ p.20에 기재
(5) ○ p.19에 기재

[문제 2]
(1) × p.54(표 2.4)에서 집합주택의 거주자 1인당 1일 단위급수량은 200~350l
(2) ○ p.56(표 2.5) 일반수전은 30kPa, 대변기 세정밸브 70kPa
(3) ○ p.60에 기재. 대기압식 · 압력식이 있다.
(4) ○ p.60~61에 기재.
(5) ○ p.62에 기재

[문제 3]
(1) ○ p.75에 기재.
(2) ○ p.87, 표 2.16, 본문 중에도 기재. 법령상, 고압 1.0MPa 이상, 중압 0.1MPa 이상 1.0MPa 미만, 저압 0.1MPa 미만.
(3) ○ p.90에 기재. BF방식, FF방식 등이 있다.
(4) × p.81에 기재. 급탕기의 능력을 표시하는 1호라는 것은 유량 1 l/min인 물의 온도를 25℃ 상승시키는 능력을 말하며, 1.75kW이다.
(5) ○ p.81에 기재.

[문제 4]
(1) ○ p.94~95에 기재. 조집기는 50mm 이상으로만 규정되어 있다.
(2) ○ p.100에 기재.
(3) ○ p.100에 기재. 배수피트에는 인버트를 설치, 우수피트에는 흙고임부를 설치.
(4) ○ p.103~104에 기재
(5) ○ p.98에 기재. 원칙적으로 지름을 축소시키지 않고 연장한다.

[문제 5]
(1) ○ p.113에 기재.
(2) ○ p.116에 기재.
(3) × 주방배수는 잡배수라고 한다. 잡용수(p.45에 기재)와 잡배수(p.93에 기재)를 착각하지 않도록 한다.
(4) ○ p.126의 표 2.30에 기재. 유수면이 넓을수록 오염이 생기기 쉽다.
(5) ○ p.126의 표 2.30에 기재. 사이펀볼탭식은 정음성이 뛰어나다.

제 2 장

[문제 1]
(1) × 크로스커넥션은 상수의 오염방지에 관한 용어로 배수설비와는 관계가 없다. p.58에 기재
(2) ○ p.60~61에 기재. 점검용 정수조의 윗면은 1.0m 이상, 그 외 주위는 0.6m 이상의 거리를 벽면으로부터 확보.
(3) ○ p.79에 기재. 배관길이를 같게 하고 마찰손실을 같게 한 급탕배관.
(4) ○ p.113에 기재. 생물화학적 산소요구량을 말함. 관련용어는 COD, SS 등.
(5) ○ p.142에 기재.

제 3 장

[문제 1]
(1) × PMV는 예측온냉감신고라 하며 쾌적성 평가지표이고 이산화탄소 농도와는 관계가 없다. p.157에 기재.
(2) ○ p.198에 기재. 구체를 냉각하여 냉방부하를 줄이는 패시브한 수법
(3) ○ p.204에 기재. 대규모 건축이나 도시 차원의 열원공급시스템
(4) ○ p.226에 기재
(5) ○ p.235~236에 기재

[문제 2]

(1) ○ p.152~153에 기재

(2) × p.157에 기재. PMV값은 +0.5~-0.5의 범위가 쾌적한 범위이다.

(3) ○ p.154에 기재. 1clo가 나체, 0.5clo가 가벼운 하복.

(4) ○ p.159 및 [칼럼 11](p.163)에 기재. 현열변화는 온도의 상승 · 하강을 나타냄

(5) ○ p.156에 기재

[문제 3]

(1) × p.193에 기재. 팬코일은 페리미터, 단일덕트는 인테리어를 공조한다.

(2) ○ p.199의 [칼럼 13]에 기재. 상하온도차는 3℃ 이내가 바람직하다.

(3) ○ p.198에 기재

(4) ○ p.190에 기재

(5) ○ p.196~197에 기재

[문제 4]

(1) 벽체로부터의 손실부하 q_{WO}

지붕, 외벽(S, E면)의 면적 A, 열관류율 K, 실내외온도차 (22.0−0.6=21.4℃)로 하고 식 (3.34)로 구한 각 벽체의 q_{WO}를 표 1에 나타낸다.

표 1 벽체로부터의 손실부하 산출결과

방위	구조종별	면적 A[㎡]	열관류율 K [W/(㎡ · K)]	시각 온도차 Δt[K]	q_{WO} [W]
S	외벽	25.00	3.31	21.4	1771
E	외벽	29.00	3.31	21.4	2055
수평	지붕	80.00	1.46	21.4	2500
① 소계				−	6326

(2) 유리창으로부터의 손실부하 q_{GO}

유리창(S, E면)의 면적 A, 열관류율 K, 실내외온도차 (22.0−0.6=21.4℃)를 식 (3.33)에 의해 구하면 q_{GO}는 표 2에 나타낸 바와 같다.

표 2 유리창으로부터의 손실부하 산출결과

방위	구조종별	면적 A[㎡]	열관류율 K [W/(㎡ · K)]	시각 온도차 Δt[K]	q_{WO} [W]
S	유리창	3.00	5.3	21.4	341
E	유리창	6.00	5.3	21.4	681
② 소계				−	1022

(3) 내벽 · 바닥으로부터의 손실부하 q_{WI}는 없는 것으로 한다.

(4) 극간풍에 의한 손실부하 q_{IS}, q_{IL}

극간풍 통기유량 Q를 산정

- 실용적=8[m]×10[m]×2.6[m]=208[㎥]
- 인원= 80[㎡]×0.2[명/㎡]=16[명]
- 환기횟수 1회/h로 하면

q_I = 208[㎥]×1[회/h]=208[㎥/h]

q_{IS}의 산출(현열) 식 (3.22)에서

q_{IS} =0.34[W · h/㎥ · K]×208[㎥/h]×(22.0−0.6)[K]
=1514[W] ………………… ③

q_{IL}의 산출(잠열) 식 (3.23)에서

q_{IL} =834[W · kg(DA) · h/㎥ · kg]×208[㎥/h]×(0.0081−0.0013)[kg/kg(DA)]
=1180[W] ………………… ④

(5) 외기부하 q_{OS}, q_{OL}

식 (3.30) 및 식 (3.31)에서

q_{OS} =0.34×30[㎥/(명 · h)]×16[명]×(22.0−0.6)[K]
=3493[W] ……………… ⑤

q_{OL} =834×30[㎥/(명 · h)]×16[명]×(0.0081−0.0013)[kg/kg(DA)]
=2723[W] ……………… ⑥

(6) 난방부하 집계

난방부하 합계 q_H의 산출식 (3.37)에서

현열부하

q_{HS} =(①+②+③)×1.05+⑤
=(6326+1022+1514)×1.05+3493
=12799[W]

잠열부하

q_{HL} =④×1.02+⑥
=11801.02×2723=3927[W]

q_{HS}+ q_{HL} =16726[W]

면적당 부하는 210[W/㎡]

[문제 5]

(1) ○ p.209~212에 기재

(2) ○ p.194~195에 기재

(3) × p.213에 기재

(4) ○ p.209~212에 기재

(5) ○ p.219~221에 기재

제 4 장

[문제 1]

(1) ○ LAN ; Local Area Network의 줄임말로, p.240 표 4.1의 분류에서 정보통신설비에 해당

(2) ○ p.240 표 4.1의 분류에서 피뢰침, 피뢰도체, 접지극 등은 피뢰설비

(3) ○ 비상시 컴퓨터기술에 대한 대응으로 UPS가 있다. p.252의 4.4.3에 기재

(4) × 동력설비는 펌프, 공조기팬 부하, 조명 · 콘센트설비는 조명 · 콘센트부하를 다룬다. p.240에 기재

(5) ○ PBX는 전화교환기. p.262에 기재

[문제 2]

(1) ○ p.250에 기재. 조명 · 콘센트 부하밀도 30~50A/㎡, 일반 동력부하밀도도 30~50A/㎡.

(2) ○ p.248에 기재. 중규모 빌딩의 펌프, 팬 등의 동력에는 삼상3선식 200V, 주택은 단상3선식 100V가 일반적이다.

(3) ○ p.255 표 4.98에 기재. 사무실, 제도실 조도는 1500~750lx

(4) × p.260 표 4.14에 기재. 일반사무실의 경우 15㎡당 1개, OA화를 고려한 사무실의 경우 10㎡당 1개 설치

(5) ○ p.268에 기재. 위험물 창고에서는 45도 이하, 일반건축물에서는 20m 이상에 설치

[문제 3]
(1) × p.248에 기재. 분전반
(2) ○ p.246~247에 기재
(3) ○ p.259 [예제 1]에 기재
(4) ○ p.246~248에 기재
(5) ○ p.246~248에 기재

[문제 4] 2.8 소화설비를 참조. 소화설비는 급배수위생설비에서 다룬다.
(1) ○ p.135에 기재. A화재(보통화재), B화재(유화재), C화재(전기화재), D화재(금속화재)
(2) × p.136~137에 기재. 1호 소화전은 공장 · 창고 등(2인 조작), 2호 소화전은 여관, 호텔, 사회복지시설 등(1인 조작)
(3) ○ p.141 그림 2.101 특징란에 기재. 폐쇄형 건식 스프링클러헤드 선단에 압축공기 충전.
(4) ○ p.145, 그림 2.108에 기재
(5) ○ p.141 그림 2.101 특징란에 기재. 폐쇄형 예작동식 스프링클러헤드는 공기충전과 연기감지기의 연동

[문제 5]
(1) ○ p.268에 기재. 건축기준법으로 높이 20m 이상의 건물에 설치 의무화
(2) ○ p.267에 기재. 온도상승률 감지 작동식, 상승온도감지의 정온식 열감지기와 연기를 감지하는 연기감지기가 있다.
(3) ○ p.137~139에 기재. 1호 소화전은 반경 25m, 2호소화전은 반경 15m
(4) × p.274~275에 기재. 일반사용을 금지하고 소방대의 소화, 구조활동에 사용
(5) ○ p.143에 기재. 불활성가스 소화설비는 이산화탄소, 질소, 아르곤 등을 사용. 평상시 사람이 없는 수변전실, 전산실 등에 설치

종합

[문제 1]
(1) ○ p.58에 기재. 상수의 급수, 급탕계통과 기타 계통의 배관 · 기기가 직접 또는 밸브 등을 매개로 접속되는 것
(2) ○ p.101 그림 2.62에 기재. 배수를 원활하게 하는 홈. 우수피트에는 흙고임부를 설치.
(3) × p.264 표 4.18에 기재. 플로어 덕트는 전기설비의 바닥 배선용 방식의 일종
(4) ○ p.127, 그림 2.81에 기재. 대변기의 급수탱크
(5) ○ p.252에 기재. 글레어는 빛의 눈부심을 말한다.

[문제 2]
(1) ○ p.211 그림 3.65에 기재. 공조용 냉각수를 차갑게 하는 장치
(2) × p.125 그림 2.79, p.60 그림 2.19에 기재. 대변기의 세정밸브로 위생기구나 급수설비. 플래시오버는 소화설비
(3) ○ p.60에 기재. 급수계통에 설치하는 역류방지기로 대기압식과 압력식이 있다.
(4) ○ p.245~246에 기재. 큐비클은 수전설비
(5) ○ p.20에 기재. 도시기반설비는 수도관, 가스관, 전력간선 등

[문제 3]
(1) × p.95, 그림 2.54에 기재. 이중트랩 금지
(2) ○ p.89 표 2.17에 기재. 자연급배기방식은 자연통기력, 강제급기방식은 팬을 사용. 표 2.17 가스연소기기의 급배기방식 특징을 기억
(3) ○ p.195 그림 3.41에 기재
(4) ○ p.199 [칼럼 13]에 기재. 수직온도차 3℃ 이내가 바람직하다.
(5) ○ p.245 표 4.2에 기재. 저압수전 50kW 미만, 고압수전 50kW 이상 2000kW 미만이 계약전력

[문제 4]
(1) ○ p.187 표 3.16의 사무소빌딩의 냉방부하(저층 80~160W/㎡), (고층 110~200W/㎡)에 기재. 따라서 개수로 200W/㎡.
(2) ○ p.183 [칼럼 12]에 기재. 내측 블라인드 50% 투과, 외측 블라인드 20% 투과.
(3) × p.47~48 표 2.2에 기재. 평상시 급수전에서 유지해야 하는 잔류유리염소 0.1mg/ l 이상이므로 잘못됨.
(4) ○ p.204에 기재. 종래의 전기에너지의 40%는 버려졌지만 코제네레이션 시스템은 79~80%를 효율적으로 활용할 수 있다.
(5) ○ p.56 표 2.5에 기재. 일반수전에서는 30kPa라는 것도 기억해두자.

[문제 5]
(1) × p.205 [칼럼 14]에 기재. 물과 산소를 반응시켜서 공조와 급탕용 에너지를 취출하는 시스템이다.
(2) ○ p.124 [칼럼 8]에 기재. 특히 디스포저 배수 시스템은 하수도에 부하를 증가시키지 않기 때문에 정화조를 설치하는 것이 포인트이다.
(3) ○ p.86 [칼럼 5]에 기재. 프론을 대신해 환경을 고려한 이산화탄소를 냉매로 사용. 투입에너지의 약 3~4배의 에너지를 얻을 수 있는 가능성이 있다.
(4) ○ p.36에 기재. SI는 스켈톤과 인필을 의미하며 스켈톤(공용부)에는 내용년수가 높은 구조체나 설비부재를 설치하고, 인필(전용부)에는 플렉시블하게 대응할 수 있는 설비나 바닥시스템을 설치한다.
(5) ○ p.261 [칼럼 17]에 기재. 일반 빌딩의 조명소비에너지가 차지하는 비율은 1/4~1/3로 에너지절감에 효율적이다.

부록 유량선도

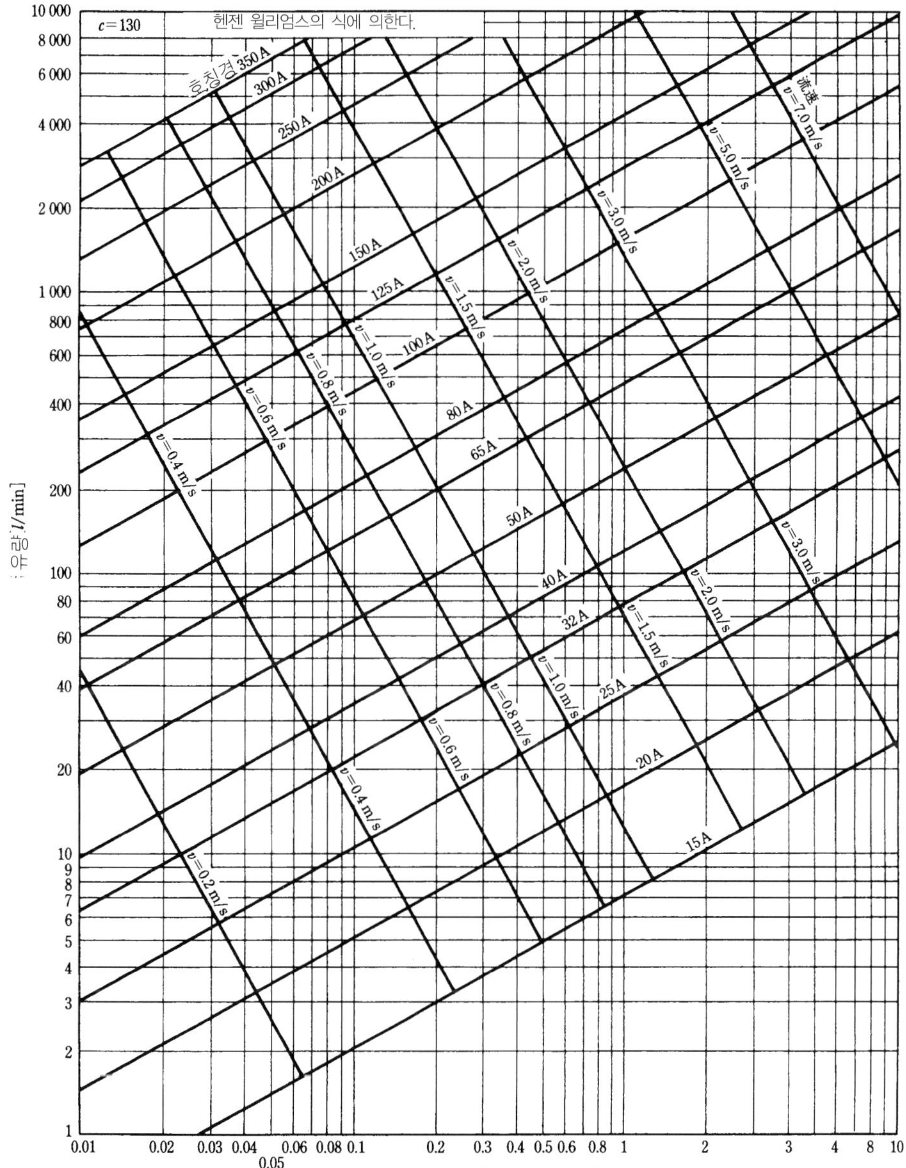

경질염화비닐라이닝강관 유량선도

부록 공기선도

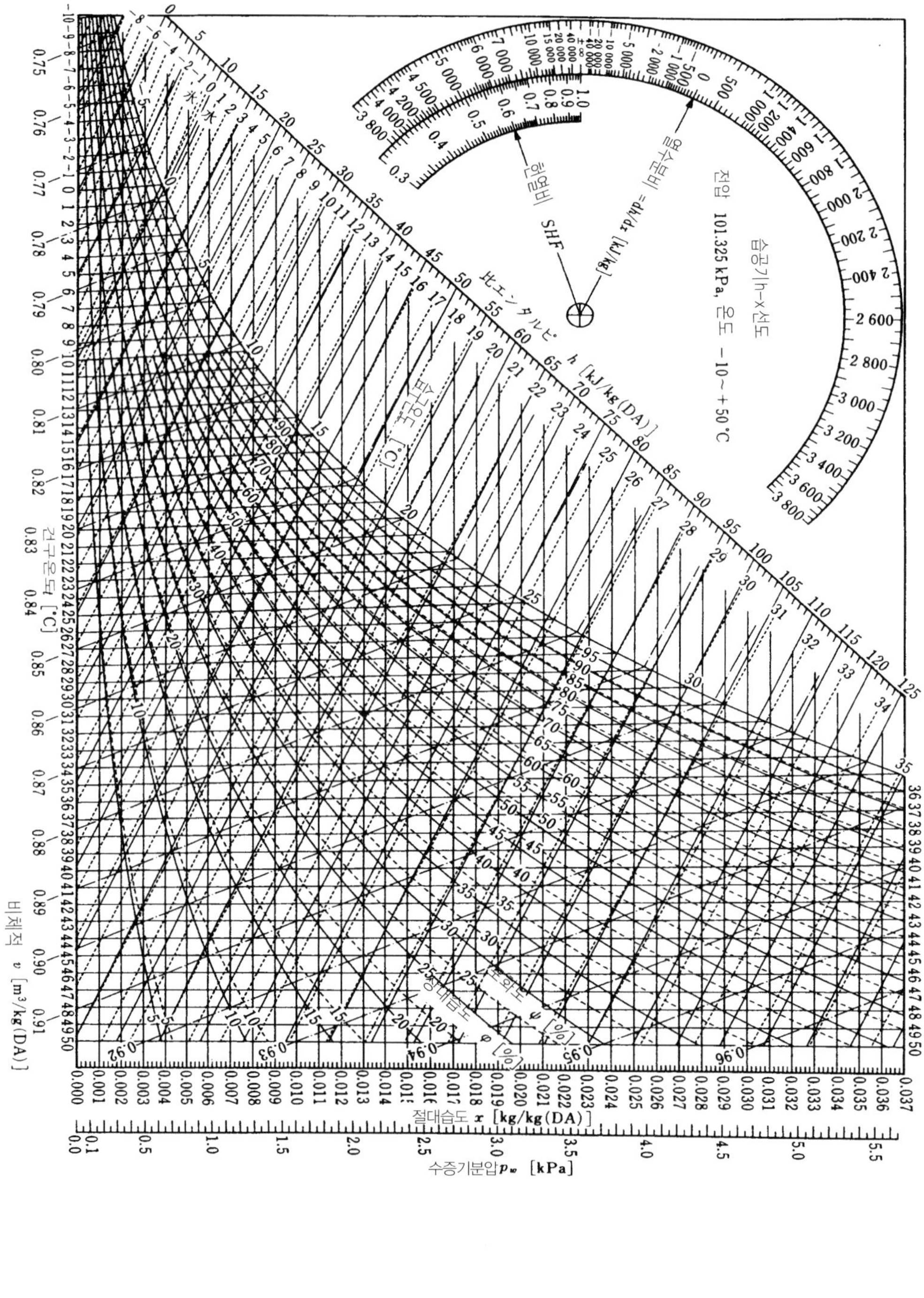
습공기h-x선도
전압 101.325 kPa, 온도 −10~+50°C
현열비 SHF
열수분비 =dh/dx [kJ/kg]
比エンタルピ h [kJ/kg(DA)]
습구온도 [°C]
건구온도 [°C]
비체적 v [m³/kg(DA)]
상대습도 φ [%]
절대습도 x [kg/kg(DA)]
수증기분압 pw [kPa]

[참고 · 인용문헌]

(参考・引用文献については，代表的な文献・資料名を掲載しました（本文中，該当箇所に右肩に番号で示した）。この他にも多くの文献・資料を参考にさせていただきました。)

(第 1 章)

1-1) 「建築を知る　初めての建築学」(鹿島出版会)

1-2) (社)日本ビルエネルギー総合管理技術協会「平成 14 年度建築物エネルギー消費量調査報告書」

1-3) (財)建築環境・省エネルギー機構（IBEC)「住宅の省エネルギー基準，早わかりガイド」

1-4) (社)建築・設備維持保全協会「建物のライフサイクルと維持保全」

1-5) 建築・設備維持保全推進協会編「ビルディング LC ビジネス百科」1992 年（オーム社)

(第 2 章)

2-1) 空気調和・衛生工学会「給排水・衛生設備の実務の知識」(オーム社)

2-2) 高等学校用「衛生・防災設備」(文部科学省)

2-3) 「給排水・衛生設備　計画・設計の実務の知識」(オーム社)

2-4) 空気調和・衛生工学会編「空気調和・衛生工学便覧（改訂第 9 版）Ⅲ巻」(丸善)

2-5) 空気調和・衛生工学会編「空気調和・衛生工学便覧（第 12 版）第 4 巻」(丸善)

2-6) 鎌田元康編著「給湯設備の ABC」(TOTO 出版)

2-7) 「ASHRAE Handbook」HVAC Applications

2-8) 紀谷文樹監修，鎌田元康編「給排水・衛生設備学初級編」(TOTO 出版)

2-9) 空気調和・衛生工学会編「雨水利用マニュアル」

2-10) 田中俊六監修「最近建築設備工学」(井上書院)

2-11) 空気調和・衛生工学会編「SHASE-S206-1999 給排水衛生設備基準・同解説」

(第 3 章)

3-1) 「建築設備学教科書」(彰国社)

3-2) 日本建築学会「第 3 版コンパクト建築設計資料集成」(丸善)

3-3) (社)日本ボイラ協会「ボイラ・ニュース（平成 17 年 1 月他)」

3-4) 小原淳平編「100 万人の空気調和」(オーム社)

3-5) 高等学校用「空気調和設備」(文部科学省)

3-6) 「新訂・わかりやすい建築設備工学講座　空気調和設備」(彰国社)

3-7) 「図解　空調・給排水の大百科」(オーム社)

3-8) 「建築設備学教科書 新訂版」(彰国社)

3-9) 「建築設備―建築・地域設備の計画と設計―」(第 4 章でも参考) (オーム社)

3-10) 「デザイナーのための建築設備チェックリスト」(彰国社)

(第 4 章)

4-1) 「屋内配線設計　考え方・まとめ方」(オーム社)

4-2) 「空調・衛生設備技術者のための電気設備入門」(オーム社)

4-3) 「図解　建築設備の知識」(オーム社)

(第 5 章)

5-1) (財)日本建築設備・昇降機センター「昇降機検査資格者講習テキスト」

찾아보기

[저자 소개]

[감수] 오노 다카시
· 1968년 도쿄대학 공학부 건축학과 졸업
· 현재 도쿄공예대학 교수, 공학박사

[전문감수] 아비코 요시히코
· 1968년 도쿄대학 공학부 건축학과 졸업
· 현재 주식회사 지에스 대표취제역, 건축설비사

[집필] 오츠카 마사유키
· 1983년 도쿄이과대학 이공학부 건축학과 졸업
· 현재 관동학원대학 공학부 건축학과 교수, 공학박사

[편역자 소개]

전봉구 동서울대학교 건축과 교수

박병일 동양미래대학교 건축과 교수

백용규 서일대학교 공업계열 건축과 교수

신인중 대림대학교 공학계열 건축과 교수

알기쉬운
건축설비

2010년 2월 23일 1판 1쇄 인쇄
2020년 11월 10일 1판 4쇄 발행

저 자	오츠카 마사유키
역 자	전봉구 · 박병일 · 백용규 · 신인중
발 행 인	강 해 작
발 행 처	기 문 당
주 소	서울시 성동구 무학봉 28길 4-1
전 화	02) 2295-6171(代)~5
팩 스	02) 2296-8188
출판등록	1976. 10. 7(1-44)
홈페이지	http://www.kimoondang.com
I S B N	978-89-6225-225-5 93540